高职高专机电类专业系列教材

零件机加工工艺设计

主　编　宋惠珍

副主编　范世祥

参　编　李路娜　杨淑琴　桑　晶

主　审　许德琪

机械工业出版社

本书的编写，符合当前高等职业技术教育工作过程导向的教育理念，也符合高职院校机电类各专业的培养目标。书中以制造业生产中常见典型机械零件为载体，以零件机械加工工艺设计过程的实际行动为主线，介绍了机加工工艺设计的思路、方法等相关知识。本书对培养学生的机加工工艺设计能力，促使学生更好地学习工艺编制与夹具设计相关知识将起到积极的作用。

　　全书共分四个项目：项目一为轴类零件机加工工艺设计，具体包含四个模块的不同结构轴零件机加工工艺设计过程；项目二为套类零件机加工工艺设计，具体包含三个模块的不同结构套零件机加工工艺设计过程；项目三为异形结构类零件机加工工艺设计，具体包含三个模块的不同异形结构零件机加工工艺设计过程；项目四为箱体类零件机加工工艺设计，具体包含一个模块的减速器箱体零件机加工工艺设计过程和另一个模块的镗床夹具分析。

　　本书既可作为高职高专机电类各专业用教材，也可供有关工程技术人员参考。

　　本教材配有电子课件，可登录机械工业出版社教材服务网 www.cmpedu.com 下载，或发送电子邮件至 cmpgaozhi@ sina.com 索取。咨询电话：010-88379375。

图书在版编目（CIP）数据

零件机加工工艺设计/宋惠珍主编. —北京：机械工业出版社，2014.9（2025.7 重印）
高职高专机电类专业系列教材
ISBN 978-7-111-47171-4

Ⅰ.①零…　Ⅱ.①宋…　Ⅲ.①零部件-加工-工艺设计-高等职业教育-教材　Ⅳ.①TH13

中国版本图书馆 CIP 数据核字（2014）第 186613 号

机械工业出版社（北京市百万庄大街 22 号　邮政编码 100037）
策划编辑：王海峰　责任编辑：王英杰　王海峰　张丹丹
版式设计：赵颖喆　责任校对：李锦莉　任秀丽
封面设计：鞠　杨　责任印制：常天培
河北虎彩印刷有限公司印刷
2025 年 7 月第 1 版·第 9 次印刷
184mm×260mm·18.5 印张·449 千字
标准书号：ISBN 978-7-111-47171-4
定价：54.90 元

电话服务　　　　　　　　　网络服务
客服电话：010-88361066　　机 工 官 网：www.cmpbook.com
　　　　　010-88379833　　机 工 官 博：weibo.com/cmp1952
　　　　　010-68326294　　金 书 网：www.golden-book.com
封底无防伪标均为盗版　机工教育服务网：www.cmpedu.com

前　言

　　高等职业技术教育正经历着如火如荼的内涵建设。本书是在诸如项目课程开发的高等职业技术教育新理念引领下，通过编者在长期的教学实践中不断提炼、总结编写而成的。本书针对高职院校机电相关专业，围绕着完成具体零件机加工工艺设计任务核心去探索够用的工艺设计相关知识设计出零件机加工工艺。具体来说，本书体现了以下三方面的特点：

　　首先，本书是以制造业中典型零件机加工工艺设计的岗位工作过程为导向来展开的。教材整体的编写思路，是以工艺相关岗位工作过程中的工艺设计能力与工艺知识为导向，以轴类零件、套类零件、异形结构类零件、箱体类零件的机加工工艺设计为四个项目并列展开，同时每个项目里又由具体零件机加工工艺设计过程模块互补、递进组成，为培养学生的机加工工艺设计能力提供了切实的抓手。

　　其次，本书突出了"做中学"职业教育教学理念。在突出"做"（设计零件机加工工艺）中"学"（工艺路线拟定方法、工序夹具设计等）时，适时负载的相关工艺知识综合了《机械制造工艺》《机床夹具设计》《机械制造技术》等学科教材中的重要知识点。"做中学"使得工艺相关知识的学习更紧凑、更实效。

　　再次，本书使零件机加工工艺设计中需要的相关手册资料查阅变得直接方便。书中附录内容的编写，是考虑到高职院校学生对于查阅机械制造工艺手册类资料的能力与便利性实际情况，将工艺手册直接相关的部分资料内容进行了针对性的摘录，为学生学习与教师指导提供了方便。

　　本书的编写分工如下：项目一的模块一、模块二，项目二的模块一、模块二、模块三，以及附录内容，由宋惠珍完成；项目一的模块三、模块四，项目三的模块一、模块二，由范世祥完成；项目三的模块三，由杨淑琴完成；项目四的模块一，由李璐娜完成；项目四的模块二，以及部分夹具装配图的绘制，由桑晶完成。本书由南京第一机床厂的许德琪高级工程师任主审。

　　机械设计与制造专业的于泽江等同学参与了本书部分 CAD 图的绘制工作。本书在编写过程中得到了许多同仁热情的帮助和关心，在此一并表示感谢。

　　限于编者水平，书中难免存在需要完善和不足之处，敬请读者给予指正。

编　者

目　　录

前言
项目一　轴类零件机加工工艺设计 ……… 1
工作任务 1 ……… 1
能力目标 1 ……… 1
知识目标 1 ……… 1
模块一　阶梯轴零件机加工工艺设计 ……… 1
项目任务 1-1 ……… 1
学习目标 1-1 ……… 1
一、分析减速器输出轴零件加工工艺
技术要求 ……… 3
二、确定减速器输出轴零件加工毛坯 ……… 7
三、设计减速器输出轴零件机加工
工艺路线 ……… 10
四、设计减速器输出轴零件机
加工工序 ……… 32
五、填写减速器输出轴零件机
加工工艺文件 ……… 37
模块二　曲轴零件机加工工艺设计 ……… 45
项目任务 1-2 ……… 45
学习目标 1-2 ……… 45
一、分析单拐曲轴零件加工工艺
技术要求 ……… 45
二、确定单拐曲轴零件加工毛坯 ……… 45
三、设计单拐曲轴零件机加工工
艺路线 ……… 47
四、设计单拐曲轴零件机加工工序 ……… 52
五、填写单拐曲轴零件机加工工艺
文件 ……… 53
模块三　细长轴零件加工工艺设计 ……… 58
项目任务 1-3 ……… 58
学习目标 1-3 ……… 58
一、分析活塞杆零件加工工艺技术
要求 ……… 58
二、确定活塞杆零件加工毛坯 ……… 59
三、设计活塞杆零件机加工工艺路线 ……… 59
四、设计活塞杆零件机加工工序 ……… 63
五、填写活塞杆零件机加工工艺文件 ……… 66

模块四　轴承座零件机加工工艺设计 ……… 69
项目任务 1-4 ……… 69
学习目标 1-4 ……… 69
一、分析轴承座零件加工工艺技术
要求 ……… 69
二、确定轴承座零件加工毛坯 ……… 70
三、设计轴承座零件机加工工艺
路线 ……… 70
四、设计轴承座零件机加工工序 ……… 75
五、填写轴承座零件机加工工艺文件 ……… 93
项目二　套类零件机加工工艺设计 ……… 97
工作任务 2 ……… 97
能力目标 2 ……… 97
知识目标 2 ……… 97
模块一　短套类零件机加工工艺设计 ……… 97
项目任务 2-1 ……… 97
学习目标 2-1 ……… 97
一、分析套筒零件加工工艺技术要求 ……… 97
二、确定套筒零件加工毛坯 ……… 101
三、设计套筒零件机加工工艺路线 ……… 102
四、设计套筒零件机加工工序 ……… 107
五、填写套筒零件机加工工艺文件 ……… 117
模块二　齿轮零件机加工工艺设计 ……… 121
项目任务 2-2 ……… 121
学习目标 2-2 ……… 121
一、分析双联齿轮零件加工工艺技术
要求 ……… 121
二、确定双联齿轮零件加工毛坯 ……… 121
三、设计双联齿轮零件机加工工艺
路线 ……… 124
四、设计双联齿轮零件机加工工序 ……… 140
五、填写双联齿轮零件机加工工艺
文件 ……… 140
模块三　薄壁长套筒零件机加工工艺
设计 ……… 143
项目任务 2-3 ……… 143
学习目标 2-3 ……… 143

一、分析液压缸零件加工工艺技术
　　要求 ……………………………… 143
二、确定液压缸零件加工毛坯 ……… 143
三、设计液压缸零件机加工工艺路线 …… 145
四、设计液压缸零件机加工工序 …… 147
五、填写液压缸零件机加工工艺文件 …… 148

项目三　异形结构类零件机加工工艺
**　　　　设计** ……………………………… 151
工作任务 3 ……………………………… 151
能力目标 3 ……………………………… 151
知识目标 3 ……………………………… 151
模块一　拨叉零件机加工工艺设计 ……… 151
项目任务 3-1 …………………………… 151
学习目标 3-1 …………………………… 151
一、分析拨叉零件加工工艺技术要求 …… 151
二、确定拨叉零件加工毛坯 ………… 153
三、设计拨叉零件机加工工艺路线 …… 154
四、设计拨叉零件机加工工序 ……… 160
五、填写拨叉零件机加工工艺文件 …… 167
模块二　支架零件机加工工艺设计 ……… 176
项目任务 3-2 …………………………… 176
学习目标 3-2 …………………………… 176
一、分析支架零件加工工艺技术要求 …… 176
二、确定支架零件加工毛坯 ………… 176
三、设计支架零件机加工工艺路线 …… 176
四、设计支架零件机加工工序 ……… 180
五、填写支架零件机加工工艺文件 …… 180
模块三　连杆零件机加工工艺设计 ……… 183
项目任务 3-3 …………………………… 183
学习目标 3-3 …………………………… 183
一、分析三孔连杆零件加工工艺技术
　　要求 ……………………………… 183
二、确定三孔连杆零件加工毛坯 …… 183
三、设计三孔连杆零件机加工工艺
　　路线 ……………………………… 183
四、设计三孔连杆零件机加工工序 …… 186

五、填写三孔连杆零件机加工工艺
　　文件 ……………………………… 187

项目四　箱体类零件机加工工艺
**　　　　设计** ……………………………… 190
工作任务 4 ……………………………… 190
能力目标 4 ……………………………… 190
知识目标 4 ……………………………… 190
模块一　减速器箱体零件机加工工艺
　　　　设计 …………………………… 190
项目任务 4-1 …………………………… 190
学习目标 4-1 …………………………… 190
一、分析减速箱零件加工工艺技术
　　要求 ……………………………… 190
二、确定减速箱零件加工毛坯 ……… 195
三、设计减速箱零件机加工工艺
　　路线 ……………………………… 195
四、设计减速箱零件机加工工序 …… 203
五、填写减速箱零件机加工工艺
　　文件 ……………………………… 203
模块二　镗床夹具分析 ………………… 210
项目任务 4-2 …………………………… 210
学习目标 4-2 …………………………… 210
一、镗床夹具的相关知识 …………… 210
二、壳体零件的镗削工序镗床夹具
　　分析 ……………………………… 217

附录 …………………………………… 219
附录 A　标准公差数值 ………………… 219
附录 B　几何公差值 …………………… 219
附录 C　机械加工的经济精度 ………… 222
附录 D　机械加工方案 ………………… 227
附录 E　加工余量及偏差 ……………… 228
附录 F　机械加工刀具类型 …………… 237
附录 G　切削用量 ……………………… 257
附录 H　切削加工机床 ………………… 273
附录 I　常用计量器具 ………………… 284

参考文献 ……………………………… 288

项目一 轴类零件机加工工艺设计

工作任务 1

设计机械零部件中常见轴类零件的机加工工艺。

能力目标 1

- 会分析轴类零件的加工技术要求、结构工艺性等。
- 能合理确定轴类零件的毛坯成形方式并能绘制出毛坯图。
- 会选择外圆等加工表面的加工方案，确定轴类零件加工阶段，设计出加工工艺路线。
- 会查阅外圆等加工面加工余量，计算出工序尺寸，并会查阅相关确定外圆、键槽等工序加工内容的刀具、量具、通用车床夹具、切削机床以及切削用量等。
- 能按照机加工工艺文件格式，填写出轴类零件的工艺过程卡、工序卡。
- 会分析具有回转面结构零件在车床上加工工序的专用车床夹具的结构。

知识目标 1

- 熟悉外圆、螺纹、键槽等结构形状的轴类零件加工面的切削加工方法。
- 熟知毛坯成形方法选择与定位基准选择的相关知识。
- 掌握加工顺序的安排原则，以及工序尺寸的计算方法。
- 掌握定位自由度分析、定位元件选择、夹紧力确定等机床专用夹具设计的相关知识。

模块一 阶梯轴零件机加工工艺设计

项目任务 1-1 设计图 1-1 所示减速器输出轴的机械加工工艺。中批量生产。

学习目标 1-1

- 会分析简单阶梯结构的轴类零件机加工工艺技术要求。
- 掌握毛坯制造形式的相关知识及毛坯图绘制方法，会确定阶梯结构的轴零件毛坯。
- 掌握定位基准选择原则、加工阶段划分方法，会查阅外圆等加工面加工方案，能合理设计出阶梯轴的工艺路线。
- 会查阅工序余量，会计算基准重合情况下的工序尺寸，能选择出阶梯轴零件结构表面的工序加工刀具、量具、通用车床夹具、车削用量等。
- 熟知工艺文件的格式，正确填写阶梯轴零件的相关工艺文件。

在设计零件机加工工艺时，应该具备下列原始资料：

(1) 零件设计图样 对于复杂的零件，必须有产品或部件的装配图样。

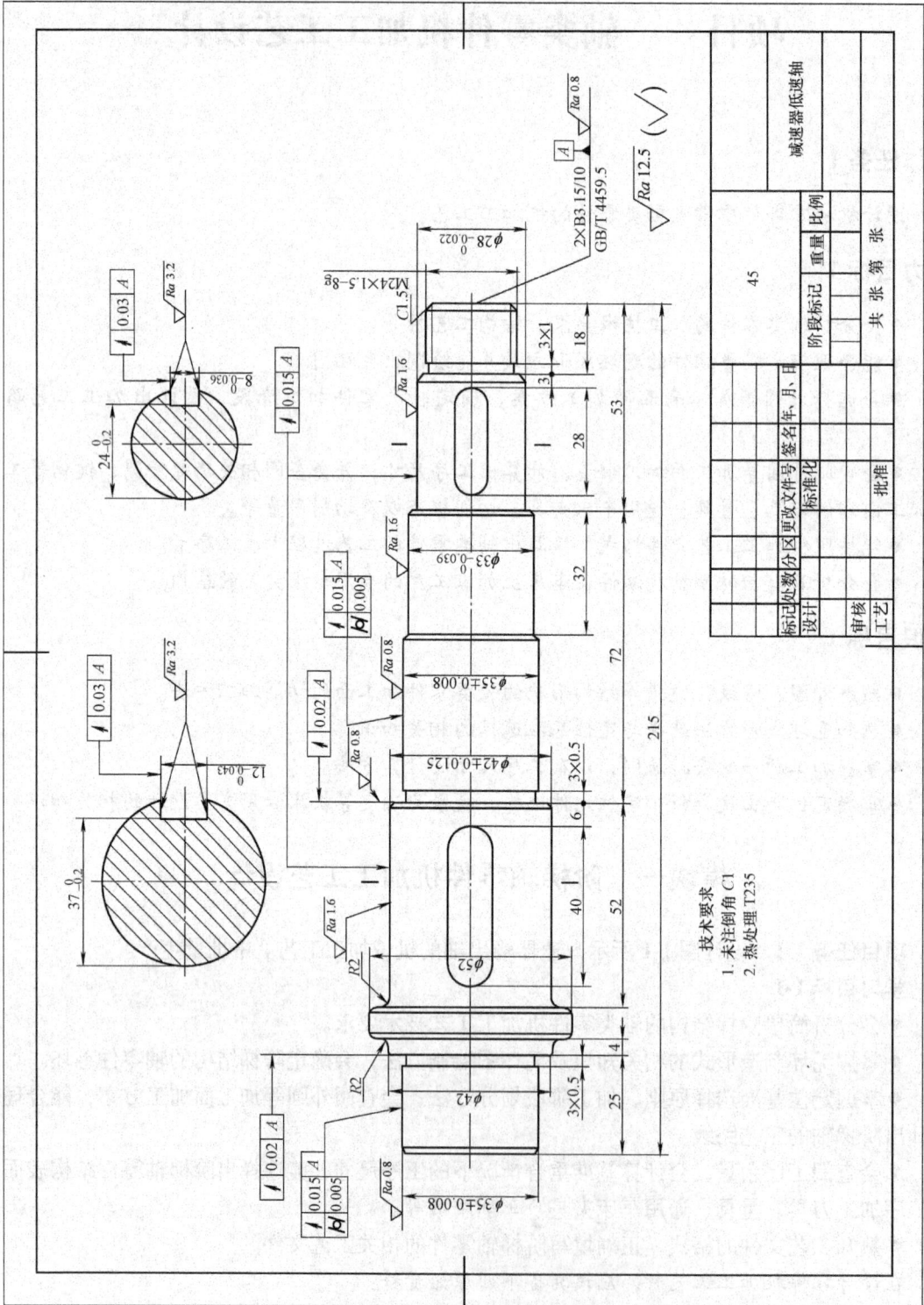

技术要求
1. 未注倒角 C1
2. 热处理 T235

图 1-1 减速器输出轴零件图

（2）零件的生产纲领和生产类型　零件不同的生产纲领与类型，其对应的机械加工工艺规程是完全不同的。因此，设计机加工工艺时，一定要考虑产品的生产纲领与生产类型。例如，单件小批量生产就没有必要为提高生产率而设计专用夹具，因为这样会增加生产成本。但在成批大量生产中，就应考虑生产率如何提高的问题，多数采用专用夹具。

（3）现有生产条件及有关资料　现有生产条件主要包括毛坯的生产条件、机械加工车间的生产设备和工艺装备情况、专用设备与工装的制造能力、工人的技术水平，以及有关的工艺资料和标准等。

（4）国内外同类产品的有关工艺资料　同类产品的工艺资料拥有得越丰富，可供借鉴的东西就越多，工艺规程制定的科学性与合理性也就越好。

在设计零件机加工工艺时，一般的方法与步骤如下：

1）分析需要机械加工零件的原始资料（零件图等）工艺技术要求。

2）确定零件的加工毛坯并绘制出毛坯图。

3）确定零件各个加工面的加工方案，合理安排所有加工面之间的加工顺序，进而设计出该零件的机加工工艺路线。

4）计算工序尺寸，选择零件工序加工需要的刀具、夹具（选择能满足工序加工需要的通用夹具，对于通用夹具不能满足工序加工需求时，则应能设计出工序专用夹具）、加工机床、量具、切削用量等，完整设计出零件的加工工序内容。

5）填写出零件机加工工艺的工艺过程卡、工序卡等工艺文件。

一、分析减速器输出轴零件加工工艺技术要求

（一）减速器输出轴的功用与结构分析

该零件是轴类零件中使用最多、结构最为典型的一种阶梯轴。它的功用是支持传动零件和传递转矩的，也叫传动轴。

图中零件的结构是由外圆柱面、键槽、砂轮越程槽、退刀槽、端面等表面组成的。其中，两处 $\phi(35\pm0.008)$mm 外圆轴颈用于安装轴承，$\phi33_{-0.039}^{0}$mm 外圆用于穿过轴承端盖的安装，$\phi(42\pm0.0125)$mm 外圆及轴肩用于安装齿轮，外圆 $\phi28_{-0.022}^{0}$mm 及螺纹 M24×1.5-8g 用于完成减速器运动的输出与其他零件相连接。

（二）技术要求分析

分析零件图，该减速器输出轴零件的主要技术要求见表 1-1。

表 1-1　减速器输出轴零件的技术要求

加工表面	加工尺寸/mm	主要尺寸公差等级	表面粗糙度 $Ra/\mu m$	几何公差/mm	备注
两处 $\phi(35\pm0.008)$mm 外圆	$\phi(35\pm0.008)\times22$；$\phi(35\pm0.008)\times37$；各左端倒角 C1	IT6	0.8	圆柱度公差 0.005；圆柱面相对于基准 A 径向圆跳动公差 0.015	
$\phi52$mm 外圆	$\phi52\times9$；两端倒角 C1；两端台阶圆弧 R2	自由公差	3.2		
$\phi(42\pm0.0125)$mm 外圆	$\phi(42\pm0.0125)\times52$；右端倒角 C1	IT7	1.6		

（续）

加 工 表 面	加工尺寸/mm	主要尺寸公差等级	表面粗糙度 Ra/μm	几何公差/mm	备 注
$\phi(42\pm0.0125)$ mm 外圆面上的键槽	$37_{-0.2}^{\ 0}$，$12_{-0.043}^{\ 0}$	IT9	3.2	键槽面相对于基准 A 径向圆跳动公差 0.03	
$\phi(42\pm0.0125)$ mm 外圆相关台阶面			0.8	相对于基准 A 径向圆跳动公差 0.02	
$\phi33_{-0.039}^{\ 0}$ mm 外圆	$\phi33_{-0.039}^{\ 0}\times32$；右端倒角 $C1$	IT8	1.6		
$\phi28_{-0.022}^{\ 0}$ mm 外圆	$\phi28_{-0.022}^{\ 0}\times35$；右端倒角 $C1$	IT7	1.6		
$\phi28_{-0.022}^{\ 0}$ mm 外圆面上的键槽	$24_{-0.2}^{\ 0}$，$8_{-0.036}^{\ 0}$	IT9	3.2	键槽面相对于基准 A 径向圆跳动公差 0.03	
$M24\times1.5$-$8g$ 螺纹	$M24\times1.5$-$8g\times15$，右端倒角 $C1.5$	IT8	3.2		
两端面中心孔 $2\times B3.15/10$ GB/T 44 59.5	$B3.15/10$		0.8		两中心孔连线基准 A

减速器输出轴的加工面技术要求，除了表 1-1 所列的，还有两轴颈 $\phi(35\pm0.008)$ mm 处的砂轮越程槽、螺纹 $M24\times1.5$-$8g$ 处的退刀槽以及两端面需要加工。

从以上的分析可知，该零件的主要加工面是两处的 $\phi(35\pm0.008)$ mm 外圆、$\phi(42\pm0.0125)$ mm 外圆、$\phi33_{-0.039}^{\ 0}$ mm 外圆、$\phi28_{-0.022}^{\ 0}$ mm 外圆等，尤其是两处 $\phi(35\pm0.008)$ mm 外圆轴颈的加工过程将是减速器输出轴加工工艺路线的主线。

零件技术要求分析方法：在对工艺设计的零件进行技术要求分析时，先从零件的功用、结构以及零件图上的全部视图表达弄清楚零件的结构形状，然后依据零件图上"其余"表面粗糙度判断哪些结构表面是需要机加工的，进而列表分析出它们的详细技术要求，为工艺设计后续加工工艺路线设计做好铺垫。

（三）热处理要求分析

该减速器输出轴的热处理要求是 T235，即零件材料经过调质热处理后的硬度达到 235HBW。清楚了零件的热处理要求，就可以在工艺设计过程中合理地安排热处理在工艺路线中的位置。

（四）结构工艺性分析

经分析，减速器输出轴零件的结构工艺性是合理的。

判断轴零件结构工艺性合理与否的依据如下：

1）尺寸公差、几何公差和表面粗糙度的要求应经济合理。

2）加工表面几何形状应尽量简单。

3）有相互位置要求的表面应尽量在一次装夹中加工。

4）零件应有合理的工艺基准。

5）零件的结构应便于装夹、加工和检查。

6）零件的结构要素应尽可能统一，并使其能使用普通设备和标准刀具进行加工。

7）零件的结构应便于多件同时加工。

常见的外回转面结构零件工艺性的部分不合理与改进示例见表1-2。

表1-2　零件外回转面结构工艺性的对比

序号	结构工艺性说明	结构工艺性对比	
		结构工艺性差	结构工艺性好
1	槽宽种类一致,可减少刀具种类和换刀时间	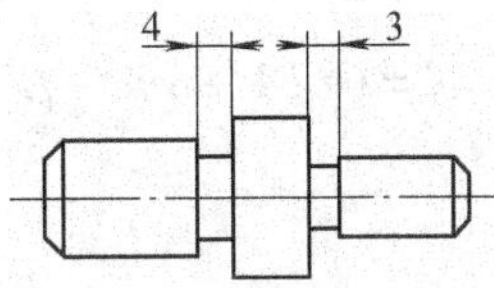	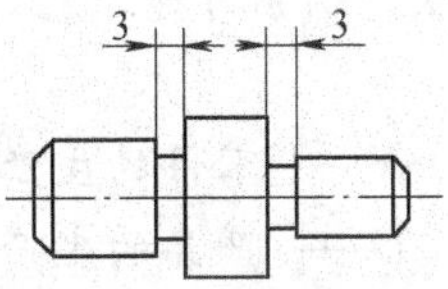
2	键槽的尺寸方位相同可以减少装夹次数	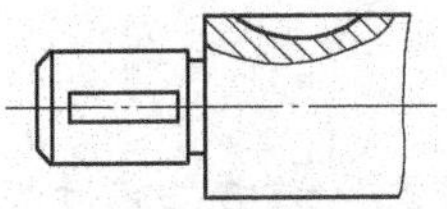	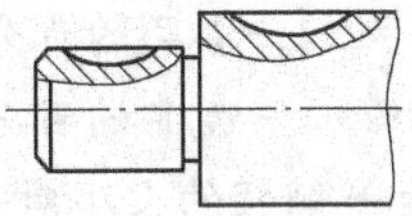
3	表面质量要求高的加工表面应该有砂轮越程槽	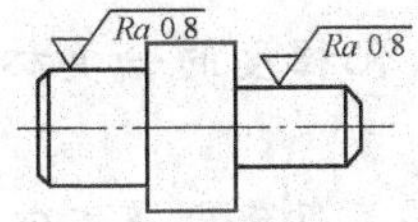	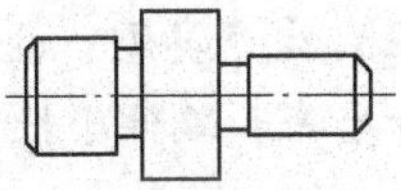
4	螺纹的加工需要退刀槽	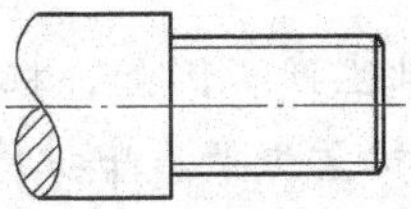	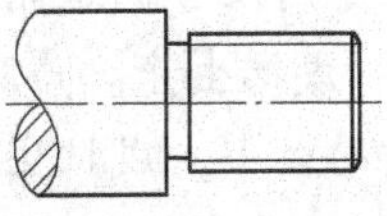
5	改进前两次装夹磨削,改进后只需一次装夹即可	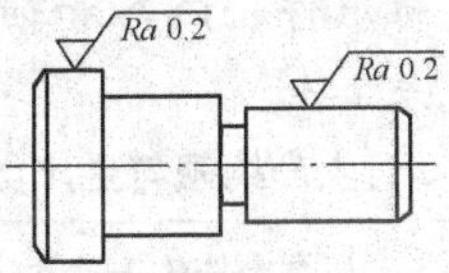	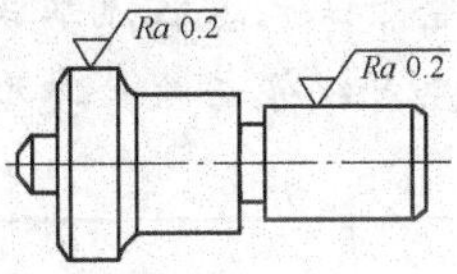
6	避免用端铣方法加工封闭槽	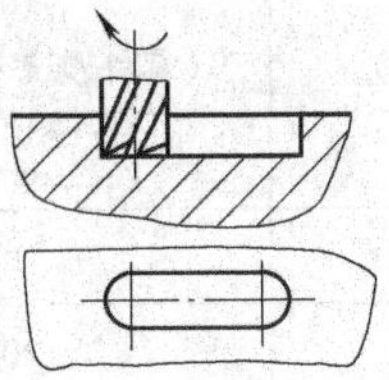	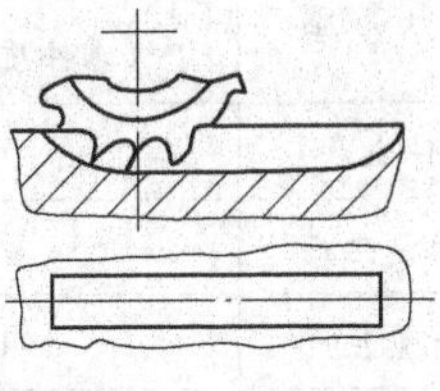
7	沟槽表面不要与其他加工面重合	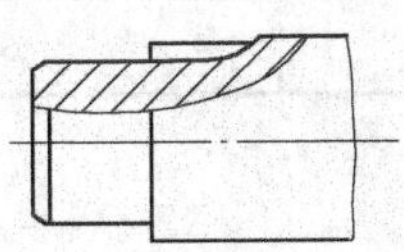	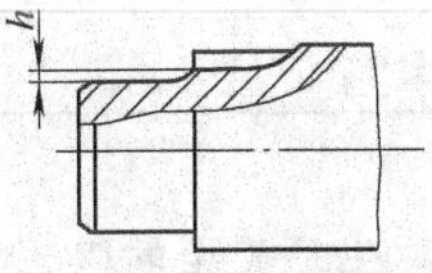

（五）生产批量分析

减速器输出轴的生产批量是中批量,其工艺特征体现为:毛坯采用型材,易于采购,成本低，准备周期短；加工设备采用通用机床；工艺装备采用通用夹具、通用刀具、通用量具等。

▦ "生产类型及其工艺特征" 知识导入

1. 生产纲领与生产类型

（1）生产纲领　企业在计划期内应当生产的产品数量和进度计划称为生产纲领。零件的年生产纲领可按下式计算，即

$$N = Qn(1 + \alpha\% + \beta\%)$$

式中　N——零件的生产纲领；

　　　Q——产品的生产纲领；

　　　n——每台产品中该零件的数量；

　　$\alpha\%$——备品的百分率；

　　$\beta\%$——废品的百分率。

生产纲领的大小对生产组织和零件加工工艺过程起着重要作用，决定各工序所需专业化和自动化的程度、工艺方法和机床设备。

（2）生产类型　企业生产专业化程度的分类称为生产类型。一般分为大批大量生产、中批量生产和单件小批量生产。

1）单件生产。产品的年产量小，每年生产极少重复，甚至完全不重复。例如，新产品试制、专用设备制造等。

2）成批生产。产品周期地成批生产。例如，机床、机器每批投产的数量称为批量。根据批量的大小，成批生产又分为小批量生产、中批量生产和大批量生产。

3）大量生产。产量大，品种少，在大多数工作地点长期不断地重复同一道工序的加工，整个工艺过程流水式地进行。标准件、汽车和轴承等的制造属于这类生产。

生产纲领与生产类型的关系见表1-3。

表1-3　生产纲领与生产类型的关系

生产类型	同类零件的年产量/件		
	重型 （零件质量大于2000kg）	中型 （零件质量在100～2000kg）	轻型 （零件质量小于100kg）
单件生产	≤5	≤20	≤100
小批量生产	5～100	20～200	100～500
中批量生产	100～300	200～500	500～5000
大批量生产	300～1000	500～5000	5000～50000
大量生产	>1000	>5000	>50000

2. 生产类型的工艺特征

生产类型不同，产品和零件的制造工艺不同。

不同的生产类型，对毛坯、机床、工具、加工方法和生产组织形式等要求都不相同。因此，编制工艺规程时，必须了解生产纲领，明确生产类型，充分考虑到不同生产类型的工艺特点。各种生产类型的工艺特点见表1-4。

表1-4　各种生产类型的工艺特点

工艺特征	单件生产	成批生产	大量生产
毛坯制造方法及加工余量	铸件用木模手工造型;锻件用自由锻;毛坯精度低,加工余量大	部分铸件用金属型造型,部分锻件用模锻。毛坯精度中等,加工余量中等	铸件广泛采用金属型及机器造型、压力铸造等高效方法;锻件广泛采用模锻。毛坯精度高等,加工余量小
机床设备及其布置形式	用通用机床。机床类型和规格大小用"机群式"排列布置;也可用数控机床、加工中心等	用部分通用机床和高效机床。按工件类别分工段排列设备;也可用数控机床、加工中心等	广泛采用高效专用机床及自动机床。按流水线和自动线排列设备
零件的互换性	用修配法,钳工修配缺乏互换性	大部分具有互换性。装配精度要求高时,可用分组装配法和调整法,少数可用修配法	具有广泛的互换性,少数装配精度高时采用分组装配法和调整法
工艺装备	大多采用通用夹具、标准附件、通用刀具和万能量具	广泛采用夹具,部分靠找正装夹。较多采用专用刀具和量具	广泛采用高效夹具、复合刀具、专用量具和自动检测装备。靠调整法达到精度要求
对工人技术要求	需要技术水平较高的人	需一定技术水平的工人	对调整工的技术水平要求较高,对操作工的技术水平要求较低
工艺文件	有简单的工艺过程卡	有工艺过程卡,关键工序要有工序卡	有工艺过程卡和工序卡,关键工序要有调整卡和检验卡

二、确定减速器输出轴零件加工毛坯

(一) 确定减速器输出轴零件的毛坯类型

因减速器输出轴结构的台阶直径相差不大,可用棒料,以节约材料和减少机械加工工作量,即减速器输出轴的毛坯选用型材圆棒料。

田"毛坯制造方式"知识导入

机械零件的制造包括毛坯成形和切削加工两个阶段,正确选择毛坯的类型和制造方法,对于机械制造有着重要的意义。

确定毛坯,主要是确定毛坯的种类、制造方法及其制造精度。毛坯的形状、尺寸越接近成品,切削加工余量就越少,从而可以提高材料的利用率和生产率,然而这样往往会使毛坯制造困难,需要采用昂贵的毛坯制造设备,从而增加毛坯的制造成本。所以选择毛坯时应从机械加工和毛坯制造两方面出发综合考虑,以求最佳效果。

机械零件常用的毛坯包括铸件、锻件、轧制型材、挤压件、冲压件、焊接件等。

1. 毛坯的种类

毛坯的种类很多,同一种毛坯又有多种制造方法。

(1) 铸件　铸件适用于形状复杂的零件毛坯。根据铸造方法的不同,铸件又有不同的形式。

1) 砂型铸造铸件。这是应用最为广泛的一种铸件。其中木模手工造型生产率低,适用于单件小批量生产或大型零件的铸造。

2）金属型铸造铸件。这种铸件比砂型铸造铸件精度高、表面质量和力学性能好，生产率也较高，但需专用的金属型腔模，适用于大批量生产中的尺寸不大的有色金属铸件。

3）离心铸造铸件。这种铸件的力学性能好，外圆精度及表面质量高，但内孔精度差，且需要专门的离心浇注机，适用于批量较大的黑色金属和有色金属的旋转体铸件。

4）压力铸造铸件。这种铸件精度高，可达 IT13～IT11；表面粗糙度值小，可达 $Ra3.2$ ～$0.4\mu m$；铸件力学性能好，适用于批量较大、形状复杂、尺寸较小的有色金属铸件。

5）精密铸造铸件。精密铸造铸件精度高，表面质量好。一般用来铸造形状复杂的铸钢件，可节省材料，降低成本，是一项先进的毛坯制造工艺。

（2）锻件　锻件适用于强度要求高、形状比较简单的零件毛坯，其锻造方法有自由锻和模锻两种。

自由锻造锻件是在锻锤或压力机上用手工操作而成形的。它的精度低，加工余量大，生产率也低，适用于单件小批量生产及大型锻件。

模锻件是在锻锤或压力机上，通过专用锻模锻制成形的锻件。它的精度和表面粗糙度均比自由锻好，可以使毛坯形状更接近工件形状，加工余量小，适于批量较大的中小型零件。

（3）焊接件　焊接件是根据需要将型材或钢板焊接而成的毛坯件，它制作方便、简单，但需要经过热处理才能进行机械加工。适用于在单件小批量生产中制造大型毛坯，其优点是制造简便，加工周期短，毛坯重量轻；缺点是焊接件抗振动性差，机械加工前需经过时效处理，以消除内应力。

（4）冲压件　冲压件是通过冲压设备对薄钢板进行冲压加工而得到的零件，它可以非常接近成品要求。冲压零件可以作为毛坯件，也可以直接作为成品件。冲压件的尺寸精度高，适用于批量较大而零件厚度较小的中小型零件。

（5）型材　型材主要是通过热轧或冷拉而成。热轧的精度低，价格较冷拉的便宜，用于一般零件的毛坯。冷拉的尺寸小，精度高，易于实现自动送料，但价格贵，多用于批量较大且在自动机床上进行加工的情形。按其截面形状不同，型材可分为圆钢、方钢、六角钢、扁钢、角钢、槽钢以及其他特殊截面的型材。

（6）冷挤压件　冷挤压件是在压力机上通过挤压模挤压金属毛坯（产生塑性变形）而成的。其生产率高。冷挤压毛坯精度高，表面粗糙度值小，可以不再进行机械加工，但要求材料塑性好，主要为有色金属和塑性好的钢材。适用于在大批量生产中制造形状简单的小型零件。

（7）粉末冶金件　粉末冶金件是以金属粉末为原料，在压力机上通过模具压制成形后经高温烧结而成的。其生产率高，零件的精度高，表面粗糙度值小，一般可不再进行精加工。但金属粉末成本较高，适用于大批大量生产中压制形状较简单的小型零件。

2. 确定毛坯时应考虑的因素

1）零件材料及其力学性能。当零件的材料选定以后，毛坯的类型就大体确定了。例如，材料为铸铁的零件，自然应选择铸造毛坯；而对于重要的钢质零件，力学性能要求高时，可选择锻造毛坯。

2）零件的结构和尺寸。形状复杂的毛坯常采用铸件，但对于形状复杂的薄壁件，一般不能采用砂型铸造；对于一般用途的阶梯轴，如果各段直径相差不大、力学性能要求不高时，可选择棒料作为毛坯；倘若各段直径相差较大，为了节省材料，应选择锻件。

3）生产类型。当零件的生产批量较大时，应采用精度和生产率都比较高的毛坯制造方法，这时毛坯制造增加的费用可由材料耗费减少的费用以及机械加工减少的费用来补偿。

4）现有生产条件。选择毛坯类型时，要结合本企业的具体生产条件，如现场毛坯制造的实际水平和能力、外协的可能性等。

5）充分考虑利用新技术、新工艺和新材料的可能性。为了节约材料和能源，减少机械加工余量，提高经济效益，只要有可能，就必须尽量采用精密铸造、精密锻造、冷挤压、粉末冶金和工程塑料等新工艺、新技术和新材料。

3. 确定毛坯时的几项工艺措施

实现少切屑、无切屑加工，是现代机械制造技术的发展趋势。但是，由于毛坯制造技术的限制，加之现代机器对零件精度和表面质量的要求越来越高，为了保证机械加工能达到质量要求，毛坯的某些表面仍需留有加工余量。加工毛坯时，由于一些零件形状特殊，安装和加工不大方便，必须采取一定的工艺措施才能进行机械加工。以下列举几种常见的工艺措施。

1）为了便于安装，有些铸件毛坯需铸出工艺凸台。工艺凸台在零件加工完毕后一般应切除，如对使用和外观没有影响，也可保留在零件上。

2）装配后需要形成同一工作表面的两个相关偶件，为了保证加工质量并使加工方便，常常将这些分离零件先制作成一个整体毛坯，加工到一定阶段后再切割分离。

3）对于形状比较规则的小型零件，为了便于安装和提高机械加工的生产率，可将多件合成一个毛坯，加工到一定阶段后，再分离成单件。毛坯的各平面加工好后再分离成单件，再对单件进行加工。

轴零件常用的毛坯是型材和锻件，大型且结构复杂的轴也可以用锻件或焊接件。光轴或直径相差不大的阶梯轴，常用型材（即冷轧或热轧圆钢）作为毛坯。直径相差较大的阶梯轴或要承受冲击载荷和交变应力的重要轴，均采用锻件作为毛坯。结构复杂的大型轴类零件，也可以采用砂型铸造件、焊接结构件或铸-焊结构件作为毛坯。

（二）绘制减速器输出轴的毛坯图

要绘制出毛坯图，得先知道毛坯的尺寸。对于采用轧制圆钢的减速器低速轴的毛坯，可以查阅附表 E-1 来确定毛坯的尺寸。

经过计算，零件长度与公称尺寸之比为 215/52 = 4.13，查阅附表 E-1，得知零件毛坯直径可取 φ60mm；再查阅附表 E-2，得知零件的单端面加工余量为 2mm，故零件毛坯尺寸可以为 φ60mm × (215 + 2 × 2)mm，或者毛坯尺寸定为 φ60mm × 220mm。

画出零件毛坯图，如图 1-2 所示。

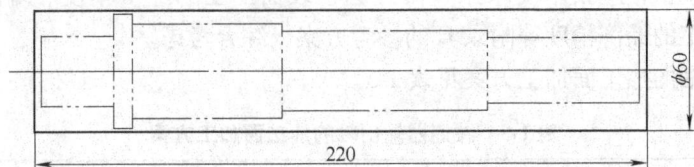

图 1-2　减速器输出轴毛坯图

◼"加工总余量"知识导入

毛坯的形状和尺寸主要由零件组成表面的形状、结构、尺寸及加工余量等因素确定，并尽量与零件相接近，以减少机械加工的劳动量，力求达到少或无切削加工的目的。但是，由于现有毛坯制造技术及成本的限制，以及产品零件的加工精度和表面质量要求越来越高，所以，毛坯的某些表面仍需留有一定的加工余量，以便通过机械加工达到零件的技术要求。

毛坯尺寸与零件图样上的尺寸之差称为加工总余量。

毛坯的形状和尺寸的确定，除了将加工总余量附在零件相应的加工表面上之外，有时还要考虑到毛坯的制造、机械加工及热处理等工艺因素的影响。在这种情况下，毛坯的形状可能与工件的形状有所不同。例如，为了加工时安装方便，有的铸件毛坯需要铸出必要的工艺凸台，工艺凸台在零件加工后一般应切去。又如车床开合螺母外壳，它由两个零件合成一个铸件，待加工到一定阶段后再切开，以保证加工质量和加工方便。有时为了提高生产率和加工过程中便于装夹，可以将一些小零件多件合成一个毛坯，待某些相关联的表面加工完成后，再切割成单个零件。

毛坯图的绘制，需在零件图上添上足够的加工余量。一般余量部分用粗实线表达，与零件上的双点画线区分开。不需要加工余量的地方，毛坯尺寸即为原零件图标注尺寸。在绘制毛坯图时，按比例用双点画线画出简化了的零件视图，再将确定的加工余量叠加在各相应表面上，即得到毛坯轮廓。

绘制毛坯图的步骤如下：

1）用双点画线画出经简化了次要细节的零件图的主要视图，将已确定的加工余量加在各相应的被加工表面上，用粗实线表示，即得到毛坯轮廓。

2）在图上标出毛坯主要尺寸及公差，标出加工余量的名义尺寸。

3）标明毛坯的技术要求，如毛坯精度、热处理及硬度、圆角尺寸、分型面、起模斜度、表面质量要求等。

三、设计减速器输出轴零件机加工工艺路线

零件机械加工的工艺路线是指零件生产过程中，由毛坯到成品所经过的工序先后顺序。这一工艺路线指出了零件加工所经过的整个过程，即仅列出工序名称的简略工艺过程。其主要任务是选择各个加工面的加工方案，确定所有加工面间的加工顺序，以及热处理和辅助工序的位置。

（一）选择加工方案

由前面的分析知道，减速器输出轴的加工表面，是由不同精度要求的外圆柱面、键槽、螺纹、端面等组成的，加工面加工方案的选择就是针对这些加工面的"个体"进行的。选择加工方案时，依据相应技术要求来查阅外圆柱表面加工的经济精度、端面加工的经济精度、外圆柱面加工的经济精度等附录 C 的参考方案，综合考虑。

减速器输出轴的加工面加工方案见表 1-5。

表 1-5　减速器输出轴的加工面加工方案

加工面	加工方案	
	尺寸公差等级及表面粗糙度要求	加工方法
两处 $\phi(35 \pm 0.008)$ mm 外圆	IT6，圆柱度公差为 0.005mm；圆柱面相对于基准 A 径向圆跳动公差为 0.015mm，$Ra0.8\mu m$	粗车—半精车—粗磨—精磨

（续）

加工面	加工方案	
	尺寸公差等级及表面粗糙度要求	加工方法
$\phi 52$mm 外圆	自由公差，$Ra12.5\mu m$	车
$\phi(42\pm0.0125)$mm 外圆	IT7，$Ra1.6\mu m$	粗车—半精车—精车
$\phi(42\pm0.0125)$mm 外圆面上的键槽	IT9，键槽面相对于基准 A 径向圆跳动公差为 0.03mm，$Ra3.2\mu m$	铣
$\phi(42\pm0.0125)$mm 外圆相关台阶面	基准 A 径向圆跳动公差为 0.02mm，$Ra0.8\mu m$	磨
$\phi 33_{-0.03}^{0}$mm 外圆	IT8，$Ra1.6\mu m$	粗车—半精车
$\phi 28_{-0.022}^{0}$mm 外圆	IT7，$Ra1.6\mu m$	粗车—半精车—精车
$\phi 28_{-0.022}^{0}$mm 外圆面上的键槽	IT9，键槽面相对于基准 A 径向圆跳动公差为 0.03mm，$Ra3.2$mm	铣
M24×1.5-8g 螺纹	IT8，$Ra3.2\mu m$	粗车—半精车—车螺纹
轴两端面	$Ra12.5\mu m$	车
两端面中心孔 2×B3.15/10GB/T4459.5	$Ra0.8\mu m$	钻
两轴颈 $\phi(35\pm0.008)$mm 处的砂轮越程槽	$Ra12.5\mu m$	车
螺纹 M24×1.5-8g 处的退刀槽	$Ra12.5\mu m$	车

🔲 "轴类零件加工" 知识导入

1. 工艺方法

各种机加工的工艺方法见表1-6。

表1-6　工 艺 方 法

术　语	定　义	术　语	定　义
机械加工	利用机械力对各种工件进行的加工方法	铰削	用铰刀从工件壁上切除微量金属层，以提高其尺寸精度和降低表面粗糙度的方法
压力加工	使毛坯材料产生塑性变形或分离而无切屑的加工方法	锪削	用锪钻或锪刀刮平孔的端面的方法
切削加工	利用切削工具从工件上切除多余材料的加工方法	镗削	镗刀作旋转运动，工件或镗刀杆作进给运动的切削加工方法
车削	工件旋转作主运动，车刀作进给运动的切削加工方法	插削	用插刀对工件作垂直相对直线往复运动的切削加工方法
铣削	铣刀作旋转运动，工件和铣刀作进给运动的切削加工方法	拉削	用拉刀加工工件内、外表面的方法
		推削	用推刀加工工件内表面的方法
刨削	用刨刀对工件作水平相对往复运动的切削加工方法	铲削	切出有关带齿工具的切削齿背以获得后面和后角的加工方法
钻削	用钻头或扩孔钻在工件上加工孔的方法	刮削	用刮刀刮除工件表面薄层的加工方法

（续）

术 语	定 义	术 语	定 义
磨削	用磨具以较高的线速度对工件表面进行加工的方法	喷丸	用小直径的弹丸，在压缩空气或离心力的作用下，高速喷射工件，进行表面强化和清理的加工的方法
研磨	用研磨工具和研磨剂，从工件上研去一层极薄表面层的精加工方法	喷砂	用高速运行的沙粒喷射工件，进行表面清理、除锈或使其表面粗化的加工方法
珩磨	利用珩磨工具对工件表面施加一定压力，珩磨工具同时作相对旋转和直线往复运动，切除工件上极小加工余量的精加工方法	冷作	在基本不改变材料端面特征的情况下，将金属板材、型材等加工成各种制品的方法
超精加工	用细粒度的磨具对工件表面施加很小的压力，并作往复振动和慢速纵向进给运动，以实现微量磨削的一种光整加工方法	冲压	使板料经分离或成形而得到制件的加工方法
抛光	利用机械、化学或电化学的作用，使工件获得光亮、平整表面的方法	铆接	借助铆钉成形的不可拆卸的连接
		粘接	借助粘结剂形成的连接
挤压	用挤压工具以一定的压力作用于金属坯料或工件，使其产生塑性变形，从而将坯料成形或挤光工件表面的加工方法	钳加工	在钳台上以手工工具为主，对工件进行的各种加工方法
		电加工	直接用电能对工件进行加工的方法
滚压	用滚压工具对金属材料或工件施加压力，使其产生塑性变形，从而将坯料成形或滚光工件表面的加工方法	装配	按规定的技术要求，将零件或部件进行配合和连接，使之成为半成品或成品的工艺过程

选择零件加工面的加工方案时，应综合考虑个体加工面的尺寸精度、几何精度、表面质量技术要求，所选择的加工方案要同时能满足这些加工要求。

2. 轴类零件的加工

轴类零件常见结构表面有外圆柱面、外圆锥面、沟槽、螺纹、键槽、端面等。这其中大多是回转面。而车削加工就是针对带有各种回转面的不同形状的零件（轴类零件即为其中一种），如外圆柱面、内圆柱孔、圆锥、成形面和螺纹等都是回转面。但是，轴类零件的加工面中因技术要求的不同，在车削满足不了加工精度要求时，还可以采用磨削加工。同时，像键槽等加工面的加工要采用铣削。

3. 车削

车削加工是一种传统的机械加工方法，如图1-3所示，同时也是零件生产中应用最多的加工方法之一。轴零件的外圆面、沟槽、端面、螺纹等加工面都需要车削加工。

车削轴类工件的工艺特征如下：

1）车削台阶轴时，为了保证车削时的刚性，一般应先车直径较大的部分，后车直径较小的部分。

2）在轴类工件上车槽时，应在精车之前进行，以防止工件变形。

3）精车带螺纹的轴时，一般应在螺纹加工之后再精车无螺纹部分。

4）钻中心孔前，应将工件端面车平。

5）当工件的有关表面有位置公差要求时，应尽量在一次装夹中完成车削。

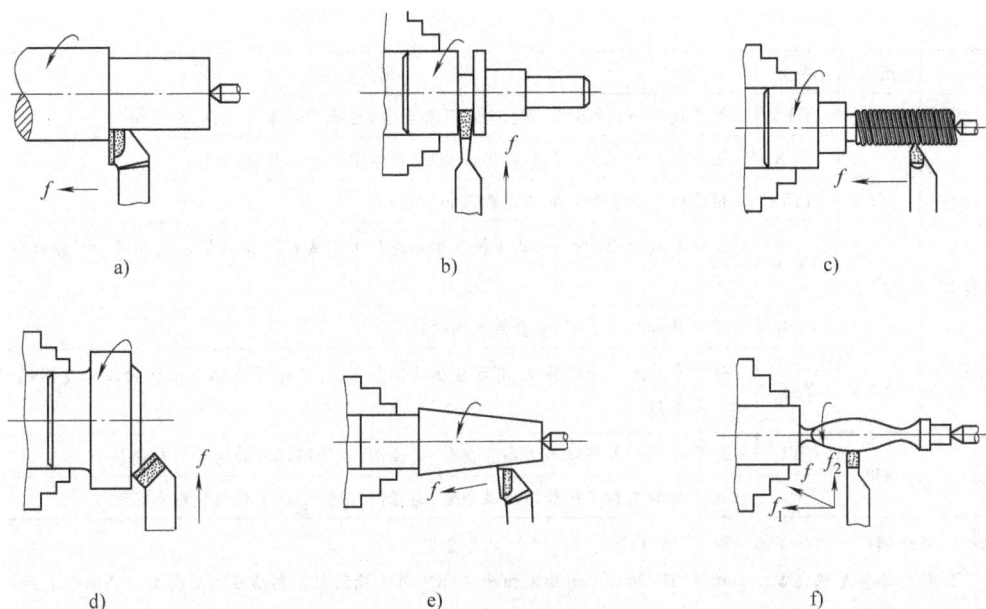

图 1-3　车削加工

a) 车外圆　b) 车沟槽　c) 车螺纹　d) 车端面　e) 车锥面　f) 车成形面

（1）车床　车床是利用工件的旋转运动和刀具的直线运动来加工工件的，它能完成的切削加工最多，就其基本的工作内容来说，可以车外圆、车端面、切断、车槽、钻中心孔、钻孔、车孔、铰孔、车各种螺纹、车圆锥、车成形面等。如果在车床上装上其他附件和夹具，还可以进行镗削、磨削、研磨、抛光以及加工各种复杂零件的外圆、内孔等。

常用的卧式车床、立式车床、卧式数控车床的型号与部分技术参数见附录 H。

（2）车刀　影响车削加工中车刀选用的因素很多，这里主要从车刀的材料、车刀的主要几何参数、车刀类型及规格尺寸等方面，来说明车刀的选择。

1）不同材料的车刀选用。在切削过程中，车刀的切削部分在高温环境中承受着很大的切削力、冲击及强烈的摩擦。常用的高速钢和硬质合金两大类车刀材料，都满足了车刀切削部分该有的硬度高、耐磨、耐高温、强度大和坚韧等性能要求。车刀常用材料及用途见表 1-7。

表 1-7　车刀常用材料及用途

材　料			适　于	不　适　于
高速钢			高速钢刀具制造简单，容易磨得锋利，韧性好，能够承受较大的冲击力。常用作精加工车刀以及成形车刀的材料	耐热性差，不适于高速切削
硬质合金	代号	牌号	用　途	
	YG	YG3	适于连续切削的精车或半精车铸铁、有色金属及其合金与非金属材料	
		YG6	适于连续切削的粗车铸铁、有色金属及其合金与非金属材料，或间断切削时的粗车、半精车	
		YG8	适于间断切削的粗车铸铁、有色金属及其合金与非金属材料	

（续）

代号		牌号	用　　途
硬质合金	YG	YG3X	适于精车、精镗铸铁、有色金属及其合金,也适于精车合金钢、淬硬钢
		YG6X	适于加工冷硬合金钢和耐热合金钢,也适于精加工普通铸铁
	YT	YT5	适于断续切削时粗加工碳素钢和合金钢
	YT	YT15	适于断续切削时粗加工、半精加工和精加工碳素钢和合金钢。也可用于断续切削时精加工
		YT30	适于精加工碳素钢、合金钢和淬硬钢
	YA	YA6	适于半精加工冷硬铸铁、有色金属及其合金,也可用于半精加工和精加工高锰钢、淬硬钢及合金钢
	YW	YW1	适于半精加工和精加工高温合金、高锰钢、不锈钢以及普通钢料和铸铁
		YW2	适于粗加工和半精加工高温合金、高锰钢、不锈钢以及普通钢料和铸铁

注：1. 高速钢是一种含有钨（W）、铬（Cr）、钒（V）的合金钢。

2. 硬质合金是钨（W）和钛（Ti）的碳化物粉末加钴（Co）作为粘结剂,高压压制后再高温烧结而成的。硬质合金耐高温、耐磨性好。

2）车刀主要几何参数及选用。车刀的主要几何参数（即几何角度）有前角（γ_o）、后角（α_o）、主偏角（κ_r）、副偏角（κ_r'）、刃倾角（λ_s）。这些角度的选择原则见表1-8。

表1-8　车刀主要几何角度及其选择原则

角　　度	选 择 原 则
前角（γ_o）	1）加工弹塑性材料时,前角应取大值;加工脆性材料时,应取较小的前角 2）工件材料的强度、硬度较低时,选用较大的前角;反之,选用较小的前角 3）刀具材料强度和塑性好时,应取大值;刀具材料强度和塑性差时,应取小值 4）粗加工和断续切削时应取较小的前角,精加工应取较大的前角
后角（α_o）	1）加工硬度高、强度大及脆性材料时,应较小的后角。加工硬度低、强度小及弹塑性材料时,应选取较大的后角 2）粗加工应选取较小后角,精加工应选取较大后角 3）工件与刀具的刚性差时,应选取较小后角
主偏角（κ_r）	1）工件材料硬,应选取较小的主偏角 2）刚性差的工件（如细长轴）应增大主偏角,减小径向切削力 3）主偏角应根据工件形状选取,台阶轴取90°,中间切入工件取60°
副偏角（κ_r'）	1）精加工刀具应选取较小的副偏角 2）加工高硬度材料或断续切削时,应选取较小的副偏角,以提高刀尖强度 3）加工中间切入的工件取60°
刃倾角（λ_s）	1）精加工时刃倾角应取正值,粗加工时刃倾角应取负值 2）冲击负荷较大的断续切削,应取较大负值的刃倾角 3）加工高硬度材料时,应取负值刃倾角,以提高刀具寿命

注：前角（γ_o）、后角（α_o）、主偏角（κ_r）、副偏角（κ_r'）、刃倾角（λ_s）的具体参考值详见相关工艺手册资料。

3) 车刀类型及规格尺寸选用。高速钢车刀的国标编号为 GB/T 4211.1—2004。根据截面形状不同，高速钢车刀分为方形截面车刀、矩形截面车刀、不规则四边形截面车刀。

硬质合金焊接车刀的国标编号为 GB/T 17985.1—2000。其中，硬质合金焊接外表面车刀的国标编号为 GB/T 17985.2—2000，硬质合金焊接内表面车刀的国标编号为 GB/T 17985.3—2000。此类车刀的代号由按规定顺序排列的一组字母和数字组成，共用六个符号分别表示各项特征。

第一个是用两位数字表示车刀头部的形式。

第二个是用字母表示车刀的切削方向。其中 R 为右切削车刀，L 为左切削车刀。

第三个是用两位数字表示车刀的刀杆高度，如果高度不足两位数字时，则在该数字前面加 "0"。

第四个是用两位数字表示车刀的刀杆宽度，如果宽度不足两位数字时，则在该数字前面加 "0"。

第五个是用 "—" 表示该车刀的长度符合 GB/T 17985.2 或 GB/T 17985.3 的规定。

第六个是用一个字母和两位数字表示车刀所焊刀片材料的用途。

示例：06R2525-P20 车刀的代号含义。

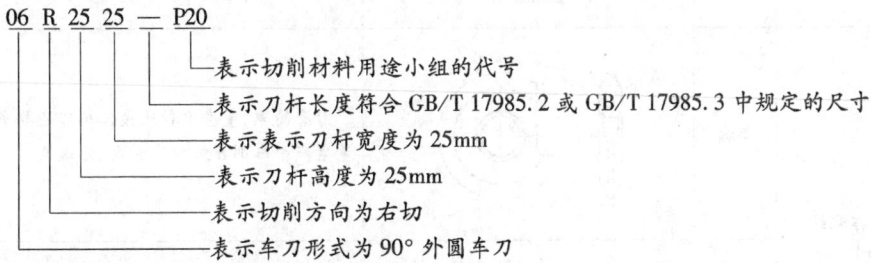

```
06  R  25  25  —  P20
 │  │   │   │   │   └── 表示切削材料用途小组的代号
 │  │   │   │   └────── 表示刀杆长度符合 GB/T 17985.2 或 GB/T 17985.3 中规定的尺寸
 │  │   │   └────────── 表示表示刀杆宽度为 25mm
 │  │   └────────────── 表示刀杆高度为 25mm
 │  └────────────────── 表示切削方向为右切
 └───────────────────── 表示车刀形式为 90° 外圆车刀
```

硬质合金外圆车刀形式及代号见附表 F-1。

螺纹车刀的类型及应用，见表 1-9。

表 1-9　螺纹车刀的类型及应用

刀具类型	图示	特点及应用
高速钢平体螺纹车刀	单齿	结构简单，制造容易，刃磨方便，用于单件小批量生产中车削 4~6 级精度的内外螺纹
	多齿	用于大批量生产中车削 6 级精度的单线、多线外螺纹

（续）

刀具类型	图　示	特点及应用
高速钢棱体螺纹车刀	单齿	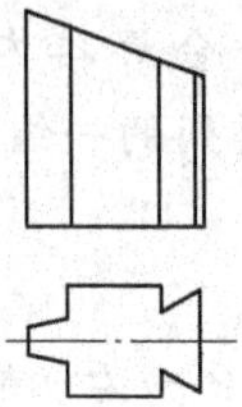 重磨简单，且重磨次数较多，用于成批生产中车削4~6级精度的外螺纹
	多齿	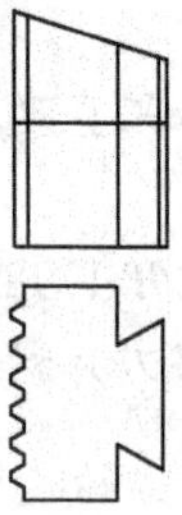 重磨简单，且重磨次数较多，用于成批生产中车削6级精度的外螺纹
高速钢圆体螺纹车刀	单齿	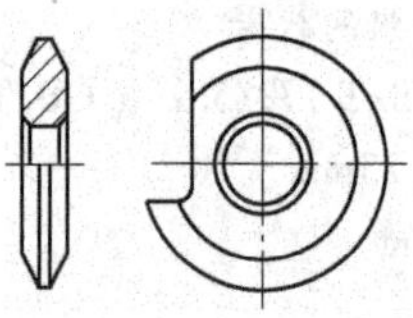 刃磨简单，重磨次数比棱体车刀还要多，用于大批量生产中车削6级精度的内、外螺纹
	多齿	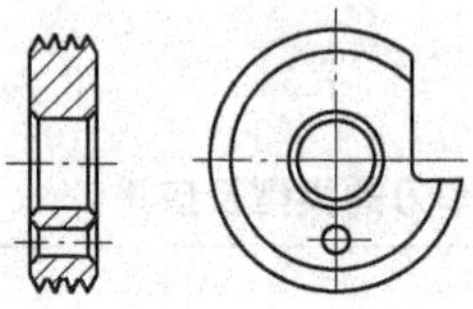 刃磨简单，重磨次数比棱体车刀还要多，用于大批量生产中车削6级精度的内、外螺纹
硬质合金焊接螺纹车刀		刀具结构与外螺纹车刀相同，制造简单，重磨方便，用于高速切削和强力车削普通螺纹、梯形螺纹
硬质合金机械加固式螺纹车刀	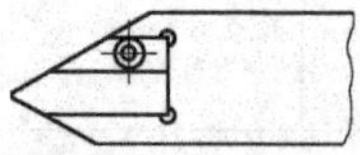	刀片未经加热焊接，寿命长，刀杆可以多次使用，可重磨，但不能转位，用于高速车削螺纹
硬质合金可转位螺纹车刀	平装刀片	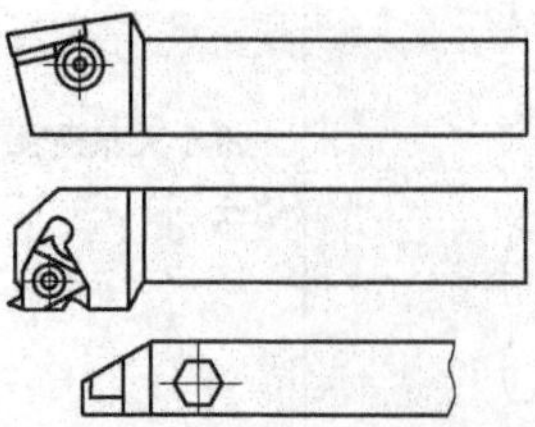 刀具制造复杂，但刀具寿命长，换刃方便，不需对刀，生产率高。大批量生产中用于高速车削普通螺纹

（3）车床通用夹具　按工艺规程的要求，保证工件获得相对于机床和刀具的正确位置，并通过夹紧工件保证在加工过程中始终保持工件位置正确的工艺装备，称为机床夹具。

按使用机床的不同，夹具可以分为车床夹具、铣床夹具、钻床夹具、磨床夹具等；按动力源不同，夹具可分为手动夹具、气动夹具、液压夹具、磁力夹具等；按通用化程度和使用范围不同，夹具可以分为通用夹具、专用夹具、可调夹具、组合夹具等。

通用夹具是指结构、尺寸已经标准化、规格化，在一定范围内可用于加工不同工件的夹具。这类夹具已作为机床的附件由机床附件厂制造和供应。如车床上的自定心卡盘、单动卡盘、顶尖和鸡心夹头；铣床上的平口台虎钳、分度头和回转工作台；平面磨床上的磁力工作台等。这类夹具的特点是适应性强，无需调整或稍作调整就可以用来装夹一定形状和尺寸范围的工件。

下面从工件的装夹方式与夹具结构方面来介绍车床通用夹具——自定心卡盘、单动卡盘、顶尖和鸡心夹头，这类夹具的详细型号和规格参数见相关机械制造工艺类手册资料。

1）自定心卡盘装夹。自定心卡盘是车床上应用最广的通用夹具，结构如图 1-4 所示。使用时将卡盘扳手方榫插入小锥齿轮 2 的方孔 1 中转动，小锥齿轮 2 带动大锥齿轮 3 转动，大锥齿轮 3 背面的平面螺纹 4 与三个卡爪 5 背面的螺纹相啮合。当平面螺纹 4 转动时，带动三个卡爪作同步径向移动。

2）单动卡盘装夹。单动卡盘的四个卡爪是独立移动的，不能自动定心，在安装工件时必须进行找正。通过调整卡爪位置将工件加工部分的旋转轴线找正到与车床主轴旋转轴线重合才能进行车削，因此单动卡盘常用于安装截面为方形、长方形、偏心、椭圆以及其他形状不规则的零件。同时，单动卡盘比自定心卡盘的夹紧力大，所以也可用来装夹较大的圆形工件。

单动卡盘的结构形状如图 1-5 所示。

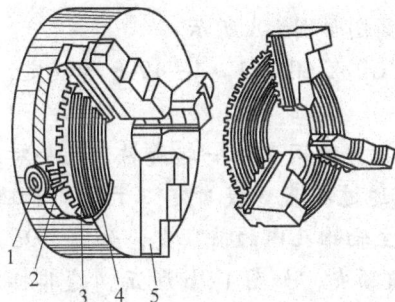

图 1-4　自定心卡盘
1—方孔　2—小锥齿轮　3—大锥齿轮
4—平面螺纹　5—卡爪

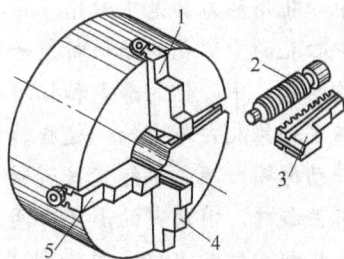

图 1-5　单动卡盘
1、3、4、5—卡爪　2—螺杆

3）顶尖和鸡心夹头装夹。在轴两端面上用标准中心钻钻出中心孔，再用前后顶尖进行装夹，由鸡心夹头或拨盘带动工件旋转，如图 1-6 所示。这种装夹方式适合需要多次装夹要求在同一个基准的轴类零件的精加工。

为满足精度要求高的外圆面等加工用顶尖装夹所需，往往在机加工的初始阶段先车轴端面，再在端面上钻中心孔。中心孔是轴类工件在顶尖上安装的定位基面，按国标 GB/T 145—2001 规定，中心孔有 A 型（不带护锥）、B 型（带护锥）、C 型（带螺孔）和 R 型（弧形）四种结构形式，如图 1-7 所示。

图 1-6　两顶尖装夹工件

a）使用鸡心夹头的两顶尖装夹　b）使用自定心卡盘的两顶尖装夹

1—拨盘　2—鸡心夹头　3—方头螺钉

图 1-7　中心孔

a）A 型　b）B 型　c）C 型　d）R 型

钻中心孔用的刀具是中心钻。中心钻钻中心孔的简图如图 1-8 所示。

钻中心孔的中心钻的结构对应于中心孔，按国标 GB/T 6078.1～4—1998 等规定，有相应的结构形式。中心钻的形式和标准编号见附表 F-18。

插在主轴锥孔内与主轴一起旋转的叫前顶尖。前顶尖随同工件一起旋转，无相对运动，不发生滑动摩擦。顶尖不能直接带动工件转动，必须通过拨盘（或自定心卡盘）和鸡心夹头带动工件旋转。前顶尖的形式有两种：一种是插入主轴锥孔内的前顶尖，如图 1-9a 所示，通常是车床配置的标准件；另一种是夹在卡爪上的前顶尖，如图 1-9b 所示，是非标准件，由操作者自制。鸡心夹头结构如图 1-10 所示。

图 1-8　钻中心孔

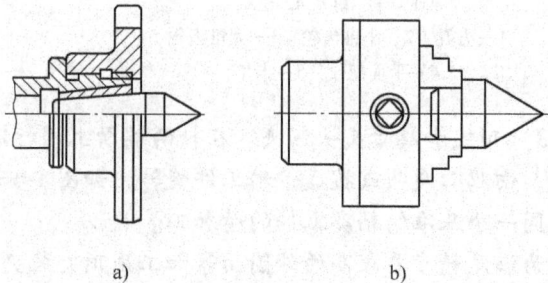

图 1-9　前顶尖

a）使用拨盘的前顶尖　b）使用自定心卡盘的前顶尖

插入车床尾座套筒内的叫后顶尖。后顶尖分为固定顶尖和回转顶尖两种，结构形状如图
1-11 所示。切削时，固定顶尖定心精度高，刚性好，不易产生振动，但和工件中心孔之间由于滑动摩擦而产生高温，往往会将中心孔和顶尖磨损或烧坏。因此，采用固定顶尖时，应在轴端中心孔涂上润滑脂，以减小摩擦。目前，固定顶尖的头部大都镶有硬质合金，在高速旋转时能承受高温并耐磨。

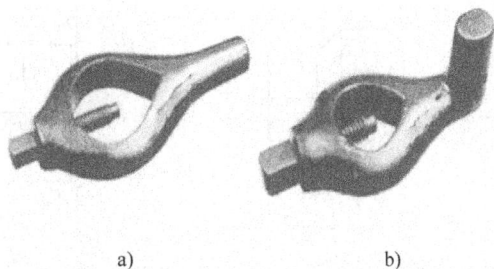

图 1-10　鸡心夹头
a) 直柄式　b) 弯柄式

在两顶尖上装夹工件，刚性较差，因此车削一般的轴类工件，尤其是较重的工件，不能采用两顶尖装夹时，就采用一端夹住（用自定心或单动卡盘夹住且在卡盘内做一限位支撑，或直接夹在工件台阶处，以防轴向窜动），而另一端用后顶尖顶住，即采用"一夹一顶"的装夹方式。

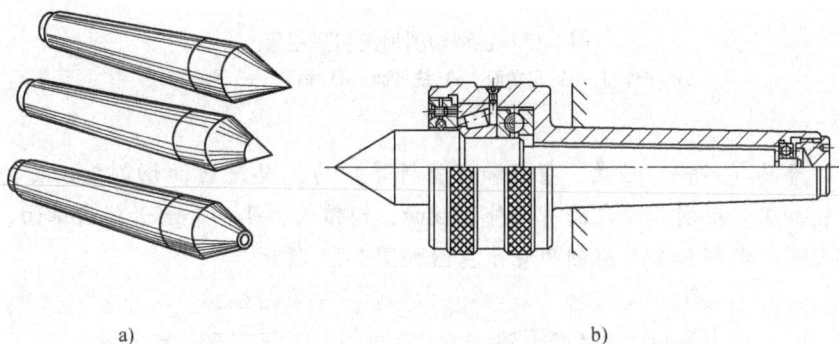

图 1-11　后顶尖
a) 固定顶尖　b) 回转顶尖

（4）车削用量　在切削加工过程中，需要针对不同的加工材料、刀具材料和其他技术经济要求来选定适宜的切削速度 v_c(m/min)、进给量 f(mm/r) 和背吃刀量 a_p(mm)。切削速度、进给量、背吃刀量通常称为切削用量三要素。切削用量是衡量切削运动大小的参数。合理地选择切削用量能有效地提高生产率。

图 1-12 所示为各种切削加工的切削用量示意图。

切削用量中，背吃刀量 a_p 的确定方法如下：

1）粗加工时，$a_p = (2/3 \sim 3/4)Z$（Z 为粗加工单边余量）。

2）半精加工（表面粗糙度值为 $Ra6.3 \sim 3.2\mu m$）时，$a_p = 0.5 \sim 2mm$。

3）精加工（表面粗糙度值为 $Ra1.6 \sim 0.8\mu m$）时，$a_p = 0.1 \sim 0.4mm$。

车削用量的三要素是指切削速度 v_c(m/min)、进给量 f(mm/r) 和背吃刀量 a_p(mm)。相关的车削用量选择资料见附录 G。车削螺纹的切削用量，总背吃刀量 $a_p = 0.65P$，每次的背吃刀量为 0.1mm 左右；f 和 v_c 见附表 G-4。

（5）车削余量　加工余量是指加工过程中所切去的金属层厚度。余量有加工总余量和工序余量之分。由毛坯转变为零件的过程中，在某加工表面上切除金属层的总厚度，称为该表面的加工总余量（亦称毛坯余量）。

轴类工件的车削余量，主要指外圆加工面的粗车、半精车、精车的加工余量。

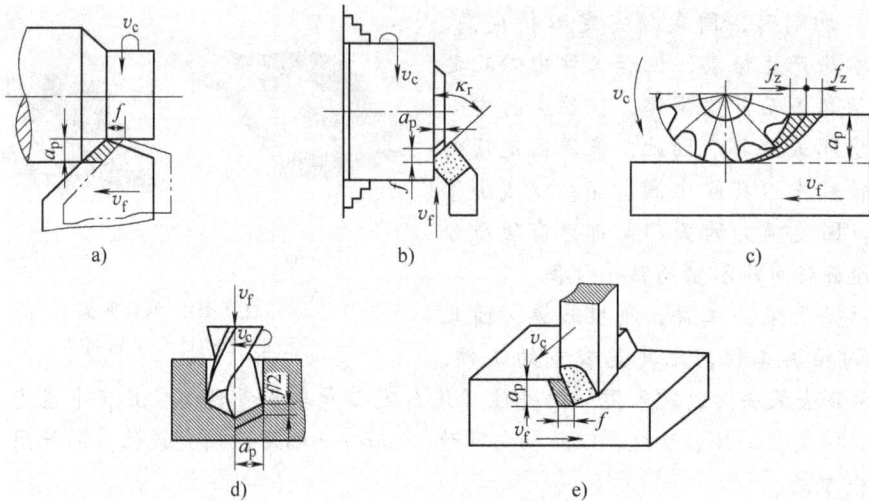

图 1-12　各种切削加工切削用量

a) 车外圆　b) 车端面　c) 铣平面　d) 钻孔　e) 刨平面

4. 磨削

用磨料、磨具（砂轮、砂带、磨石和研磨料等）为工具进行的切削加工称为磨削。磨削主要用于精加工。磨削加工表面有内外圆柱面、圆锥面、平面、渐开线齿廓面、螺旋面以及各种成形面等。磨削加工及磨削用量示意图如图 1-13 所示。

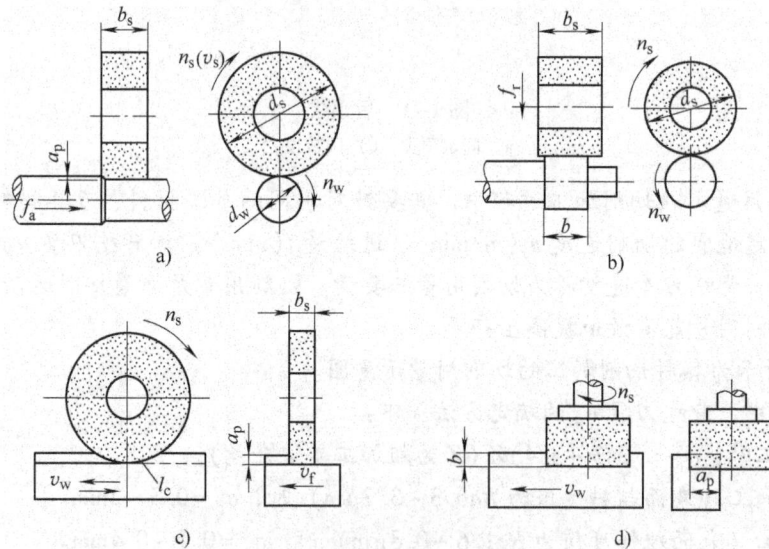

图 1-13　磨削加工及加工运动参数

a) 纵向进给外圆磨　b) 切入磨　c) 周边—端面磨　d) 端面—平面磨

v_s—砂轮速度（m/s）　d_s—砂轮直径（mm）　n_s—砂轮转速（r/min）　v_w—工件速度（m/s）

d_w—工件直径（mm）　n_w—工件转速（r/min）　f_a—内、外圆磨削的轴向进给量（mm/r）

b_s—砂轮宽度（mm）　v_f—内、外圆磨削的轴向进给速度（m/min）

a_p 或 f_r—背吃刀量（mm/单行程或 mm/r）　l_c—砂轮与工件的接触弧长（mm）

图 1-13 所示的磨削运动参数中：

$$v_s = \frac{\pi d_s n_s}{1000 \times 60}; \quad v_w = \frac{\pi d_w n_w}{1000}; \quad v_f = \frac{f_a n_w}{1000}$$

粗磨钢件内、外圆磨削的轴向进给量 $f_a = (0.3 \sim 0.7) b_s$。

粗磨铸件内、外圆磨削的轴向进给量 $f_a = (0.7 \sim 0.8) b_s$。

精磨工件内、外圆磨削的轴向进给量 $f_a = (0.1 \sim 0.3) b_s$。

外圆磨削是外圆表面精加工的主要方法。它可以加工淬火的黑色金属零件，也可以加工有色金属零件。外圆磨削的对象主要是各种圆柱体、圆锥体、带肩台阶轴、环形工件和旋转曲面。外圆磨削根据加工质量等级不同分为粗磨、精磨、精细磨、超精密磨和镜面磨。

根据工件的装夹状况不同，外圆磨削分为中心磨削和无心磨削。中心磨削工件以中心孔或外圆定位，按进给方式不同又可以分为纵磨与横磨等。无心磨削是直接以磨削表面定位，用托板支撑着放在砂轮与导轨之间进行磨削，工件的中心线稍高于砂轮与导轨连线的中心，无需在工件上钻出顶尖孔。

（1）磨床 进行磨削加工的机床统称磨床。为满足磨削各种表面的工件形状和生产批量的要求，磨床的种类主要有外圆磨床、内圆磨床、平面磨床等。

（2）磨料磨具 磨料有天然磨料与人造磨料两大类。天然磨料包括石英、石榴石、天然刚玉与天然金刚石等。人造磨料包括人造金刚石、立方氮化硼等超硬磨料以及硬度较低的磨料等。现代磨具制造业主要选用人造磨料来制造磨具。磨具是指用结合剂或胶粘剂将磨料按一定要求粘结而成的砂轮、磨石、砂纸、砂带等。

普通磨具的选择应根据机床条件和工件要求进行，并注意以下几点：

1）磨床刚性好、动力较大，可以选用较宽的砂轮。

2）加工特软或韧性大的薄壁件、细长件，应选用较窄磨具。

3）在磨削效率和工件表面质量要求较高时，应选用宽一些的磨具。

4）对成形磨削，磨具宽度应略宽于工件加工部分宽度。

5）内孔磨削选择磨具宽度，应视孔径、孔深、工件材料及冷却方法而定。在冷却条件允许的情况下，磨具直径可以选择得较大些，一般可达孔径的 2/3。

各类磨具的名称、型号、形状，及其基本用途见附表 F-2 ~ 附表 F-5。

（3）外圆磨削用量 磨削用量的要素是指工件速度 v_w(m/min)、工件纵向进给量 f_a (mm/r) 和工作台单行程背吃刀量 a_p(mm/单行程)。

外圆磨削的磨削用量见附录 G。

（4）磨削余量 轴类零件的加工表面磨削余量，主要指无心磨外圆、研磨外圆等加工的余量。具体数据资料见附录 G。

（5）磨床夹具 磨床夹具可以分为通用和专用两大类。磨床夹具种类及用途见表 1-10。

表 1-10 磨床夹具种类及用途

	种类		主要用途
通用夹具	顶尖	普通顶尖；硬质合金顶尖；半顶尖；大头、顶尖、长颈顶尖；弹性顶尖	用于在外圆磨床上磨削轴类工件的外圆
	鸡心夹头	单(双)口鸡心夹头；圆环形(方形)鸡心夹头；双尾鸡心夹头	

（续）

	种　　类		主要用途
通用夹具	心轴	锥度心轴；带肩心轴；莫氏锥柄悬伸心轴；胀胎心轴；锥度胀胎心轴；液压胀胎心轴	用于衬套及盘类工件的磨削
		组合心轴	用于筒类工件的磨削
	中心孔柱塞	中心孔柱塞；带肩中心孔柱塞；带圆锥面中心孔组合塞；活柱式中心孔塞	用于轴端有孔的轴类及筒类工件的磨削
	卡盘与花盘	拉(推)式弹簧夹头	用于在外圆磨床上磨削直径较小的轴类工件
	吸盘	磁力吸盘　圆形电磁吸盘	用于内、外圆磨床
		矩形电磁吸盘	用于平面磨床
		真空吸盘　矩形真空吸盘	用于在平面磨床上磨削薄片或非导磁性工件
		圆形真空夹头	用于外圆或万能磨床
	台虎钳与直角块	精密平口台虎钳；磨直角用夹具；直角块	用于在平面磨床上磨工件的直角
	多角形快	多角形块	用于在平面磨床上磨制多角形工件或花键环规及塞规
	正弦夹具	正弦夹具(含正弦磁力吸盘)；正弦台虎钳(中心架)	用于在平面磨床上磨制样板、冲头等成形工件
		正弦分度夹具(含万能磨夹具)	
		光学分度头	用于在平面磨床上成形磨削
专用夹具	专用夹具		用于成批大量生产的内、外圆磨削或平面磨削

5. 铣削

铣削加工，是在铣床上用铣刀对工件进行的切削加工。铣削是金属切削加工中常用的方法之一。铣削加工时采用相切法成形原理，用多刃回转体刀具在铣床上对工件的平面、台阶面、斜面、成形面、沟槽、螺旋槽和分度零件（如齿轮、链轮、花键轴等）进行铣削加工，还能进行切断、刻线等加工。常见加工面的铣削加工如图 1-14 所示。铣削加工时，铣刀的

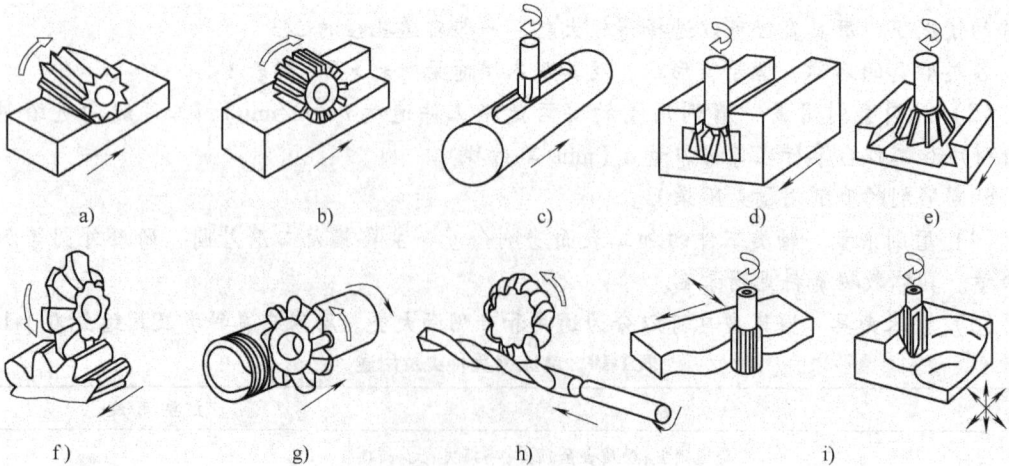

图 1-14　铣削加工
a）铣水平面　b）铣台阶面　c）铣键槽　d）铣 T 型槽　e）铣燕尾槽　f）铣齿轮　g）铣螺纹
h）铣螺旋面　i）两种成形面铣削

旋转运动是主运动，铣刀或工件沿坐标方向的直线运动或回转运动是进给运动。不同坐标方向的运动的配合和不同形状刀具的选择，可以实现多种类型表面的加工。

铣削加工可以对工件进行粗加工和半精加工，其加工公差等级可以达到IT9～IT10，精铣表面的表面粗糙度值可以达到 $Ra3.2～1.6\mu m$。

铣削最常用于加工键槽，轴零件上键槽加工面的类型有通槽、半通槽、封闭槽，如图1-15所示。

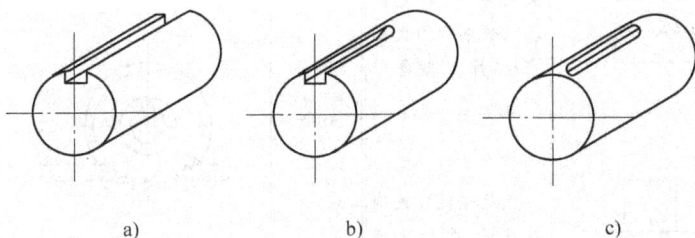

图 1-15　键槽类型

a) 通槽　b) 半通槽　c) 封闭槽

键槽铣削加工以及其他沟槽的铣削加工方法见表1-11。

常用的加工键槽的铣刀有三面刃圆盘铣刀、立铣刀、键槽铣刀等。

表1-11　沟槽的铣削加工方法

铣削加工面	简　图	说　明	铣削加工面	简　图	说　明
沟槽		键槽铣刀铣削各种键槽，先在任意一端钻一个直径略小于键宽的孔，铣刀轴线应与工件轴线重合	沟槽		对称双角铣刀铣削各种θ角的V形槽，先用三面刃铣刀或锯片铣刀铣削直槽至要求深度
		错齿(或镶齿)三面刃铣刀铣削各种直通槽或不通槽，排屑顺利，效率较高			立铣刀铣削凹坑平面或各种形状孔，先在任意一边钻一个比铣刀直径略小的孔，以便于轴向进刀
		半圆键铣刀铣削半圆键槽，铣刀宽度方向的对称平面应通过工件轴线			T形槽铣刀铣削各种T形槽，先用立铣刀或三面刃铣刀铣垂直槽至全槽深

（续）

铣削加工面	简　图	说　明	铣削加工面	简　图	说　明
沟槽	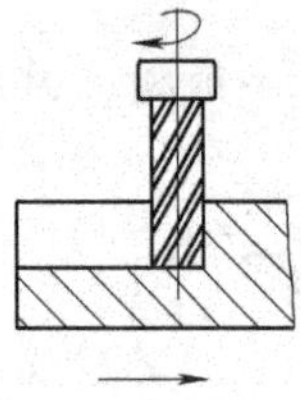	立铣刀铣削一端不通的槽,铣刀装夹要牢固,避免因轴向铣削分力大而产生"掉刀"现象	切断	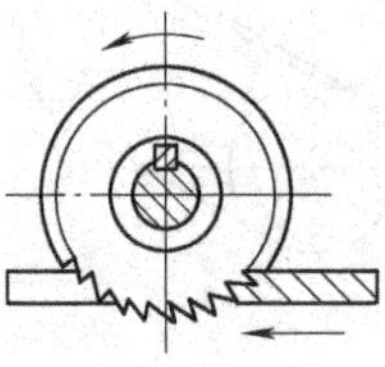	锯片铣刀切断板料或型材,被切断部分底面应支撑好,避免切断时因掉落而引起打刀
	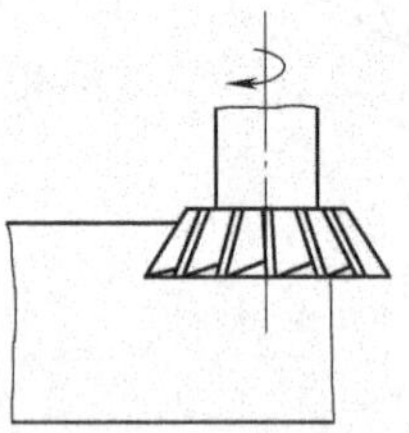	燕尾槽铣刀铣削燕尾槽,或用单角铣刀铣削燕尾槽			

（1）铣刀　常用的铣刀材料有高速钢和硬质合金两类。

高速钢铣刀硬度较硬质合金铣刀软。高速钢铣刀便宜,韧性好,但强度不高,容易让刀,而且耐磨性、热硬性相对来说较差。高速钢铣刀的热硬性为600℃左右,硬度为65HRC左右。很明显,当用高速钢铣较硬材料时,如果切削液不到位,很容易烧刀,这就是热硬性不高的原因之一。硬质合金铣刀热硬性好,耐磨,但抗冲击性能差,随便摔一下切削刃就会碎。硬质合金是用粉末冶金的方法制成的材料,硬度可达90HRC左右,热硬性可达900～1000℃。硬质合金面铣刀与高速钢铣刀相比,铣削速度较高,加工表面质量也较好,并可加工带有硬皮和淬硬层的工件,故得到广泛应用。硬质合金面铣刀按刀片和刀齿的安装方式不同,可分为整体式、机夹—焊接式和可转位式三种。

铣刀的类型和用途见表1-12。

表1-12　铣刀的类型和用途

铣刀名称	用　途
立铣刀	1）铣削沟槽（包括螺旋槽）及工件上各种形状的孔 2）铣削台阶面、凸台平面、侧面和工件上局部下凹小平面 3）按照靠模形状铣削内、外曲线表面 4）铣削各种平板凸轮和圆柱凸轮
T形槽铣刀	铣削T形槽
键槽铣刀	铣削键槽。它的外形与立铣刀相似,不同的是它在圆周上只有两个螺旋刀齿,其端面刀齿的切削刃延伸至中心,既像立铣刀,又像钻头。因此在铣两端不通的键槽时,可以作适量的轴向进给。它主要用于加工圆头封闭键槽,使用它加工时,要作多次垂直进给和纵向进给才能完成键槽加工
半圆键槽刀	铣削半圆键槽
燕尾槽铣刀	铣削燕尾槽
槽铣刀	铣削螺钉与其他工件上的槽

（续）

铣刀名称		用　途
锯片铣刀	粗齿	1）切断（轻金属与有色金属）板料、棒料与各种型材 2）铣削各种槽
	细齿	1）切断（钢、铸铁）板料、棒料与各种型材 2）铣削各种槽
三面刃铣刀	直齿	1）铣削各种槽（优先选用错齿与镶齿） 2）铣削台阶面 3）铣削工件的侧面及其凸台平面
	错齿与镶齿	
圆柱形铣刀	粗齿	粗铣及半精铣平面。一般都是用高速钢制成整体的，螺旋形切削刃分布在圆柱表面上，没有副切削刃，螺旋形的刀齿切削时是逐渐切入和脱离工件的，所以切削过程较平稳。主要用于卧式铣床上加工宽度小于铣刀长度的狭长平面
	细齿	
铲背成形铣刀	凹半圆铣刀	铣削 $R1 \sim R20mm$ 的凸半圆成形面
	凸半圆铣刀	铣削 $R1 \sim R20mm$ 的半圆槽及凹半圆成形面
	圆角铣刀	铣削 $R1 \sim R20mm$ 的圆角与圆弧
角度铣刀	单角铣刀	1）刀具开齿：铣削各种刀具的外圆齿槽与端面齿槽 2）铣削各种锯齿形离合器与棘轮的齿形
	对称双角铣刀	1）铣削各种 V 形槽 2）铣削尖齿、梯形齿离合器的齿形
	不对称双角铣刀	刀具开齿：铣削各种刀具上的外圆直齿、斜齿与螺旋齿槽
镶齿面铣刀	高速钢	粗铣与半精铣各种平面
	硬质合金	粗铣与精铣钢、铸铁、有色金属工件上各种平面（优先选用）
模具铣刀		铣削各种模具凹、凸成形面

　　常用铣刀类型、规格范围及标准编号（如键槽铣刀的类型、规格范围及标准编号）见附录 F。

　　（2）铣削用量　铣削用量的四要素是指铣削速度（v_c，m/min）、进给量（每转进给量 f，mm/r；每齿进给量 a_f，mm/z；进给速度 v_f，mm/min）、铣削深度（a_p，mm）、铣削宽度（a_c，mm）。周铣和端铣两种铣削方式的铣削用量如图 1-16a、b 所示。

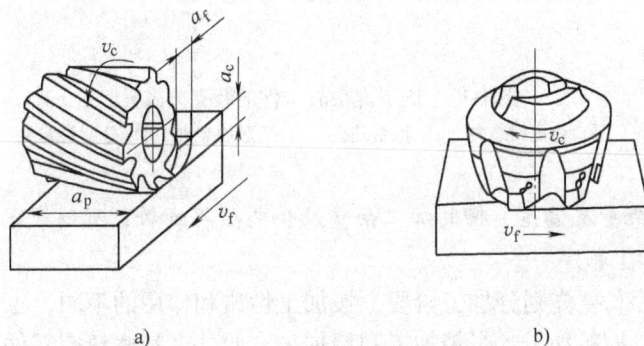

a)　　　　　　　　　　　　b)

图 1-16　两种铣削方式的铣削用量要素
a）周铣　b）端铣

铣削用量的选择参考数据见附表 G-10。

（3）铣床　铣床的型号和部分技术参数见附表 H-9～附表 H-11。

（4）铣床夹具（铣削键槽部分）　轴上键槽铣削用的夹具，在工艺技术保障上一般要求键槽相对于轴线对称，所以工件装夹时需使工件的轴线与进给方向一致，并与工作台平行。常见的装夹方式如图 1-17 所示。

1）平口台虎钳装夹。如图 1-17a 所示，平口台虎钳装夹工件铣槽时，为保证键槽两侧面和底面与工件轴心线平行，应校正固定钳口与铣床主轴轴心线垂直，以及工件表面素线与工作台平面的平行度。为保证装夹可靠，工件的最大直径部位不能高过钳口。成批生产时，工件直径的尺寸误差将造成键槽的深度和对称度误差，误差大小为 $\delta_d/2$（δ_d 为工件直径尺寸误差）。

2）采用 V 形块装夹。图 1-17b、c 所示为用 V 形块采用不同方式装夹轴类工件。为保证工件与 V 形面相切，选择 V 形块时，应使 V 形槽的宽度满足大于或等于 $d\cos(\alpha/2)$，其中，d 为工件直径，α 为 V 形槽夹角。用调整法加工键槽（铣刀的轴心线在 V 形块两侧斜面的对称中心面内）时，由于工件直径不一致，将只影响键槽的深度，不影响键槽的对称度。

3）分度头卡盘和顶尖装夹。如图 1-17d 所示，可铣削长轴工件上的等分槽。这种装夹方法精度较高，工件尺寸的变化不影响键槽的对称度，对键槽的深度影响也小，但是装夹刚性差。

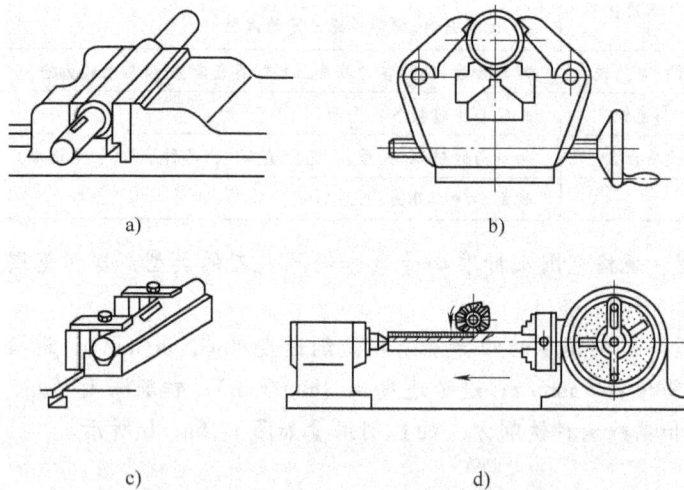

图 1-17　铣削键槽时工件的装夹方式
a）平口台虎钳装夹　b）抱钳装夹　c）V 形块装夹　d）分度头装夹

（5）槽的加工余量及偏差　槽的加工余量及偏差数据资料，见附表 E-11。

（二）安排机加工顺序

安排机加工顺序，要先划分加工阶段。按加工性质和作用的不同，工艺过程一般可以划分为三个加工阶段，即粗加工、半精加工和精加工。此外，某些精密零件加工时还需要精整（超精磨、镜面磨、研磨和超精加工等）或光整（滚压、抛光等）几个阶段。

对于零件上的每个加工面，都可能存在这三个阶段，已经在加工面加工方案选择阶段完成；对于零件整体的加工，也存在着这些加工阶段，此时要理清楚每个加工阶段所加工的那些表面的加工顺序。

减速器输出轴的机加工顺序：粗车各段外圆—调质—半精车各段外圆、车槽（越程槽、退刀槽等）、倒角、车螺纹—精车 $\phi(42 \pm 0.0125)$ mm、$\phi 28_{-0.022}^{0}$ mm 部分外圆—铣键槽—磨削 $\phi(35 \pm 0.008)$ mm 两处轴颈等。

▥ "加工阶段"与"定位基准的选择"知识导入

（一）加工阶段

1. 粗加工阶段

去除工件表面大部分余量，获得较高的生产率，加工精度不高。

2. 半精加工阶段

使工件上各次要表面达到技术要求，为工件主要表面的精加工做好准备，使主要表面消除粗加工时留下的误差，并达到一定的精度。

3. 精加工阶段

使主要加工面达到图样规定的技术要求。这个阶段所加工的表面精度要求较高。

阶梯轴零件加工面加工阶段划分方法：根据前面确定的加工面的加工方案，加工阶段的划分是针对整体零件的，以主要加工面为主线（跨越了三个加工阶段），带上次要表面（或需要粗加工阶段即能达到图样技术要求，或需要粗加工阶段和半精加工阶段就能达到图样技术要求，或者待到相关联的加工面加工完成即可紧接着加工达到图样要求）。

安排加工顺序的原则如下：

（1）先粗后精原则　先进行粗加工，以切除大部分加工余量。后进行精加工，以达到图样技术要求。

（2）基准先行原则　以粗基准定位后，首先加工出下一步所用的精基准的表面，保证后续工序定位准确，安装误差小，有利于保证加工质量。

（3）先主后次原则　先加工主要表面，次要表面是贯穿插入安排加工。主要表面的加工作为整个工序的主线，贯穿始终。

（4）先面后孔原则　需要加工孔时，应先加工孔口所在的平面，以安排有面、有孔的加工面零件加工顺序。

（二）定位基准的选择

在机械加工工艺设计中，正确选择定位基准，对于保证零件表面间的相互位置精度、确定表面间加工顺序和夹具结构的设计都有很大的影响。选择的定位基准不同，工艺过程也随之不同。也就是说，定位基准的选择是一个十分重要的工艺问题。

1. 基准

基准是确定零件上的某些点、线、面位置时所依据的那些点、线、面。

根据基准功用的不同，将其分为设计基准和工艺基准两大类。

（1）设计基准　设计基准是在图样上用于确定其他点、线、面位置的基准。如图 1-18 所示的轴套零件，外圆和内孔的设计基准是它们的轴心线；端面

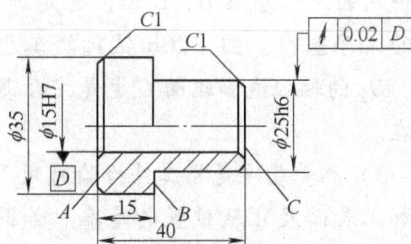

图 1-18　轴套

A 是端面 B、端面 C 的设计基准；内孔 D 的轴心线是 $\phi25h6$ 外圆径向圆跳动设计的设计基准。对于尺寸 40mm 来说，A 面是 C 面的设计基准，也可以认为 C 面是 A 面的设计基准，即互为设计基准。对于某一个位置要求而言，在没有特殊标明的情况下，它所指向的两个面常常是互为设计基准。

(2) 工艺基准　在零件加工、测量和装配过程中所使用的基准，称为工艺基准。按用途不同，工艺基准又可以分为定位基准、工序基准、测量基准和装配基准等。

1) 定位基准是指在加工时，用于确定零件在机床上或夹具中的正确位置所采用的基准。用于体现定位基准的实际存在的零件表面称为定位基准面。例如，将图 1-19a 所示内孔套在心轴上加工 $\phi40h6$ 外圆时，内孔即为定位基准，内孔圆柱面则为定位基准面。

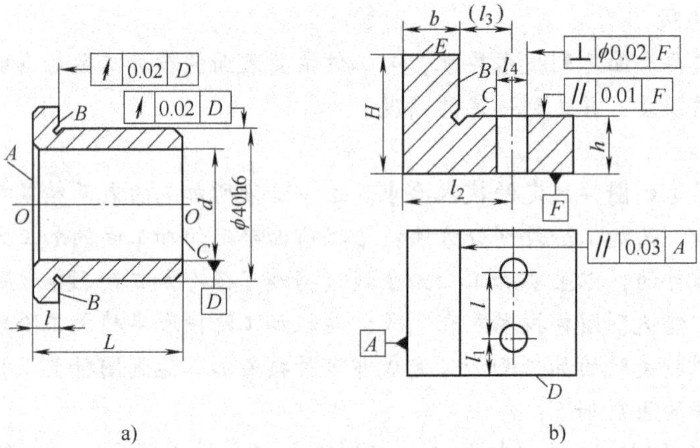

图 1-19　工艺基准分析示例

a) 钻套　b) 支撑块

2) 工序基准是指在工艺文件上用于标定被加工表面位置的基准。工序基准和设计基准重合。图 1-20b 钻孔的工序简图中，本工序是钻 D_1 的孔，保证工序尺寸 H 和 l，则本工序的工序基准分别是 D_2 的轴心线和端面 C。

工序基准经常是定位基准的选择所在（为减小定位误差，遵循的"定位基准与工序基准重合"原则是精基准选择原则之一）。加工一个表面时，往往需要数个定位基准同时使用。如图 1-20a 所示零件，加工 ϕE 孔时，为保证对基准 A 面的垂直度，要用 A 面作为定位基准；为保证 L_1、L_2 的工序尺寸，要使用的定位基准 B、C 面，也是加工 ϕE 孔的工序基准。图 1-20b 钻孔的工序简图中，D_2 的轴心线和端面 C 也是定位基准的所在。

3) 测量基准是指工件检验时用于测量已加工表面尺寸及位置的基准。如图 1-18 所示的轴套，工件以内孔套在心轴上测量外圆 $\phi25h6$ 的径向圆跳动，则内孔为外圆

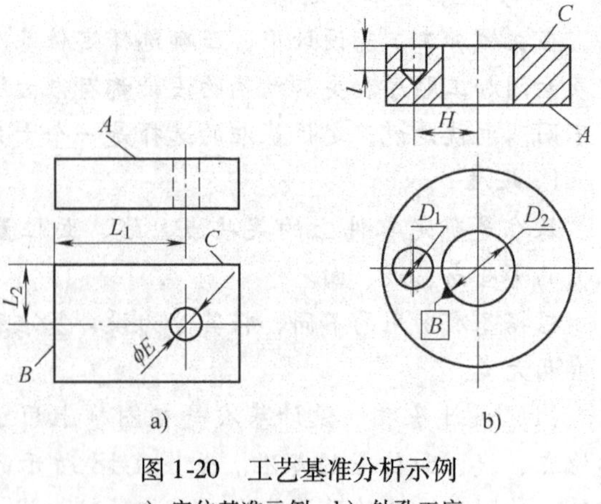

图 1-20　工艺基准分析示例

a) 定位基准示例　b) 钻孔工序

的测量基准；用卡尺测量尺寸15mm和40mm，表面A是表面B、表面C的测量基准。

4）装配基准是指装配时用于确定零件在机器中位置的基准。图1-19a的钻套，ϕ40h6外圆及端面B为装配基准；图1-19b的支撑块，底面为装配基准。

2. 定位基准的选择

定位基准的选择，包括粗基准的选择和精基准的选择。

粗基准：用未加工过的毛坯表面作为基准。

精基准：用已加工过的表面作为基准。

粗基准的选择原则如下：

（1）合理分配加工余量的原则　应保证各加工表面都有足够的加工余量（如外圆加工以轴线为基准）；以加工余量小而均匀的重要表面为粗基准，以保证该表面加工余量分布均匀、表面质量高。如床身加工，先加工床腿再加工导轨面。如图1-21所示的车床床身加工基准的选择。导轨面是最重要的表面，它不仅精度要求高，而且要求导轨面具有均匀的金相组织和较高的耐磨性。由于在铸造床身时，导轨面是倒扣在砂箱的最底部浇注成形的，导轨面材料质地致密，砂眼、气孔相对较少，因此要求加工床身时，导轨面的实际切除量要尽可能地小而均匀，故应选导轨面作为粗基准加工床身底面，然后再以加工过的床身底面作为精基准加工导轨面，此时从导轨面上去除的加工余量可较小而均匀。

（2）粗基准一般不得重复使用的原则　在同一尺寸方向上粗基准通常只允许使用一次，这是因为粗基准一般都很粗糙，重复使用同一粗基准所加工的两组表面之间位置误差会相当大，因此，粗基准一般不得重复使用，如图1-22所示。

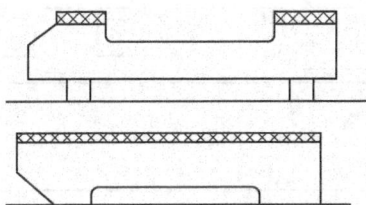

图1-21　床身加工基准选择

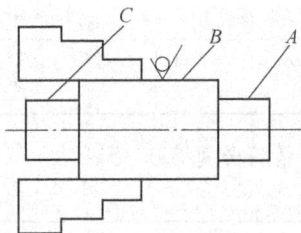

图1-22　重复使用粗基准示例

（3）便于装夹的原则　选表面光洁的平面作为粗基准，以保证定位准确、夹紧可靠。

（4）保证零件加工表面相对于不加工表面具有一定位置精度的原则　一般应以非加工面作为粗基准，这样可以保证不加工表面相对于加工表面具有较为精确的相对位置。当零件上有几个不加工表面时，应选择与加工面相对位置精度要求较高的不加工表面作为粗基准。

精基准的选择原则如下：

（1）基准重合原则　利用设计基准作为定位基准，即为基准重合原则。

（2）基准统一原则　在大多数工序中，都使用同一基准的原则即为基准统一原则。这样容易保证各加工表面的相互位置精度，避免基准变换所产生的误差。

例如，加工轴类零件时，一般都采用两个顶尖孔作为统一精基准来加工轴类零件上的所有外圆表面和端面，这样可以保证各外圆表面间的同轴度和端面对轴心线的垂直度。

（3）互为基准原则　加工表面和定位表面互相转换的原则即为互为基准原则。一般适用于精加工和光磨加工中。例如，车床主轴前后支撑轴颈与主轴锥孔间有严格的同轴度要求，常先以主轴锥孔为基准磨主轴前、后支撑轴颈表面，然后再以前、后支撑轴颈表面为基准磨主轴锥孔，最后达到图样上规定的同轴度要求。

（4）自为基准原则　以加工表面自身作为定位基准的原则即为自为基准原则，如浮动镗孔、拉孔。它只能提高加工表面的尺寸精度，不能提高表面间的位置精度。

定位基准将以定位符号标示在工序图上。

3. 机械加工定位、夹紧等符号（JB/T 5061—2006）

1）定位支撑符号见表1-13。

表1-13　定位支撑符号

定位支撑类型	符　　号			
	独立定位		联合定位	
	标注在视图轮廓线上	标注在视图正面	标注在视图轮廓线上	标注在视图正面
固定式	 △	 ⊙	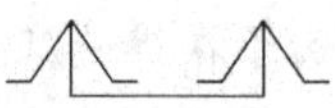 ⋀⋀	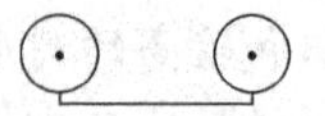 ⊙⊙
活动式	 △	 ⌇	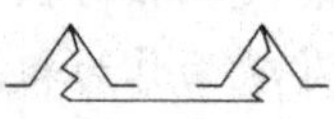 ⋀⋀	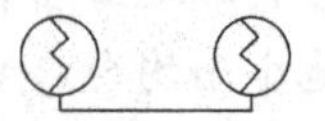 ⌇⌇

2）辅助支撑符号见表1-14。

表1-14　辅助支撑符号

独立支撑		联合支撑	
标注在视图轮廓线上	标注在视图正面	标注在视图轮廓线上	标注在视图正面
 △	 ⌇	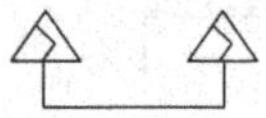 ⬆⬆	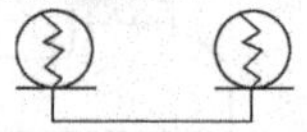 ⌇⌇

3）夹紧符号见表1-15。

表1-15　夹　紧　符　号

夹紧动力源类型	符　　号			
	独立夹紧		联合夹紧	
	标注在视图轮廓线上	标注在视图正面	标注在视图轮廓线上	标注在视图正面
手动夹紧	 ↓	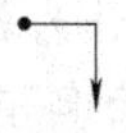 ↳	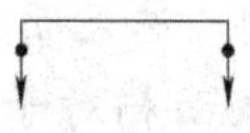 ↓↓	 ↓↓
液压夹紧	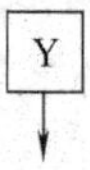 Y	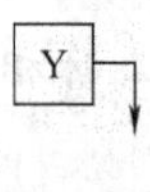 Y	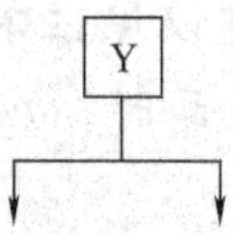 Y	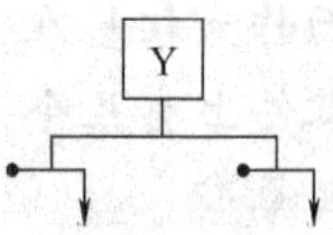 Y
气动夹紧	 Q	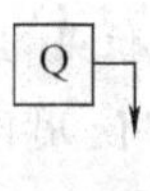 Q	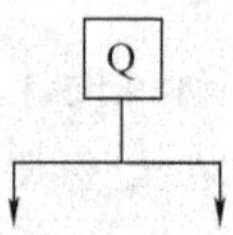 Q	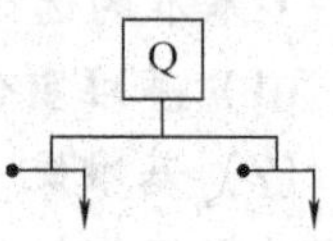 Q
电磁夹紧	 D	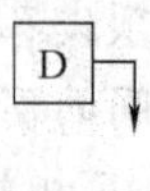 D	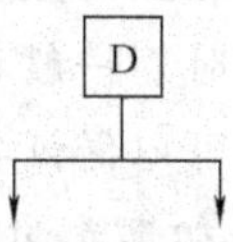 D	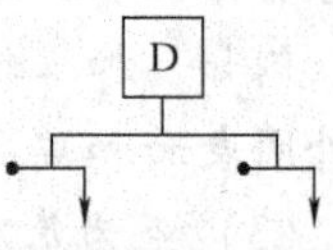 D

定位基准的选择是针对工序的，减速器输出轴的定位基准选择结果见后续工艺路线设计相关内容。定位符号等的标示，见相关工序卡内容所示。

（三）安排热处理位置

为了提高零件材料的力学性能和表面质量，改善金属材料的切削加工性及消除应力，安排工序时，应该把热处理工序安排在恰当的位置。

减速器输出轴的"调质"热处理技术要求，安排在零件整体加工工艺路线的粗加工和半精加工之间。

⊞"热处理工艺的应用"与"工序与工步"知识导入

1. 热处理工艺的应用

热处理工艺一般可以分为两大类：预备热处理和最终热处理。

（1）预备热处理　为改善金属组织和切削性能而进行的热处理。它包括正火、退火、时效处理和调质。

（2）最终热处理　为了提高零件的硬度、耐磨性和强度等力学性能而进行的热处理。它包括淬火、渗碳淬火和渗氮。

热处理在整个工艺路线中的次序，应根据工件材料和产品图样上技术要求来安排。常用的热处理在工艺路线中的位置见表1-16。

表1-16　热处理工艺在工艺路线中的位置

类型名称	目的、位置	目　的	位　置
整体热处理	退火	使材料的成分均匀化，细化组织，消除应力，降低硬度，提高塑性，改善切削加工性	通常作为铸造、锻造、轧、焊加工之后，冷加工等之前的一种预备热处理工序，在粗加工之前安排
整体热处理	正火	调整钢件的硬度，细化组织及消除网状碳化物，并为淬火做好准备	用于低碳钢而改善切削加工性等时，属于预备热处理，在粗加工之前安排；用于要求不高的普通结构件时，属于最终热处理，在精加工之前安排
	淬火	提高零件的硬度和耐磨性。淬火后经中温或高温回火，也可以获得良好的综合力学性能	一般作为最终热处理，在精加工之前安排
	调质	使零件获得良好的综合力学性能	一般在粗加工之后、精加工之前安排
表面热处理	感应淬火等	提高零件的表面硬度及耐磨性	属于最终热处理
	渗碳等	改变零件表层的化学成分、组织和性能	属于最终热处理

2. 工序与工步

（1）工序　工序是由一个或一组工人，在一个工作地点对同一个或同时对几个工件所连续完成的那一部分工艺过程。它是组成工艺过程的基本单元。

（2）工步　加工工件表面时，在切削刀具和切削用量中的切削速度和进给量都不变的情况下所连续完成的那部分工序称为工步。一道工序中包括一个或若干个工步。

（四）安排辅助工序

辅助工序一般包括去毛刺、倒棱、清洗、防锈、退磁、检验等。其中，检验工序是主要的辅助工序。检验工序分为加工质量检验和特种检验，它们是保证产品质量的有效措施之一，是工艺过程中不可缺少的内容。

减速器输出轴的辅助工序见工艺过程卡相应内容。

安排"检验"辅助工序的位置如下：

1）粗加工阶段之后。

2）关键加工工序加工前和加工后。

3）零件跨车间转工序时。

4）特征性能（探伤、密封性等）检验之前。

5）零件全部加工结束后。

除检验工序外，还要考虑去毛刺、清洗、涂装、防锈等辅助工序的安排。辅助工序在生产中不是可有可无的，辅助工序依据需要安排后，将和其他工序同等重要。

（五）设计工艺路线

经过以上的分析准备，现在以表格的形式表达出设计的减速器输出轴零件工艺路线，见表 1-17。

表 1-17　减速器输出轴零件工艺路线　　　　　　　　　　（单位：mm）

工序号	工序名称	工序内容	定位基准
1	备料	圆钢棒料 $\phi60 \times 220$	
2	粗车	用卡盘夹右端，粗车左端端面，钻中心孔 B3.15，粗车两处 $\phi35 \pm 0.008$ 外圆、$\phi52$ 外圆、$\phi42 \pm 0.0125$ 外圆、$\phi33_{-0.039}^{0}$ 外圆等各部分外圆	$\phi60$ 外圆轴线
3	粗车	调头，用卡盘装夹左端，车右端面，钻中心孔，粗车 $\phi28_{-0.022}^{0}$ 外圆、$M24 \times 1.5$-8g 外圆的剩余部分外圆	$\phi35 \pm 0.008$ 部分粗车后的外圆轴线
4	热处理	调质处理 235HBW	
5	研	修研中心孔	
6	半精车	两顶尖装夹工件，半精车两处 $\phi35 \pm 0.008$ 外圆、$\phi42 \pm 0.0125$ 外圆、$\phi33_{-0.039}^{0}$ 外圆等各部外圆，及两处 3×0.5 的越程槽、外圆倒角等	整体轴线
7	半精车	调头，用两顶尖装夹工件，半精车 $\phi28_{-0.022}^{0}$ 外圆、$M24 \times 1.5$-8g 外圆，一处 3×0.5 的退刀槽，外圆倒角	整体轴线
8	精车	用两顶尖装夹工件，精车 $\phi42 \pm 0.0125$ 外圆、$\phi28_{-0.022}^{0}$ 外圆，车 $M24 \times 1.5$-8g 螺纹	整体轴线
9	铣	用铣床附件装夹工件，铣 $\phi42 \pm 0.0125$ 外圆面上的和 $\phi28_{-0.022}^{0}$ 外圆面上的两处键槽	整体轴线
10	磨	用两顶尖装夹工件，磨两处 $\phi35 \pm 0.008$ 外圆及轴肩	整体轴线
11	检	检验	

工艺路线设计的结果，只是对所设计零件的整体加工顺序的整理，每处加工面的各个加工阶段（或者在各个加工工序中）的具体加工尺寸等内容，还需要在后面的工序设计部分进行细化表达出。

四、设计减速器输出轴零件机加工工序

设计零件的机加工工序，主要是针对具体的工序加工面的加工尺寸进行计算，以及对工序所需要的刀具、夹具、量具、加工机床、切削用量等内容的确定。

（一）计算加工面的工序尺寸

对于减速器输出轴这样的阶梯结构轴零件，其定位基准和加工面工序基准（或者设计基准）是重合的，工序尺寸的计算方法采用查余量推算的办法确定（当加工面的定位基准和工序基准不重合时，工序尺寸需要采用工艺尺寸链的计算方法得到）。

那么，一个整体零件上的加工面有很多，这些加工面都需要进行工序尺寸设计吗？并不是这样的，而是针对所有加工面中那些至少跨越了两个加工阶段的加工面才进行工序尺寸设计。

依据加工方案表 1-5 相应内容，该减速器输出轴需要工序尺寸计算的加工面有：两处 $\phi(35 \pm 0.008)$ mm 外圆、$\phi(42 \pm 0.0125)$ mm 外圆、$\phi33_{-0.039}^{0}$ mm 外圆、$\phi28_{-0.022}^{0}$ mm 外圆、M24 × 1.5-8g 外圆。

1. 两处 $\phi(35 \pm 0.008)$ mm 外圆的工序尺寸计算

两处 $\phi(35 \pm 0.008)$ mm 外圆的工序尺寸计算，见表 1-18。

表 1-18 　$\phi(35 \pm 0.008)$ mm 外圆的工序尺寸计算　（单位：mm）

工序名称	工序余量	工序基本尺寸	工序加工能达到的经济精度	工序尺寸
精磨	0.1	$\phi35$	IT6(0.016)	$\phi35 \pm 0.008$
粗磨	0.2	$\phi35.1$	IT9(0.050)	$\phi35.1_{-0.050}^{0}$
半精车	1.4	$\phi35.3$	IT11(0.170)	$\phi35.3_{-0.170}^{0}$
粗车	2.0	$\phi36.7$	IT12(0.340)	$\phi36.7_{-0.340}^{0}$
毛坯	3.7	$\phi38.7$	±2	$\phi38.7 \pm 2$

2. $\phi(42 \pm 0.0125)$ mm 外圆的工序尺寸计算

$\phi(42 \pm 0.0125)$ mm 外圆的工序尺寸计算，见表 1-19。

表 1-19 　$\phi(42 \pm 0.0125)$ mm 外圆工序尺寸计算　（单位：mm）

工序名称	工序余量	工序基本尺寸	工序加工能达到的经济精度	工序尺寸
精车	0.2	$\phi42$	IT7(0.025)	$\phi42 \pm 0.0125$
半精车	1.4	$\phi42.2$	IT10(0.100)	$\phi42.2_{-0.100}^{0}$
粗车	2.0	$\phi43.6$	IT12(0.250)	$\phi43.6_{-0.250}^{0}$
毛坯	3.6	$\phi45.6$	±2	$\phi45.6 \pm 2$

3. $\phi33_{-0.039}^{0}$ mm 外圆的工序尺寸计算

$\phi33_{-0.039}^{0}$ mm 外圆的工序尺寸计算，见表 1-20。

表 1-20 　$\phi33_{-0.039}^{0}$ mm 外圆工序尺寸计算　（单位：mm）

工序名称	工序余量	工序基本尺寸	工序加工能达到的经济精度	工序尺寸
半精车	1.4	$\phi33$	IT8(0.039)	$\phi33_{-0.039}^{0}$
粗车	2.0	$\phi34.4$	IT11(0.160)	$\phi34.4_{-0.160}^{0}$
毛坯	3.4	$\phi36.4$	±2	$\phi36.4 \pm 2$

4. $\phi28_{-0.022}^{0}$ mm 外圆的工序尺寸计算

$\phi28_{-0.022}^{0}$ mm 外圆的工序尺寸计算，见表 1-21。

表 1-21　　$\phi 28_{-0.022}^{0}$ mm 外圆工序尺寸计算　　　　（单位：mm）

工序名称	工序余量	工序基本尺寸	工序加工能达到的经济精度	工序尺寸
精车	0.2	$\phi 28$	IT7(0.022)	$\phi 28_{-0.022}^{0}$
半精车	1.3	$\phi 28.2$	IT9(0.052)	$\phi 28.2_{-0.052}^{0}$
粗车	2.0	$\phi 29.5$	IT11(0.13)	$\phi 29.5_{-0.13}^{0}$
毛坯	3.5	$\phi 31.5$	±2	$\phi 31.5 \pm 2$

5. M24 × 1.5-8g 的外圆部分的工序尺寸计算

M24 × 1.5-8g 的外圆部分的工序尺寸计算，见表 1-22。

表 1-22　　M24 × 1.5-8g 的外圆部分的工序尺寸计算　　　　（单位：mm）

工序名称	工序余量	工序基本尺寸	工序加工能达到的经济精度	工序尺寸
半精车	1.3	$\phi 23.8$	IT8(0.033)	$\phi 23.8_{-0.033}^{0}$
粗车	2.0	$\phi 25.1$	IT11(0.13)	$\phi 25.1_{-0.130}^{0}$
毛坯	3.5	$\phi 27.1$	±2	$\phi 27.1 \pm 2$

注意：因为车螺纹时刀具的挤压作用会使得牙型胀大，即车螺纹前的外圆柱面直径应该比螺纹公称直径小 0.1 ~ 0.4mm（若是内螺纹，就把加工螺纹前的孔径尺寸放大一点）。

定位基准与工序基准重合的零件工序尺寸计算方法：零件加工面工序尺寸计算中，"工序余量"部分是依据加工面形状特征（如轴类零件的加工面是外圆、端面等）查阅工序余量相关附表资料数据得到的；"工序基本尺寸"是由该加工面最后加工阶段的基本尺寸，即零件图样上的标注基本尺寸，加上或减去工序余量（对轴类零件的外圆加工面，从最后加工阶段往初始加工阶段推算，尺寸是变大的）推算得到的；"工序加工能达到的经济精度"是所选择的加工方案对应的经济加工等级；最终得到的"工序尺寸"是按照如题原则来标注的。此种工序尺寸计算法也叫查表修正法。

田"工序余量"知识导入

如前所述，加工余量是指加工过程中所切去的金属层厚度。余量有加工总余量和工序余量之分。一般情况下，加工总余量并非一次切除，而是分在各工序中逐渐切除，故每道工序所切除的金属层厚度称为该工序加工余量（简称工序余量）。工序余量是相邻两工序的工序尺寸之差，加工总余量是毛坯尺寸与零件图样的设计尺寸之差。

1. 工序余量

工序余量是相邻两工序的工序尺寸之差，即在一道工序中从某一加工表面切除的材料层厚度。工序基本余量：由于毛坯制造和各个工序尺寸都存在误差，加工余量是个变动值，当工序尺寸用基本尺寸计算时，所得到的加工余量称为工序基本余量。

对于非对称的外加工表面和内加工表面，如图 1-23 所示，加工余量是单边余量。

外表面，如图 1-23a 所示，$Z_b = a - b$。

内表面，如图 1-23b 所示，$Z_b = b - a$。

式中　Z_b——本工序的加工余量（mm）；

　　　a——前工序的工序尺寸（mm）；

　　　b——本工序的工序尺寸（mm）。

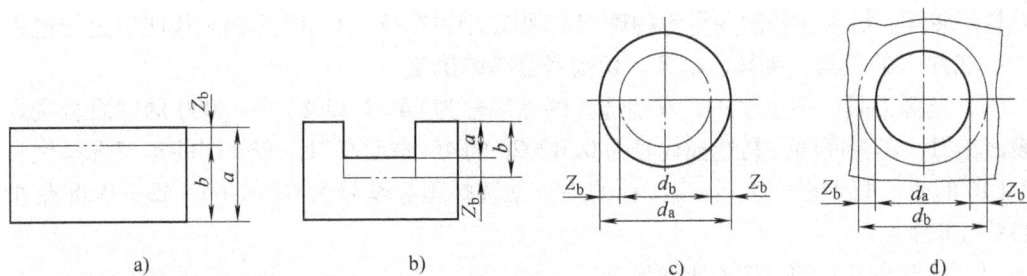

图 1-23　加工余量

a）加工外表面平面　b）加工内表面槽　c）加工外表面外圆柱面　d）加工内表面内圆柱面

对于外圆、内孔等回转加工表面，其加工余量是双边余量，即相邻工序的直径之差。

外圆表面，如图 1-23c 所示，$Z_b = (d_a - d_b)/2$。

内孔表面，如图 1-23d 所示，$Z_b = (d_b - d_a)/2$。

式中　Z_b——基本余量（mm）；

$\quad\quad d_a$——前工序加工直径（mm）；

$\quad\quad d_b$——本工序加工直径（mm）。

注意：当加工某个表面的一道工序包括几个工步时，相邻两个工步尺寸之差就是工步余量，即一个工步中从某一加工表面切除的材料层厚度。

工序尺寸公差一般按"入体原则"标注。对被包容尺寸（轴径），上极限偏差为 0，其最大尺寸就是基本尺寸；对包容尺寸（孔径、键槽），下极限偏差为 0，其最小尺寸即基本尺寸。

而孔距和毛坯尺寸公差带等常取对称公差带标注。

在保证质量的前提下，选择的余量应尽可能小。

2. 加工总余量

毛坯尺寸与零件图样设计尺寸之差称为加工总余量。加工总余量等于各工序余量总和。

加工余量的影响因素：加工余量的大小对于零件的加工质量、生产率和生产成本均有较大影响。余量过大造成材料浪费，成本增大；余量过小，不能纠正加工误差，质量降低。

为了合理确定加工余量，必须了解影响加工余量的各项因素。

3. 加工余量的确定方法

确定加工余量的方法主要有以下两种：

（1）经验估算法　它是工艺人员根据积累的生产经验来确定加工余量。通常，为防止余量过小而产生废品，估算的数值往往偏大。此法适用于点检小批量生产。

（2）查表修正法　它是以生产实践和实验研究积累的有关加工余量资料数据为基础，并按具体生产条件加以修正的方法。该方法应用比较广泛。加工余量的数值可在各种机械加工工艺手册中查找。

（二）确定各个工序加工所需的刀具、夹具、机床、切削用量等

要确定各个工序加工所需的刀具、夹具、机床、切削用量等机加工所需资料，首先要知道有哪些机加工工序，然后才能针对这些工序进行各刀具、夹具、机床、切削用量等的确定。

对减速器输出轴来说，依照表 1-17，有工序 2、3、6、7、8、9、10 等几道工序需要进

行刀具、夹具、机床、切削用量等的确定。现以工序 2、7、9、10 为例来说明确定的过程。

1. 工序 2 的刀具、夹具、机床、切削用量等的确定

(1) 选择刀具　该工序中，车削选择国标编号为 GB/T 17985.2—2000 的硬质合金焊接外表面车刀，车端面的刀具选择代号为 02R2020 的 45°端面车刀，车外圆的车刀选择代号为 06R1616 的 90°外圆粗车刀，钻中心孔的中心钻选择国标编号为 GB/T 6078.2—1998 带护锥中心钻（B 型）。

(2) 确定夹具　用自定心卡盘装夹。

(3) 选择量具　选择国标编号为 GB/T 21389—2008 的 0.1mm 规格的带表卡尺。

(4) 选择切削机床　选择 C6132A 卧式车床。

(5) 选择切削用量　因为减速器输出轴的材料是 45 钢，由附表 G-1 "外表面车削常用切削用量推荐值"知道，粗车外圆和端面的切削用量 $a_p = 3mm$；$f = 0.7mm/r$；$v_c = 25m/min$。钻中心孔的切削用量参照钻削用量的相应附表资料，$f = 0.13mm/r$；$v_c = 20m/min$。

2. 工序 7 的刀具、夹具、机床、切削用量等的确定

(1) 选择刀具　该工序依然选择国标编号为 GB/T 17985.2—2000 的硬质合金焊接外表面车刀，半精车外圆选择代号为 01R1616 的 70°外圆精车刀，车槽刀选择代号为 04R2012 的切槽刀，倒角选择 02R2020 的 45°端面车刀。

(2) 确定夹具　用两顶尖装夹工件。

(3) 选择量具　选择国标编号为 GB/T 21389—2008 的 0.01mm 规格的带表卡尺。

(4) 选择切削机床　选择 C6132A 卧式车床。

(5) 选择切削用量　半精车外圆的切削用量 $a_p = 0.4mm$；$f = 0.2mm/r$；$v_c = 50m/min$。切槽的切削用量为 $a_p = 1mm$；$f = 0.1mm/r$；$v_c = 50m/min$。

3. 工序 9 的刀具、夹具、机床、切削用量等的确定

(1) 选择刀具　本工序为铣削封闭形键槽，铣键槽之前先在任意一端钻一个直径略小于键宽的孔，钻孔刀具选择国标编号为 GB/T 6135.3—2008 的直柄麻花钻两把（直径略小于键槽的宽度尺寸 $12_{-0.043}^{0}$ 和 $8_{-0.036}^{0}$），铣键槽刀具选择国标编号为 GB/T 1112—2012 的直柄键槽铣刀。

(2) 确定夹具　铣键槽的工件装夹，考虑到键槽的位置精度的技术要求较高，就采用 V 形块定位的抱钳来装夹。

(3) 选择量具　键槽的测量量具，选择国标编号为 GB/T 21389—2008 的游标卡尺，规格是 0.02mm 的；几何跳动误差精度的检测选择国标编号为 GB/T 1219—2008 的指示表。

(4) 选择切削机床　铣削键槽选择在 X6025 铣床上加工。

(5) 选择切削用量　铣削材料为 45 钢的减速器输出轴的键槽，选用的切削用量为 $a_p = 1mm$；$f = 0.2mm/r$；$v_c = 22m/min$。

4. 工序 10 的刀具、夹具、机床、切削用量等的确定

(1) 选择刀具　工序中的加工是磨两处 $\phi35 \pm 0.008$ 外圆及轴肩，所需的刀具为可以磨削外圆兼靠平面的单面凹带锥砂轮（砂轮的宽度 $b_s = 42mm$），国标编号为 GB/T 2484—2006。

(2) 确定夹具　工件的装夹依然采用双顶尖装夹方式。

(3) 选择量具　径向尺寸的测量，选用最大允许误差为 0.004mm 的外径千分尺，国标号为 GB/T 1216—2004。触摸工件对照表面粗糙度标准样块检测加工表面质量。

（4）选择切削机床 该工序的加工选择在磨床上进行，磨床为型号 MW1432 的万能外圆磨床。

（5）选择切削用量 粗磨时，工件速度 $v_w = 23\text{m/min}$；纵向进给量 $f_a = (0.5 \sim 0.8)b_s = 0.6 \times 42\text{mm/r} = 25.2\text{mm/r}$；工作台单行程背吃刀量 $a_p = 0.0092\text{mm}$；精磨时，$v_w = 35\text{m/min}$；纵向进给量 $f_a = (0.5 \sim 0.8)b_s = 0.5 \times 42\text{mm/r} = 21\text{mm/r}$；工作台单行程背吃刀量 $a_p = 0.0043\text{mm}$

五、填写减速器输出轴零件机加工工艺文件

一个零件从毛坯到成品要经过多个生产车间的车、铣、刨、磨、钳等多个工种的加工。为了使零件的生产能有序进行，必须有相应的文件来规定零件的生产过程。这个用来规定零件机械加工工艺过程的文件，是需要从零件图等原始资料开始经过有理有据的设计填写出来的。

在经过了前面内容的工艺技术要求分析、工艺路线设计、工序设计等的准备，现在填写出来的减速器输出轴机械加工工艺过程卡片见表1-23，其中几道工序的工序卡片见表1-24～表1-27 所示。

🔲 "工艺规程" 知识导入

把工艺过程的各项内容用表格的形式确定下来，并用于指导和组织生产的工艺文件叫做工艺规程。工艺规程是指导工人操作和用于生产、工艺管理及保证产品质量的主要技术文件。它一般包括下列内容：毛坯类型和材料定额；工件的加工工艺路线；所经过的车间和工段；工时定额等。在企业中，工艺规程要经过逐级审批，它是生产中的工艺纪律，有关的人员必须严格遵守。

将工艺规程的内容填入一定表格所得到的工艺文件，一般主要有两种格式。

1. 机械加工工艺过程卡

机械加工工艺过程卡主要列出零件加工所经过的工艺路线，包括毛坯制造、机械加工、热处理等，用来指导工人操作及技术人员掌握零件加工过程，还用于生产管理。工艺过程卡的格式见表1-23。

2. 机械加工工序卡

机械加工工序卡是用来指导工人进行具体操作的一种工艺文件。它是根据工艺卡每个工序指定的，多用于大批、大量生产的零件和成批生产中的重要工序。工序卡中详细地规定了该工序加工所必需的工艺资料，如定位基准、工序尺寸以及切削用量等。工序卡的格式见表1-24。

工序简图的画法有以下几点需要注意：

1）用细实线按比例用较少的投影绘出工件在该工序的简图。绘制时可以略去次要结构与线条。

2）用粗实线画出工件在该工序的被加工表面。

3）注明本工序的工序尺寸等技术要求。

4）用定位符号（定位符号见表1-13）表明工件在本工序的定位表面。

5）用夹紧符号（夹紧符号见表1-15）表明工件在本工序的夹紧表面。

表 1-23　减速器输出轴机械加工工艺过程卡片

（单位:mm）　第 1 页　共 3 页

机械加工工艺过程卡片		产品型号	减速器	零件图号		
		产品名称	减速器	零件名称	减速器输出轴	

材料牌号	毛坯种类	毛坯外形尺寸	每毛坯可制件数	每台件数	备注
45	棒料	φ60×220		1	

工序号	工序名称	工序内容	车间	工段	设备	工艺装备	工时（准终/单件）
1	备料	圆钢棒料 φ60×220					
2	车	用卡盘夹右端 1) 粗车左端端面 2) 钻中心孔 B3.15 3) 粗车两处 φ35±0.008 外圆部分至 $\phi36.7_{-0.340}^{0}\times25$ 和 $\phi36.7_{-0.340}^{0}\times40$，粗车 φ52×9 外圆部分至图样要求，粗车 φ42±0.0125 外圆部分至 $\phi43.6_{-0.250}^{0}\times52$，粗车 $\phi33_{-0.039}^{0}$ 外圆部分至 $\phi34.4_{-0.160}^{0}\times32$			C6132A	45°端面车刀 02R2020 和 90°外圆粗车刀 06R1616，带护锥中心钻（B型）；自定心卡盘；0.01 规格的带表卡尺	
3	车	调头用卡盘装夹左端 1) 车右端面，保证零件总长 215 2) 钻中心孔 B3.15 3) 粗车 $\phi28_{-0.022}^{0}$ 外圆部分至 $\phi29.5_{-0.13}^{0}\times28$，M24×1.5-8g 外圆部分至 $\phi25.1_{-0.130}^{0}\times18$			C6132A	45°端面车刀 02R2020 和 90°外圆粗车刀 06R1616，带护锥中心钻（B型）；自定心卡盘；0.01 规格的带表卡尺	
4	热	调质热处理 235HBW					
5	研	修研中心孔			C6132A	60°锥磨头	
6	车	用两顶尖装夹工件 1) 半精车两处 φ35±0.008 外圆部分至 $\phi35.3_{-0.340}^{0}\times25$ 和 $\phi35.3_{-0.170}^{0}\times40$，半精车 φ42±0.0125 外圆部分至 $\phi42.2_{-0.100}^{0}\times52$，半精车 $\phi33_{-0.039}^{0}$ 外圆部分至 $\phi33_{-0.039}^{0}\times32$			C6132A	01R1616 的 70°外圆精车刀，04R2012 切槽刀，02R2020 的 45°端面车刀	

（续）

	机械加工工艺过程卡片		产品型号		零件图号	1		共3页	第2页
			产品名称	减速器	零件名称	减速器输出轴			

材料牌号	45	毛坯种类	棒料	毛坯外形尺寸	$\phi60\times220$	每毛坯可制件数		每台件数	1	

工序号	工序名称	工序内容	车间	工段	设备	工艺装备	备注	工时准终	工时单件
6	车	2) 车 R2 圆弧, $\phi42\times4$ 至图样尺寸 3) 车两处 3×0.5 的越程槽 4) 倒角 C1					0.01 规格带表卡尺; 两顶尖, 鸡心夹头等		
7	车	调头用两顶尖装夹工件 1) 半精车 $\phi28$ 外圆部分至 $\phi28.2_{-0.052}^{0}\times28$, 半精车 $M24\times1.5$-8g 外圆部分至 $\phi23.8_{-0.033}^{0}\times18$ 2) 车一处 3×1 的退刀槽 3) 倒角 C1.5			C6132A	01R1616 的 70° 外圆精车刀, 04R2012 切槽刀, 02R2020 的 45° 端面车刀; 0.01 规格的带表卡尺; 两顶尖, 鸡心夹头等			
8	车	用两顶尖装夹工件 1) 精车 $\phi42\pm0.0125$ 外圆部分和 $\phi28_{-0.022}^{0}$ 外圆部分至图样尺寸 2) 车 $M24\times1.5$-8g 螺纹至图样尺寸			C6132A	01R1616 的 70° 外圆精车刀, 螺纹车刀; 两顶尖, 鸡心夹头等; 0.01 规格带表卡尺; 螺纹环规			
9	铣	用铣床附件装夹工件 1) 铣 $\phi42\pm0.0125$ 外圆面上的键槽至图样尺寸 2) 铣 $\phi28_{-0.022}^{0}$ 外圆面上的键槽至图样尺寸			X6025	不同直径麻花钻两把, 不同宽度直柄键槽铣刀两把; V形块抱钳; 0.02 规格游标卡尺, 指示表			
10	磨	用两顶尖装夹工件 1) 粗磨两处 $\phi35\pm0.008$ 外圆及轴肩至图样尺寸要求 2) 精磨两处 $\phi35\pm0.008$ 外圆及轴肩至图样尺寸要求			MW1432	单面凹带锥砂轮; 顶尖, 鸡心夹头; 外径千分尺, 表面粗糙度标准样块			
11	检	检验							

（续）

机械加工工艺过程卡片		产品型号		零件图号			共 3 页	第 3 页
		产品名称	减速器	零件名称	减速器输出轴			
材料牌号	45	毛坯种类	棒料	毛坯外形尺寸	φ60×220	每毛坯可制件数	1	每台件数	1	备注	
工序号	工序名称		工序内容		车间	工段	设备	工艺装备	准终	单件
						设计日期	审核日期	标准化日期	会签日期
标记	处数	更改文字编号	签字	日期	标记	处数	更改文字编号	签字	日期

表 1-24　减速器输出轴零件机械加工工序卡片（一）

机械加工工序卡片	产品型号		零件图号					共　页	第　页
	产品名称	减速器	零件名称	减速器输出轴					

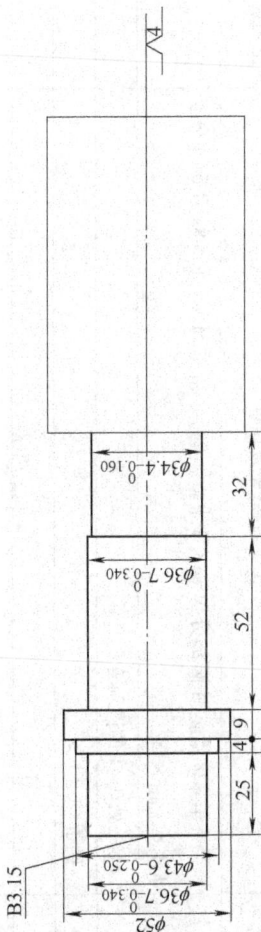

	车间		工序号 2	工序名称 车		材料牌号 45
	毛坯种类		毛坯外形尺寸	每毛坯可制件数		每台件数
	设备名称 卧式车床		设备型号 C6132A	设备编号		同时加工件数 1
	夹具编号		夹具名称 自定心卡盘			切削液
	工位器具编号		工位器具名称	工序工时	准终	辅助

工步号	工步内容（单位:mm）	工艺装备	主轴转速 /(r/min)	切削速度 /(m/min)	进给量 /(mm/r)	背吃刀量 /mm	进给次数	工步工时 机动	辅助
1	粗车左端端面		230	25	0.7		3		
2	钻中心孔 B3.15		185	20	0.13				
3	粗车外圆 $\phi36.7_{-0.340}^{0}\times25$、$\phi36.7_{-0.340}^{0}\times52$、$\phi43.6_{-0.250}^{0}\times4$、$\phi34.4_{-0.160}^{0}\times32$，以及外圆 $\phi52\times9$ 至尺寸要求		230	25	0.7		3		

					设计日期	审核日期	标准化日期	会签日期
标记	处数	更改文字编号	签字	日期				
标记	处数	更改文字编号	签字	日期				

表 1-25 减速器输出轴零件机械加工工序卡片（二）

机械加工工序卡片		产品型号		零件图号			共 页	第 页
		产品名称	减速器	零件名称				

车间	工序号	工序名称	材料牌号
	7	车	45

毛坯种类	毛坯外形尺寸	每毛坯可制件数	每台件数

设备名称	设备型号	设备编号	同时加工件数
卧式车床	C6132A		1

夹具编号	夹具名称	切削液
	前后顶尖、鸡心夹头	

工位器具编号	工位器具名称	工序工时	
		准终	辅助

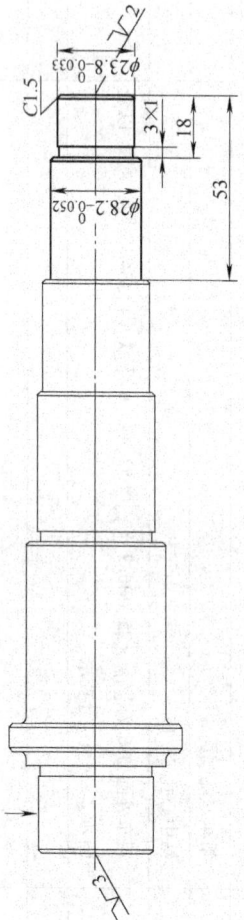

未注倒角 C1

工步号	工步内容（单位：mm）	工艺装备	主轴转速 /(r/min)	切削速度 /(m/min)	进给量 /(mm/r)	背吃刀量 /mm	进给次数	工步工时	
								机动	辅助
1	半精车 $\phi28_{-0.022}^{\ 0}$ 外圆部分至 $\phi28.2_{-0.052}^{\ 0} \times 28$，半精车 M24×1.5-8g 外圆部分至 $\phi23.8_{-0.033}^{\ 0} \times 18$		460	50	0.2	0.4			
2	车一处 3×1 的退刀槽		460	50	0.1	1	1		
3	倒角 C1，C1.5		460	50	0.1	1	1		

			设计日期	审核日期	标准化日期	会签日期

标记	处数	更改文字编号	签字	日期	标记	处数	更改文字编号	签字	日期

表 1-26　减速器输出轴零件机械加工工序卡片（三）

机械加工工序卡片	产品型号		减速器输出轴	工序号 9		共 页	第 页
	产品名称	减速器				工序名称 铣	材料牌号 45
零件图号							
零件名称							

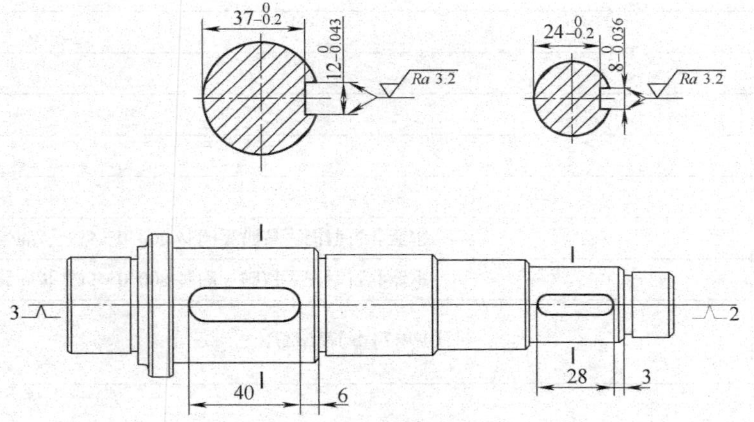

	车间	工序号	工序名称	第 页
	毛坯种类	毛坯外形尺寸	每毛坯可制件数	每台件数
	设备名称 铣床	设备型号 X6025	设备编号 05	同时加工件数 1
	夹具编号	夹具名称 前后顶尖、鸡心夹头		切削液
	工位器具编号	工位器具名称		

工步号	工步内容（单位:mm）	工艺装备	主轴转速/(r/min)	切削速度/(m/min)	进给量/(mm/r)	背吃刀量/mm	进给次数	工步工时 机动	辅助
1	铣 φ42±0.0125 外圆面上的键槽至图样尺寸		205	22	0.2	1	1		
2	铣 φ28 0 -0.022 外圆面上的键槽至图样尺寸			22	0.2	1	1		

		设计日期	审核日期	标准化日期	会签日期
更改文字编号	签字 日期				
标记 处数 更改文字编号 签字 日期	标记 处数				

表 1-27 减速器输出轴零件机械加工工序卡片（四）

机械加工工序卡片	产品型号		零件图号			共 页	第 页
	产品名称	减速器	零件名称				

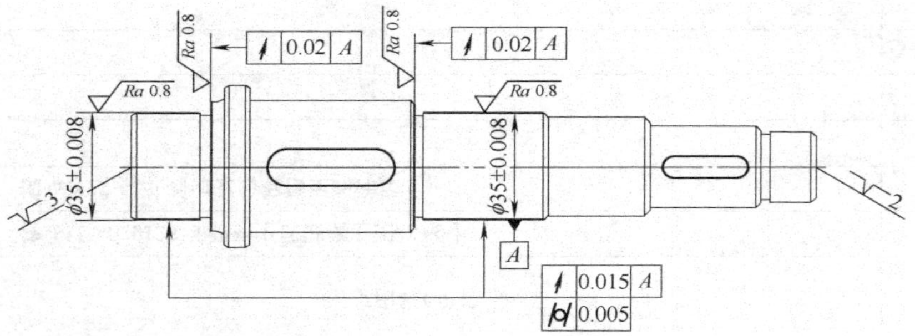

车间	工序号	工序名称	材料牌号
	10	磨	45

毛坯种类	毛坯外形尺寸	每毛坯可制件数	每台件数

设备名称	设备型号	设备编号	同时加工件数
万能外圆磨床	MW1432		1

夹具编号	夹具名称	工位器具编号	工位器具名称	切削液
	前后顶尖，鸡心夹头			

工序工时	
准终	终

工步号	工步内容（单位:mm）	工艺装备	主轴转速 /(r/min)	切削速度 /(m/min)	进给量 /(mm/r)	背吃刀量 /mm	进给次数	工步工时 机动	辅助
1	粗磨两处 φ35±0.008 外圆及轴肩至图样尺寸要求		213	23	25.2	0.0092			
2	精磨两处 φ35±0.008 外圆及轴肩至图样尺寸要求		324	35	16.8	0.0043			

		设计日期	审核日期	标准化日期	会签日期
标记	处数	更改文字编号	签字	日期	标记	处数	更改文字编号	签字	日期

模块二　曲轴零件机加工工艺设计

项目任务 1-2　设计图 1-24 所示单拐曲轴的机械加工工艺。

学习目标 1-2

- 会分析曲轴等偏心结构的轴类零件加工工艺技术要求。
- 掌握偏心轴类零件工艺路线设计的特点。
- 在单拐曲轴零件工序设计中，注意合理选择满足偏心轴结构零件工序所需夹具等工序内容。
- 能正确填写单拐曲轴的相关工艺文件。

一、分析单拐曲轴零件加工工艺技术要求

（一）单拐曲轴的功用与结构分析

曲轴是将直线运动转变成旋转运动，或将旋转运动转变为直线运动的零件。它是往复式发动机、压缩机、剪切机与冲压机械的重要零件。曲轴的结构与一般轴不同，它由主轴颈、连杆轴颈、主轴颈和连杆轴颈之间的连接板组成。总体结构表现为刚性差、易变形、形状复杂等。它的工作特点是在变动和冲击载荷下工作，对曲轴的基本要求是高强度、高韧性、高耐磨性和回转平稳性。单拐曲轴的结构特点是只有一处连杆轴颈。

（二）加工技术要求分析

单拐曲轴零件的加工工艺技术要求，见表 1-28。

除了表中所列的加工面及其工艺技术要求外，还有主轴颈和连杆轴颈之间的连接板（两处）；主轴颈所在的左右端面（表面粗糙度值要求 $Ra25\mu m$）及其端面上的中心孔要求 A6.3/13.2；1：10 的锥面要用标准量规涂色检查（接触面不少于 80%），以及油孔（左端主轴颈端面上油孔、左侧连接板侧面上油孔、左侧连接板底面上油孔、连杆轴颈上的斜油孔）和螺钉孔（两连接板底面上螺钉孔 4×M24-7H、左侧连接板端面上螺钉孔 M24-7H、两连接板底面上螺钉孔 M12-7H），而且加工后要清除油孔中的一切杂物。

（三）结构工艺性

在机械传动中，回转运动变为往复直线运动，或直线运动变为回转运动，一般都用偏心轴或是曲轴（曲轴是形状比较复杂的偏心轴）来完成。偏心轴即工件的外圆与外圆之间的轴线平行而不相重合。偏心套即工件的外圆与内孔的轴线平行而不相重合。这两条轴线之间的距离称为偏心距。

二、确定单拐曲轴零件加工毛坯

（一）单拐曲轴的毛坯类型

曲轴工作时要承受很大的转矩及变形的弯曲应力，容易产生扭振、折断及轴颈磨损，要求材料应有较高的强度、冲击韧度、疲劳强度和耐磨性，所以材料选用了球墨铸铁 QT600—3。根据此类材料的特点，考虑到曲轴零件属中批量生产，毛坯采用铸造成形。

（二）单拐曲轴零件的毛坯图

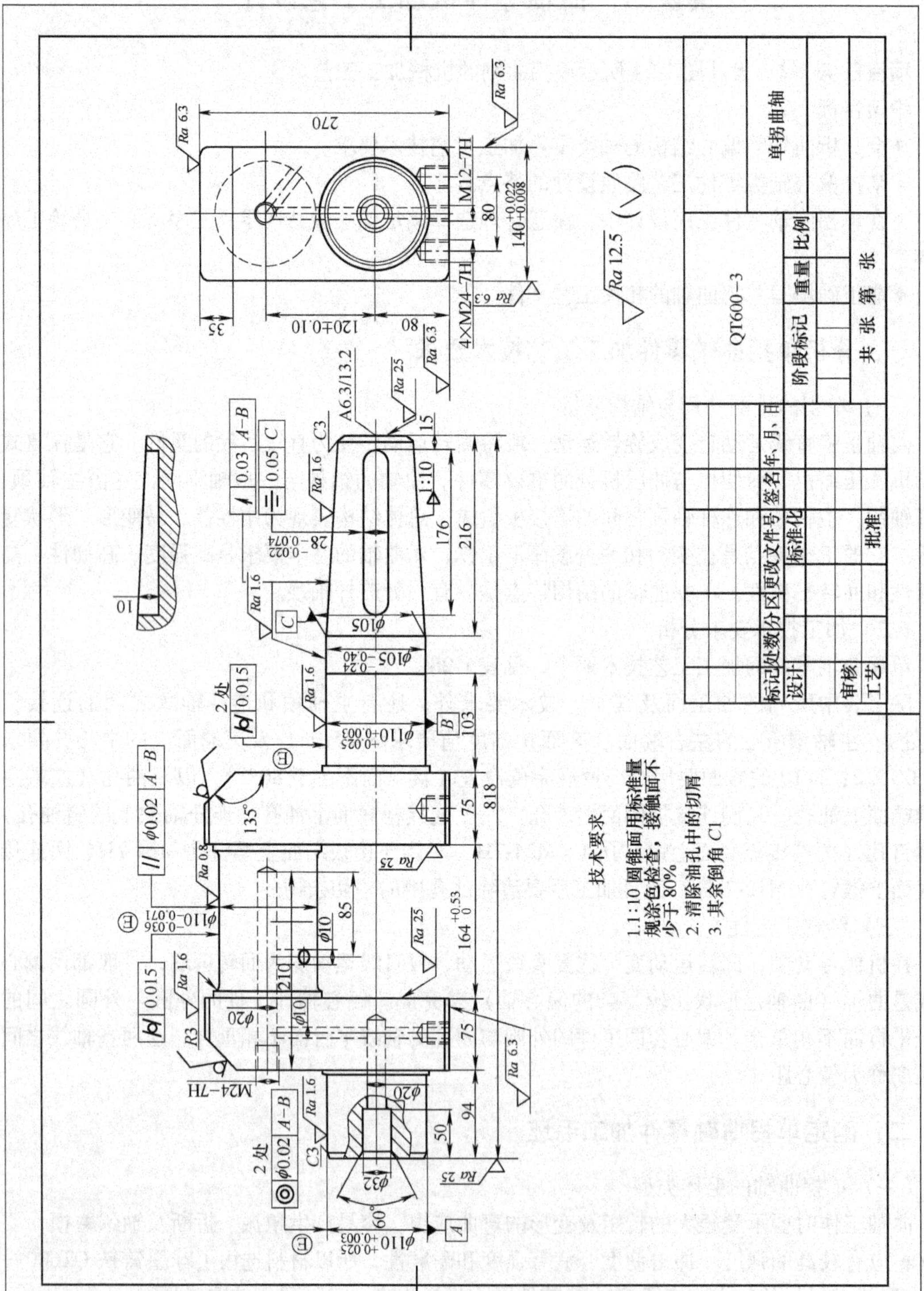

图1-24 单拐曲轴零件图

表1-28　单拐曲轴零件技术要求

加 工 表 面	加 工 尺 寸/mm	加工公差等级	表面粗糙度 $Ra/\mu m$	几何公差/mm	备　注
$\phi 110^{+0.025}_{+0.003}$ mm 主轴颈外圆，两处	$\phi 110^{+0.025}_{+0.003} \times 90$，$\phi 110^{+0.025}_{+0.003} \times 103$，倒角 $C1$，过渡圆角 $R3$，包容原则	IT6	1.6	相对于基准 $A—B$ 的同轴度公差都是 $\phi 0.02$，圆度公差都是 0.015	基准 A、基准 B
$\phi 105^{-0.24}_{-0.40}$ mm 外圆	$\phi 105^{-0.24}_{-0.40} \times 91$，过渡圆角 $R3$	IT10	1.6		
锥度 1:10 的圆锥面	锥度 1:10，$\phi 105$，216，倒角 $C3$	IT7	1.6	锥面相对于基准 $A—B$ 的圆跳动公差是 $\phi 0.03$	大端基准 C
$\phi 110^{-0.036}_{-0.071}$ mm 连杆轴颈外圆	$\phi 110^{-0.036}_{-0.071}$，160，过渡圆角 $R3$，包容原则	IT7	0.8	其轴线相对于基准 $A—B$ 的平行度公差为 $\phi 0.02$，圆度公差都是 0.015	
1:10 的圆锥面上键槽	$28^{-0.022}_{-0.074}$，176，15	IT9	12.5	键槽两侧面相对于基准 C 的对称度公差 0.05	

考虑了单拐曲轴各加工面的加工余量（经过工序尺寸计算得知）后，以毛坯图的正确画法画出，即可得到单拐曲轴零件的毛坯图。

三、设计单拐曲轴零件机加工工艺路线

（一）确定单拐曲轴零件加工面加工方案

单拐曲轴零件加工面加工方案，见表1-29。

表1-29　单拐曲轴零件加工面加工方案

加 工 面		加 工 方 案	
		公差等级及表面粗糙度要求	加 工 方 法
$\phi 110^{+0.025}_{+0.003}$ mm 主轴颈外圆（两处）		IT6，$Ra1.6\mu m$	粗车—半精车—粗磨—精磨
$\phi 105^{-0.24}_{-0.40}$ mm 外圆		IT10，$Ra1.6\mu m$	粗车—半精车
锥度 1:10 的圆锥面		IT7，$Ra1.6\mu m$	粗车—半精车—磨
$\phi 110^{-0.036}_{-0.071}$ mm 连杆轴颈或拐颈外圆		IT7，$Ra0.8\mu m$	粗车—半精车—磨
1:10 的圆锥面上键槽		IT9，$Ra12.5\mu m$	铣
连接板	连接板底面 75mm×140mm	$Ra6.3\mu m$	铣
	270mm 的上面	$Ra6.3\mu m$	铣
	前、后侧面	IT7，$Ra6.3\mu m$	粗铣—精铣
	拐颈外侧左、右端面	$Ra12.5\mu m$	车
	拐颈内侧面	IT12，$Ra25\mu m$	车
	中心孔 A6.3/13.2	$Ra12.5\mu m$	钻
油孔	左端主轴颈端面上油孔	$Ra12.5\mu m$	钻
	左侧连接板底面上油孔		
	拐颈左端面上油孔		
	连杆轴颈上的斜油孔		

（续）

加 工 面		加 工 方 案	
		公差等级及表面粗糙度要求	加 工 方 法
螺钉孔	两连接板底面上螺钉孔 4×M24-7H	$Ra12.5\mu m$	钻—攻
	左侧连接板端面上螺钉孔 M24-7H		
	两连接板底面上螺钉孔 M12-7H		

田"车削偏心工件及曲轴"知识导入

车削偏心工件时，应该按工件的不同数量、形状和精度要求，相应地采取不同的装夹方法，但最终要保证所加工的偏心部分轴线与车床主轴旋转轴线重合。

1. 车削偏心工件的装夹方法

车削偏心工件的装夹方法，见表1-30。

表1-30　车削偏心工件的装夹方法

方法	简 图	应 用 说 明
用顶尖顶住	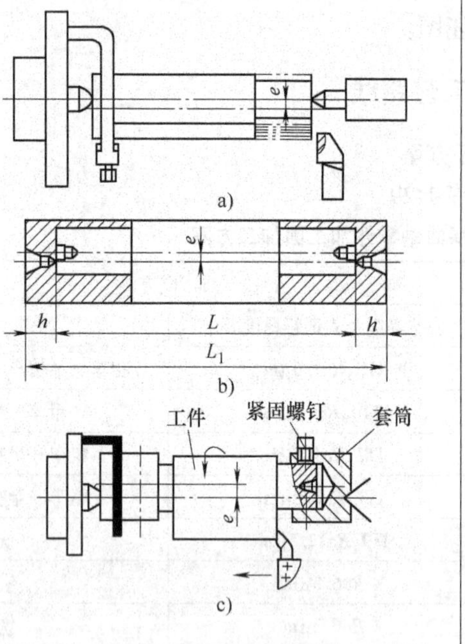 a) b) c)	这种方法适用于加工较长的偏心工件。在加工之前，应在工件两端划出并加工出中心点的中心孔和偏心点的中心孔；然后用前、后顶尖顶住便可以进行加工，见图 a 若偏心轴偏心距较小，在钻偏心中心孔时，可能跟主轴中心孔相互干涉。这时可按图 b 增加工艺凸台，即把工件的长度放长两个中心孔的深度，再划线，钻偏心中心孔，车偏心轴 图 c 是采用套筒装夹工件后，再用顶尖拨顶的方法
单动卡盘装夹	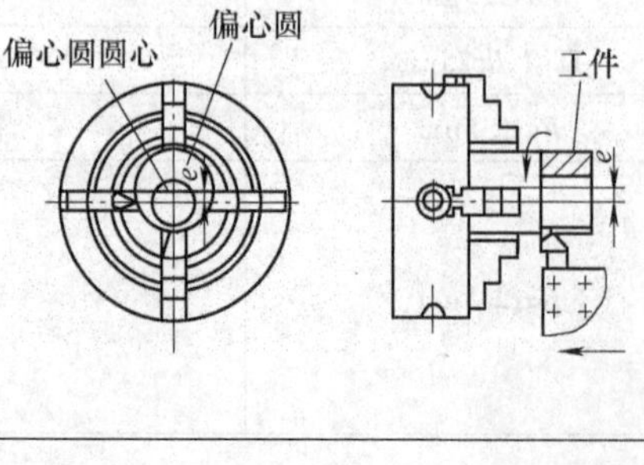	这种方法适用于加工偏心距较小、精度要求不高、形状较短、数量较少的偏心工件

（续）

方法	简　图	应用说明
自定心卡盘装夹	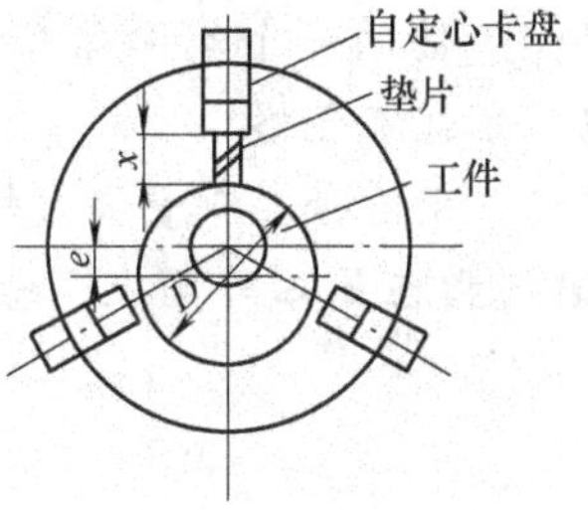	这种方法适用于加工数量较大、长度较短、偏心距较小、精度要求不高的偏心工件。其垫片厚度计算如下： $$x = 1.5e \pm K$$ 式中　K——修正系数，$K = 1.5\Delta e$； 　　　Δe——实测偏心距误差； 　　　$+$——用于实测偏心距 $e' < e$； 　　　$-$——用于实测偏心距 $e' > e$
花盘装夹	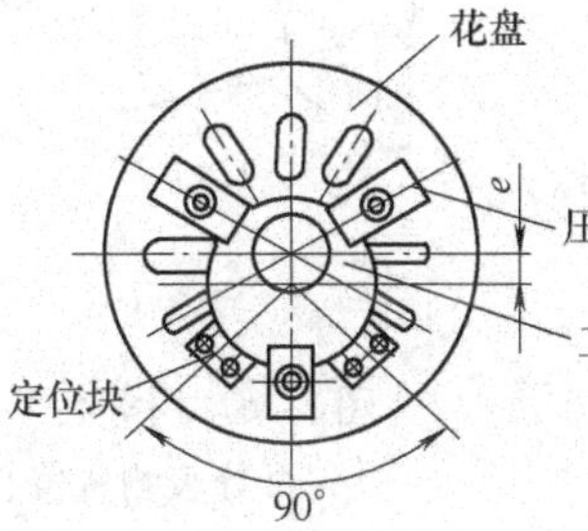	这种方法适用于加工长度较短、偏心距较小、直径较大、精度要求不高的偏心工件
双卡盘装夹	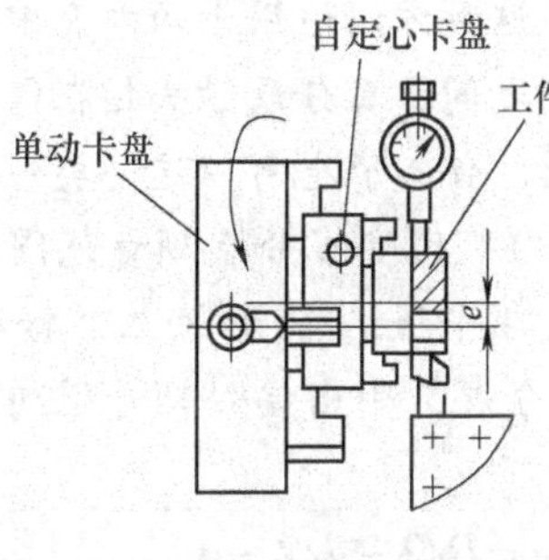	这种方法适用于加工长度较短、偏心距较小、数量较大的偏心距工件
偏心卡盘装夹	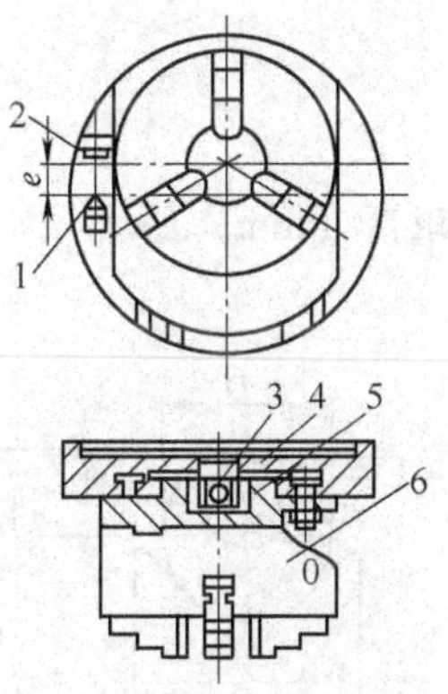 1—固定测头　2—活动测头　3—丝杠 4—滑座　5—滑块　6—自定心卡盘	这种方法适用于加工短轴、盘、套类等较精密的偏心工件。其优点是装夹方便，偏心距可以调整，能保证加工质量，并能获得较高的精度，通用性强

2. 测量偏心距的方法

(1) 用心轴和百分表测量（见图1-25） 这种方法适用于精度要求较高而偏心距较小的偏心工件。用百分表测量工件是以孔作为定位基面，用一个夹在自定心卡盘上的心轴支撑工件。百分表的触头指在偏心工件的外圆上，将偏心工件的一个端面靠在卡爪上，缓慢转动。百分表上的读数是两倍的偏心距，否则工件的偏心距就不合格。

(2) 用等高V形架和百分表测量（见图1-26） 用百分表测量偏心轴时，可将偏心轴放在平板上的两个等高的V形架上支撑。百分表触头指在偏心外圆上，缓慢转动偏心轴。百分表上的读数是两倍的偏心距。

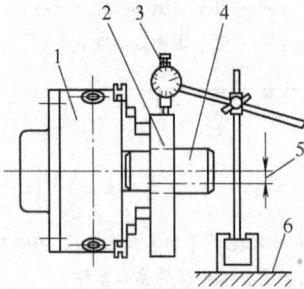

图1-25 用心轴和百分表测量偏心轮
1—自定心卡盘 2—偏心轮 3—百分表
4—塞尺 5—偏心距 6—床面

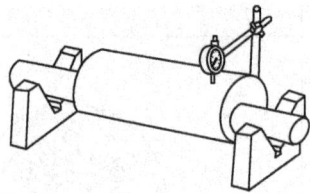

图1-26 用等高V形架和
百分表测量偏心轴

(3) 用两顶尖孔和百分表测量（见图1-27） 这种方法适用于两端有中心孔，偏心距较小偏心轴的测量。其测量方法是将工件装夹在两顶尖之间，百分表触头指在偏心工件外圆上，用手转动偏心轴，百分表上的读数等于偏心距的两倍。偏心套也可以这样类似测量。

(4) 用V形架和百分表间接测量（见图1-28） 因受百分表测量范围的限制，偏心距较大的工件可用间接测量偏心距的方法。把工件放在平板的V形架上，转动偏心轴，用百分表量出轴的最高点。工件固定不动，水平移动百分表，测出偏心轴外圆到基准轴外圆之间的距离 a，然后用下式计算出偏心距 e，即

$$D/2 = e + d/2 + a \qquad e = D/2 - d/2 - a$$

式中 e——偏心距（mm）；

D——基准轴直径（mm）；

d——偏心轴直径（mm）；

a——基准轴外圆到偏心轴外圆之间的最小距离（mm）。

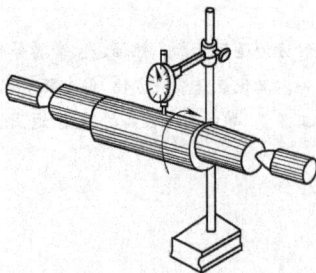

图1-27 在两顶尖上测量偏心工件

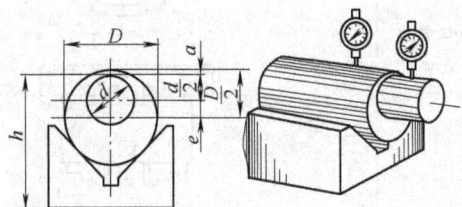

图1-28 用V形架和间接测量法测偏心距

用这种方法，必须用千分尺量出基准轴直径和偏心轴直径正确的实际尺寸，否则计算时会产生误差。

3. 车削曲轴时的装夹方法

曲轴实际就是多拐偏心轴，其加工原理跟加工偏心轴基本相同，常采用的装夹方法见表 1-31。

表 1-31 车削曲轴的装夹方法

曲轴形式	装夹方法简图	说　明
单拐曲轴	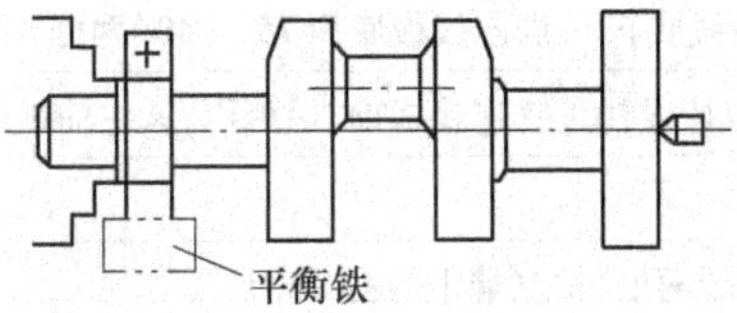 平衡铁	主轴一端用卡盘装夹轴颈，尾座一端用顶尖顶夹法兰盘并配有配重加工轴颈
双拐曲轴	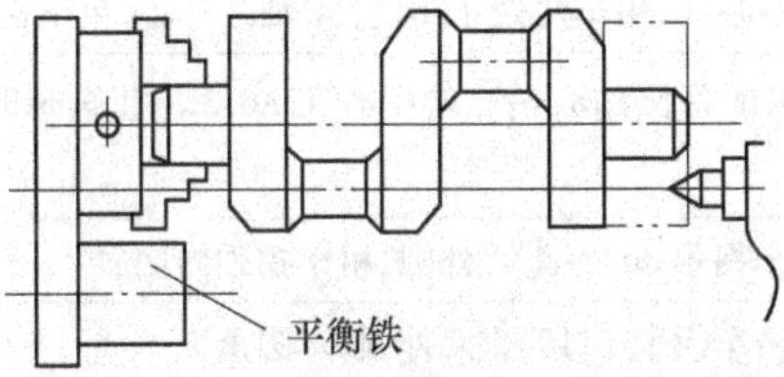 平衡铁	主轴一端花盘上安装卡盘，调整偏心距装夹轴颈，尾座一端专用盘上配有偏心的中心孔，用顶尖顶夹加工轴颈
三拐曲轴	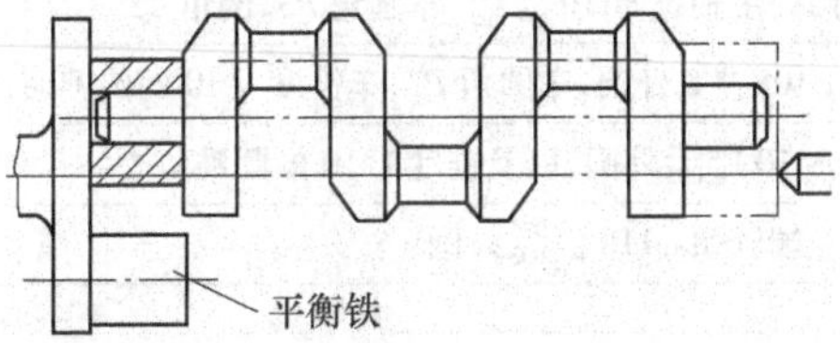 平衡铁	主轴一端按偏心距配做专用夹具装夹轴颈，尾座一端专用盘上配有偏心的中心孔，用顶尖顶夹加工轴颈
多拐曲轴	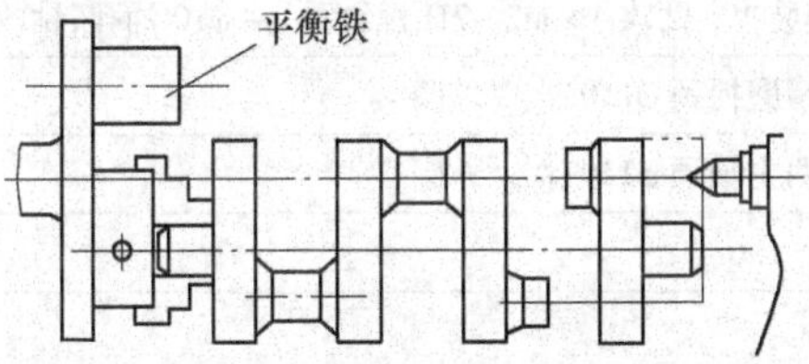 平衡铁	主轴一端花盘上安装卡盘，调整偏心距装夹轴颈，尾座一端专用盘上配有偏心的中心孔，用顶尖顶夹加工轴颈

大型多拐曲轴一般为锻件或铸件（铸钢或球墨铸铁）。一般在带有偏心卡盘的专用曲拐车床上加工这类曲轴。用大型卧式车床加工时，应设计制造专用工装，其中包括对机床尾座的改装，以提高装夹刚性。

（二）划分单拐曲轴加工阶段

1. 选择定位基准

先以主轴颈为粗基准，加工连接板、端面，以及粗加工主轴颈；再以连杆轴颈自身为粗基准加工连杆轴颈。然后以主轴颈和连杆轴颈自身分别为精基准，完成各自的半精加工和精加工。

2. 热处理的安排

单拐曲轴的毛坯为铸件，需要在机加工之前安排时效处理，以消除内应力。

3. 确定加工顺序

加工顺序主线是粗加工、半精加工、精加工主轴颈和拐颈，剩余加工面穿插其中加工。

（三）确定单拐曲轴机加工工艺路线

单拐曲轴机加工工艺路线，见表1-32。

表 1-32 单拐曲轴机加工工艺路线 （单位：mm）

工序号	工序名称	工 序 内 容
1	铸造	铸造毛坯
2	热处理	人工时效
3	划线	以毛坯外圆找正，划主要加工线偏心距 120±0.10 及外形加工线
4	粗铣	用 V 形块和辅助支撑调整装夹（按线找正），铣连接板底面 75×140（两处）和 270 上面（两处）
5	粗铣	以连接板底面 75×140 两平面定位按线找正铣连接板前、后侧面；铣主轴颈左端面
6	划线	划轴两端中心孔线
7	钻	工件平放在车床工作台上，压主轴颈两处，钻左端中心孔 A6.3
8	粗车	夹右端（1:10 锥度一端）顶左端中心孔，粗车两处 $\phi110^{+0.025}_{+0.003}$ 轴颈外圆，粗车拐颈外侧左、右端面
9	钻、粗车	夹左端，右端上中心架车端面，保证总长 818，钻右端中心孔 A6.3。粗车 $\phi105^{-0.24}_{-0.40}$ 外圆和 1:10 的圆锥面外圆
10	粗车	在加工拐颈专用夹具上装夹，粗车拐颈 $\phi110^{-0.036}_{-0.071}$ 外圆，粗车拐颈内侧面
11	半精车	在加工拐颈专用夹具上装夹，半精车拐颈 $\phi110^{-0.036}_{-0.071}$ 外圆，车圆角 R3
12	半精车	夹主轴颈所在的右端，半精车两处主轴颈 $\phi110^{+0.025}_{+0.003}$，车圆角 R3，倒角 C1
13	半精车	夹主轴颈所在的左端，半精车 $\phi105^{-0.24}_{-0.40}$ 外圆，车圆角 R3，车锥度 1:10 的圆锥面，倒角 C3
14	粗磨	以两中心孔定位，磨右端轴颈 $\phi110^{+0.025}_{+0.003}$ 外圆，以及锥度 1:10 的圆锥面
15	粗磨	以两中心孔定位调头装夹，磨左端轴颈 $\phi110^{+0.025}_{+0.003}$ 外圆
16	精铣	精铣连接板的前、后侧面
17	钻	用两处主轴颈定位的专用钻模装夹，钻攻 4×M24-7H 螺钉孔，钻 $\phi10$ 油孔，钻攻 M12-7H 螺钉孔
18	精磨	以加工拐颈专用夹具上装夹，精磨拐颈 $\phi110^{-0.036}_{-0.071}$ 外圆
19	精磨	以两端中心孔定位装夹，精磨两主轴颈 $\phi110^{+0.025}_{+0.003}$ 外圆
20	划线	划 1:10 的圆锥面上键槽线
21	铣	铣 1:10 圆锥面上的键槽
22	钻	用钻模装夹，钻左端主轴颈端面 $\phi20$ 孔，扩 $\phi32$ 孔，锪 60°的角
23	钻	用钻模装夹，钻拐颈左端面 $\phi10$ 油孔及 M24-7H 螺钉孔底孔，攻 M24-7H 螺纹
24	钻	用钻模装夹，钻拐颈斜 $\phi10$ 油孔
25	钳	修油孔等
26	检	检验入库

四、设计单拐曲轴零件机加工工序

（一）计算工序尺寸

从单拐曲轴零件加工方案表 1-29 知道，需要进行工序尺寸设计的加工面有 $\phi110^{+0.025}_{+0.003}$ mm 主轴颈外圆、$\phi105^{-0.24}_{-0.40}$ mm 外圆、$\phi110^{-0.036}_{-0.071}$ mm 拐颈外圆，需要铣削的连接板前、后侧面。

1. $\phi110^{+0.025}_{+0.003}$ mm 主轴颈外圆加工的工序尺寸计算

$\phi110^{+0.025}_{+0.003}$ mm 主轴颈外圆加工的工序尺寸计算，见表 1-33。

表 1-33 $\phi110^{+0.025}_{+0.003}$mm 主轴颈外圆加工工序尺寸计算 （单位：mm）

工序名称	工序余量	工序基本尺寸	工序所能达到的公差等级	工序尺寸
精磨	0.15	$\phi110$	IT6(0.022)	$\phi110^{+0.025}_{+0.003}$
粗磨	0.25	$\phi110.15$	IT9(0.07)	$\phi110.15^{0}_{-0.07}$
半精车	1.8	$\phi110.4$	IT10(0.14)	$\phi110.4^{0}_{-0.14}$
粗车	2.5	$\phi112.2$	IT12(0.46)	$\phi112.2^{0}_{-0.46}$
毛坯	4.7	$\phi114.7$	±2	$\phi114.7\pm2$

2. $\phi105^{-0.24}_{-0.40}$mm 外圆加工的工序尺寸计算

$\phi105^{-0.24}_{-0.40}$mm 外圆加工的工序尺寸计算，见表 1-34。

表 1-34 $\phi105^{-0.24}_{-0.40}$mm 外圆加工的工序尺寸计算 （单位：mm）

工序名称	工序余量	工序基本尺寸	工序所能达到的公差等级	工序尺寸
半精车	1.8	$\phi105$	IT10(0.16)	$\phi105^{-0.24}_{-0.40}$
粗车	2.5	$\phi106.8$	IT12(0.46)	$\phi106.8^{0}_{-0.46}$
毛坯	4.3	$\phi109.3$	±2	$\phi109.3\pm2$

3. $\phi110^{-0.036}_{-0.071}$mm 拐颈外圆加工的工序尺寸计算

$\phi110^{-0.036}_{-0.071}$mm 拐颈外圆加工的工序尺寸计算，见表 1-35。

表 1-35 $\phi110^{-0.036}_{-0.071}$mm 拐颈外圆加工的工序尺寸计算 （单位：mm）

工序名称	工序余量	工序基本尺寸	工序所能达到的公差等级	工序尺寸
精磨	0.15	$\phi110$	IT7(0.035)	$\phi110^{-0.036}_{-0.071}$
粗磨	0.25	$\phi110.15$	IT9(0.07)	$\phi110.15^{0}_{-0.07}$
半精车	1.8	$\phi110.4$	IT10(0.14)	$\phi110.4^{0}_{-0.14}$
粗车	2.5	$\phi112.2$	IT12(0.46)	$\phi112.2^{0}_{-0.46}$
毛坯	4.7	$\phi114.7$	±2	$\phi114.7\pm2$

4. 连接板前、后侧面 $140^{+0.022}_{+0.008}$mm 加工的工序尺寸计算

连接板前、后侧面 $140^{+0.022}_{+0.008}$mm 加工的工序尺寸计算，见表 1-36。

表 1-36 连接板前、后侧面 $140^{+0.022}_{+0.008}$mm 加工的工序尺寸计算 （单位：mm）

工序名称	工序余量	工序基本尺寸	工序所能达到的公差等级	工序尺寸
精铣	1.5	140	IT7(0.014)	$140^{+0.022}_{+0.008}$
粗铣	2.0	141.5	IT9(0.063)	141.5 ± 0.0315
毛坯	3.5	143.5	±2	143.5 ± 2

（二）确定机加工工序的刀具、量具、夹具，选择切削用量，确定加工机床等

由单拐曲轴工艺路线的表 1-32 知道，工序 4 ~ 19、21 ~ 24 数道工序需要进行各个工序的刀具、量具、夹具、切削用量、加工机床的工序设计。这些内容的确定方法和减速器输出轴类似，此处对于确定过程不再详述。确定的结果见表 1-37 单拐曲轴零件机加工工艺过程卡片。

五、填写单拐曲轴零件机加工工艺文件

单拐曲轴零件的机加工工艺过程卡片见表 1-37。

表1-37 单拐曲轴零件机加工工艺过程卡片

（单位：mm）

机加工工艺过程卡片		产品型号		QT600-3		零件图号					
		产品名称				零件名称	单拐曲轴		共4页	第1页	

材料牌号	毛坯种类	毛坯外形尺寸		每毛坯可制件数	每台件数	备注	
QT600-3	铸件				1		

工序号	工序名称	工序内容	车间	工段	设备	工艺装备	工时（准终）	工时（单件）	备注
1	铸造	铸造毛坯							
2	清砂	清砂							
3	热处理	人工时效							
4	涂漆	非加工表面涂防锈漆							
5	划线	以毛坯外圆找正，划主要加工线，偏心距120±0.10及外形加工线							
6	铣	用V形块和辅助支撑调整装夹（按划线找正）铣连接板底面75×140（两处）和270上面（两处）至尺寸要求			X6012	直齿三面刃铣刀，V形块等，0.02规格卡尺			
7	铣	以连接板底面75×140两平面定位按线找正粗铣连接板前、后侧面至141.5±0.0315			X6012	直齿三面刃铣刀，铣床附件，0.02规格卡尺			
8	划线	划轴两端中心孔线							
9	钻	工件平放在车床工作台上，压主轴颈两处，钻左端中心孔A6.3			CW6136A	A型中心钻，V形块等			
10	车	夹右端(1:10锥度一端)顶左端中心孔 1)粗车两处$\phi110^{+0.025}_{+0.003}$轴颈外圆至$\phi112.2^{0}_{-0.46}$ 2)粗车拐颈外侧左、右端面			CW6136A	90°外圆车刀，卡盘，顶尖，0.02规格卡尺			
11	车	夹左端，右端上中心架 1)车端面，保证总长818 2)钻右端中心孔A6.3 3)粗车$\phi105^{-0.24}_{-0.40}$外圆和1:10的圆锥面外圆			CW6136A	A型中心钻，90°外圆车刀，卡盘，中心架，0.02规格卡尺			

机加工工艺过程卡片	产品型号		零件图号		共 4 页	第 2 页	（续）
	产品名称		零件名称	单拐曲轴			
材料牌号 QT600-3	毛坯种类 铸件	毛坯外形尺寸	每毛坯可制件数	每台件数 1		工时	
						准终	单件

工序号	工序名称	工 序 内 容	车间	工段	设备	工艺装备	备注
12	车	在加工拐颈专用夹具上装夹 1）粗车拐颈 $\phi110_{-0.071}^{-0.036}$ 外圆至 $\phi112.2_{-0.46}^{0}$ 2）车拐颈内侧面至尺寸			CW6136A	90°外圆车刀，加工拐颈专用夹具，0.02mm 规格卡尺	
13	车	在加工拐颈专用夹具上装夹 1）半精车拐颈 $\phi110_{-0.071}^{-0.036}$ 外圆至 $\phi110.4_{-0.14}^{0}$ 2）车圆角 R3			CW6136A	70°外圆车刀，圆头车刀，加工拐颈专用夹具，0.02 规格卡尺	
14	车	夹主轴颈所在的右端 1）半精车两处主轴颈 $\phi110_{+0.003}^{+0.025}$ 至 $\phi110.4_{-0.14}^{0}$ 2）车圆角 R3 3）倒角 C1			CW6136A	70°外圆车刀，圆头车刀，45°车刀，卡盘，中心架，0.02 规格卡尺	
15	车	夹主轴颈所在的左端 1）半精车轴颈 $\phi105_{-0.40}^{-0.24}$ 外圆，倒角 C1 2）车圆角 R3 3）车锥度 1:10 的圆锥面			CW6136A	70°外圆车刀，圆头车刀，45°车刀，卡盘，中心架，0.02 规格卡尺，量规	
16	磨	以两中心孔定位 1）粗磨右端轴颈 $\phi110_{+0.003}^{+0.025}$ 外圆至 $\phi110.15_{-0.054}^{0}$ 2）磨锥度 1:10 的圆锥面至精度要求			M1320E	平形砂轮，顶尖等，0.02 规格卡尺，量规	

（续）

机加工工艺过程卡片			产品型号		零件图号	1		共4页	第3页
材料牌号 QT600-3	毛坯种类 铸件	毛坯外形尺寸	产品名称		零件名称	单拐曲轴			

工序号	工序名称	工序内容	车间	工段	设备	每台件数	工艺装备	工时 准终	工时 单件	备注
						每毛坯可制件数				
17	磨	以两中心孔定位调头装夹 粗磨左端轴颈 $\phi110^{+0.025}_{+0.003}$ 外圆至 $\phi110.15^{\ 0}_{-0.054}$ 外圆至精度要求			M1320E		平形砂轮,顶尖等,外径千分尺			
18	铣	精铣连接的前、后侧面 $140^{+0.022}_{+0.008}$ 至精度要求 用两处主轴颈定位的专用钻模装夹			X6012		三面刃铣刀,铣床附件			
19	钻	1）钻 4×M24-7H 螺钉底孔、$\phi10$ 油孔,M12-7H 螺钉底孔 2）攻 M12-7H 螺钉孔,攻 4×M24-7H 螺钉孔			Z5140B		直柄短麻花钻,攻螺纹工具,钻模,深度游标卡尺			
20	磨	在加工拐颈专用夹具上装夹 精磨拐颈 $\phi110^{-0.036}_{-0.071}$ 外圆至精度要求			M1320E		平形砂轮,加工拐颈专用夹具,外径千分尺			
21	磨	以两端中心孔定位装夹 精磨两端主轴颈 $\phi110^{+0.025}_{+0.003}$ 外圆至精度要求			M1320E		平形砂轮,卡盘,中心架,外径千分尺			
22	检验	磁粉探伤各主轴颈、拐颈								
23	划线	划 1:10 的圆锥面上键槽精线								
24	铣	铣床附件装夹 1:10 的圆锥面并开铣键槽			X6012		莫氏锥柄键槽铣刀,铣床夹具,0.02 规格卡尺			
25	钻	用钻模夹具 1）钻左端主轴颈端面 $\phi20$ 孔 2）扩 $\phi32$ 孔 3）锪 60° 的角			Z5140B		直柄短麻花钻,莫氏锥柄扩孔钻,60° 直柄锥面锪钻,钻模,深度游标卡尺			

（续）

机加工工艺过程卡片		产品型号		零件图号		共4页	第4页
		产品名称		零件名称	单拐曲轴		
材料牌号	QT600-3	毛坯种类	铸件	毛坯外形尺寸		每毛坯可制件数	每台件数　1

工序号	工序名称	工序内容	车间	工段	设备	工艺装备	备注	工时 准终	工时 单件
26	钻	用钻模装夹 1）钻拐颈左端面 $\phi10$ 油孔及 $4\times M24\text{-}7H$ 螺钉孔底孔 2）攻 $4\times M24\text{-}7H$ 螺纹			Z5140B	直柄短麻花钻，攻螺纹工具，钻模，深度游标卡尺			
27	钻	钻模装夹，钻拐颈斜 $\phi10$ 油孔			Z5140B	直柄短麻花钻，钻模			
28	钳	修油孔等							
29	检	检验入库							

			设计日期	审核日期	标准化日期	会签日期
			更改文字编号	签字	日期	
标记	处数	更改文字编号	签字	日期		

模块三　细长轴零件机加工工艺设计

项目任务1-3　设计图1-29所示活塞杆零件的机械加工工艺。

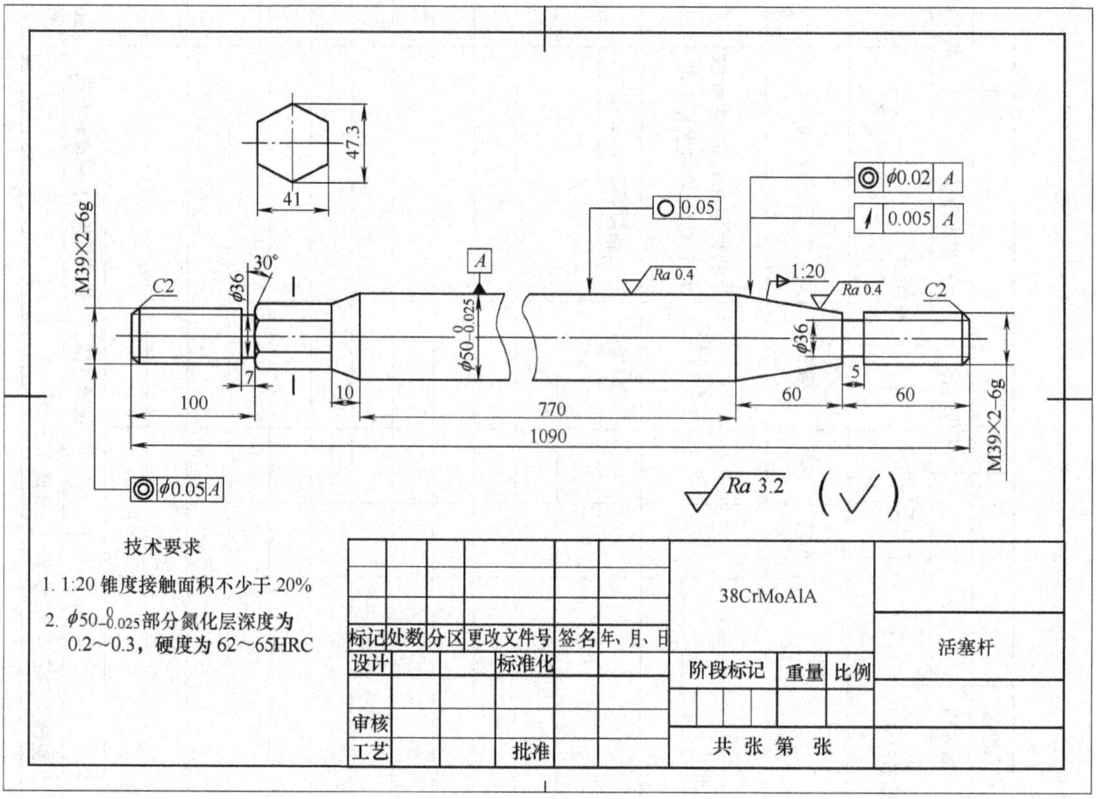

图1-29　活塞杆零件图

学习目标1-3

● 会分析细长轴类结构的活塞杆零件的机加工工艺技术要求。

● 能合理结合细长轴结构特点，设计出活塞杆的机加工工艺路线。

● 在设计活塞杆零件的工序过程中，能够充分考虑细长轴类结构的活塞杆零件刚性差、受切削热易于变形伸长等加工特点，进而合理选用夹具，合理选择切削用量等工序内容。

● 能正确填写活塞杆零件的相关工艺文件。

一、分析活塞杆零件加工工艺技术要求

（一）活塞杆零件的功用与结构分析

活塞杆是传递活塞做功的连接部件，大部分应用在液压缸、气缸等总成中，是一个运动频繁、技术要求较高的运动部件。图1-29所示的活塞杆在正常使用中，承受交变载荷作用，$\phi50_{-0.025}^{0}$mm×770mm处有密封装置往复摩擦其表面，所以该处应表面精度高而耐磨。活塞杆采用38CrMoAlA，表面渗氮深度0.2～0.3mm，硬度应达到62～65HRC，使活塞杆内部有

一定的韧性，外部又具有较好的耐磨性

（二）技术要求分析

通过分析活塞杆零件图等资料，可得知活塞杆零件的主要技术要求，见表 1-38。

表 1-38　活塞杆零件技术要求

加 工 表 面	加工尺寸/mm	加工公差等级	表面粗糙度 Ra/μm	几何公差/mm	备　注
$\phi 50_{-0.025}^{0}$ mm 外圆	$\phi 50_{-0.025}^{0} \times 770$	IT7	0.4	圆度公差 0.05	基准 A
1:20 锥度圆锥面	1:20 锥度，长 60	IT5	0.4	相对于基准 A，同轴度公差 $\phi 0.02$；圆跳动公差 0.005	
六方面	六方，47.3，41，长 90		3.2		
M39 × 2-6g 螺纹两处	M39 × 2-6g，长 93；M39 × 2-6g，长 55，倒角 $C2$	IT6	3.2	左端螺纹轴线相对于基准 A 的同轴度公差 $\phi 0.02$	

除了表中所列的主要技术要求，还有其他技术要求，如 $\phi 50_{-0.025}^{0}$ mm × 770mm 部分的表面渗氮深度 0.2 ~ 0.3mm，硬度要达到 62 ~ 65HRC，热处理也很重要；$\phi 50_{-0.025}^{0}$ mm × 770mm 与六方之间的锥面部分长为 10mm；$\phi 36$ mm × 5mm 和 $\phi 36$ mm × 7mm 的槽，以及两端面的加工。

（三）结构工艺性

一般当轴的长度尺寸是直径尺寸的 25 倍以上（$L/d > 25$）或接近于 25 倍时，称该轴为细长轴。图 1-29 中的活塞杆即为细长轴结构。

因为细长轴本身刚度较差，当受到切削抗力时，会引起弯曲、振动，受切削热影响还容易发生伸长变形，加工起来比较困难。

二、确定活塞杆零件加工毛坯

活塞杆零件的结构虽然属于细长轴，但是各部分回转面的直径相差不大，所以毛坯应选择棒料型材。经查附录 E，毛坯直径选 $\phi 55$ mm，端面加工为 5mm，得到活塞杆的毛坯尺寸为 $\phi 55$ mm × 1100mm。活塞杆毛坯图略。

三、设计活塞杆零件机加工工艺路线

细长轴结构的活塞杆零件，其主要机加工特点如下：

1）工件刚性差，抗弯曲变形能力弱，并有因材料自身质量下垂的弯曲现象。

2）在切削过程中，工件受热伸长会产生弯曲变形，甚至可能会使工件卡死在顶尖间而无法继续加工。

3）工件受切削力作用易产生弯曲，从而引起振动，会影响工件的精度。

所以，在设计活塞杆的工艺路线时，为保证加工精度，应该注意：

1）在车削时要粗、精分开，而且粗、精车都使用跟刀架，在加工两端螺纹时使用中心架。

2）在选择定位基准时，为保证零件同轴度公差及各部分的相互位置精度，所用的加工工序均应采用两中心孔定位，定位于中心孔的后顶尖采用活动的，即符合基准统一的原则。

3）磨削外圆时，工件容易产生让刀和弹性变形，影响活塞杆的精度。因此，在加工过程中应修研中心孔，并保证加工过程中良好的润滑。砂轮宽度应该窄些，以减少径向磨削力。

4）在磨削 $\phi50_{-0.025}^{0}$ mm×770mm 的外圆和1:20锥度圆锥面时，两道工序必须分开进行。1:20锥度圆锥面的检测，应该用标准的1:20环规涂色检查，其接触面应该不少于20%。

5）渗氮处理时，螺纹等部分应该采用保护装置进行保护。

细长轴加工时的装夹特点——

1. 钻中心孔

当毛坯直径小于机床主轴通孔时，按一般方法加工中心孔，但是棒料所伸出床头后面的部分应加强安全措施；当棒料直径大于机床主轴通孔或弯曲较大时，则用卡盘夹持一端，另一端用中心架支撑其毛坯外圆，先钻好可供活动顶尖顶住的不规则中心孔，然后车出一段完整的外圆柱面，再用中心架支撑该圆柱面，修正原来的中心孔，达到圆度的要求。应注意，在开始上中心架时，应使工件旋转中心与中心钻中心重合，否则将导致中心钻在工件断面上划圈，造成中心钻折断。

中心孔是细长轴的主要定位基准。精加工时，中心孔要求更高。一般精加工前要修正中心孔，使两端中心孔同轴，且角度、圆度、表面粗糙度符合要求。因此，在必要时还应研磨两端中心孔。

2. 装夹方式

（1）用中心架装夹　中心架直接支撑在工件中间，如图1-30所示。

这种方法适用于允许调头接刀车削的工件，这样支撑可以改善细长轴的刚性。在工件装上中心架之前，必须在毛坯中间车一段安装中心架卡爪的沟槽。车削时，卡爪与工件接触处应经常加润滑油。为了使卡爪与工件保持良好的接触，也可以在卡爪与工件之间加一层纱布或研磨剂，使接触良好。

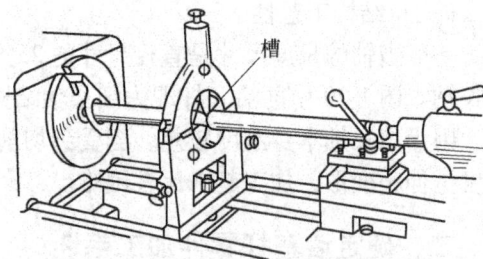

图1-30　中心架直接支撑在工件中间

（2）用过渡套筒支撑工件（如图1-31所示）　要在细长轴中间车削一条沟槽是比较困难的，为了解决这个问题，可以采用过渡套筒装夹细长轴，使卡爪不直接与毛坯接触，而是与过渡套筒的外表面接触。过渡套筒的两端各装有四个螺钉，用这些螺钉夹住毛坯工件，但过渡套筒的外圆必须矫正。

（3）用一端夹住一端搭中心架　除钻中心孔外，车削细长轴的端面、较长套筒的内孔、内螺纹时，都可用一端夹住一端搭中心架的方法，如图1-32所示。

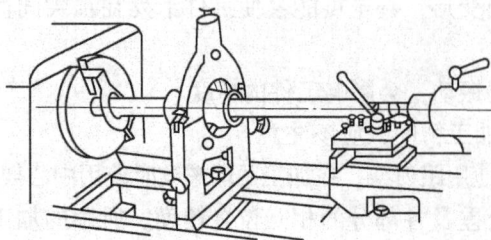

图1-31　用过渡套筒支撑工件

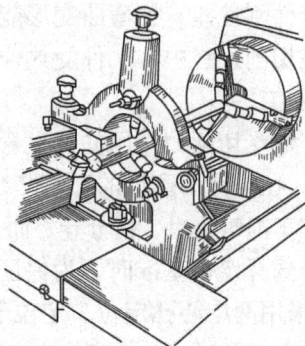

图1-32　一端夹住一端搭中心架

（4）跟刀架装夹　跟刀架的使用如图1-33所示。车细长轴时最好采用三个卡爪的跟刀架，如图1-34所示。它具有平衡进给力 F_f，背向力 F_p 和阻止工件因自重 G 而下垂的作用。各支撑卡爪的触头由可以更换的耐磨铸铁制成。支撑爪圆弧可以预先经镗削加工而成，也可以在车削时，利用工件粗车后的粗糙表面进行磨合。在调整跟刀架各支撑压力时，力度要适中，并要供给充分的切削液，才能保证跟刀架支撑的稳定和工件的尺寸精度。

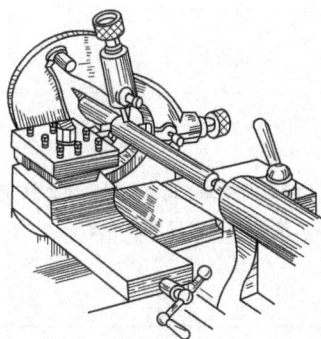

图1-33　跟刀架装夹工件

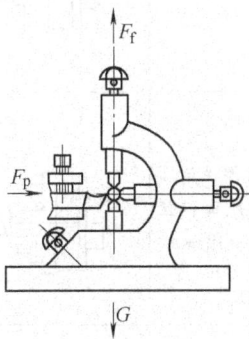

图1-34　三爪跟刀架

3. 装夹时的注意事项

1）当毛坯材料弯曲较大时，宜使用单动卡盘装夹。因为单动卡盘具有可调整被夹工件圆心位置的特点。当工件毛坯加工余量充足时，利用它将弯曲过大的毛坯部分"借"正，保证外径能全部车圆，并应留有足够的半精车车削余量。

2）卡爪夹持毛坯不宜过长，一般为 $15 \sim 20mm$，并应加垫铜皮。这样可以避免因材料尾端外圆不平，产生受力不均而迫使工件弯曲的情况。

3）尾座端应采用弹性回转顶尖。加工过程中，当由于切削热而使得工件变形伸长时，工件推动弹性回转顶尖使顶尖内部的蝶形弹簧压缩变形，从而使得工件不易弯曲，保证顺利车削。

车削细长轴的装夹方法见表1-39。

表1-39　车削细长轴的装夹方法

装夹方法	简　图	应用范围
一夹一顶，上中心架（用过渡套筒），正装车刀车削		适用于允许调头接刀车削的工件（过渡套筒外表面粗糙度值要低，精度要高，内孔要比工件直径大 $20 \sim 30mm$）
用两顶尖拨顶，上中心架		适用于允许调头接刀车削的工件（工件凹槽尺寸：槽底径等于工件最后直径，槽宽比中心架支撑宽度宽10mm）

（续）

装 夹 方 法	简　　图	应 用 范 围
一夹一顶（用弹性活顶尖），上跟刀架，正装车刀车削	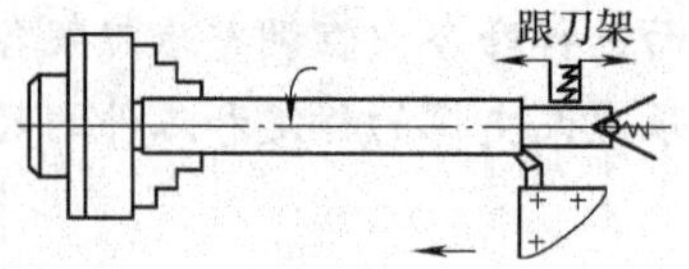	适用于不允许调头接刀车削的工件
一夹一顶（用弹性活顶尖），夹持面用开口钢丝圈，上跟刀架，反向进给	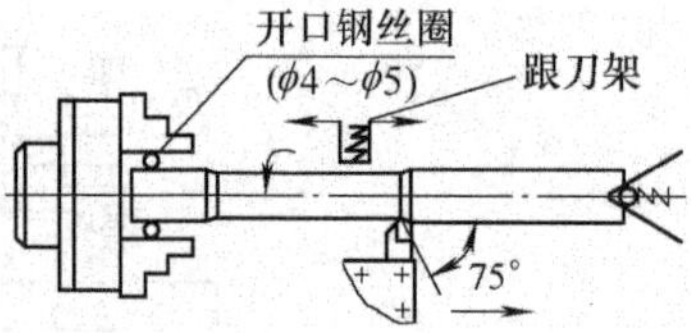	因反向进给，故变形小，加工精度高。精车时，使用可调宽刃弹性车刀
一夹一拉，上跟刀架，反向进给	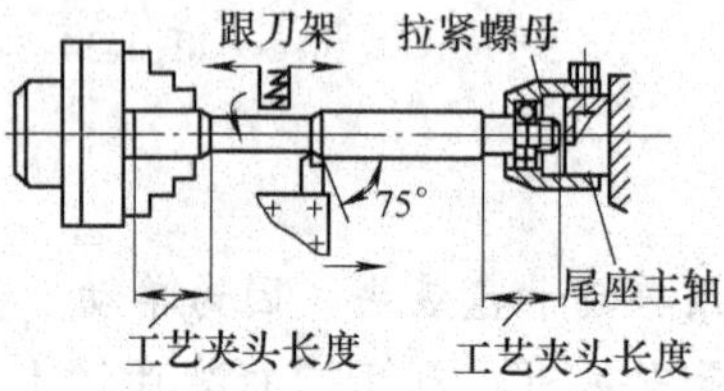	同上，适用于精车（尾座拉紧，增加了拉应力，加工效果更为理想）
改装中滑板，设前、后刀架，用两把45°车刀同时车削，加工精度高	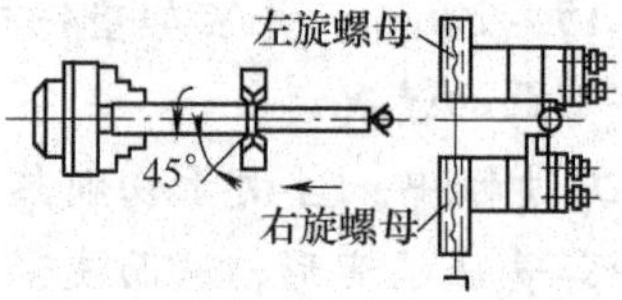	适用于批量生产

（一）确定活塞杆零件加工面的加工方案

活塞杆零件加工面的加工方案见表1-40。

表1-40　活塞杆零件加工面的加工方案

加 工 面	加 工 方 案	
	公差等级及表面粗糙度要求	加 工 方 法
$\phi50_{-0.025}^{\ 0}$ mm 外圆	IT7，$Ra0.4\mu m$	粗车—半精车—粗磨—精磨
1:20 锥度圆锥面	$Ra0.4\mu m$	粗车—半精车—粗磨—精磨
六方面	$Ra3.2\mu m$	铣
M39×2-6g 螺纹两处，倒角	$Ra3.2\mu m$	粗车—半精车—车螺纹
$\phi50_{-0.025}^{\ 0}$ mm × 770mm 与六方之间的锥面部分长为10mm	$Ra3.2\mu m$	车
$\phi36$ ×5mm 和 $\phi36$ mm ×7mm 的槽	$Ra3.2\mu m$	车
两端面	$Ra3.2\mu m$	车

（二）设计活塞杆零件的机加工工艺路线

考虑活塞杆零件机加工的粗、精加工分开，以及定位基准统一，还有热处理的合理安排，确定加工工序，得到其工艺路线，见表1-41。

表1-41 活塞杆零件机加工工艺路线 （单位：mm）

工序号	工序名称	工序内容	定位基准
1	备料	$\phi55 \times 1100$	
2	粗车	用卡盘夹住，搭中心架，车左端端面，钻中心孔，粗车六方部分外圆和M39×2-6g螺纹部分外圆等	轴线
3	粗车	调头用卡盘夹住，搭中心架，跟刀架车右端端面，钻中心孔。粗车$\phi50_{-0.025}^{0}$部分外圆、1:20锥度圆锥面部分外圆，M39×2-6g螺纹部分外圆等	
4	热处理	调质处理28~32HRC	
5	半精车	两顶尖装夹，跟刀架车$\phi50_{-0.025}^{0}$部分外圆、1:20锥度圆锥面部分、M39×2-6g螺纹部分外圆、$\phi36 \times 5$槽，以及螺纹等	轴线
6	半精车	用两顶尖装夹，中心架支撑，车六方部分外圆、M39×2-6g螺纹部分外圆$\phi36 \times 7$槽、$\phi50_{-0.025}^{0} \times 770$与六方之间锥面部分，以及螺纹等	
7	铣	铣削六方部分	
8	热处理	$\phi50_{-0.025}^{0} \times 770$部分表面渗氮深度为0.2~0.3mm，硬度达到62~65HRC。螺纹和六方部位安装保护套	
9	修研	修研中心孔	
10	粗磨	用两顶尖装夹工件，粗磨$\phi50_{-0.025}^{0} \times 770$外圆部分	轴线
11	粗磨	用两顶尖装夹工件，粗磨1:20锥面部分	
12	精磨	用两顶尖装夹工件，精磨$\phi50_{-0.025}^{0} \times 770$外圆部分	
13	精磨	用两顶尖装夹工件，精磨1:20锥面部分	
14	检		

四、设计活塞杆零件机加工工序

（一）计算工序尺寸

1. $\phi50_{-0.025}^{0}$mm外圆的工序尺寸计算

$\phi50_{-0.025}^{0}$mm外圆的工序尺寸计算见表1-42。

表1-42 $\phi50_{-0.025}^{0}$mm外圆的工序尺寸计算 （单位：mm）

工序名称	工序余量	工序基本尺寸	工序所能达到的公差等级	工序尺寸
精磨	0.1	$\phi50$	IT7(0.025)	$\phi50_{-0.025}^{0}$
粗磨	0.2	$\phi50.1$	IT9(0.062)	$\phi50.1_{-0.062}^{0}$
半精车	1.4	$\phi50.3$	IT11(0.16)	$\phi50.3_{-0.16}^{0}$

（续）

工序名称	工序余量	工序基本尺寸	工序所能达到的公差等级	工序尺寸
粗车	2.0	$\phi 51.7$	IT12(0.25)	$\phi 51.7_{-0.25}^{\ 0}$
毛坯	3.7	$\phi 53.7$	± 2	$\phi 53.7 \pm 2$

2. M39×2-6g 螺纹外圆的工序尺寸计算

M39×2-6g 螺纹外圆的工序尺寸计算见表1-43。

表1-43　M39×2-6g 螺纹外圆的工序尺寸计算　　　　（单位：mm）

工序名称	工序余量	工序基本尺寸	工序所能达到的公差等级	工序尺寸
半精车	1.4	$\phi 38.9$	IT8(0.039)	$\phi 38.9_{-0.039}^{\ 0}$
粗车	2.0	$\phi 40.3$	IT11(0.16)	$\phi 40.3_{-0.16}^{\ 0}$
毛坯	3.7	$\phi 42.3$	± 2	$\phi 42.3 \pm 2$

（二）确定活塞杆零件机加工工序的刀具、量具、夹具、切削用量、加工机床等工序内容

▣ "车削细长轴用车刀、切削用量" 资料知识导入

1. 车削细长轴常用的切削用量

车削细长轴常用的切削用量见表1-44。

表1-44　车削细长轴常用的切削用量

切削用量	粗车	精车
$v_c/(\text{m/min})$	32	1.5
$f/(\text{mm/r})$	0.3 ~ 0.35	12 ~ 14
a_p/mm	2 ~ 4	0.02 ~ 0.05

2. 加工细长轴用车刀

（1）对车刀几何角度的综合要求　对车刀几何角度的要求主要是针对主偏角、刃倾角、刀尖圆弧等而言的。

1）车刀的主偏角，取 $\kappa_r = 75° ~ 95°$，以减小背向力，减少细长轴的弯曲。

2）选择较大前角，取 $\gamma_o = 15° ~ 30°$，以减小切削力。

3）车刀前面应磨有 $R1.5\text{mm}$ 的断屑槽，使切屑卷曲折断。

4）选择正值刃倾角，取 $\lambda_s = 3° ~ 10°$，使切屑流向待加工表面。

5）减小切削刃表面粗糙度值，切削刃保持锋利。

6）不磨刀尖圆弧过渡刃和倒棱，或磨得很小，保持切削刃的锋利，减小背向力。

7）粗车时，刀尖要高于中心 0.1mm 左右；精车时，刀尖应等于或略低于中心，不要超过 0.1mm。

（2）车削细长轴的车刀　车削细长轴车刀举例见表1-45。

表1-45　车削细长轴车刀举例

刀具名称	刀具几何参数	主要特点
90°细长轴车刀	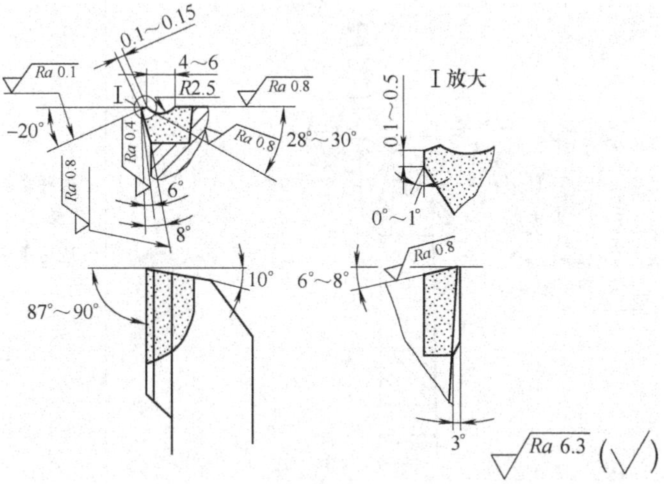	这种车刀车削时，背向力小，可一次完成多台阶轴加工，不用换刀 适于正、反粗车，半精车，精车细长轴
75°反偏刀	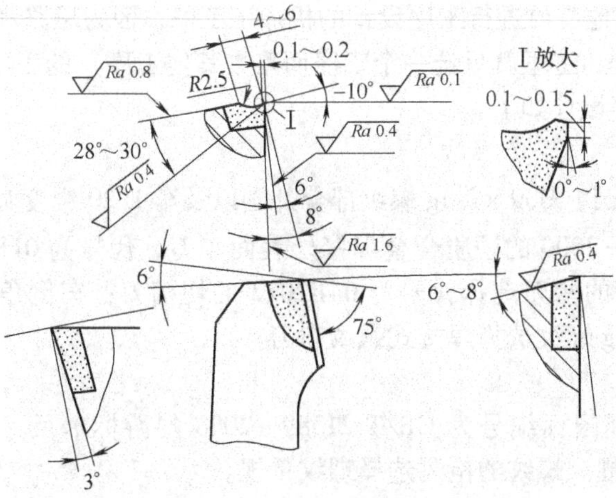	这种车刀的刃口强度高、耐磨，有利于消振抗弯。在反向进给时，进给力指向尾座，使弯曲变形减小。装刀时，刀尖应高于0.1～0.15mm 适于反向粗车细长轴
宽刃低速大进给车刀	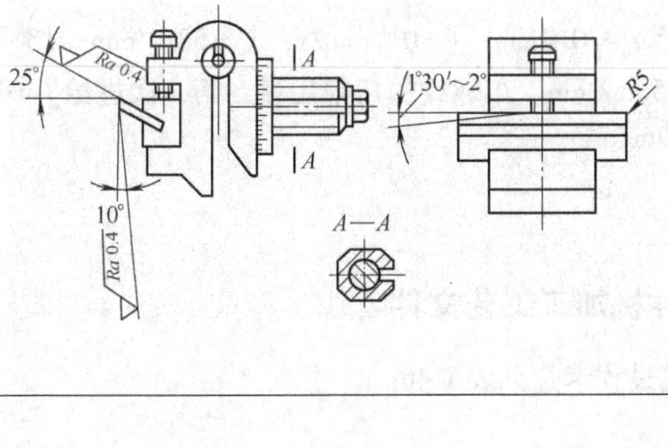	这种车刀的切削刃宽度比进给量大1/3以上，可进行大进给精车。刃口无倒棱，容易切入工件，并使切屑呈薄片状，可修光工件表面 适于反向精车细长轴。装刀时，刀尖低于工件轴线0.1～0.15mm。其切削用量可选：$v_c = 1 \sim 3\text{m/min}$；$f = 12 \sim 14\text{mm/r}$；$a_p = 0.02 \sim 0.05\text{mm}$

（续）

刀具名称	刀具几何参数	主要特点
机械夹固式 95°反偏精车刀	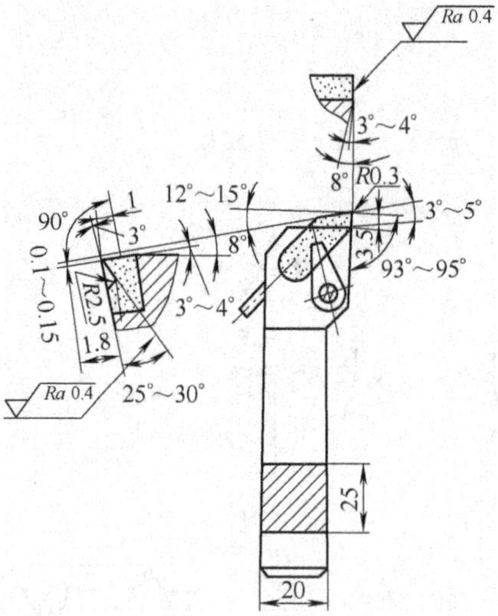	这种车刀前角和副偏角较大,摩擦小,消振散热好 适用于反向精车细长轴

由活塞杆零件工艺路线相关表 1-41 知道,需要确定刀具、量具、夹具、切削用量、加工机床的工序,工序 5（其他需要进行工序设计的机加工工序,因为思路和方法也类同于一般轴类零件的工序设计过程,这里就只选一个工序而略去其他工序）的工序设计如下。

工序 5 所需刀具等内容设计如下。

1. 选择刀具

半精车 $\phi 50_{-0.025}^{0}$ mm 外圆、M39×2-6g 螺纹部分外圆以及车 1:20 锥度圆锥面部分,选择国标编号为 GB/T 17985.2—2000 的硬质合金焊接外表面车刀,代号为 01R1616 的 90°细长轴车刀;车 36mm×5mm 槽的槽刀选择代号为 04R2012 的切槽刀;车倒角选择 02R2020 的 45°端面车刀;车 M39×2-6g 螺纹选择焊接式螺纹车刀。

2. 选择量具

外圆的测量量具,选择国标编号为 GB/T 21389—2008 的游标卡尺,规格是 0.02mm。锥面的检测选择 1:20 的环规。螺纹的检测选择螺纹量规。

3. 选择夹具

前顶尖、弹性回转顶尖、鸡心夹头、跟刀架等。

4. 选择切削用量

半精车外圆的切削用量 $a_p = 0.4$mm;$f = 0.2$mm/r;$v_c = 50$m/min。切槽的切削用量为 $a_p = 1$mm;$f = 0.1$mm/r;$v_c = 50$m/min。车螺纹的切削用量:第一次进给 $f = 0.5$mm/r;第二次进给 $f = 0.013$mm/r;$v_c = 70$m/min。

5. 选择机床

选择 C6132A 卧式车床。

五、填写活塞杆零件机加工工艺文件

活塞杆零件机加工工艺过程卡片见表 1-46。

表1-46 活塞杆零件机加工工艺过程卡片

（单位：mm）

机加工工艺过程卡片		产品型号		零件图号			共2页	第1页
		产品名称		零件名称	活塞杆			
材料牌号 38CrMoAlA	毛坯种类 圆棒料	毛坯外形尺寸 $\phi55\times1100$	每毛坯可制件数	每台件数 1				

工序号	工序名称	工序内容	车间	工段	设备	工艺装备	备注	工时 准终	工时 单件
1	备料	棒料毛坯 $\phi55\times1100$							
2	车	用卡盘夹住,搭中心架 1) 车左端端面,钻中心孔 2) 粗车六方部分外圆至 $\phi48$, $M39\times2\text{-}6g$ 螺纹部分外圆至 $\phi40.3_{-0.16}^{0}$			CW6136A	75°细长轴车刀,中心钻,规格为0.02的游标卡尺,中心架,自定心卡盘			
3	车	调头用卡盘夹住,搭中心架 1) 车右端端面,钻中心孔 2) 粗车 $\phi50_{-0.025}^{0}$ 部分外圆至 $\phi51.7_{-0.25}^{0}$, $M39\times2\text{-}6g$ 螺纹部分外圆至 $\phi40.3_{-0.16}^{0}$,粗车1:20锥度圆锥面部分外圆			CW6136A	75°细长轴车刀,中心钻,规格为0.02的游标卡尺,中心架,自定心卡盘			
4	热处理	调质处理 28~32HRC							
5	车	用顶尖和眼刀架等装夹 1) 半精车 $\phi50_{-0.039}^{0}$ 部分外圆至 $\phi50.3_{-0.16}^{0}$, $M39\times2\text{-}6g$ 螺纹部分外圆至 $\phi38.9_{-0.039}^{0}$,半精车1:20锥度圆锥面部分 2) 车 $\phi36\times5$ 槽 3) 车 $M39\times2\text{-}6g$ 螺纹			CW6136A	90°细长轴车刀,切槽刀,焊接式螺纹车刀等,规格为0.02的游标卡尺,1:20的环规,螺纹量规,顶尖,跟刀架等			
6	车	用两顶尖装夹,用中心架支撑 1) 半精车六方部分外圆,$\phi50_{-0.025}^{0}\times770$ 与六方之间锥面部分,半精车 $M39\times2\text{-}6g$ 螺纹部分外圆 $\phi38.9_{-0.039}^{0}$ 2) 车 $\phi36\times7$ 的槽 3) 车 $M39\times2\text{-}6g$ 螺纹			CW6136A	90°细长轴车刀,切槽刀,焊接式螺纹车刀等,规格为0.02的游标卡尺,1:20环规,螺纹量规,中心架等			

（续）

		机加工工艺过程卡片	产品型号		零件图号		共 2 页	第 2 页
			产品名称		零件名称			
材料牌号	毛坯种类	毛坯外形尺寸		每毛坯可制件数	每台件数			单件
38CrMoAlA	圆棒料	$\phi 55 \times 1100$			1			

工序号	工序名称	工序内容	车间	工段	设备	工艺装备	备注	工时 准终
7	铣	用铣床分度夹具装夹，铣削六方部分			XQ6125	立铣刀，分度铣床夹具		
8	热处理	$\phi 50_{-0.025}^{0} \times 770$ 部分表面渗氮深度为 $0.2 \sim 0.3$，硬度达到 $62 \sim 65$HRC，螺纹和六方部位安装保护套						
9	修研	修研中心孔						
10	粗磨	用两顶尖装夹工件，粗磨 $\phi 50_{-0.025}^{0} \times 770$ 外圆部分至 $\phi 50.1_{-0.062}^{0}$			M1332E	砂轮，外径千分尺，顶尖 等		
11	粗磨	用两顶尖装夹工件，粗磨 1:20 锥面部分			M1332E	砂轮，外径千分尺，顶尖 等		
12	精磨	用两顶尖装夹工件，精磨 $\phi 50_{-0.025}^{0} \times 770$ 外圆部分至 $\phi 50_{-0.025}^{0}$ 图样尺寸			M1332E	砂轮，外径千分尺，顶尖 等		
13	精磨	用两顶尖装夹工件，精磨 1:20 锥面部分至图样要求			M1332E	砂轮，外径千分尺，顶尖 等		
14	检							

					设计日期	审核日期	标准化日期	会签日期
更改文字编号	处数	更改文字编号	签字	日期				
标记	处数	标记	签字	日期				

模块四　轴承座零件机加工工艺设计

项目任务 1-4　设计图 1-35 所示轴承套零件的机加工工艺。

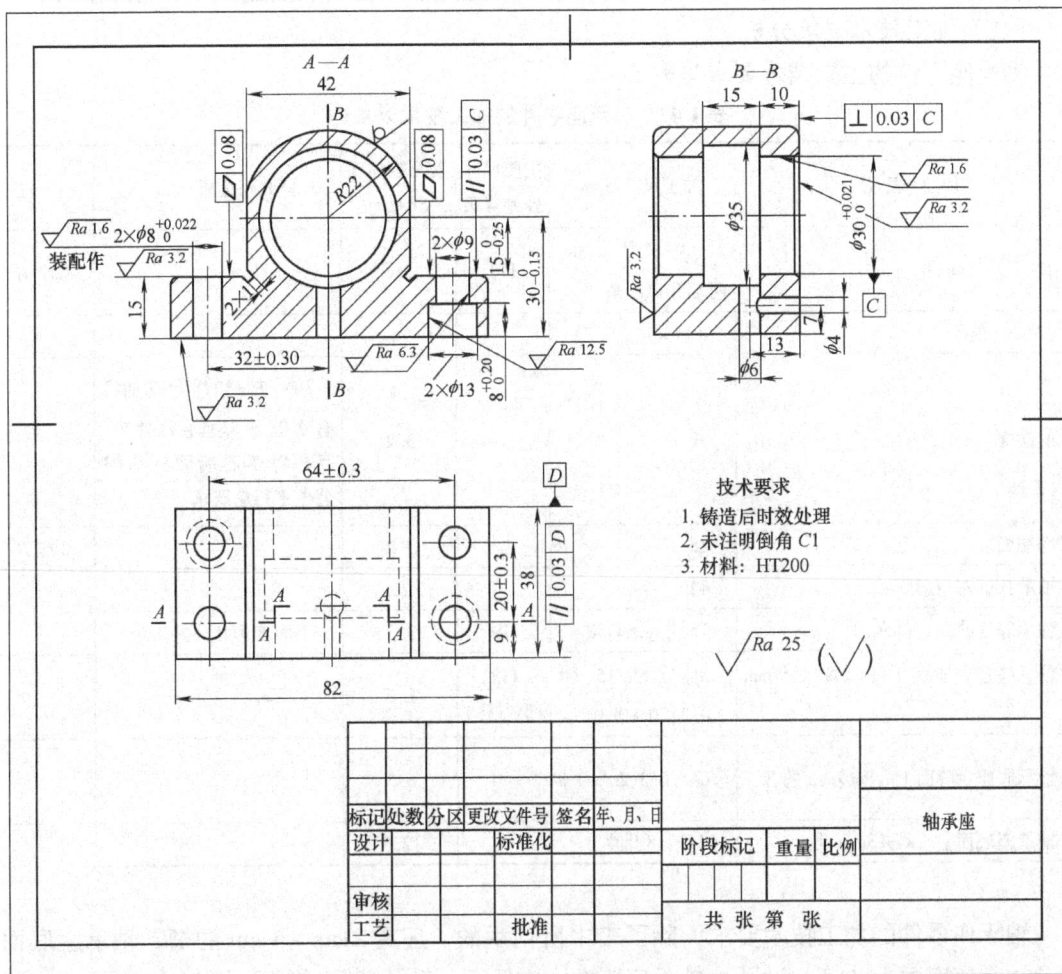

图 1-35　轴承座零件图

学习目标 1-4

● 会拓展分析轴承座零件加工工艺技术要求。

● 能合理设计具有回转面结构的轴承座零件的加工工艺路线。

● 会迁移轴类零件工序设计方法，注意基准不重合情况下的工序尺寸计算方法。工序设计中，会分析车削工序的专用车床夹具结构要点，并初步掌握专用夹具设计所涉及的定位自由度、定位元件、夹紧力等相关知识。

● 能正确填写轴承座零件的加工工艺文件。

一、分析轴承座零件加工工艺技术要求

（一）轴承座零件的功用

轴承座主要用于安装轴承,给定动力,从而实现轴承及轴上零件作确定的运动,故轴承座是支撑和固定轴承用的。用轴承座的轴承孔 $\phi 30^{+0.021}_{0}$ mm 安装轴承,底座上的两个 $\phi 9$ mm 孔是和其他紧固件起紧固作用的,有一定表面粗糙度要求的底座上两个 $\phi 8^{+0.022}_{0}$ mm 孔是和其他配合件装配起限位作用的。$\phi 6$ mm 孔和 $\phi 4$ mm 孔是轴承与轴承座配合时起润滑作用的。

（二）加工技术要求分析

轴承座零件的主要技术要求见表1-47。

表1-47　轴承座零件的加工技术要求

加 工 表 面	加工尺寸/mm	主要尺寸公差等级	表面粗糙度 Ra/μm	几何公差/mm	备 注
$\phi 30^{+0.021}_{0}$ mm 孔	$\phi 30^{+0.021}_{0} \times 38$,两端孔口倒角	IT7	1.6		基准 C
$\phi 35$ mm 的孔	$\phi 35 \times 15$		25		
前端面	38		3.2	相对于 $\phi 30^{+0.021}_{0}$ 孔轴线有 0.03 公差垂直度要求,且相对于后端面有 0.03 公差平行度要求	
后端面	38		3.2		基准 D
轴承孔的左、右侧面	42		25		
轴承底座的左、右台阶面	$15^{0}_{-0.25}$,82,38	IT9	3.2	平面度形状公差 0.08	
轴承底座台阶面上 2 × $\phi 8^{+0.022}_{0}$ mm 孔	$\phi 8^{+0.022}_{0}$,15,64 ±0.3,20 ±0.3	IT8（装配作）	1.6		
轴承底座台阶面上 2 × $\phi 9$ mm 的孔	64 ±0.3,20 ±0.3		6.3		
轴承座底面上 2 × $\phi 13$ mm 孔	$\phi 13 \times 8^{+0.20}_{0}$		12.5		

轴承座零件的加工技术要求,除了表中所列举的,还有 2mm × 1mm 的槽,轴承座底面以及轴承座底面上 $\phi 6$ mm 通孔,轴承底座左、右侧面,轴承底座前端面上 $\phi 4$ mm 通孔。

二、确定轴承座零件加工毛坯

由轴承座零件图知道,材料是 HT200,故轴承座零件的毛坯制造形式选择砂型铸造。毛坯图的结构尺寸,在后续工序尺寸计算内容部分确定了加工面的相关加工余量,即可确定毛坯相应尺寸。

三、设计轴承座零件机加工工艺路线

轴承座零件的机加工工艺路线设计,从方法上和轴类零件的工艺路线设计思路是相类似的。先确定单个加工表面的加工方案及热处理的位置安排,然后安排好加工面之间的加工顺序,就可以设计出工艺路线了。

（一）选择轴承座加工面加工方案

轴承座的加工面加工方案，参考附表 D-2 孔加工方案和附表 D-3 平面加工方案等资料，获得加工方案选择结果见表 1-48。

表 1-48　轴承座加工面的加工方案

加工面（单位:mm）	加工方案	
	公差等级及表面粗糙度要求/μm	加工方法
$\phi 30^{+0.021}_{0}$ 孔	IT7,Ra1.6	粗车—半精车—精车
$\phi 35$ 的孔	Ra25	车
前端面	Ra3.2	铣
后端面	Ra3.2	铣
轴承孔的左、右侧面	Ra25	刨
轴承底座的左、右台阶面	IT13,Ra3.2	刨
2×1 的槽	Ra25	刨
轴承底座底面上 $2 \times \phi 8^{+0.022}_{0}$ 的孔	IT8（装配作）,Ra1.6	钻 $\phi 7$,配作扩、铰至要求
轴承底座底面上 $2 \times \phi 9$ 的孔	Ra,6.3	钻
轴承座底面	Ra3.2	铣
轴承座底面上 $\phi 6$ 通孔	Ra25	钻
轴承底座底面上 $2 \times \phi 13$ 孔	Ra12.5	锪
轴承底座左、右侧面	Ra25	铣
轴承底座前端面上 $\phi 4$ 通孔	Ra25	钻

轴承座加工方案分析如下：

1）$\phi 30^{+0.021}_{0}$ mm 孔可以在车床上车孔，也可以在铣床上镗孔。

2）轴承孔左右侧面采用刨削，是为了方便 2mm×1mm 的槽的加工。

3）两个 $\phi 8^{+0.022}_{0}$ mm 定位销孔的加工，先钻 $2 \times \phi 7$mm 工艺底孔，待装配时与装配件合件后再扩、铰。

（二）轴承座机加工及热处理顺序的安排

安排该轴承座加工顺序应该考虑以下问题：

1. 基准先行，保证位置精度

定位基准要先行加工出来，即待加工的加工面的定位基准要先一步加工好，以备定位使用。根据轴承座零件图（或各加工面的工序技术要求）和表 1-48，选择出的工序加工定位基准见表 1-49。

表 1-49　轴承座机加工选择的定位基准　　　　　　（单位：mm）

加 工 面	加 工 方 案	定 位 基 准
$\phi 30^{+0.021}_{0}$ 孔	粗车—半精车—精车	底面、底面上孔
$\phi 35$ 的孔	车	
前端面	铣	轴承孔的左、右侧面
后端面	铣	
轴承座左、右侧面	铣	

（续）

加 工 面	加 工 方 案	定 位 基 准
轴承孔的左、右侧面	刨	底面
2×1 的槽	刨	
轴承座的左、右台阶面	刨	
轴承座底面上 $\phi 6$ 通孔	钻	$\phi 30^{+0.021}_{0}$ 孔
轴承座底面上 $2 \times \phi 8^{+0.022}_{0}$ 的孔	钻 $\phi 7$，配作扩、铰至要求	
轴承座底面上 $2 \times \phi 9$ 的孔	钻	
轴承底面上 $2 \times \phi 13$ 的孔	锪	
轴承座前端面上 $\phi 4$ 通孔	钻	
轴承座底面	铣	前、后端面毛坯

基准先行的原则，对表 1-49 加工面加工顺序进行排序，得到：铣轴承座底面—刨削轴承孔的左、右侧面，$2mm \times 1mm$ 的槽以及轴承底座的左、右台阶面—铣削前、后端面和轴承座底面和左、右侧面——钻轴承座底面上 $2 \times \phi 8^{+0.022}_{0}mm$ 的孔、$2 \times \phi 9mm$ 的孔、$\phi 6mm$ 通孔，锪 $2 \times \phi 13mm$ 的孔——车 $\phi 30^{+0.021}_{0}mm$ 的孔、倒角和 $\phi 35mm$ 的孔。

但是加工轴承座的左、右台阶面时，因为工序尺寸是 $15^{0}_{-0.25}mm$，即工序基准是 $\phi 30^{+0.021}_{0}mm$ 孔轴线，定位基准的选择并没有选择此处，而是选择了容易定位的底面，这等于将工序基准转移到底面。所以，要通过工艺尺寸链的计算得到这一工序尺寸。事实上，间接保证 $15^{0}_{-0.25}mm$ 尺寸的换算出的工序尺寸也使得测量变得方便了。

刨削轴承座的左、右台阶面工序简图如图 1-36 所示，建立的尺寸链如图 1-37 所示，L 尺寸即为间接保证 $15^{0}_{-0.25}mm$ 工序尺寸的直接测量尺寸。

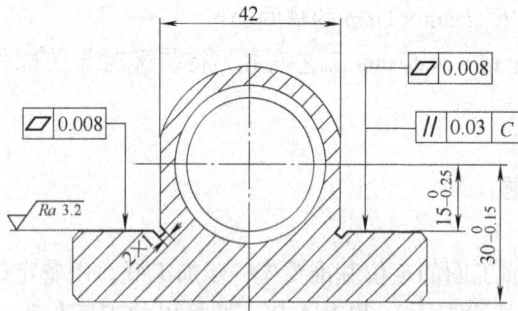

图 1-36　刨削轴承座的左、右台阶面工序简图　　　　图 1-37　该工序工艺尺寸链

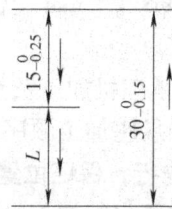

L 尺寸的计算过程如下：

尺寸 $15^{0}_{-0.25}mm$ 是封闭环，尺寸 $30^{0}_{-0.15}mm$ 和 L 是组成环。

经判断，图 1-37 所示的尺寸 L 为减环，尺寸 $30^{0}_{-0.15}mm$ 为增环。

因 $15mm = 30mm - L$，故 $L = (30 - 15)mm = 15mm$。

L 的下极限偏差 EI：因 $0 = 0 - EI$，故 $EI = 0$。

L 的上极限偏差 ES：因 $-0.25mm = -0.15mm - ES$，故 $ES = (0.25 - 0.15)mm = 0.1mm$。

即测量尺寸 L 的值为 $15^{+0.1}_{0}$ mm。

▣"工艺尺寸链"知识导入

工艺尺寸链是基准不重合时工序尺寸及其公差的确定方法。

（一）工艺尺寸链的应用

当出现这样几种基准不重合时，需要采用工艺尺寸链来计算工艺尺寸。

1. 测量基准与设计基准不重合

在零件加工时会遇到一些表面加工后设计尺寸不便于直接测量的情况，因此需要在零件上设定一个易于测量的表面作为测量基准进行测量，以间接检验设计尺寸。

2. 定位基准与设计基准不重合

零件在加工的过程中，在遇到加工表面的定位基准与设计基准不重合时，可以采用工艺尺寸链计算出工序尺寸，通过工序尺寸加工零件，间接保证设计尺寸的精度。

3. 中间工序尺寸的计算

当设计基准最后加工时，会出现"保证多尺寸"的问题，一般直接保证公差小的尺寸（组成环），而间接保证公差大的尺寸（封闭环）。

4. 保证渗碳层、渗氮层厚度的工序尺寸计算

有些零件的表面需要进行渗碳、渗氮或电镀处理，并且要求精加工后保持一定的化学处理层深度。为此，必须确定精加工之前的工序尺寸和处理层深度。

（二）工艺尺寸链的知识

1. 工艺尺寸链的定义

在工件加工和机器装配过程中，由相互联系的尺寸，按一定顺序排列成的封闭尺寸组，称为尺寸链。

图1-38a所示工件，如先以1面定位加工2面，得尺寸 A_1，然后再以1面定位，用调整法加工台阶面3，得尺寸 A_2，要求保证2面与3面间尺寸 A_0。A_1、A_2 和 A_0 这三个尺寸构成了一个封闭尺寸组，就成了一个尺寸链，如图1-38b所示。

2. 工艺尺寸链的组成

环：工艺尺寸链中的每一个尺寸称为尺寸链的环。工艺尺寸链由一系列的环组成。环又分为：

（1）封闭环（终结环）　在加工过程中间接获得的尺寸，称为封闭环。在图1-38b所示尺寸链中，A_0 是间接得到的尺寸，它就是图1-38b所示尺寸链的封闭环。

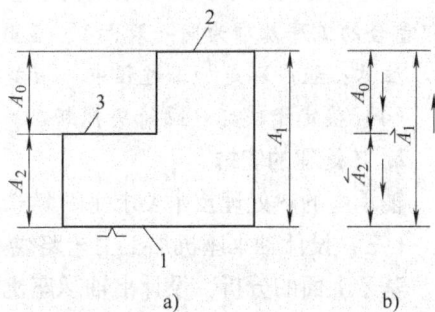

图1-38　某工件加工工序图及工艺尺寸链
a）工序图　b）工艺尺寸链

（2）组成环　在加工过程中直接获得的尺寸，称为组成环。尺寸链中 A_1 与 A_2 都是通过加工直接得到的尺寸，故 A_1、A_2 都是尺寸链的组成环。

（3）增环　在尺寸链中，自身增大或减小，会使封闭环随之增大或减小的组成环，称为增环。

（4）减环　在尺寸链中，自身增大或减小，会使封闭环反而随之减小或增大的组成环，称为减环。

确定增减环的方法：用箭头方法确定，即凡是箭头方向与封闭环箭头方向相反的组成环

为增环，相同的组成环为减环。在图1-38b所示尺寸链中，A_1是增环，A_2是减环。

3. 工艺尺寸链的计算

工艺尺寸链的计算方法有极值法和概率法。机加工多用极值法计算。

极值法计算的基本公式有：

(1) 封闭环的基本尺寸 A_0　所有增环基本尺寸之和减去所有减环基本尺寸之和：$A_0 = \Sigma A_i - \Sigma A_j$。

(2) 封闭环上极限偏差 ES、下极限偏差 EI

1) 上极限偏差。所有增环上极限偏差之和减去所有减环下极限偏差之和：$ESA_0 = \Sigma ESA_i - \Sigma EIA_j$。

2) 下极限偏差。所有增环下极限偏差之和减去所有减环上极限偏差之和：$EIA_0 = \Sigma EIA_i - \Sigma ESA_j$。

(3) 封闭环公差　所有增环公差之和加上所有减环公差之和 $TA_0 = \Sigma TA_i + \Sigma TA_j$。

4. 工艺尺寸链的应用要点

(1) 工艺尺寸链的建立　工艺尺寸链的建立并不复杂，但在尺寸链的建立中，封闭环的判断和组成环的查找应引起重视。

(2) 封闭环的判断　在工艺尺寸链中，封闭环是随着零件加工方案的变换而变化的。要紧紧抓住"自然形成"的要领。

(3) 组成环的查找　组成环查找的方法，从结构封闭的两表面开始，同步地按照工艺过程的顺序，分别向前查找各表面最后一次加工的尺寸，之后再进一步查找此加工尺寸的最后一次加工时的尺寸，如此继续向前查找，直到两条线最后得到的加工尺寸的工序基准重合（即重合的工序基准为同一表面），至此上述尺寸系统形成封闭轮廓，从而构成了工艺尺寸链。注意：组成环是加工过程中"直接获得的"，并对封闭环有影响。

(4) 确定增减环　画箭头判断。

2. 热处理的安排

轴承座的热处理技术要求是"铸造后时效处理"，就将时效热处理安排在机加工之前。

(三) 设计轴承座机加工工艺路线

基于上面的分析，设计出轴承座机加工工艺路线，见表1-50。

表1-50　轴承座机加工工艺路线　　（单位：mm）

工序号	工序名称	工序内容
1	铸造	铸造毛坯
2	热处理	时效热处理
3	划线	划外形及轴承座底面加工线
4	铣	装夹轴承孔前后端面毛坯面，按线找正，铣轴承座底面
5	刨	以已加工底面定位(轴承孔处夹紧)刨削轴承座台阶面、轴承孔左右侧面以及2×1的槽
6	划线	划轴承座底面及轴承孔加工线
7	铣	装夹轴承孔左右侧面。按底面找正，铣削四侧面
8	钻、锪	以端面及$\phi30^{+0.021}_{0}$孔定位，钻轴承座底面上的2×$\phi8^{+0.022}_{0}$孔、2×$\phi9$的孔、$\phi6$通孔，锪2×$\phi13$的孔，钻轴承座前端面上$\phi4$通孔

（续）

工序号	工序名称	工序内容
9	车	以底面及端面定位,采用弯板式车床专用夹具装夹工件,车 $\phi30^{+0.021}_{0}$ 孔、$\phi35$ 孔至零件图技术要求,包括倒角
10	钳	去毛刺
11	检	检验入库

四、设计轴承座零件机加工工序

轴承座的工序设计,包括对加工面 $\phi30^{+0.021}_{0}$ mm 孔等加工面相关的工序尺寸设计（其余加工面都是一个加工阶段即可达到零件图技术要求）,以及对表 1-50 中 4、5、7、8、9 几道工序所需刀具、夹具等加工内容进行确定。

（一）计算工序尺寸

对于需要计算工序尺寸的 $\phi30^{+0.021}_{0}$ mm 孔,依然采用基准重合时的工序尺寸计算方法计算。$\phi30^{+0.021}_{0}$ mm 孔的工序尺寸计算见表 1-51。

表 1-51　$\phi30^{+0.021}_{0}$ mm 孔的工序尺寸计算　（单位：mm）

工序名称	工序余量	工序基本尺寸	工序所能达到的公差等级	工序尺寸
精车	0.07	$\phi30$	IT7(0.021)	$\phi30^{+0.021}_{0}$
半精车	0.13	$\phi29.93$	IT9(0.052)	$\phi29.93^{+0.052}_{0}$
粗车	1.8	$\phi29.8$	IT12(0.210)	$\phi29.8^{+0.210}_{0}$
毛坯	2	$\phi28$	±2	$\phi28\pm2$

内孔的加工余量及公差参数选择,见附表相关内容。此处需要注意,内孔工序余量等的确定和外圆面的方式是不一样的。

（二）确定各加工工序的刀具、量具、夹具,选择切削用量,确定加工机床等

由于机加工工序的刀具、量具、夹具、切削用量、加工机床的确定方法,在前面内容中已经熟悉,这里只选择表 1-50 的工序 9,来着重说明车床专用夹具的设计方法。

工序 9 的设计方法如下：

1. 选择刀具

查阅附表关于车刀的参考资料,本工序机加工需要的刀具有内孔车刀和倒角车刀,选择国标编号为 GB/T 17985.3—2000 的硬质合金焊接内表面车刀,粗车时选 10R1010 的 90°内孔车刀,精车时选 08R1010 的 75°内孔车刀,倒角时选 11R1212 的 45°内孔车刀。

2. 选择量具

本工序的检测量具选择 JB/T 10006—1999《内测千分尺》。

3. 设计车 $\phi30^{+0.021}_{0}$ mm 孔的工序专用车床夹具

专用车床夹具设计的思路与方法：专用车床夹具的设计,需完成的主要内容有"填写夹具设计任务书,设计夹具方案,绘制夹具装配图",设计的思路也是循着这些主要内容展开。

一、填写某工序加工的专用夹具设计任务书

设计任务书的填写格式依照 JB/T 9165.4—1998《专用工艺装备设计图样及设计文件格式》的规定。表 1-52 所示为某工序加工的专用机床夹具设计任务书。

二、设计某工序加工需要的专用机床夹具的方案

工序专用机床夹具的设计方案，主要包括定位元件选择等定位方案设计、夹紧装置设计、夹具体设计等。

田"机床专用夹具方案设计"相关知识导入

专用夹具是指为某一工件的某一道工序专门设计、制造的夹具。这类夹具的特点是针对性强，结构紧凑，操作方便，生产率高。其缺点是设计制造周期长，产品更新换代后，只要该零件尺寸变化，专用夹具即报废。

表 1-52 某工序加工的专用机床夹具设计任务书

（单位）	（工序内容）	产品型号		零件图号		每件台数	
		产品名称		零件名称		生产批量	
（工序图）		夹具编号			使用车间		
		夹具名称			使用设备		
		制造数量			是否适用其他产品		
		夹具等级					
		工序号			工序内容		
		旧夹具编号			库存数量		
		设计理由					
填写日期		审核日期		批准日期		设计日期	

机床专用夹具的组成，包括了以下几个部分：

（1）定位元件　定位元件的作用是使工件在夹具中占据正确的位置。

（2）夹紧装置　夹紧装置的作用是将工件压紧夹牢，保证工件在加工过程中受到切削力等外力作用时不离开已经占据的正确位置。

（3）对刀或导向装置　对刀或导向装置用于确定刀具相对于定位元件的正确位置。如铣床夹具的对刀块对刀装置、钻床夹具的钻套导向装置。

（4）连接元件　连接元件是确定夹具在机床上有正确位置的元件。一般情况下，夹具体可以兼带连接元件。

（5）夹具体　夹具体是机床夹具的基础件，通过它将夹具的所有元件连接成一个整体。

（6）其他元件或装置　是指夹具中因特殊需要而设置的元件或装置。根据加工需要，有些夹具上设置分度装置、靠模装置；为能准确、方便定位，常设置预定位装置；对于大型夹具，常设置吊装元件等。

（一）"工件的定位"相关知识

机械加工时，为使工件的被加工表面获得图样的精度要求，必须使工件在机床上或夹具

中占有一个正确的位置，这个过程称为定位。

1. 工件定位的方法

根据定位特点不同，工件在机床上定位一般有直接找正法、划线法和用夹具定位三种。

（1）直接找正法定位　直接找正法定位是用量具或量仪直接找正工件上某一表面，使工件处于正确的位置。这种定位方法，定位精度不易保证，只适用于单件小批量生产。当没有专门的装备时，也可以采用这种方式。

（2）划线法定位　划线法定位是先按加工表面的要求在工件上划线，加工时在机床上按线找正，以获得工件的正确位置。因定位精度较低，多用于批量小、毛坯精度较低以及大型零件的粗加工中。

（3）用夹具定位　机床夹具是指在机械加工工艺过程中用以装夹工件的机床附加装置。使用夹具定位时，工件能在夹具中迅速而正确地定位与夹紧，不需找正就能保证工件与机床、刀具间的正确位置。这种定位方法生产率高，定位精度好，广泛用于批量生产和单件小批量生产的关键工序中。

2. 工件定位的规则——六点定位原理

任何一个工件，在其位置没有确定之前，均有六个自由度，即沿空间坐标轴 x、y、z 三个方向移动 $\vec{x}$、$\vec{y}$、$\vec{z}$ 和绕此三坐标轴的转动 $\hat{x}$、$\hat{y}$、$\hat{z}$。如图1-39所示，双点画线所示的长方体表示工件。用以描述工件位置不确定的 $\vec{x}$、$\vec{y}$、$\vec{z}$ 和 $\hat{x}$、$\hat{y}$、$\hat{z}$，称为工件的六个自由度。

工件定位的实质是限制对加工有不良影响的自由度。设空间有一固定点，工件底面与该点保持接触，那么沿 z 轴的位置自由度就被限定了。如果按图1-40所示设置六个固定点，工件的三个面分别与这些点保持接触，工件的六个自由度便都被限定了。这些用来限制工件自由度的固定点，称为定位支撑点。工件定位时，用合理分布的六个支撑点与工件的定位基准面相接触来限定工件六个自由度，使工件的位置完全确定，称为"六点定位原理"。

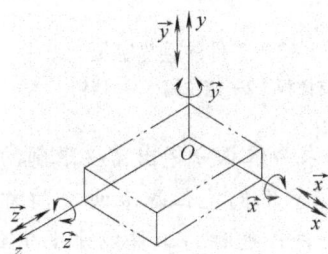

图1-39　未定位工件的六个自由度　　　图1-40　长方体工件定位时支撑点的分布

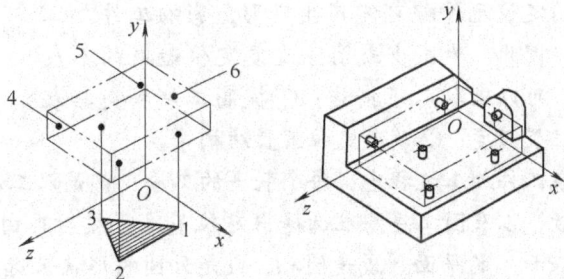

支撑点的分布必须合理，否则六个支撑点限制不了工件的六个自由度，或不能有效地限制工件的六个自由度。如图1-40中底面上的支撑点1、2、3限制了 $\vec{y}$、$\hat{x}$、$\hat{z}$，该三个支撑点应放成三角形，三角形的面积越大，定位越可靠。工件侧面上的定位支撑点4、5限制 $\vec{x}$、$\hat{y}$，支撑点4、5的连线不能垂直于 z 面，否则工件绕 y 轴的角度自由度 $\hat{y}$ 就不能被限定。支撑点6限制自由度 $\vec{z}$。

3. 工件定位的方式

（1）完全定位　工件实际需要限制的自由度数取决于工件的加工要求。工件的六个自由度完全被限定，称为完全定位。

（2）不完全定位　根据加工要求，并不需要限定工件全部六个自由度的定位称为不完全定位。如图1-41所示的通槽，工件沿z轴方向的移动并不影响通槽的加工要求，此时只需限定工件的五个自由度就可满足加工要求。

（3）欠定位　按照加工要求应限制的自由度没有被限制的定位称为欠定位。如图1-42所示，在工件上铣槽时，若z轴方向自由度不加限定，则键槽沿工件轴线方向的尺寸A无法保证。在满足加工要求的前提下，采用不完全定位是允许的。但是欠定位是不允许的。

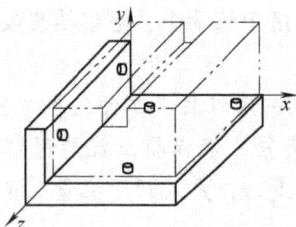

图1-41　工件的不完全定位　　　　　　　　图1-42　工件的欠定位

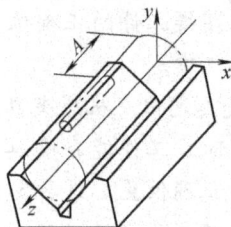

（4）重复定位　工件上某一自由度或某几个自由度被重复限定的定位称为重复定位。图1-43所示为加工连杆大孔时在夹具中定位的情况，连杆以定位销2、支撑板1及挡销3进行定位，其中定位销限制了$\vec{x}$、$\vec{z}$、$\hat{x}$、$\hat{z}$四个自由度；支撑板限制了$\vec{y}$、$\hat{x}$、$\hat{z}$三个自由度，挡销限制了$\vec{y}$一个自由度，其中$\hat{x}$、$\hat{z}$被重复限定了。由于工件端面和小头孔不可能绝对垂直，定位销2也不可能和支撑板1绝对垂直，这样在夹紧工件时，夹具的定位元件就可能产生变形，影响工件加工精度。因此，为减少或消除重复定位造成的不良后果，可以采取以下措施：①提高工件和夹具表面的位置精度；②改变定位装置结构等。

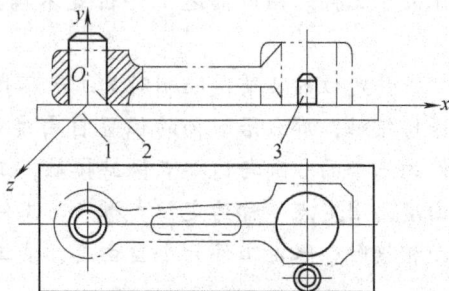

图1-43　工件的重复定位
1—支撑板　2—定位销　3—挡销

在工件加工过程中，每个装夹的工序，都是以工序技术要求为依据分析出需要限制的自由度数，以及因工序基准选择出定位基准，然后再由体现定位基准的定位基准面（简称为定位基面）的平面、或是圆孔、或是外圆的形状来选择定位元件，也称为工件以平面定位、或以圆孔定位、或以外圆定位的方式。

常用定位方法和定位元件所能限制的自由度见表1-53。

定位元件的选择，首先要知道选择的定位基准是哪里，然后要明确体现定位基准的定位基准面是什么形状的（是平面，还是外圆柱面，还是内圆面），再接着以已经确定的定位基准面的形状选择相应的定位元件形状（即定位基准面为平面的就选用支撑钉、支撑板等定位元件；定位基准面为外圆柱面的就选V形块、定位套等定位元件；定位基准面为圆孔的就选定位销、心轴等定位元件）。最后，在确定的定位元件类型范围内，查阅工艺夹具设计相关手册资料，选择适合的该类定位元件的规格尺寸。

表1-53　常见定位形式限制的自由度

定位基准面	定位元件	定 位 简 图	限制的自由度
平面	支撑钉	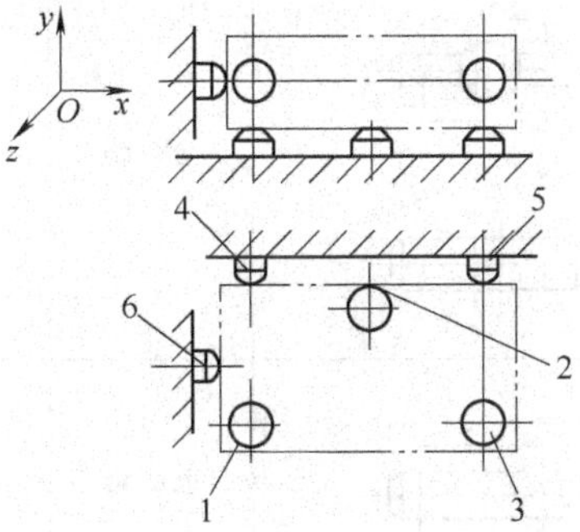	$1、2、3—\vec{y}、\hat{x}、\hat{z}$; $4、5—\vec{z}、\hat{y}$; $6—\vec{x}$
	支撑板	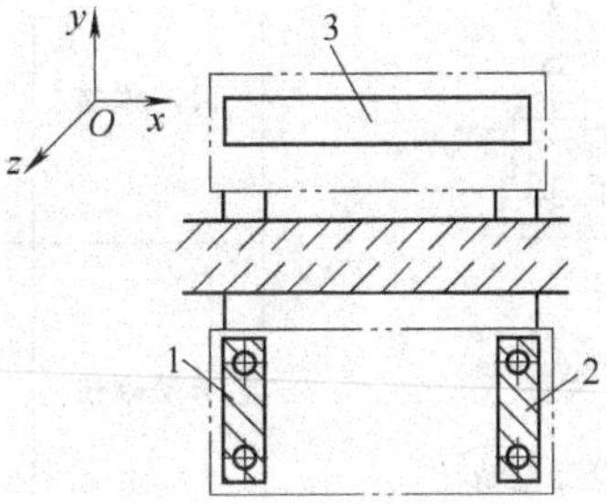	$1、2—\vec{y}、\hat{x}、\hat{z}$; $3—\vec{z}、\hat{y}$
	固定支撑与 浮动支撑	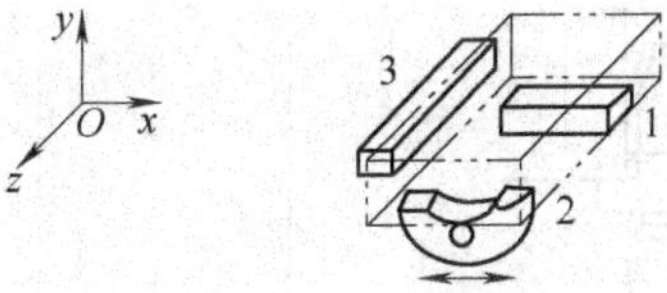	$1、2—\vec{y}、\hat{x}、\hat{z}$; $3—\vec{x}、\hat{y}$
	固定支撑与 辅助支撑	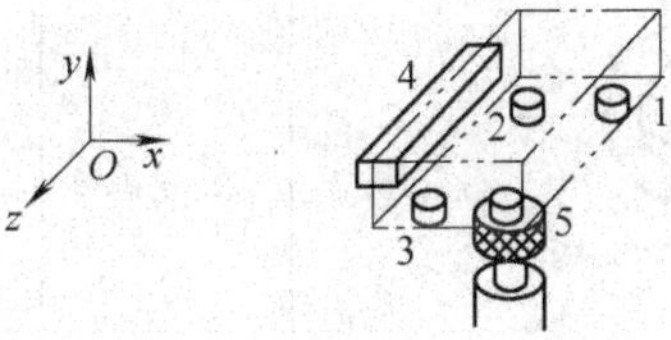	$1、2、3—\vec{y}、\hat{x}、\hat{z}$; $4—\vec{x}、\hat{y}$; 5—增加刚性,不限制自由度
圆孔	定位销		短销　$\vec{x}、\vec{z}$
			长销　$\vec{x}、\vec{z}、\hat{x}、\hat{z}$

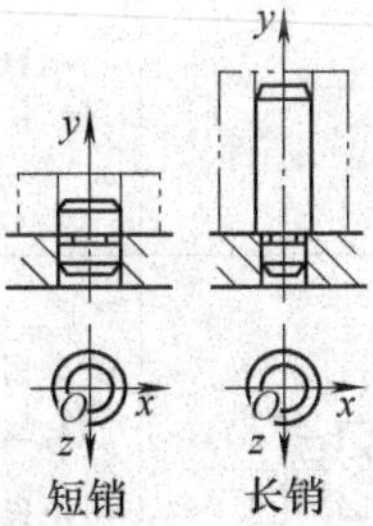

（续）

定位基准面	定位元件	定位简图		限制的自由度
圆孔	心轴	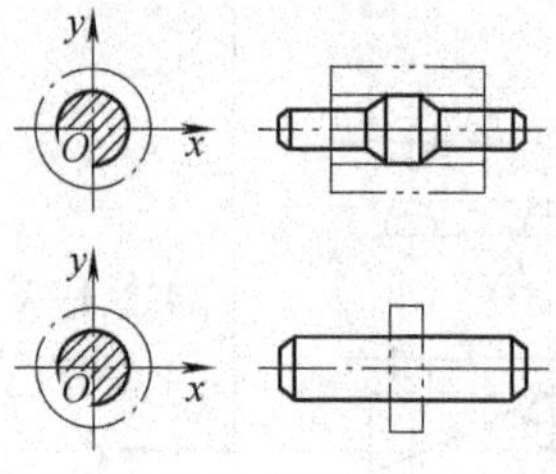	短心轴	$\vec{x}$、$\vec{y}$
		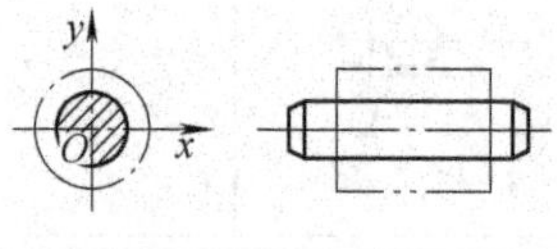	长心轴	$\vec{x}$、$\vec{y}$、$\widehat{x}$、$\widehat{y}$
	锥销	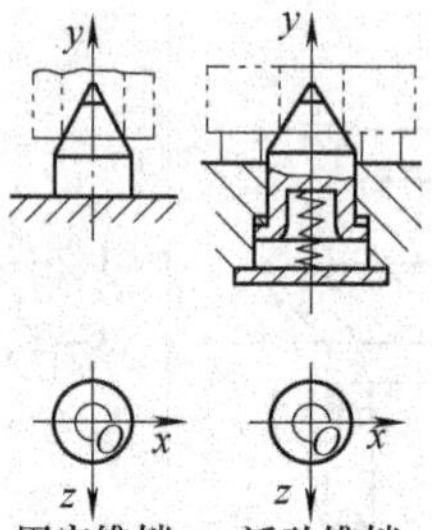	固定锥销	$\vec{x}$、$\vec{z}$、$\vec{y}$
		固定锥销　活动锥销	活动锥销	$\vec{x}$、$\vec{z}$
	削边销	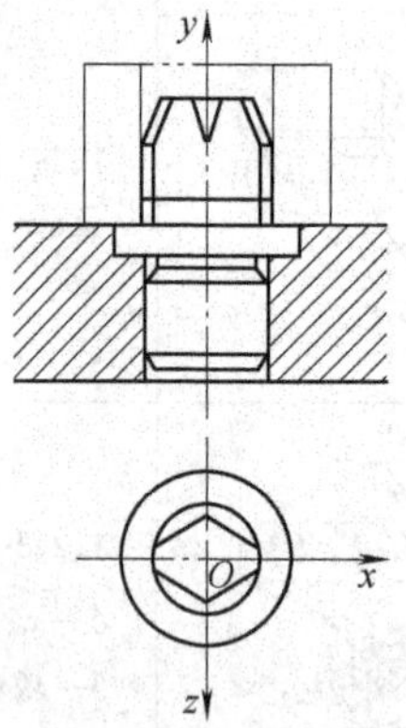	削边销	$\vec{x}$
	锥形心轴	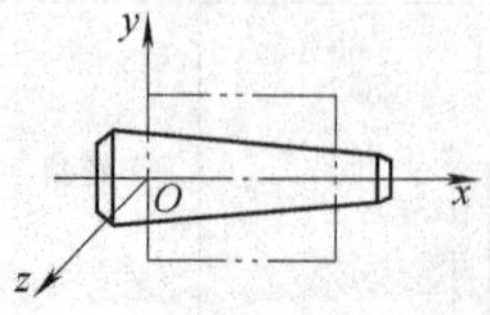	小锥度	$\vec{x}$、$\vec{z}$、$\vec{y}$、$\widehat{z}$、$\widehat{y}$
二维孔组合	顶尖	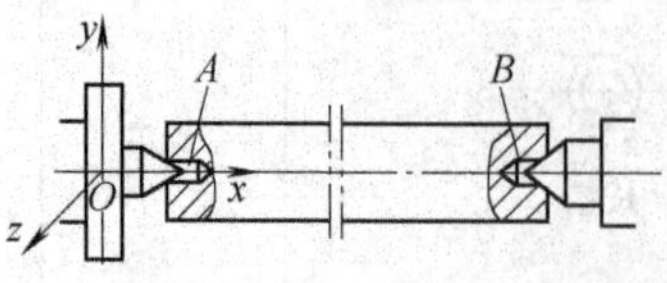	一个固定顶尖与一个活动顶尖组合	$\vec{x}$、$\vec{z}$、$\vec{y}$、$\widehat{z}$、$\widehat{y}$

（续）

定位基准面	定位元件	定位简图		限制的自由度
外圆柱面	支撑板	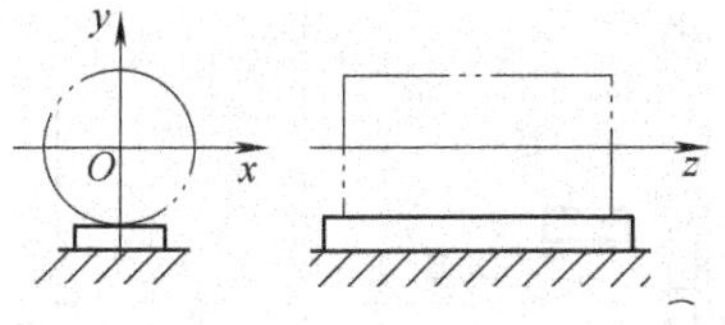		$\widehat{x}$、$\vec{y}$
	定位套	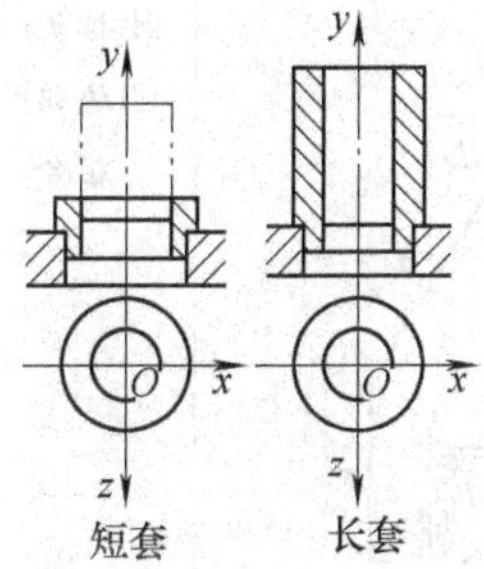 短套		$\vec{x}$、$\vec{z}$
		长套		$\vec{x}$、$\vec{z}$、$\widehat{x}$、$\widehat{z}$
	V形块	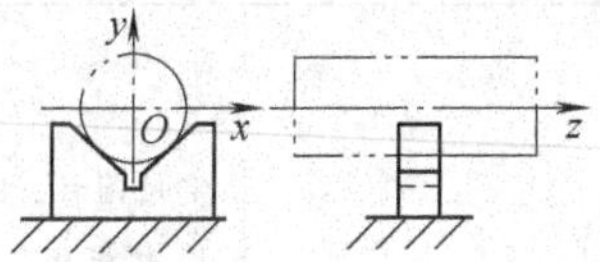 短V形块		$\vec{x}$、$\vec{y}$
		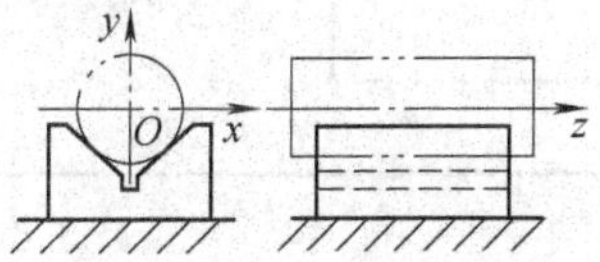 长V形块		$\vec{x}$、$\vec{y}$、$\widehat{x}$、$\widehat{y}$
	锥套	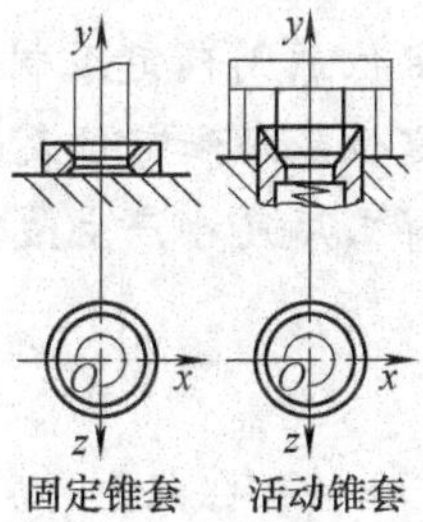 固定锥套		$\vec{x}$、$\vec{z}$、$\vec{y}$
		活动锥套		$\vec{x}$、$\vec{z}$
平面和孔组合	支撑板短销和挡销	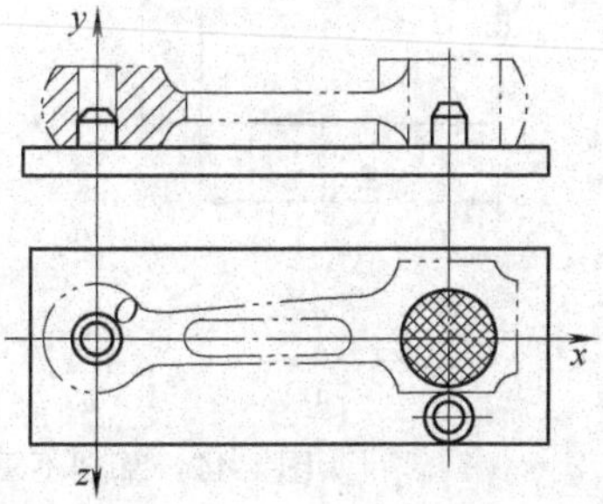 支撑板短销和挡销的组合		$\vec{x}$、$\vec{z}$、$\vec{y}$、$\widehat{x}$、$\widehat{z}$、$\widehat{y}$

定位简图中：支撑板、定位套（短套、长套）、V形块（短V形块、长V形块）、锥套（固定锥套、活动锥套）、支撑板短销和挡销的组合。

（续）

定位基准面	定位元件	定位简图	限制的自由度
平面和孔组合	支撑板和削边销		支撑板和削边销的组合 $\vec{x}$、$\vec{z}$、$\vec{y}$、$\hat{x}$、$\hat{z}$、$\hat{y}$
V形面和平面组合	定位圆柱、支撑板和挡销		定位圆柱：$\vec{x}$、$\vec{y}$、$\hat{x}$、$\hat{y}$ 支撑板：$\hat{x}$、$\vec{z}$ 挡销：$\vec{z}$ $\hat{x}$ 被重复限定

4. 工件定位的误差计算

在设计工件的定位装置时，除根据六点定位原则确定限制的自由度和选用定位元件外，还必须考虑工件的定位精度是否足够。由于定位基准和定位表面的误差以及基准不重合误差的影响，工件在夹具中的位置发生变动，使得工序尺寸产生最大变动量（误差），这就是定位误差，用 Δ_D 表示。这种定位误差一般在小于工序尺寸公差或位置公差的 $1/5 \sim 1/3$ 时，该定位方案才能满足该工序加工精度要求，否则就必须重新考虑定位方案或在定位方案上采取改进的措施。

（1）造成定位误差的原因　造成定位误差的原因有两个：一是定位基准与工序基准不重合，由此产生基准不重合误差 Δ_B；二是定位基准与限位基准不重合，由此产生基准位移误差 Δ_Y。

1）基准不重合误差。图1-44 所示

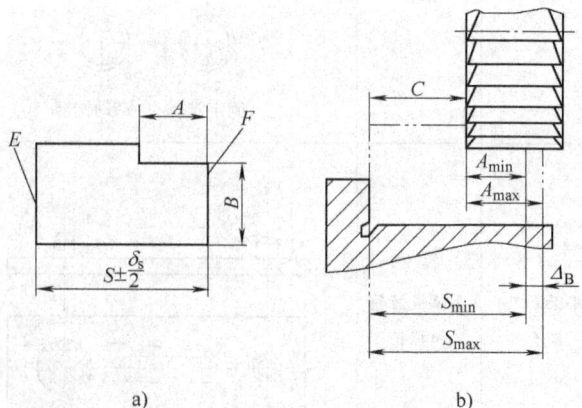

图1-44　基准不重合误差分析
a) 工序简图　b) 加工示意图

为在某工件上铣缺口。

图 1-44a 为工序简图，加工尺寸为 A 和 B。图 1-44b 为加工示意图，工件以底面和 E 面定位。C 是确定夹具与刀具相互位置的对刀尺寸，在一批工件的加工过程中，C 的大小是不变的。加工尺寸 A 的工序基准是 F 面。定位基准是 E 面，两者不重合。当一批工件逐个在夹具上定位时，加工面实际工序尺寸受 $S \pm \delta_S/2$ 的影响。若某个工件前道工序尺寸为 S_{max} 时，本道工序尺寸为 A_{max}；若某个工件前道工序尺寸为 S_{min} 时，本道工序尺寸为 A_{min}。因此，工序基准 F 面相对于定位基准 F 面有一个最大变动范围 δ_S，它影响工序尺寸 A 的大小，即造成尺寸 A 的误差。δ_S 就是这批工件由于定位基准与工序基准不重合而产生的定位误差，简称基准不重合误差，用 Δ_B 表示。此时，$\Delta_B = \delta_S$。

当然，若该工件缺口位置的工序尺寸基准是 E 面（而不是 F 面），则当以 E 面作为定位基准铣缺口加工时，定位基准就和工序基准重合了，即 $\Delta_B = 0$。

对于任何工件的加工，Δ_B 的值只需判断定位基准与工序基准是否重合，若重合，Δ_B 即为零；若不重合，Δ_B 则为所选定位基准引起工序尺寸的变动误差大小。

2）基准位移误差。有些定位方式，即使是基准重合，也可能产生另一种定位误差。图 1-45 所示为圆盘钻孔工序图。图 1-45a 尺寸 D_2 由钻头保证，尺寸 $h \pm \frac{1}{2}\delta_h$ 由夹具保证。图 1-45b 所示为该工件在夹具中定位钻孔简图，定位基准和工序基准重合（都为内孔中心线），即 $\Delta_B = 0$。钻套中心与定位销中心的距离 $h \pm \frac{1}{2}\delta_j$，按工序尺寸 $h \pm \frac{1}{2}\delta_h$ 而定，钻头经钻套引导钻削孔 D_2。

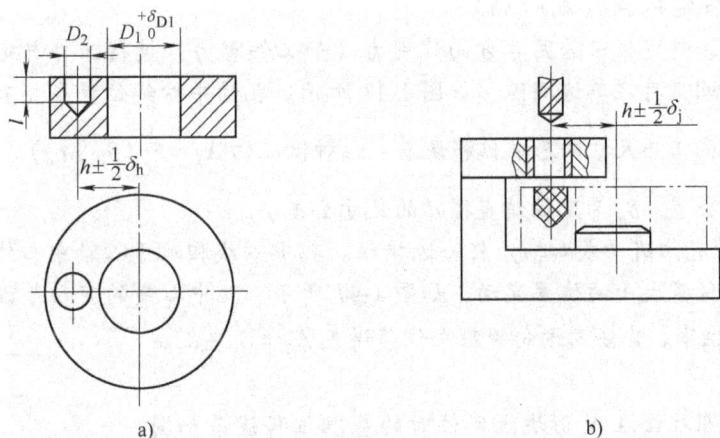

图 1-45　基准不重合误差分析

a）工序简图　b）加工示意图

由于工件的定位基准孔 D 和定位销直径 d 总有制造误差，且为了使工件孔易于套在定位销上，二者间还留有最小间隙 X_{min}。因此，工件的定位基准和定位销中心（限位基准）就不可能完全重合，如图 1-46 所示。工件的定位基准相对于定位销的限位基准的上、下、左、右等任意方向变动，定位基准 O 的变动就造成工序尺寸的变动，其定位基准在工序尺寸方向上的最大变动范围，称为定位基准的位移误差，简称基准位移误差，用 Δ_Y 表示。

基准位移误差的值，将从工件以平面定位、工件以外圆柱面定位和工件以内孔定位三种情况来分别分析。

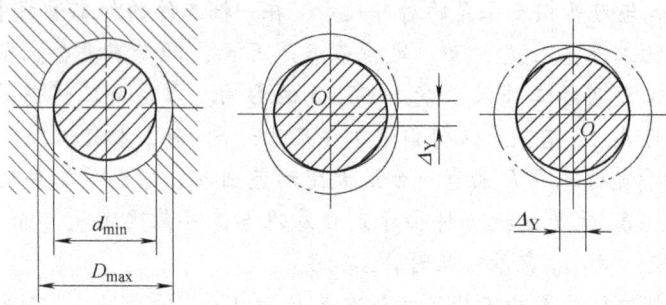

图1-46　基准位移误差

①工件以平面定位时的基准位移误差。工件以平面定位时，作为精基准的平面，其平面度误差很小，所以由定位副不准确引起的基准位移误差可以忽略不计，故定位误差主要由基准不重合误差所引起。

②工件以圆孔定位时的基准位移误差。工件以圆柱孔在间隙配合的定位销（或心轴）上定位时，定位副有单边接触和任意一边接触两种情况下产生的不一样的基准位移误差。

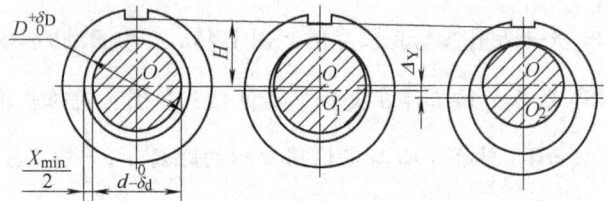

图1-47　圆柱孔与心轴固定单边接触

a. 圆柱孔与定位销（或心轴）固定单边接触。工件定位时若因单方向作用力（如工件重力）使得工件与定位销在一固定处接触，定位副间只存在单边间隙，如图1-47所示。孔的中心线位置在竖直方向的最大变动量即为竖直方向工序尺寸的基准位移误差，此种情况的 $\Delta_Y = \frac{1}{2}(\delta_D + \delta_d)$。式中的 δ_D 为工件孔直径的尺寸公差，δ_d 为定位销直径 d 的尺寸公差。

b. 圆柱孔与定位销（或心轴）任一边接触。孔中心线相对于心轴中心线可以在间隙范围内任意方向、任意大小的位置变动，如图1-47所示。孔中心线的变动范围是以最大间隙 X_{max} 为直径的圆柱体。其任意方向的基准位移误差 $\Delta_Y = \delta_D + \delta_d + X_{min}$。

③工件以外圆柱面在 V 形块上定位时的基准位移误差如图1-48所示。若不考虑 V 形块的制造误差，则工件轴线总是处于 V 形块的对称面上，这就是 V 形块的对中作用。因此，在水平方向上，工件的定位基准不会产生基准位移误差。但在垂直方向上，由于工件定位直径尺寸的误差，将导致工件定位基准产生位置变化。

这个位置变动的最大量即为基准位移误差 Δ_Y，$\Delta_Y = \delta_d/2\sin(\alpha/2)$，式中 δ_d 为工件定位外圆柱面直径尺寸公差；α 为 V 形块的夹角。V 形块定位的基准位移误差分析如图1-49所示。

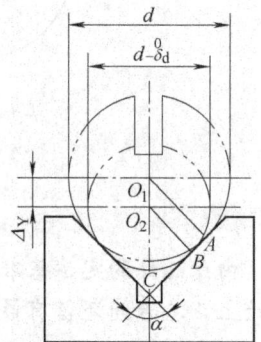

图1-48　圆柱孔与心轴
任意边接触

（2）定位误差计算 综上所述，几种常见定位方式定位误差分析计算为

$$\Delta_D = \Delta_Y + \Delta_B$$

1）平面定位 Δ_D 的计算。基准位移误差 $\Delta_Y = 0$，只需求基准不重合误差 Δ_B。若工件基准的位移方向与加工尺寸方向不一致，则需向加工尺寸投影，$\Delta_B = \delta_S \cos\alpha$（$\alpha$ 为工序基准的变动方向与加工尺寸方向的夹角），所以 $\Delta_D = \Delta_B$。

2）圆孔定位 Δ_D 的计算。分为以下两种情况：

①工件以圆孔与定位销（或心轴）间隙配合固定单边接触。若定位基准与工序基准重合，则基准不重合误差 $\Delta_B = 0$，所以 $\Delta_D = \Delta_Y = 1/2(\delta_D + \delta_d)$。

②工件以圆孔与定位销（或心轴）间隙配合的任意边接触。定位误差 $\Delta_D = \Delta_Y \pm \Delta_B = \delta_d/2\sin(\alpha/2) \pm \Delta_B$。式中，当定位基准与工序基准重合时，$\Delta_B = 0$；当定位基准与工序基准不重合时，$\Delta_B$ 与 Δ_Y 关联方向相同取 "+" 号，Δ_B 与 Δ_Y 关联方向相反取 "-" 号。

角度定位误差的计算与尺寸定位误差的计算方法相同。

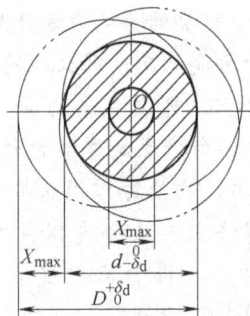

图 1-49 V 形块定位的基准
位移误差分析

（二）"工件的夹紧"相关知识

工件在定位元件的支撑下，获得了正确位置。但是，在加工过程中，由于存在切削力、重力、离心力和惯性力等各种力的影响，为了保证将工件牢固地夹紧在定位元件上，以防止工件产生振动和移动，就必须依靠夹紧机构。定位和夹紧是工件安装在夹具中的两个紧密联系着的过程，因此，在设计夹具时必须同时考虑。合理地选择夹紧力的作用点、方向和大小，关系着夹具的夹紧结构和工作精度。

1. 夹紧装置的组成

夹紧装置的结构形式多种多样，一般由三部分组成。

（1）力源装置 力源装置是指产生夹紧作用力的装置，所产生的力称为原动力。常用动力有气动、液动、电动等。图 1-50 中的力源装置是气缸 1。手动夹紧装置的力源是手。

（2）中间传力机构 中间传力机构是指将力源装置产生的原动力传递给夹紧元件的机构，如图 1-50 中的斜锲。根据夹紧的需要，中间传力机构在传力过程中可以改变夹紧力的大小和方向，并使夹紧实现自锁，保证力源提供的原动力消失后仍可靠地夹紧工件。

（3）夹紧元件 夹紧元件是夹紧装置的最终执行元件，它直接作用在工件上完成夹紧动作，如图 1-50 中的压板 4。

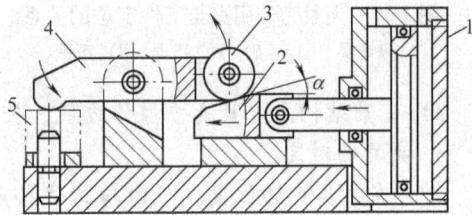

图 1-50 夹紧装置的组成
1—气缸 2—斜锲 3—滚轮 4—压板 5—工件

在一些简单的手动夹紧装置中，夹紧元件和中间传力机构往往是混在一起的，很难截然分开，因此常将二者统称为夹紧机构。

2. 对夹紧装置的基本要求

1）在夹紧过程中，夹紧力不应该使已经获得正确定位的工件脱离其正确位置，并应该保证在加工过程中工件在夹具上的正确位置不发生变化，同时又不能使工件的夹紧变形和受

压表面损伤。

2）主要夹紧力一般应该垂直于工件的主要定位基准面，有利于工件的变形和保证工件安装稳定性。

3）夹紧力的方向最好和切削力方向一致，这时所需要的夹紧力最小。如果夹紧力和切削力方向相反，那么在同样的情况下，夹紧力就要大于切削力。如果夹紧力和切削力方向相互垂直，那么夹紧力必须达到由此夹紧力所产生的摩擦力大于切削力。

4）夹紧力作用点应该落在夹具支撑件上或几个支撑件所组成的平面内，以利于工件安装的稳定性，如图1-51所示。

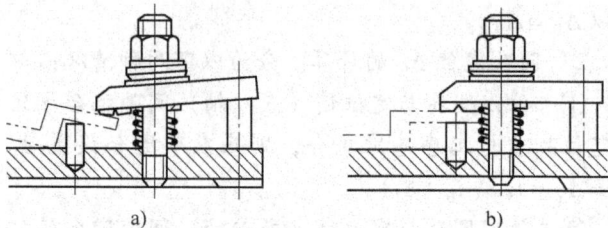

5）夹紧力的作用点应该落在工件刚度较好的部位，以利于减少工件的夹紧变形，如图1-52所示。

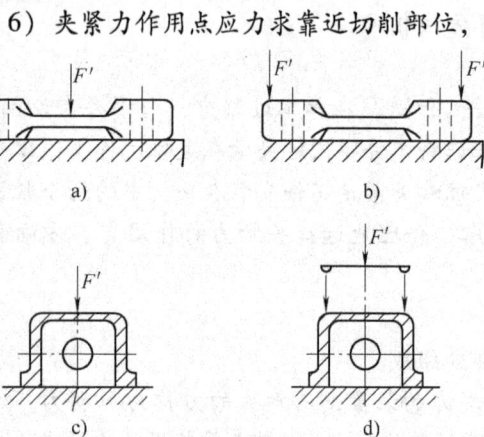

图1-51　夹紧力作用点与工件定位关系
a）错误　b）正确

6）夹紧力作用点应力求靠近切削部位，以防止工件产生切削振动，如图1-53所示。

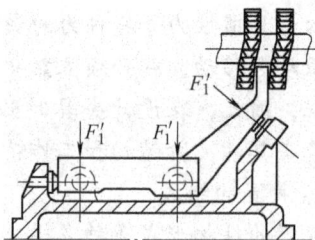

图1-52　夹紧力作用点与工件定位的关系
a）错误　b）正确　c）错误　d）正确

图1-53　夹紧力靠近加工表面

7）夹紧结构力求紧凑，操作方便，安全可靠。

3. 夹具的对定

工件在夹具中的位置，是由与工件接触的定位元件的定位表面（元件定位面）所确定的。为了保证工件对刀具及切削成形运动有正确位置，还需要使夹具与机床联系和配合时用的夹具定位面相对刀具及切削成形运动处于理想的位置，这种过程称为夹具的对定。

机床夹具的对定包括三个方面：一是对切削运动的定位，即夹具对机床的定位；二是夹具对刀具的定位，即所谓对刀、导向；三是夹具的分度和转位定位，这方面只有对分度和转位夹具才考虑。

夹具对切削运动的定位，实质上就是夹具对机床的定位。夹具与机床连接的基本方式主要有两大类。

1）夹具安装在机床安装台面上（如铣床、刨床、镗床等）。夹具底面作为主定位面，用定位键或销作为导向定位面，见表1-54。

表 1-54　夹具与机床工作台相连接的方式

连接元件	连接方式简图	说　明	连接元件	连接方式简图	说　明
定位键	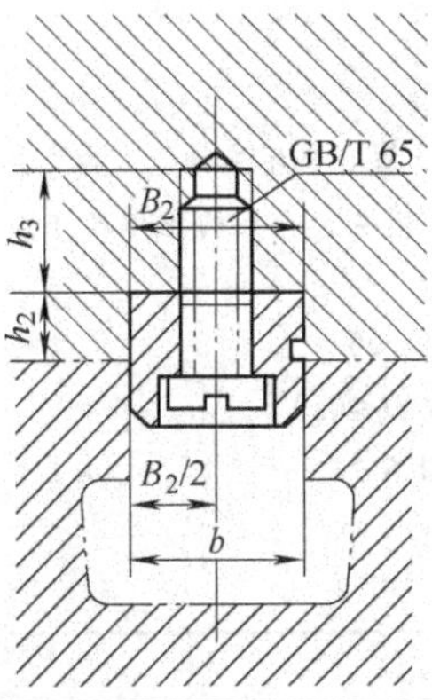	夹具采用两个定位键与机床工作台上的 T 形槽配合	定向键	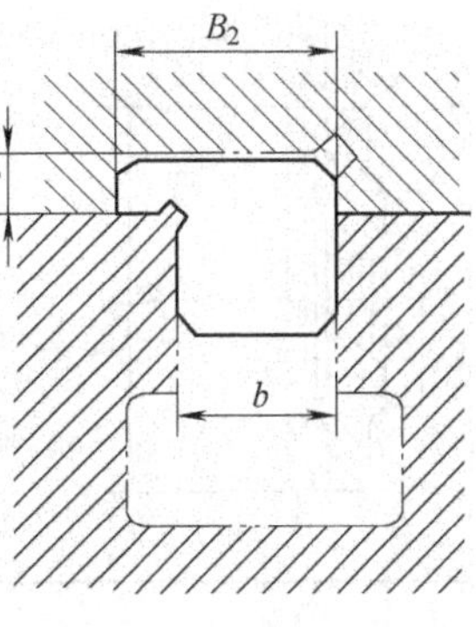	在连接过程中,定向键是活动的,并未紧固

注：表中图上的 h_1、h_2、b、B_2 尺寸见机加工工艺手册相关数据内容。

2）夹具安装在机床的回转主轴上（如车床、内圆磨床等），其连接方式和定位面取决于机床主轴端部的结构形式。如以夹具莫氏锥体作为定位面，安装在机床主轴孔内；以夹具的短圆柱孔及其端面作为定位面，通过连接盘安装在机床主轴上，见表 1-55。

表 1-55　夹具与机床回转轴相连接的方式

基本形式简图	简要说明
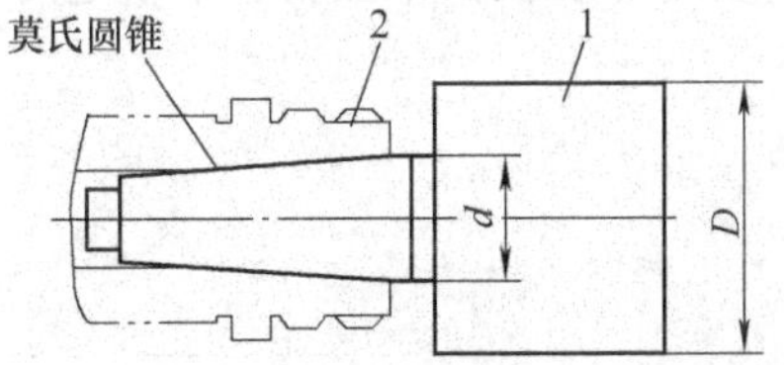	夹具体 1 以长锥体尾柄装在机床主轴 2 的锥孔内。此种连接方式装拆方便,但刚性较差,适于小型夹具。一般取 $D < 140\text{mm}$ 或 $D \leqslant (2 \sim 3)d$
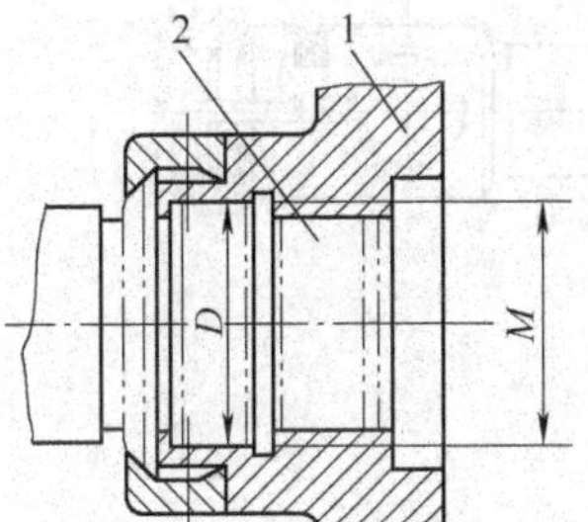	夹具体 1 以端面及短圆柱孔在机床主轴 2 上定位,依靠螺纹进行紧固。此种连接方式易于制造,但定心精度较低
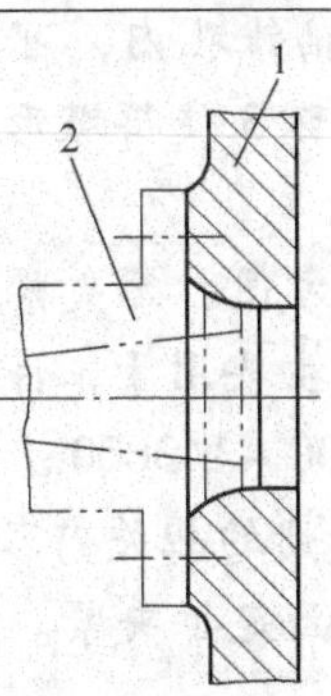	夹具体 1 由短锥及端面在机床主轴 2 上定位,另用螺钉进行紧固。此种连接方式定心精度高,连接刚度也较好,但制造比较困难

（续）

基本形式简图	简要说明
	夹具体1通过过渡盘3装在机床主轴2上。夹具体上设有矫正基面，以提高夹具的安装精度。夹具的轮廓尺寸可以参照以下数据： $D<140mm$ 时，$B/D\leqslant11.25$ $D=150\sim300mm$ 时，$B/D\leqslant0.9$ $D>300mm$ 时，$B/D\leqslant0.6$

（三）车床夹具类型的典型结构及设计要点

1. 车床夹具类型的典型结构

车床夹具类型的典型结构有心轴类车床夹具，圆盘式车床夹具和弯板式车床夹具。

（1）心轴类车床夹具 心轴类车床夹具主要是指胀力心轴、弹性定心夹紧心轴、锥度心轴。

1）胀力心轴。如图1-54所示，这种心轴依靠材料弹性变形所产生的胀力来固定工件，装卸方便，加工精度高，使用比较广泛。胀力心轴一般直接安装在机床主轴孔中，适用于内孔定位加工外圆。

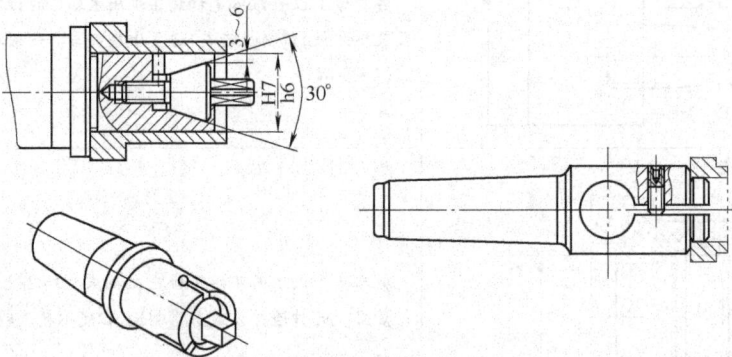

图1-54 胀力心轴

2）弹性定心夹紧心轴。如图1-55所示，莫氏锥柄装于主轴锥孔内，可车削外圆及端面。工件以内孔和端面在心轴1上预定位。拧动螺母4，通过压环3使得蝶形弹簧2受压变形而外胀，从而将工件定心、夹紧。

3）锥度心轴。锥度心轴具有定心精度高、结构简单、使用方便、无夹紧装置和工件变形小的特点，适用于工件的基准孔公差等级高于IT7的光滑孔。主要用于工件孔长度是孔直径的1~1.5倍薄壁套筒精加工的装夹。心轴的锥度一般为1:1500~1:3000。

标准锥度心轴尺寸（JB/T 10116—1999）见机加工工艺类手册的相关内容。

（2）圆盘式车床夹具 如图1-56所示，工件以外圆和一端面定位夹紧。圆盘式车床夹具是车削偏心孔专用夹具，适用于批量较大的偏心工件加工。

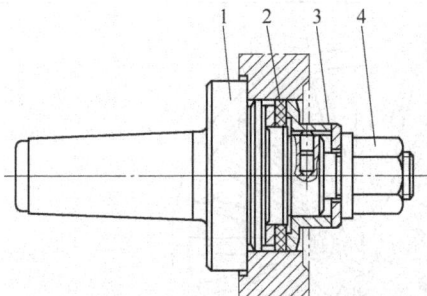

图 1-55　弹性定心夹紧心轴
1—心轴　2—蝶形弹簧　3—压环　4—螺母

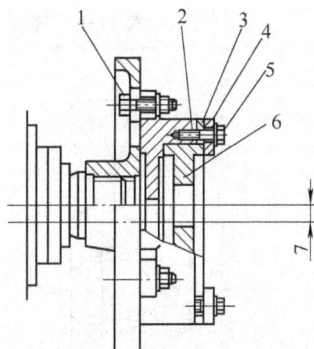

图 1-56　圆盘式车床夹具
1—紧固螺栓　2—偏心夹具　3—垫块　4—压板
5—紧固螺钉　6—偏心工件　7—偏心距

（3）弯板式车床夹具　如图 1-57 所示，以工件的底面、侧面和一端面作为定位基准，装夹压紧，加工轴承座孔。

2. 车床夹具的设计要点

（1）定位装置的设计　车床夹具的定位装置设计要点依加工面的特征而异。

1）当加工回转表面时，要求工件加工面的轴线与机床主轴轴线重合，夹具上定位装置的结构和布置必须保证这一点。

2）当加工的表面与工序基准之间有尺寸联系或相互位置精度要求时，则应该以夹具的回转轴线为基准来确定定位元件的位置。

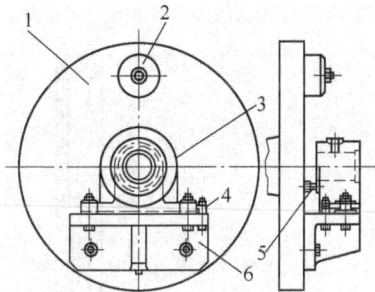

图 1-57　弯板式车床夹具
1—夹具体　2—配重　3—工件
4—导向支撑　5—止推螺钉　6—角铁

（2）夹紧装置的设计　工件的夹紧应可靠。由于加工时工件和夹具一起随主轴高速旋转，故在加工过程中工件除受切削力矩作用外，整个夹具还要受到重力和离心力的作用。这些力不仅会降低夹紧力，同时会使主轴振动。因此，夹紧机构必须具有足够的夹紧力，且自锁性要好，以防止工件在加工过程中位移乃至发生事故。

（3）夹具体——花盘　花盘是安装在车床主轴上的一个大圆盘，其端面有许多长槽，用安装在其上的压板和螺栓压紧工件。花盘的端面需平整，且与主轴中心线垂直。

花盘适合安装不能用卡盘装夹的形状不规则，或大而薄的工件。当零件的加工表面相对于安装平面有平行度要求，或加工的孔（或外圆）的轴线相对于安装平面有垂直度要求时，可把工件用压板、螺栓直接安装在花盘上进行加工。当零件的加工面相对于安装平面有平行度要求时，则用花盘、弯板安装工件。

花盘的相关规格尺寸见表 1-56。

（4）夹具与机床主轴的连接　夹具与机床主轴的连接方式，主要取决于夹具径向尺寸的大小和机床主轴前端的结构形式。常用的连接方式有以下两种：

1）夹具通过锥柄与机床主轴连接，见表 1-55。

2）夹具通过过渡盘与机床主轴的轴颈连接，见表 1-55。夹具以 H7/h6 或 H7/js6 的配合精度安装在过渡盘的凸缘上，再以螺钉紧固。

表 1-56　花盘的相关规格尺寸（JB/T 10125—1999）　　　　　　（单位：mm）

C 型

D 型

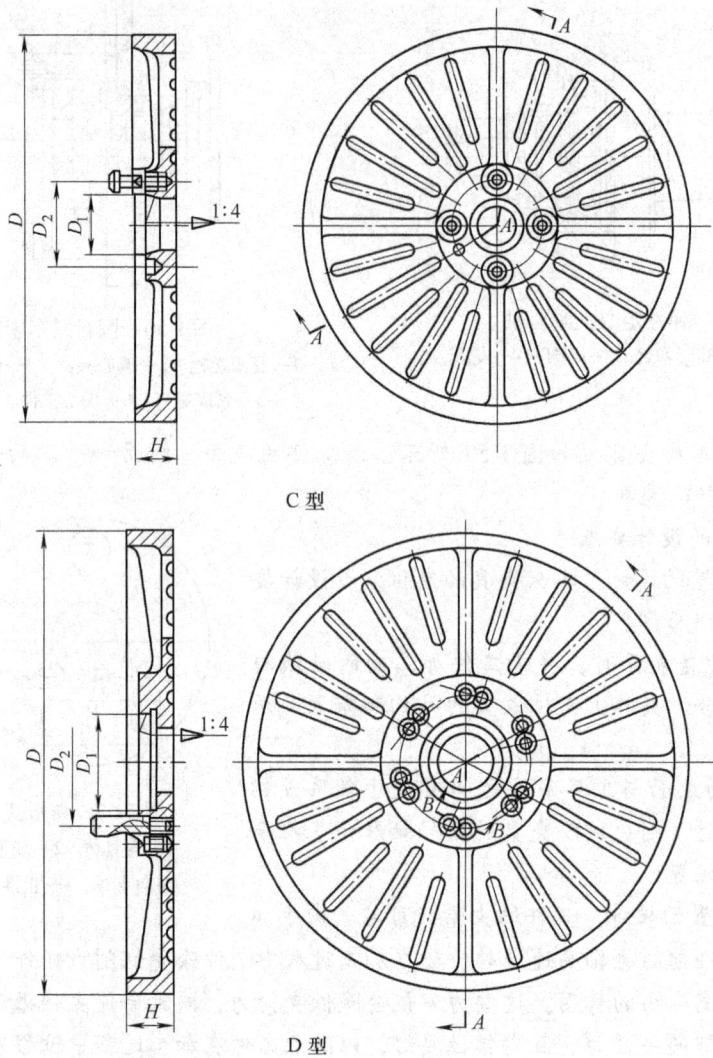

| 车　　　床 | | D | D_1 | | | D_2 | H |
| 规格 | 主轴端部代号 | | 基本尺寸 | 极限偏差 | | | |
				C 型	D 型		
320	5	500	82.563	+0.010 0	+0.004 -0.006	104.8	50
400	6	630	106.375	0	-0.006	133.4	60
500	8	710	139.719	+0.012 0	+0.004 -0.008	171.4	70
630	11	800	196.869	+0.014 0	+0.004 -0.010	235.0	80

注：花盘尺寸按 GB/T 5900.2～3—1997《机床 主轴端部与花盘 互换性尺寸》选用；选用时应注意新老机床主轴端部尺寸是否一致。

（5）夹具的总体设计　夹具的总体设计有以下三点要求：

1）夹具的总体结构应该力求紧凑、轻便，悬臂尺寸要短，重心尽可能靠近主轴。夹具

的悬伸长度 L 与外廓直径 D 之比可参照下列数据选取。

当 $D < 150\text{mm}$ 时，$L/D \le 1.25$；当 $D = 150 \sim 300\text{mm}$ 时，$L/D \le 0.9$；当 $D > 300\text{mm}$ 时，$L/D \le 0.6$。

2）当工件与夹具上各元件相对于机床主轴的旋转轴线不平衡时，会产生较大离心力引起振动而影响加工精度和生产安全，特别是在转速高的情况下，因此对于重量不对称的夹具，需有平衡要求。平衡的方法有设置平衡块和加工减重孔两种。在实际生产中，常采用配重的方法实现夹具的平衡。

3）为了保证安全，夹具上各元件一般不允许突出夹具体的圆形轮廓之外。此外，还应该注意防止切屑和切削液的飞溅，必要时应该加防护罩。

（四）绘制夹具装配图

绘制夹具装配图要注意以下细节。

1. 绘图比例

优先选取1∶1的绘图比例。

2. 绘制顺序

先用双点画线画出工件的外形轮廓和主要表面。总图上的工件是一个假想的透明体，它不影响夹具各元件的绘制。此后，围绕工件的几个视图依次绘出定位元件、对刀元件、导向元件、夹紧机构等夹具机构，绘制夹具体及连接件，标注有关尺寸、公差、几何公差和其他技术要求，为零件编号，编写标题栏和零件明细表。

3. 标注夹具总图上的尺寸

（1）夹具的轮廓尺寸　指夹具在长、宽、高三个方向上的外形最大极限尺寸。

（2）工件与定位元件间的联系尺寸　主要指工件定位面与定位元件上定位表面的配合尺寸以及各定位表面之间的位置尺寸。

（3）夹具与刀具的联系尺寸　主要指对刀、导向元件与定位元件间的位置尺寸，导向元件之间的位置尺寸及导向元件与刀具（或镗杆）导向部分的配合尺寸。

（4）夹具与机床的联系尺寸　指夹具在机床上安装时的有关尺寸，用来确定夹具在机床上的正确位置。对于钻床类夹具，主要指夹具与机床工作台 T 形槽的配合尺寸。

（5）夹具内部的配合尺寸　夹具总图上，凡属于夹具内部有配合要求的表面，都必须按配合性质和配合精度标上配合尺寸，以保证夹具上各主要元件装配后能够满足规定的使用要求。

车床夹具（以及外圆磨床夹具）典型结构的技术要求，见表1-57。

表1-57　车床夹具（以及外圆磨床夹具）典型结构的技术要求

基本形式简图	简要说明
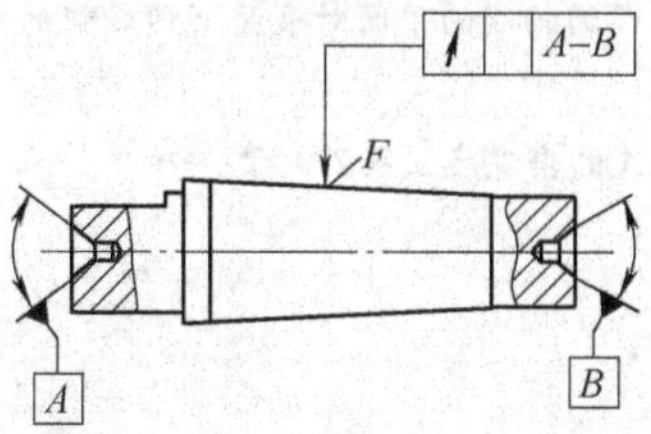	表面 F 对中心孔轴线的径向圆跳动误差不大于……

（续）

基本形式简图	简要说明
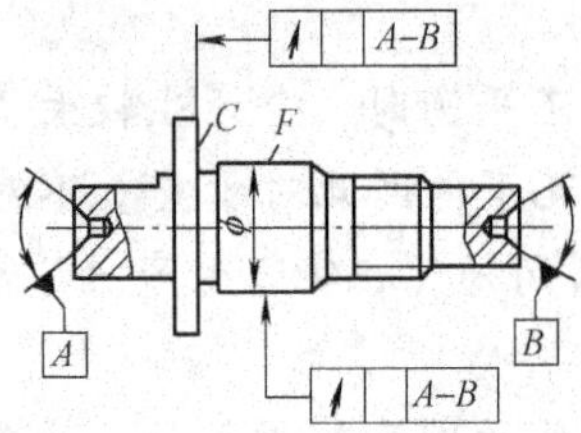	1）表面 F 对中心孔轴线的径向圆跳动误差不大于…… 2）端面 C 对中心孔轴线的轴向圆跳动误差不大于……
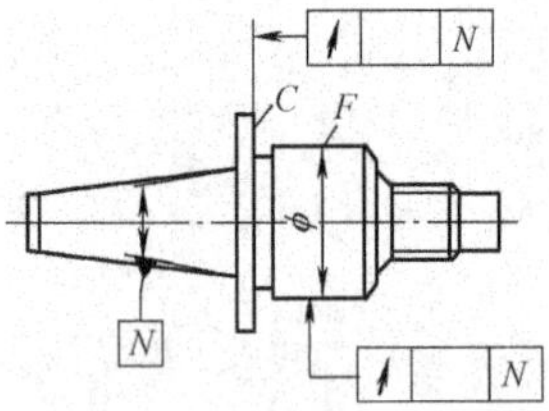	1）表面 F 对锥面 N 轴线的径向圆跳动误差不大于…… 2）端面 C 对锥面 N 轴线的轴向圆跳动误差不大于……
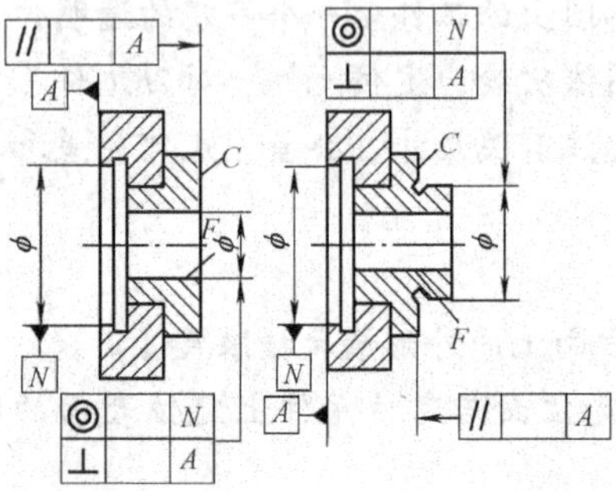	1）表面 F 的轴线对平面 A 的垂直度误差不大于…… 2）表面 F 的轴线对表面 N 的轴线的同轴度误差不大于…… 3）表面 C 对平面 A 的平行度误差不大于……
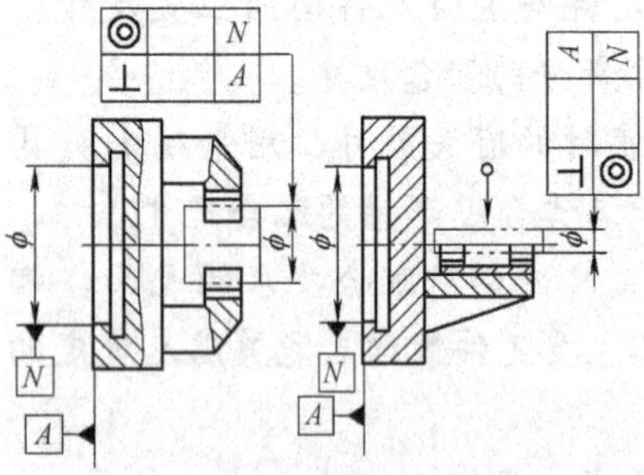	1）V 形块的轴线对表面 N 的轴线的同轴度误差不大于…… 2）V 形块的轴线对平面 A 的垂直度误差不大于……
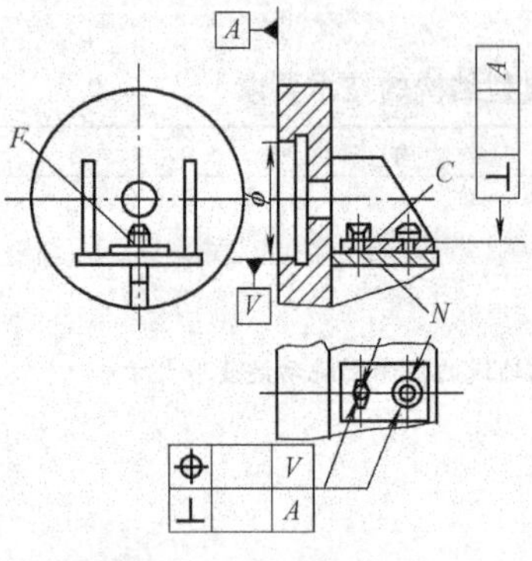	1）通过表面 F 和 N 的轴线的平面对表面 V 的轴线的位置度误差不大于…… 2）表面 C 对端面 A 的垂直度误差不大于……

（续）

基本形式简图	简要说明
	1）平面 C 对端面 A 的平行度误差不大于…… 2）通过表面 F 和 N 的轴线的平面对表面 V 的轴线的位置度误差不大于…… 3）表面 N 和 F 的轴线对平面 A 的垂直度误差不大于……
	1）V 形块的轴线与表面 N 的轴线共面且垂直，位置度误差不大于…… 2）V 形块的轴线对平面 A 的平行度误差不大于…… 3）V 形块的轴线对表面 N 的轴线的垂直度误差不大于……
	1）表面 F 的轴线对平面 C 的垂直度误差不大于…… 2）表面 F 的轴线与表面 N 的轴线共面且垂直，位置度误差不大于……

车 $\phi 30^{+0.021}_{0}$ mm 孔加工的工序专用车床夹具，应采用图 1-57 所示的弯板式车床夹具结构。

车 $\phi 30^{+0.021}_{0}$ mm 孔专用车床夹具的定位方式是选用弯板平面圆柱销和菱形销进行一面两孔组合定位，限定六个自由度（即完全定位）。定位方式确定后，还需要对定位质量进行验算。

车 $\phi 30^{+0.021}_{0}$ mm 孔专用车床夹具的夹紧装置采用螺旋压板式结构。花盘是夹具体。应注意配重的安排。

4. 选择切削用量

参照附表车削用量相关内容，车削 $\phi 30^{+0.021}_{0}$ mm 孔的车削用量选择：粗车和半精车：$a_p = 1$ mm，$f = 0.2$ mm/r，$v_c = 60$ m/min；精车：$a_p = 0.03$ mm，$f = 0.1$ mm/r，$v_c = 80$ m/min。

5. 确定机床

查阅附表与车床类型的相关内容，选择 CA6140 卧式车床。

五、填写轴承座零件机加工工艺文件

轴承座零件的机加工工艺过程卡片见表 1-58，车 $\phi 30^{+0.021}_{0}$ mm 孔等机械加工工序卡片见表 1-59。

表 1-58　轴承座零件的机加工工艺过程卡片

（单位：mm）

机加工工艺过程卡片		产品型号		零件图号			共2页	第1页
		产品名称		零件名称				
毛坯种类	铸件	毛坯外形尺寸		每毛坯可制件数		每台件数		单件

| 材料牌号 | HT200 | | | | | | 工时 | |
工序号	工序名称	工 序 内 容	车间	工段	设备	工 艺 装 备	备注	准终 / 单件
1	铸	铸造毛坯						
2	热	时效热处理						
3	划	划外形及轴承座底面加工线						
4	铣	夹轴承孔前后端面毛坯面按线找正,铣轴承座底面至图样尺寸			X6012	圆柱形铣刀, 台虎钳, 0.02 规格卡尺		
5	刨	以已加工底面定位(轴承孔处夹紧) 1) 刨削轴承座台阶面,轴承孔左右侧面 2) 刨削 2×1 的槽			B6032	偏角刨刀, 弯头刨刀, 0.02 规格卡尺, 专用夹具		
6	划	划轴承座底面及轴承孔加工线						
7	铣	夹轴承孔左右侧面,按底面找正,铣削四侧面			X6012	圆柱形铣刀, 0.02 规格卡尺		
8	钻、镗	以端面及 $\phi 30^{+0.021}_{0}$ 孔定位 1) 钻轴承座底面上的 $2×\phi 8^{+0.022}_{0}$ 的孔 2) 钻轴承座底面上的 $2×\phi 9$ 的孔 3) 镗轴承座底面上的 $2×\phi 13$ 的孔 4) 钻轴承座底面上的 $\phi 6$ 孔 5) 钻轴承座底面上的 $\phi 4$ 孔			Z3025	GB/T 6135.3—2008 的直柄麻花钻 0.2~20, 带整体号柱直柄平底锪钻, 0.02 规格卡尺, 钻模		
9	车	以底面及轴端面定位,采用弯板式车床专用夹具装夹工件 1) 粗车 $\phi 30^{+0.021}_{0}$ 孔至 $\phi 29.8^{+0.210}_{0}$,半精车 $\phi 30^{+0.021}_{0}$ 孔至 $\phi 29.93^{+0.052}_{0}$ 2) 精车 $\phi 30^{+0.021}_{0}$ 孔至 $\phi 30^{+0.021}_{0}$			CA6140	10R1010 的 90° 内孔车刀, 08R1010 的 75° 内孔车刀, 11R1212 的 45° 内孔车刀, 内		

（续）

机加工工艺过程卡片	产品型号		零件图号		共2页		第2页
	产品名称		零件名称	轴承座			

材料牌号	毛坯种类	毛坯外形尺寸	每毛坯可制件数	每台件数	备注		
HT200	铸件						

工序号	工序名称	工序内容	车间	工段	设备	工艺装备	备注	工时	
								准终	单件
9	车	3) 车 φ35 的孔 4) 倒角 C1			CA6140	测千分尺，弯板式车床专用夹具			
10	钳	去毛刺							
11	检	检验入库							

				设计日期	审核日期	标准化日期	会签日期

标记	处数	更改文字编号	签字	日期	标记	处数	更改文字编号	签字	日期

表1-59　轴承座零件车 $\phi30^{+0.021}_{0}$ 孔等机械加工工序卡片

机械加工工序卡片	产品型号		零件图号					共　页	第　页
	产品名称		零件名称						

车间	工序号	工序名称	材料牌号
	9	车	HT200

毛坯种类	毛坯外形尺寸	每毛坯可制件数	每台件数

设备名称	设备型号	设备编号	同时加工件数
	CA6140		

夹具编号	夹具名称		切削液
	弯板式车床专用夹具		

	工位器具编号	工位器具名称	工序工时	
			准终	辅助

工步号	工步内容（单位:mm）	工艺装备	主轴转速 /(r/min)	切削速度 /(m/min)	进给量 /(mm/r)	背吃刀量/mm	进给次数	工步工时	
								机动	辅助
(1)	粗车 $\phi30^{+0.021}_{0}$孔至 $\phi29.8^{+0.210}_{0}$		635	60	0.2	1			
(2)	精车 $\phi30^{+0.021}_{0}$孔至 $\phi30^{+0.021}_{0}$、半精车 $\phi30^{+0.021}_{0}$孔至 $\phi29.93^{+0.052}_{0}$		850	80	0.1	0.03			
(3)	车 $\phi35$ 的孔		635	60	0.2	1			
(4)	倒角 C1		635	60	0.2	1			

				设计日期	审核日期	标准化日期	会签日期
标记	处数	更改文字编号	签字	日期	标记	处数	更改文字编号	签字	日期

项目二 套类零件机加工工艺设计

工作任务 2

设计机械零部件中常见的短套及薄壁长套的套类零件机加工工艺。

能力目标 2

- 会分析套类零件的结构工艺性和加工技术要求。
- 能合理确定套类零件的毛坯尺寸。
- 熟悉内孔等结构面加工方法，合理选择加工方案，能合理设计出套类零件的加工工艺路线。
- 在套类零件的加工工序设计中，能够对内孔表面钻削等加工需要的钻床专用夹具（或钻模）进行设计。
- 能准确地填写出套类零件的工艺过程卡等工艺文件。
- 会查阅工艺手册中钻床夹具涉及的钻套标准件等导向装置的参数资料。

知识目标 2

- 熟悉内孔面等结构的套类零件加工面的钻、扩、铰、磨等切削加工方法。
- 熟知套类零件机加工工艺路线设计的特点，合理选择保证薄壁长套的结构工艺性所需要的装夹措施等。
- 熟知钻床专用夹具（或钻模）的设计要点，以及导向装置钻套的类型及选用知识。

模块一 短套类零件机加工工艺设计

项目任务 2-1 设计图 2-1 所示套筒零件的机械加工工艺。

学习目标 2-1
- 会分析短套结构的套筒零件加工工艺技术要求，并确定毛坯。
- 会选择内孔等加工面的加工方案；结合这类零件工艺路线设计的特点，能合理设计出套筒零件机加工工艺路线。
- 会计算内孔表面的工序尺寸。
- 能正确选用这类零件工序加工的麻花钻等刀具以及心轴等通用夹具，并合理确定切削用量、切削机床等工序内容。能对需要钻削夹具的加工工序进行钻模的设计。
- 能正确填写套筒零件的相关工艺文件。

一、分析套筒零件加工工艺技术要求

（一）功用与结构分析

该套筒零件的功用体现在支撑和导向作用上。其结构主要有内、外圆柱面，端面，外沟槽，径向孔，倒角等。

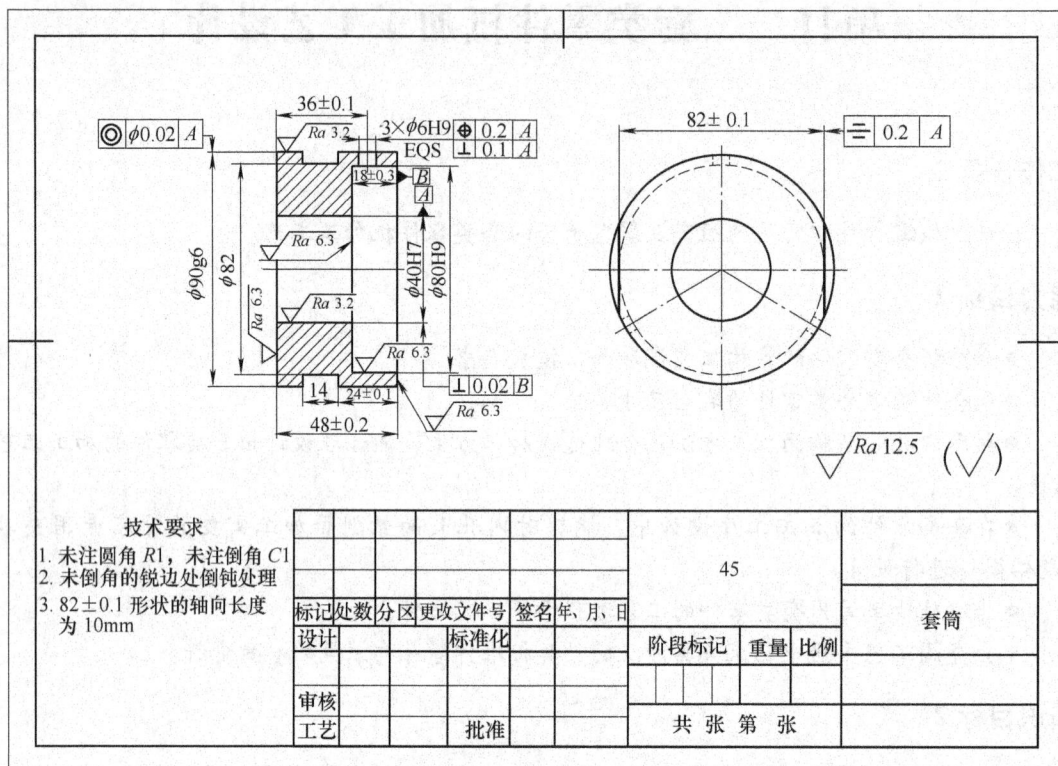

图2-1　套筒零件图

套筒类零件是指在回转体零件中的空心薄壁件，是机械加工中常见的一种零件，在各类机器中应用很广，主要起支撑或导向作用。由于功用不同，其形状结构和尺寸有很大的差异。常见的套筒类零件有支撑回转轴的各种形式的轴承圈、轴套；夹具上的钻套和导向套；内燃机上的气缸套和液压系统中的液压缸套、电液伺服阀的阀套等。这些套筒的大致结构形式如图2-2所示。

图2-2　套筒类零件的结构形式
a）轴承套　b）滑动轴承套　c）钻套　d）轴承衬套　e）气缸套　f）液压缸套

　　套筒类零件的结构与尺寸随其用途不同而异，但其结构一般具有以下共同特点：外圆直径 d 小于其长度 L，通常 $L/d < 5$；内孔与外圆直径之差较小，故壁薄、易变形；内、外圆回转面的同轴度要求较高；结构比较简单。

　　套筒类零件的外圆表面多以过盈或过渡配合与机架或箱体孔相配合起支撑作用。内孔主要起导向作用或支撑作用，常与运动轴、主轴、活塞、滑阀等零部件相配合。有些套筒的端面或凸缘端面还有定位或承受载荷的作用。

　　（二）加工工艺要求分析

　　套筒零件加工面的主要加工技术要求见表 2-1。

表 2-1　套筒零件加工技术要求

加工表面	加工尺寸 /mm	加工公差等级	表面粗糙度 $Ra/\mu m$	几何公差 /mm	备注
$\phi40H7$ 孔	$\phi40H7$，30，孔口倒角	IT7	3.2	孔轴线相对于基准 B 的垂直度公差 0.02	基准 A
$\phi80H9$ 孔	$\phi80H9$，18 ± 0.3，孔口倒角	IT9	6.3		
左、右端面	48 ± 0.2	IT13	6.3		右端面基准 B
$\phi90g6$ 外圆	$\phi90g6$，48	IT6	3.2	外圆轴线相对于基准 A 的同轴度公差 $\phi0.02$	
$\phi82mm$ 槽	$\phi82$，14		12.5		
(82 ± 0.1) mm 台阶	82 ± 0.1，10	IT11	12.5	两台阶面相对于基准 A 的对称度公差 0.2	
$3 \times \phi6H9$ 径向均布孔	$\phi6H9$，36 ± 0.1	IT9	12.5	三孔的轴线相对于基准 A 的垂直度公差 0.1，相对于基准 A 的位置度公差 0.2	

　　常见套筒类零件内回转面机加工结构工艺性不合理与改进对比见表 2-2。

表 2-2　零件内回转面机加工结构工艺性的对比

序号	结构工艺性说明	结构工艺性对比	
		结构工艺性差	结构工艺性好
1	避免平底孔的加工	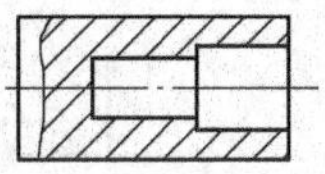	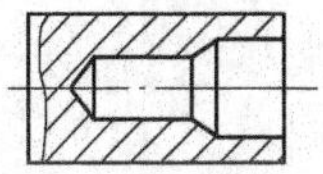
2	花键孔应贯通，易于加工	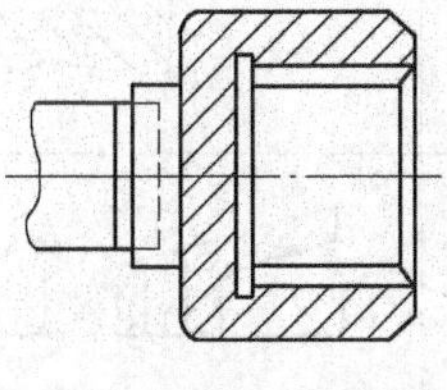	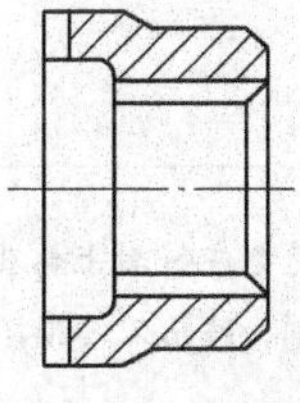

序号	结构工艺性说明	结构工艺性对比	
		结构工艺性差	结构工艺性好
3	加工螺纹时，应留有退刀槽或贯通，不通的螺孔应具有退刀槽或螺纹尾扣段，最好改成贯通	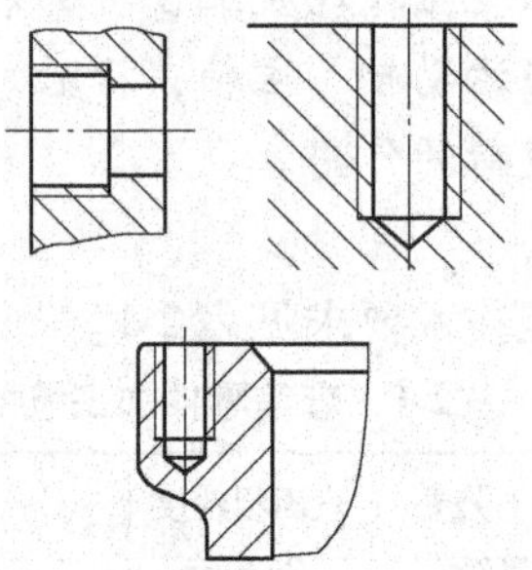	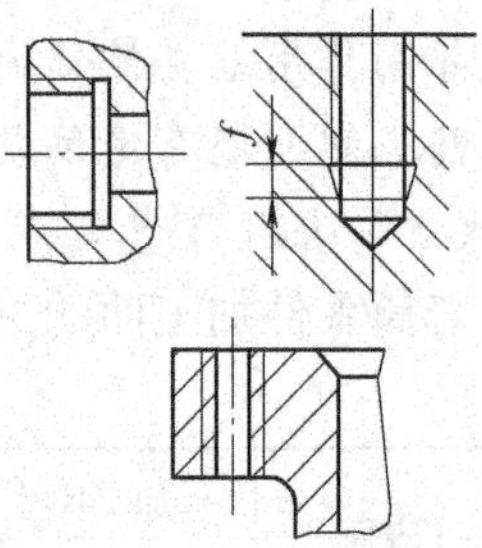
4	磨削时各表面的过渡部位应设计出越程槽，应保证砂轮自由退出和加工空间	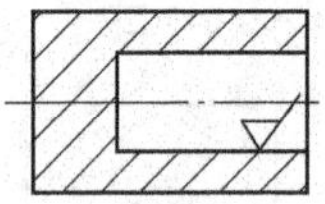	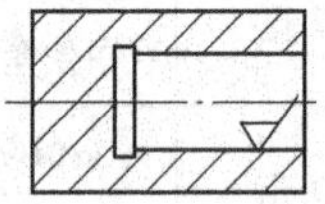
5	在套筒上插削键槽时，应在键槽前端设置一孔或车出空刀环槽，便于让刀	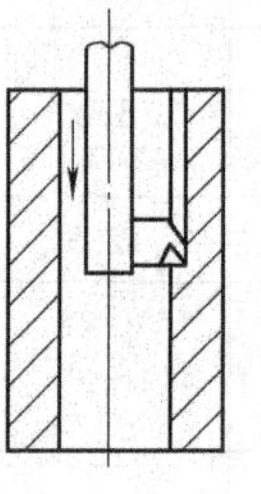	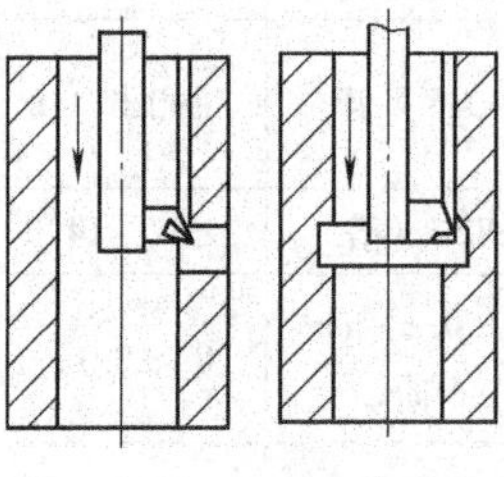
6	改为通孔可减少装夹次数	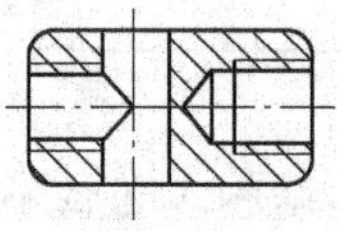	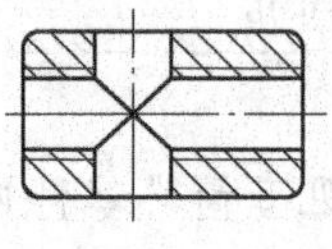
7	留有较大的空间，保证钻削顺利	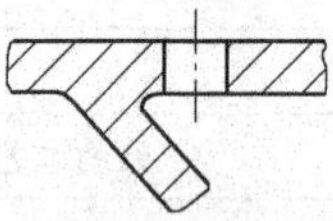	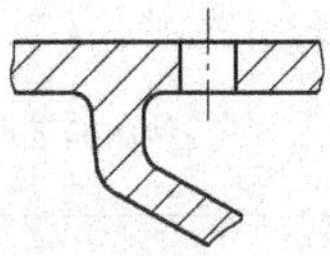
8	将加工精度要求高的孔设计成贯通的，便于加工和测量	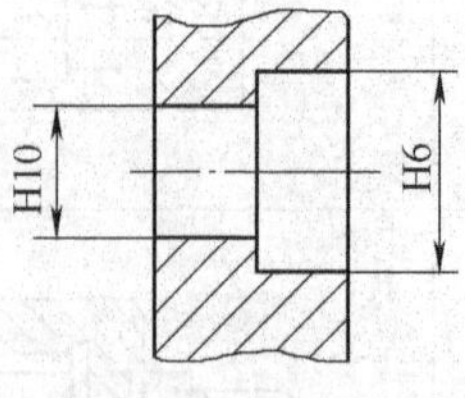	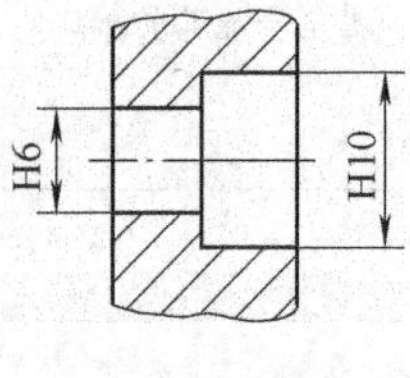
9	避免在斜面上钻孔，避免钻头单刃切削，防止刀具损坏	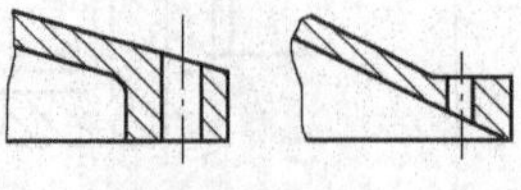	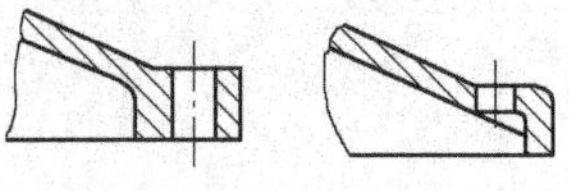

（续）

序号	结构工艺性说明	结构工艺性对比	
		结构工艺性差	结构工艺性好
9	避免在斜面上钻孔，避免钻头单刃切削，防止刀具损坏		

二、确定套筒零件加工毛坯

图 2-1 中套筒零件的材料是 45 钢，机加工毛坯采用棒料型材（五件合一）。

查阅工艺手册"棒材外径和端面切削加工余量"与"切断余量"资料（或附录），得到该套筒五件同时加工的圆棒料毛坯外径 $\phi 95\,\text{mm}$，轴向长度为 258mm（48mm×5＋3mm×2＋3mm×4＝258mm）（其中 4 处切断余量各为 3mm；5 件套筒的两端面切削余量各为 3mm）。毛坯图如图 2-3 所示。

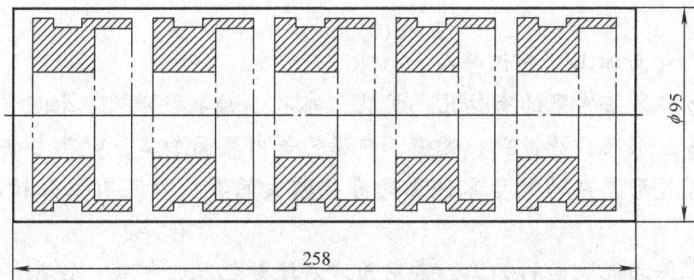

图 2-3　套筒零件毛坯图

套筒类零件的毛坯确定方法如下：

套筒类零件毛坯材料的选择主要取决于零件的功能要求、结构特点及使用时的工作条件。套筒类零件一般用钢、铸铁、青铜或黄铜和粉末冶金等材料制成。有特殊要求的一些套筒类零件可采用双层金属结构或选用优质合金钢。双层金属结构是应用离心铸造法在钢或铸铁套筒的内壁上浇注一层巴氏合金等轴承合金材料，采用这种制造方法虽增加了一些工时，但能节省有色金属，而且能提高轴承的使用寿命。

套筒类零件毛坯制造方式的选择与毛坯结构尺寸、材料和生产批量大小等因素有关。孔径较大（一般大于 20mm）时，常采用型材（如无缝钢管）、带孔锻件或铸件；孔径较小（一般小于 20mm）时，一般多选择热轧或冷拉棒料，也可采用实心铸件；大批大量生产时，可采用冷挤压、粉末冶金等先进工艺，不仅节约原材料，而且生产率及毛坯质量均可提高。

对结构比较简单的短套筒类零件，毛坯都可以采用多件加工。

三、设计套筒零件机加工工艺路线

套筒类零件的加工，是在轴类零件外圆结构面加工基础上再加工内孔表面等。内孔表面的加工方法常见的有钻削、车削、铰削等。在其机加工工艺路线设计中，对于外圆与内孔之间、端面与内孔轴线之间等有垂直度要求，径向孔与内孔轴线之间有位置度要求，多以基准先行原则来设计。

（一）确定套筒零件加工面加工方案

加工面包括零件上所有需要加工的外圆、内孔、端面等表面（已经在该零件的加工技术要求分析部分明确过了）。套筒零件加工面加工方案见表2-3。

表 2-3　套筒零件加工面加工方案

加工面	加工方案	
	公差等级及表面粗糙度/μm	加工方法
$\phi 40H7$ 孔	IT7，$Ra3.2$	钻—扩—粗铰—精铰
$\phi 80H9$ 孔	IT9，$Ra6.3$	扩
左、右端面	IT13，$Ra6.3$	车
$\phi 90g6$ 外圆	IT6，$Ra3.2$	粗车—半精车—粗磨—精磨
$\phi 82mm$ 槽	$Ra12.5$	车
(82 ± 0.1) mm 台阶	IT11，$Ra12.5$	铣
$3 \times \phi 6H9$ 径向均布孔	IT9，$Ra12.5$	钻—铰

▣"零件内孔表面加工"知识导入

内孔表面的加工方法常见的有钻孔、扩孔、车孔、铰孔、磨孔、拉孔、镗孔、锪孔等。其中拉孔多见于多边形孔、花键孔、键槽、内齿轮等内表面加工，镗孔主要是指镗削加工机座、箱体、支架等外形复杂的大型零件上的直径较大的孔，以及有位置精度要求的孔和孔系。

对于套筒类零件的孔表面的加工，常用的方法还是钻孔、扩孔、镗孔、铰孔、磨孔、锪孔。以下就来介绍这几种加工方法。

1. 钻孔

用钻头（切削刀具）在实体材料上加工孔的方法就叫钻孔。钻孔的精度一般可以达到IT11～IT12，表面粗糙度值可以达到 $Ra25 \sim 3.2 \mu m$。钻孔一般作为孔的粗加工工序。

钻孔加工简图如图2-4和图2-5所示，钻孔刀具麻花钻如图2-6所示。

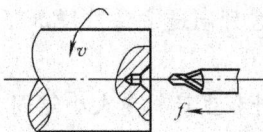

图 2-4　钻中心孔

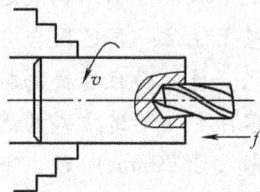

图 2-5　钻孔

2. 扩孔和锪孔

用扩孔刀具扩大工件孔径的加工方法即为扩孔。常用的扩孔刀具有麻花钻和扩孔钻。一般可用麻花钻扩孔，对于要求精度较高和表面粗糙度值较小的孔，可用扩孔钻扩孔。扩孔的精度一般可以达到IT9～IT10，表面粗糙度值可以达到 $Ra12.5～3.2\mu m$。扩孔一般作为孔的半精加工工序。

扩孔的加工简图如图 2-7 和图 2-8 所示。

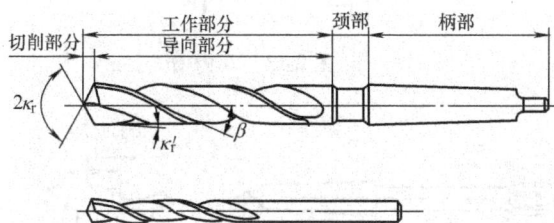

图 2-6　麻花钻

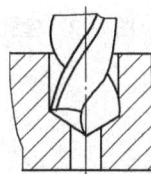

图 2-7　麻花钻扩孔

用锪钻对工件孔口进行的各种成形加工称为锪孔。常见的锪孔形式有：锪圆柱形沉孔，如图 2-9 所示；锪圆锥形沉孔，如图 2-10 所示；锪圆柱形沉孔凸台平面，如图 2-11 所示。

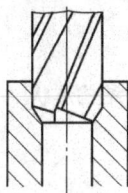

图 2-8　扩孔钻扩孔

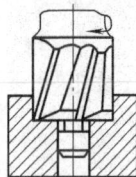

图 2-9　锪圆柱形沉孔

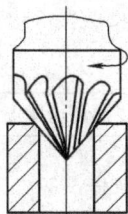

图 2-10　锪圆锥形沉孔

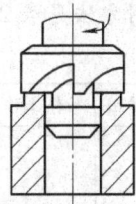

图 2-11　锪圆柱形沉孔凸台平面

3. 镗孔

铸造孔、锻造孔或用钻头钻出的孔，有时为了达到要求的精度和表面粗糙度，还需要镗孔。镗孔是常用的孔加工方法之一，可以作为粗加工，也可以作为精加工。镗孔的精度一般可以达到IT7～IT8，表面粗糙度值可以达到 $Ra3.2～1.6\mu m$。

镗孔加工简图如图 2-12 所示，车内槽加工如图 2-13 所示。

4. 铰孔

用铰刀对已经粗加工过的孔进行精加工称为铰孔（铰削）。铰孔可以提高孔的尺寸精度和降低孔表面粗糙度值，铰削后孔公差等级可达到IT7～IT9，表面粗糙度值可以达到 $Ra3.2～0.8\mu m$。

铰孔的加工简图如图 2-14 所示，铰刀结构形状如图 2-15 所示。

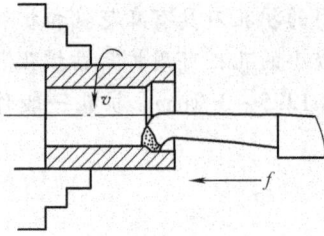

图 2-12　镗孔

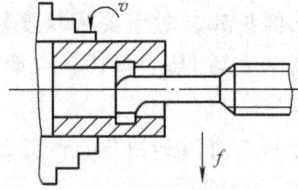

图 2-13　车内槽

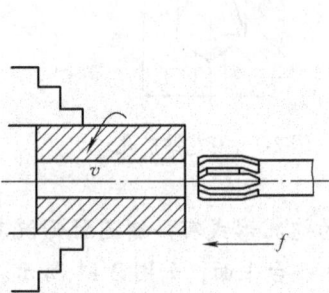

图 2-14　铰孔

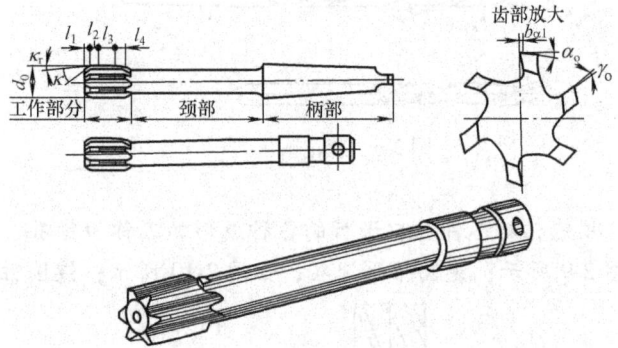

图 2-15　铰刀结构形状

5. 磨孔

磨孔即内圆磨削。内圆磨削是对工件圆柱孔、圆锥孔、孔端面和特殊形状内孔表面进行的磨削。内圆磨削加工的公差等级可达 IT6~IT7，表面粗糙度值可以达到 $Ra0.2~0.01\mu m$。

内圆磨削常用方法见表 2-4。

表 2-4　内圆磨削常用方法

磨削方法	磨削表面特征	砂轮工作表面	图示	砂轮运动	工件运动
纵向进给磨削	通孔	1		1）旋转 2）纵向往复 3）横向进给	旋转
	锥孔	1	磨头扳转角度	1）旋转 2）纵向往复 3）横向进给	旋转
		1	工件扳转角度	1）旋转 2）纵向往复 3）横向进给	旋转

（续）

磨削方法	磨削表面特征	砂轮工作表面	图示	砂轮运动	工件运动
纵向进给磨削	不通孔	1 2	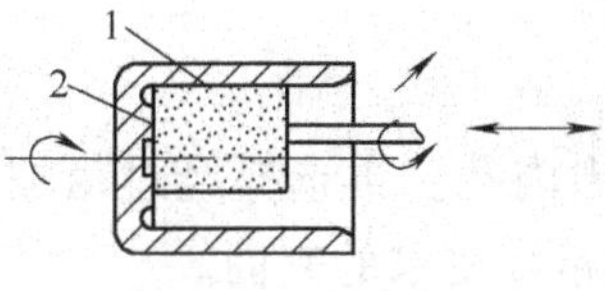	1）旋转 2）纵向往复 3）靠端面	旋转
	台阶孔	1 2	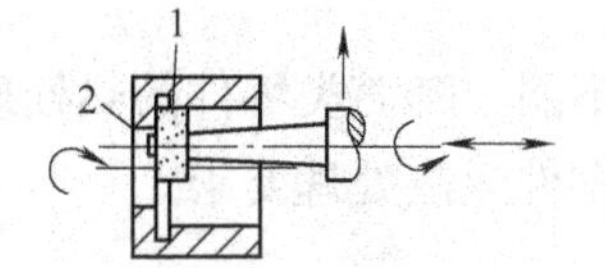	1）旋转 2）纵向往复 3）靠端面	旋转
	小直径深孔	1	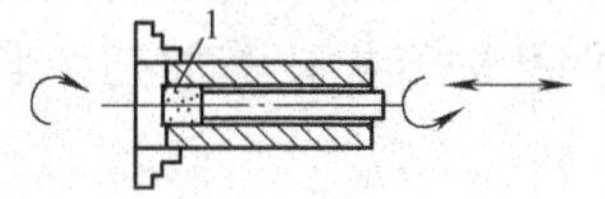	1）旋转 2）纵向往复 3）横向进给	旋转
	间断表面通孔	1	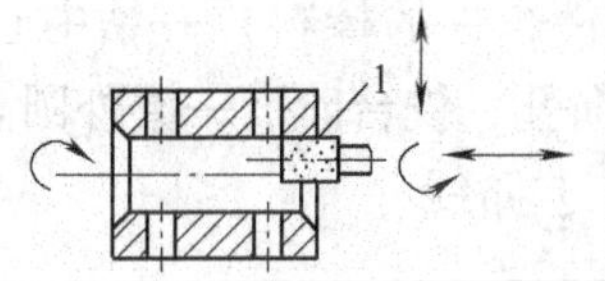	1）旋转 2）纵向往复 3）横向进给	旋转
行星磨削	通孔	1	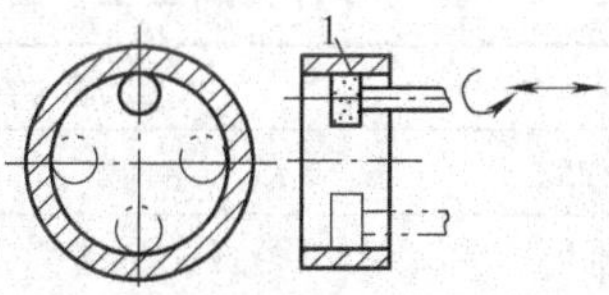	1）绕自身轴线旋转 2）绕孔中心线旋转，纵向往复	固定
	台阶孔	1 2	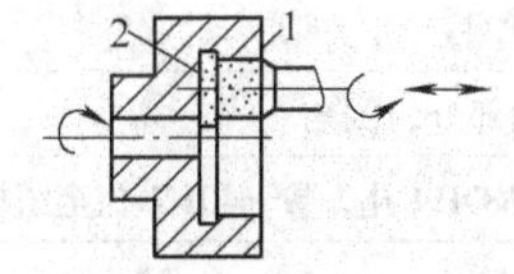	端面停靠，其余同通孔	固定
横向进给磨削	窄通孔	1	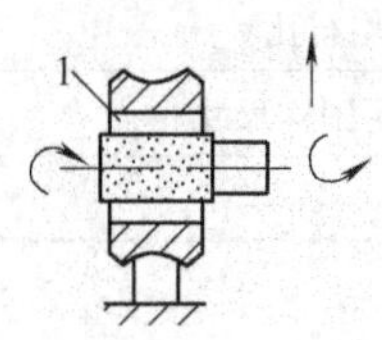	1）旋转 2）横向进给	旋转
	端面	2	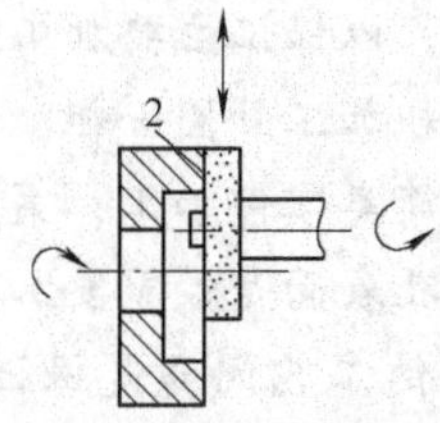	1）旋转 2）横向进给	旋转

内圆磨削余量见附表 G-9。表中推荐的数据适合批量生产，要求有完整的工艺装备和合理的工艺规程，可根据具体的情况选用。

（二）安排套筒零件加工顺序

1. 定位基准的选择

选择毛坯外圆为粗基准加工出内孔。再选择经过粗加工的 $\phi40H7$ 内孔为精基准，进一步加工其他与 $\phi40H7$ 内孔有位置精度要求的表面。

2. 热处理的安排

根据功能要求和结构特点的不同，套筒类零件的热处理常采用渗碳淬火、表面淬火、调质、高温时效及渗氮等。该套筒零件无热处理要求。

3. 加工阶段及加工顺序安排

粗加工阶段：钻中心孔，粗车各级外圆；钻孔并切断成单件。

半精加工阶段：对成单件工件孔进行扩孔等加工；半精车外圆、端面，车外沟槽，倒角；钻径向孔，铣台阶面等。

精加工阶段：磨外圆至尺寸，铰孔至图样尺寸。

综合起来表达为：毛坯（五件合一的棒料）—钻中心孔并粗车外圆—钻孔、切断、扩铰孔—半精车外圆、车槽、钻径向孔、铣台阶面—磨外圆。

（三）确定套筒零件机加工工艺路线

套筒零件机加工工艺路线见表 2-5。

表 2-5　套筒零件机加工工艺路线　　　　　　（单位：mm）

工序号	工序名称	工序内容
1	备料	棒料毛坯 $\phi95 \times 258$
2	车	粗车 $\phi90g6$ 外圆
3	车	调头装夹，车端面，钻中心孔，粗车 $\phi90g6$ 外圆，车分割槽
4	钻	钻 $\phi40H7$ 孔，成单件
5	车	半精车 $\phi90g6$ 外圆部分，倒角
6	扩、铰	扩 $\phi40H7$ 孔，车 $\phi80H9$ 孔，铰 $\phi40H7$ 孔至图样尺寸，倒角
7	铣	铣 82 ± 0.1 两侧台阶
8	钻、铰	钻、铰 $3 \times \phi6H9$ 径向均布孔
9	磨	粗、精磨外圆 $\phi90g6$ 至图样尺寸
10	检	检验

设计套筒类零件工艺路线的原则：在套筒类零件加工面的加工顺序上，除了考虑基准先行的原则，还要注意先主后次的原则，以保证主要加工表面的精度。常见的套筒类零件工艺路线主线有两种情况，第一种情况：粗加工外圆—粗、精加工内孔—精加工外圆，这种方案适用于外圆表面是最重要加工面的套筒类零件加工；第二种情况：粗加工内孔—粗、精加工外圆—精加工孔，这种方案适用于内孔表面是最重要加工面的套筒类零件加工。

一般套筒类零件在机加工中的关键工艺问题是保证内、外圆的相互位置精度（即保证外圆表面的同轴度以及轴线与端面的垂直度要求）和防止变形。

相互位置精度主要靠以下几种方式来保证：

1）在一次装夹中加工内、外圆表面和端面。这种工艺方案由于消除了安装误差对加工精度的影响，因而能保证较高的相互位置精度。该工艺方案工序比较集中，一般用于零件结构允许在一次安装中加工出全部有位置精度要求的表面的场合。

2）先加工孔，然后以孔为定位基准加工外圆表面。当以孔为基准加工套筒的外圆时，常用刚度较好的小锥度心轴安装工件。小锥度心轴结构简单，心轴用两顶尖安装，其安装误差很小。用这种方法加工短套筒类零件，可保证较高的位置精度。中、小型的套、带轮、齿轮等零件一般均采用这种方法。

3）先加工外圆，然后以外圆为定位基准加工内孔。采用这种方法时，工件装夹迅速可靠，但夹具相对复杂。若要工件获得较高的位置精度，必须采用定心精度高的夹具，如弹簧膜片卡盘、经过修磨的自定心卡盘及软爪等夹具。较长的套筒常采用这种加工方案。

4）孔加工还可采用拉孔、滚压孔等工艺方案。这样既可以提高生产率，还可以解决镗孔和磨孔时因镗杆、砂轮杆刚性差而引起加工误差的问题。

四、设计套筒零件机加工工序

由表2-5可确定工序2、3、4、5、6、7、8、9八个工序需要进行工序加工的刀具、量具、夹具、切削用量、加工机床等。而且，加工 $\phi 40H7$ 孔、$\phi 90g6$ 外圆、$3 \times \phi 6H9$ 径向均布孔需要进行工序尺寸计算。

（一）计算工序尺寸

由套筒零件加工面加工方案（表2-3）可知，套筒零件的 $\phi 40H7$ 孔、$\phi 90g6$ 外圆、$3 \times \phi 6H9$ 径向均布孔的机加工工序尺寸计算如下：

1. $\phi 40H7$ 孔加工的工序尺寸计算

$\phi 40H7$ 孔加工的工序尺寸计算见表2-6。

表2-6 $\phi 40H7$ 孔加工的工序尺寸计算 （单位：mm）

工序名称	工序余量	工序基本尺寸	工序所能达到的公差等级	工序尺寸
精铰	0.07	$\phi 40$	IT7（0.027）	$\phi 40H7$
粗铰	0.23	$\phi 39.93$	IT9（0.05）	$\phi 39.93^{+0.05}_{0}$
扩	1.7	$\phi 39.7$	IT11（0.17）	$\phi 39.7^{+0.17}_{0}$
钻		$\phi 38$	IT12（0.34）	$\phi 38^{+0.34}_{0}$

2. $\phi 90g6$ 外圆加工的工序尺寸计算

$\phi 90g6$ 外圆加工的工序尺寸计算见表2-7。

表2-7 $\phi 90g6$ 外圆加工的工序尺寸计算 （单位：mm）

工序名称	工序余量	工序基本尺寸	工序所能达到的公差等级	工序尺寸
精磨	0.1	$\phi 90$	IT6（0.023）	$\phi 90g6$
粗磨	0.2	$\phi 90.1$	IT9（0.07）	$\phi 90.1^{0}_{-0.07}$
半精车	1.4	$\phi 90.3$	IT11（0.23）	$\phi 90.3^{0}_{-0.23}$
粗车	2	$\phi 91.7$	IT12（0.46）	$\phi 91.7^{0}_{-0.46}$
毛坯	3.7	$\phi 93.7$	± 2	$\phi 93.7 \pm 2$

3. 3×ϕ6H9 径向均布孔加工的工序尺寸计算

3×ϕ6H9 径向均布孔加工的工序尺寸计算见表 2-8。

表 2-8　3×ϕ6H9 径向均布孔加工的工序尺寸计算　　　　　　（单位：mm）

工序名称	工序余量	工序基本尺寸	工序所能达到的公差等级	工序尺寸
铰	0.2	ϕ6	IT9（0.025）	ϕ6H9
钻		ϕ5.8	IT11（0.08）	$\phi 5.8^{+0.08}_{0}$

（二）确定各工序所用的刀具、量具、夹具、切削用量、加工机床等

依照表 2-5 的工艺路线，需要确定刀具、量具、夹具、切削用量、加工机床等的机加工工序是 2、3、4、5、6、7、8、9 这八个工序。

现在以工序 8 为例（其他工序的内容确定结果见套筒的机加工工艺过程卡片），说明套筒零件加工的工序内容设计过程。

工序 8 "钻、铰 3×ϕ6H9 径向均布孔"的工序内容设计如下：

1. 选择刀具

该工序加工需要的刀具选择国标号为 GB/T 6135.3—2008 的直柄麻花钻，以及国标号为 GB/T 1132—2004 的直柄机用铰刀。

2. 选择量具

测量量具选择 0.01mm 规格的游标卡尺。

3. 设计钻床夹具（或钻模）

🔲"钻床夹具（或钻模）"相关知识导入

钻床上用来钻孔、扩孔、铰孔及攻螺纹等的机床夹具称为钻床夹具，习惯称为钻模。使用钻模加工时，是利用钻套引导刀具进行加工。钻模主要用于加工中等精度、尺寸较小的孔或孔系。使用钻模可以提高孔的形状及尺寸精度，以及孔系间的几何精度。同时，还可以节省划线找正的辅助时间。钻模结构简单、制造方便，在批量生产中广泛应用。

常见的钻模结构有固定式钻模、回转式钻模、盖板式钻模等。

1）固定式钻模。这类钻模在使用过程中，夹具和工件在机床上的位置固定不动，用于在立轴式钻床上加工较大的单孔或在摇臂钻床上加工平行孔系，如图 2-16 所示。

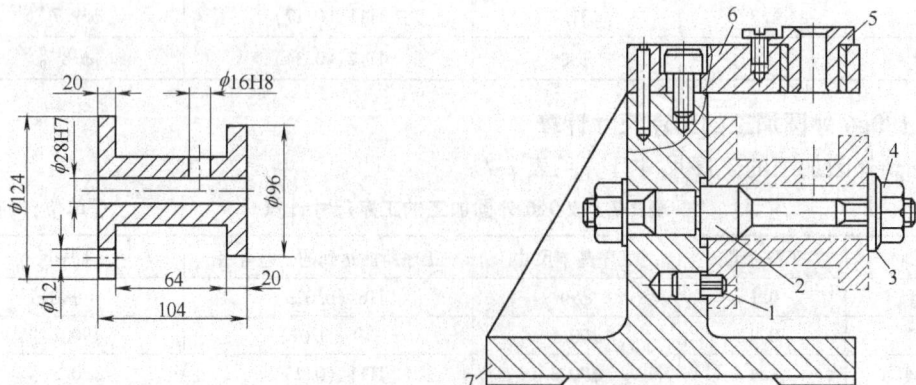

图 2-16　骨架零件加工的径向孔固定式钻模

1—菱形销　2—圆柱销　3—开口垫圈　4—螺母　5—钻套　6—钻模板　7—夹具体

2）盖板式钻模。这类钻模没有夹具体，实际上是一块钻模板，其上除钻套外，一般还装有定位元件和夹紧装置，只要将它覆盖在工件上即可进行加工，如图2-17所示。

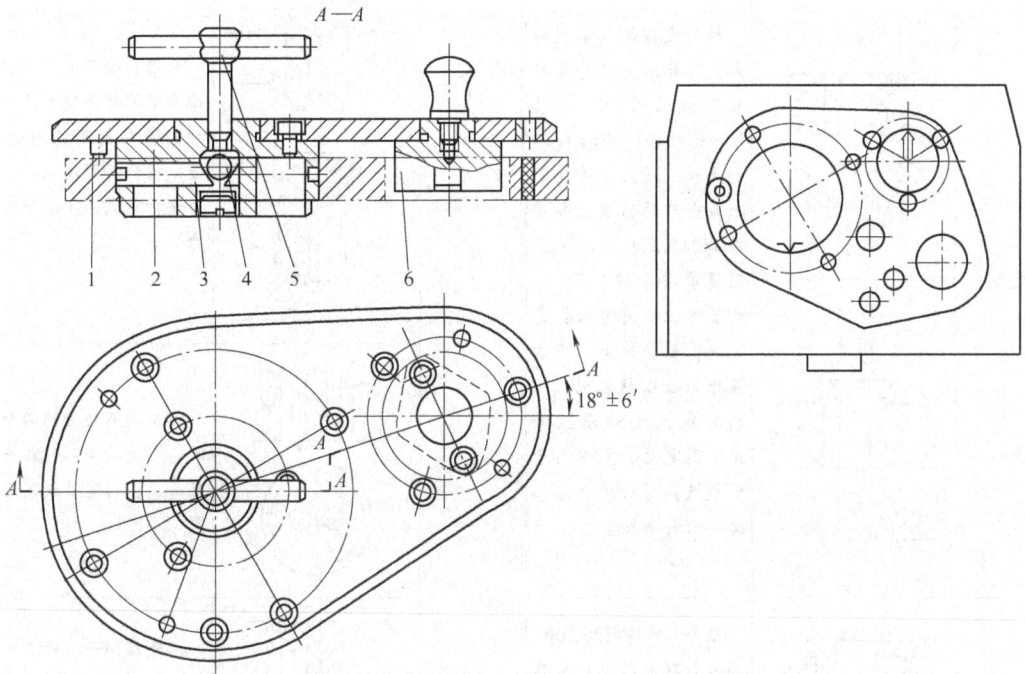

图2-17　盖板式钻模
1—支撑钉　2—圆柱销　3—柱塞　4—钢球　5—螺杆　6—菱形销

3）回转式钻模。这类钻模主要用于加工同一圆周上的平行孔系，或分布在圆周上的径向孔系。它带有分度装置，按分度装置中心转轴位置不同，这种钻模分为立轴、卧轴和斜轴三种基本形式。如图2-18所示回转式钻模用于加工工件上均布的轴向孔。

钻床夹具的特点是拥有钻套与钻模板结构。所以，钻模的设计除了一般专用夹具该有的定位装置、夹紧装置、夹具体外，其设计要点就是钻套的选择和钻模板的设计，或总称导向装置设计。

1. 钻套

钻套是装配在钻模板或夹具体上的，用于引导钻头、扩孔钻或铰刀。其作用是保证被加工孔的位置精度，并引导刀具，防止刀具在加工中发生偏斜，提高刀具的抗振性。

（1）钻套的类型及用途　常用的固定钻套、可换钻套、快换钻套已经标准化，其规格可以查阅相关夹具设计手册。钻套的基本类型及应用见表2-9。

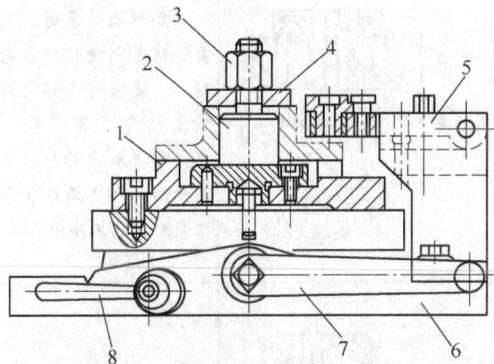

图2-18　回转式钻模
1—定位环　2—心轴　3—螺母　4—开口垫圈
5—基座　6—底座　7、8—手柄

表2-9　钻套的基本类型及应用

钻套名称	结构简图	使用说明	钻套名称	结构简图	使用说明
固定钻套	无肩 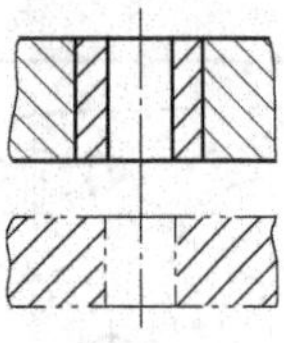 有肩 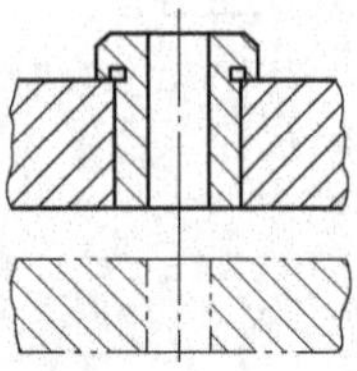	钻套直接压入钻模板或夹具体上，其外圆与钻模板采用 H7/n6 或 H7/r6 配合，磨损后不易更换。适用于中、小批量生产的钻模上或用来加工孔距极小以及孔距精度要求较高的孔。为了防止切屑进入钻套孔内，钻套的上、下端应稍微凸出钻模板，一般不能低于钻模板带肩。固定钻套主要用于钻模板较薄时用来保持必要的引导长度	特殊钻套	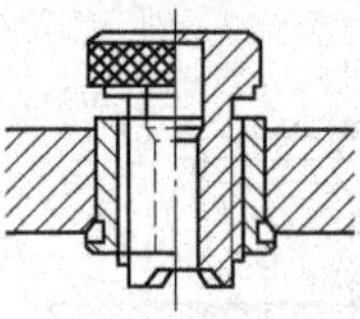 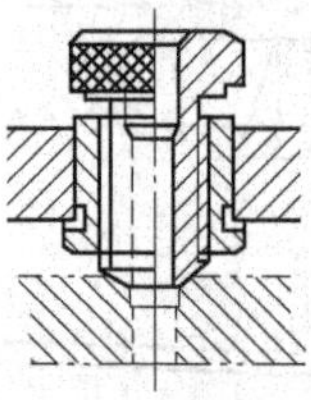	利用钻套下端内（外）锥面定位并夹紧工件。这种钻套与衬套用螺纹联接，衬套的圆肩在下，因为这种结构必须承受夹紧力
				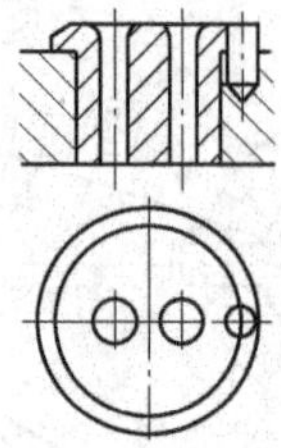	加工距离较近的两个孔时，可把两个孔做在一个钻套上，用定位销确定位置
可换钻套	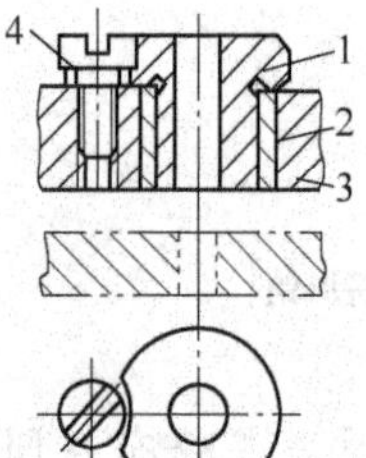	钻套1装在衬套2中，而衬套则是压配在夹具体或钻模板3中。钻套由螺钉4固定，以防止转动。钻套与衬套间采用 F7/m6 或 F7/k6 配合，便于磨损后迅速换新。适用于大批量生产		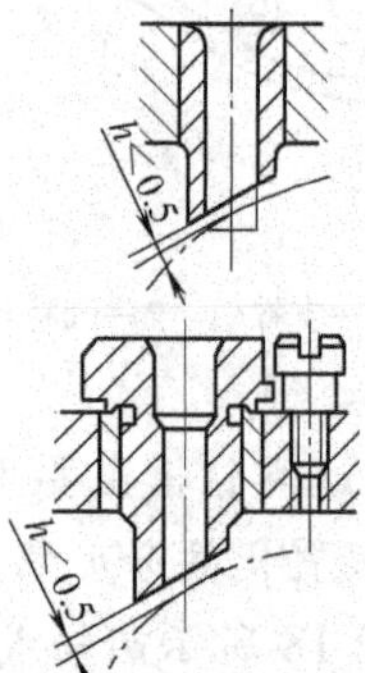	用于在斜面上钻孔。钻套的下端做成斜面，距离小于0.5mm，以保证切屑不会塞在工件与钻套之间，而是从钻套中排出。用这种钻套钻孔时，应先在工件上刮出一个平面，使钻头在垂直平面上钻孔，避免钻头折断
快换钻套	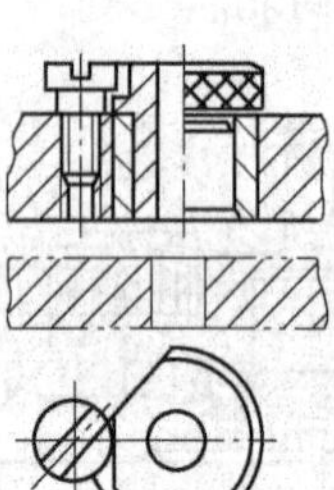	当要取出钻套时，只要将钻套朝逆时针方向转动，使螺钉头部刚好对准钻套上的削边平面，即可取出钻套。适用于同一个孔须经多种工步加工的工序中		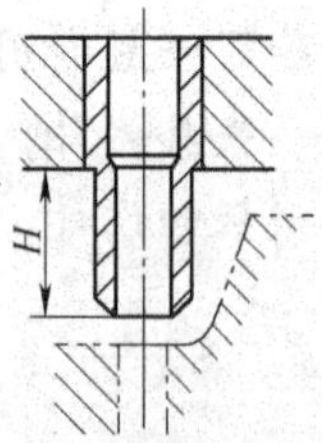	用于凹形表面上的钻孔
特殊钻套	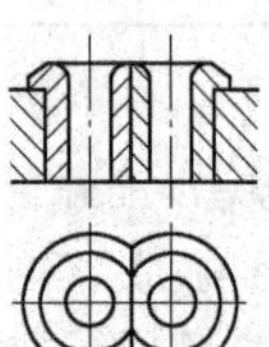	加工距离较近的两个孔时用的削边钻套		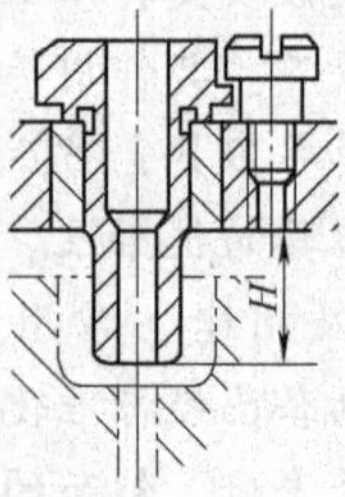	用于凹形表面上的钻孔

（续）

钻套名称	结构简图	使用说明	钻套名称	结构简图	使用说明
特殊钻套	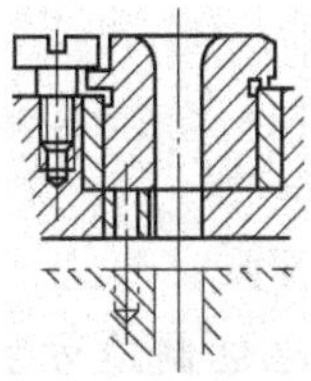	在一个大孔附近加工几个小孔时，可采用双层钻套。上层是钻大孔的快换钻套，小钻套直接安装在钻模板上	回转钻套	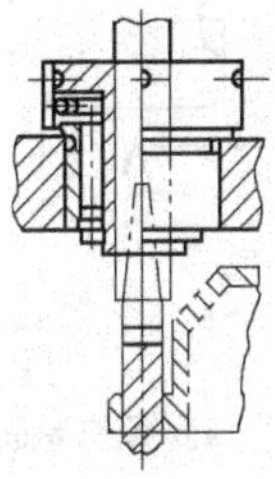	用于铰孔时刀具的导向
				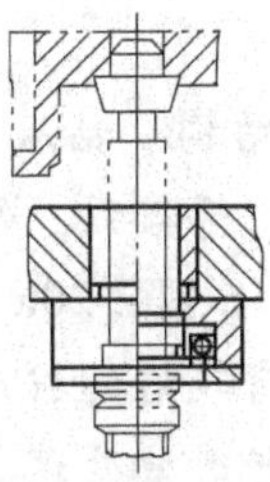	作为钻模轴向定位用

（2）钻套与被加工孔的尺寸关系　钻套底部与工件间的距离称为排屑间隙。此值应该适当取大，便于切屑排出，但是太大时会致使导向精度降低。若此值取得太小，则不利于排屑，这将损坏加工表面，甚至会折断钻头，见表2-10。

表2-10　钻套高度和钻套端部与工件表面的距离

简图	加工条件	钻套高度	加工材料	钻套端部与工件表面的距离
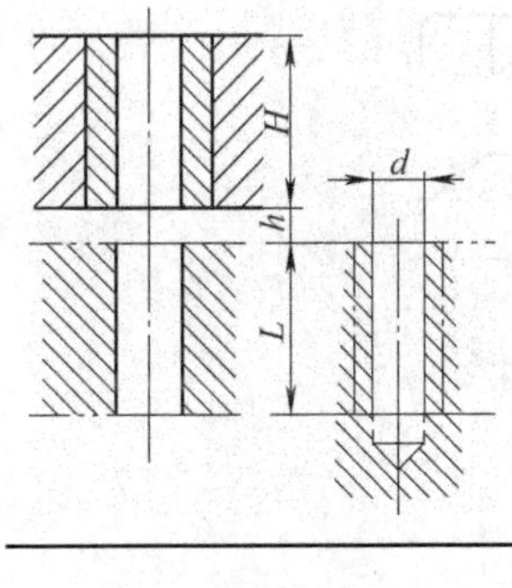	一般螺孔、销孔，孔距公差为 ±0.25mm	$H = (1.5 \sim 2)d$	铸铁	$h = (0.3 \sim 0.7)d$
	H7 以上的孔，孔距公差为 ±(0.10 ~ 0.15mm)	$H = (2.5 \sim 3.5)d$	钢、青铜、铝合金	$h = (0.7 \sim 1.5)d$
	H8 以下的孔，孔距公差为 ±(0.06 ~ 0.10mm)	$H = (1.25 \sim 1.5) \times (h + L)$		

2. 钻模板

用于安装钻套的钻模板，按其与夹具的连接方式不同可以分为固定式、铰链式等。

（1）固定式钻模板　固定式钻模板如图2-19所示。固定在夹具体上的钻模板称为固定式钻模板。这种钻模板结构简单，钻孔精度高。

（2）铰链式钻模板　当钻模板妨碍工件装卸或钻孔后需要攻螺纹时，可采用铰链式钻模板。销轴与钻模板的销孔采用 H7/h6 配合，与铰链座的销孔之间采用 N7/h6 配合，钻模板与铰链座之间采用 H8/g7 配合。由于铰链结构存在间隙，所以加工精度不如固定式钻模板高。

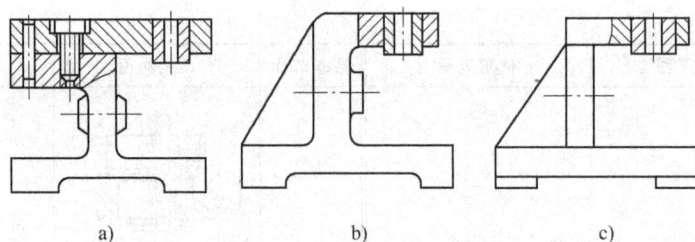

图 2-19　固定式钻模板

a) 螺钉紧固结构　b) 整体铸造结构　c) 焊接结构

3. 钻模的夹具体

(1) 钻模的夹具体结构　钻床夹具的夹具体结构,按夹具体的毛坯制造方法和所用材料的不同,分为铸造式、焊接式、锻造式、装配式四类。

1) 铸造式夹具体,如图 2-20a 所示。铸造式夹具体应用最为广泛,其主要特点是可以铸出各种复杂形状,具有较好的抗压强度,刚度和抗振性也很好,但其生产周期较长,为消除内应力,铸件需要进行时效处理。

2) 焊接式夹具体,如图 2-20b 所示。焊接式夹具体是用钢板、型材焊接而成的。其主要优点是易于制造,生产周期短,成本低,重量轻。缺点是焊接过程中产生的热变形和残余应力对精度影响较大,故焊接后需要进行退火处理。

3) 锻造式夹具体,如图 2-20c 所示。锻造式夹具体只适用于形状简单、尺寸不大的场合,一般较少使用。

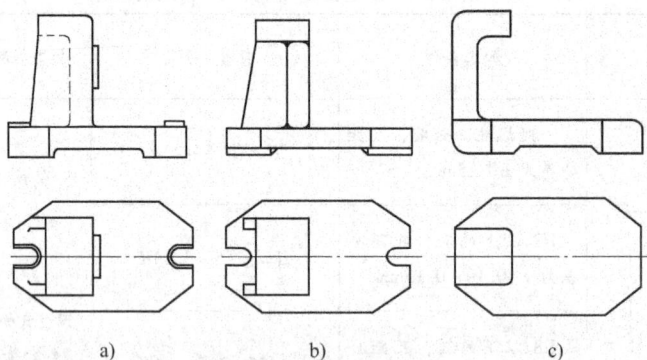

图 2-20　夹具体

a) 铸造式夹具体　b) 焊接式夹具体　c) 锻造式夹具体

4) 装配式夹具体是选用通用零件和标准零件组装而成的,可以大幅度缩短制造周期,并可以专业化生产,有利于降低成本,也有利于实现夹具体结构的标准化和系列化。

(2) 钻模的夹具体与钻床的联系尺寸　钻模与钻床的连接依靠的是夹具体与钻床的工作台联系尺寸的匹配,联系尺寸参数见附录 H。

设计"钻、铰 3×ϕ6H9 径向均布孔"的钻床夹具过程如下。

(1) 填写"钻、铰 3×ϕ6H9 径向均布孔"的钻床专用夹具设计任务书　表 2-11 为加工 3×ϕ6H9 径向均布孔的钻床专用夹具(以下称钻模)设计任务书。

表 2-11　加工 3 × ϕ6H9 径向均布孔的钻模设计任务书

（单位）	钻、铰 3 × ϕ6H9 径向均布孔		产品型号		零件图号		每件台数	
			产品名称		零件名称	套筒	生产批量	1
			夹具编号			使用车间		
			夹具名称	钻模		使用设备		Z5125A
			制造数量	1		是否适用其他产品		
			夹具等级					
			工序号			工序内容		
			8			钻、铰 3 × ϕ6H9 径向均布孔		
			旧夹具编号			库存数量		
			设计理由					
填写日期			审核日期			批准日期		设计日期

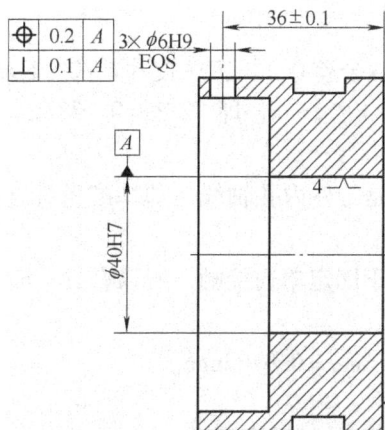

（2）加工 3 × ϕ6H9 径向均布孔的钻模设计方案　　加工 3 × ϕ6H9 径向均布孔工序钻模的设计方案包括定位装置设计、夹紧装置设计、导向装置设计、夹具体结构设计等。

定位装置设计方案如下：

1）分析工序加工需要限定的自由度。限定除了绕 x 轴转动外的 5 个自由度，并将确定的定位基准标注在工序图上，如图 2-21 所示。

2）选择定位元件。用小平面和长心轴的组合定位，心轴与定位内孔间的配合选择 ϕ40H7/h6。定位装置简图如图 2-22 所示。三个径向孔的圆周分度装置见图 2-25。

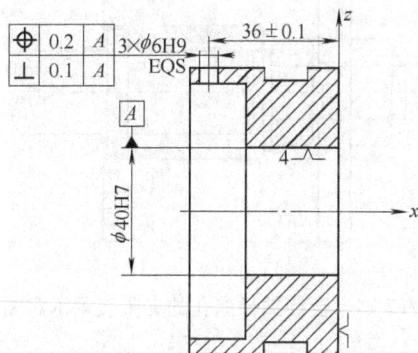

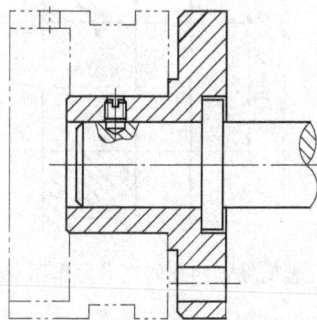

图 2-21　套筒钻径向孔工序的
限定自由度分析图

图 2-22　套筒钻径向孔的定位装置简图

3）计算定位误差并分析定位质量。ϕ6H9 孔加工工序的定位误差计算，包括针对工序尺寸 "36 ± 0.1" 的平面定位方式定位误差计算和针对 "相对于基准 A 的垂直度公差 0.1、位置度公差 0.2" 工序技术要求的心轴定位方式的定位误差计算。

①针对工序尺寸"36±0.1"的平面定位方式的定位误差计算（工序尺寸"36±0.1"的公差是 $T_1 = 0.2$ mm）。因为定位基准与工序基准重合，即 $\Delta_{B1} = 0$；而且工件以平面定位时的 $\Delta_{Y1} = 0$，所以定位误差 $\Delta_{D1} = \Delta_{B1} + \Delta_{Y1} = 0$。

$\Delta_{D1} = 0 < T1/3 \neq 0$

即此处的定位能满足加工要求。

②针对"相对于基准 A 的垂直度公差 0.1 和位置度公差 0.2"工序技术要求的心轴定位方式的定位误差计算（位置公差最小的垂直度公差 $T_2 = 0.1$ mm，即 $T2/3 = 0.033$ mm。定位心轴和工件内孔的配合选择为 $\phi 40$H7/h6）。

a. 求基准不重合误差。因定位基准与工序基准都是工件内孔轴线，即基准重合，故 $\Delta_{B2} = 0$。

b. 求基准位移误差。因工件内孔定位与定位销属于固定单边接触，所以有 $\Delta_{Y2} = (\delta_D + \delta_d)/2 = (0.025 + 0.016)$ mm$/2 = 0.0205$ mm。

c. 计算定位误差。$\Delta_{D2} = \Delta_{B2} + \Delta_{Y2} = (0 + 0.0205)$ mm$= 0.0205$ mm。

$\Delta_{D2} = 0.0205$ mm $< T2/3 = 0.033$ mm

即此处的定位也能满足工序加工要求（如果出现不能满足要求时，要采取提高定位心轴的精度等方式，再验算定位误差，直到满足要求为止）。

③分析定位质量。经定位误差计算结果分析，加工 $\phi 6$H9 孔的心轴和轴肩端面的组合定位方案，能满足工序加工的技术要求。

夹紧装置设计方案如下：

根据定位支撑位置，确定夹紧力的作用点与作用方向，如图 2-23 所示。夹紧装置采用开口垫圈的螺旋夹紧结构，如图 2-24 所示。

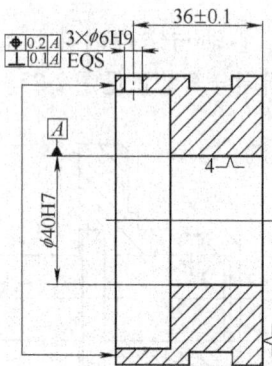

图 2-23 套筒钻径向孔的夹紧力作用点和方向

图 2-24 套筒钻径向孔的夹紧装置示意图

导向装置设计方案如下：

加工 $\phi 6$H9 孔的导向装置设计，主要是钻套的选择和钻模板的设计。

1）钻套的选择。因为是大批量生产，钻套选择的是可换钻套。查阅机床夹具设计中钻床夹具导向装置部分资料，选择 JB/T 8045.2—1999 相关尺寸的钻套和 JB/T 8045.4—1999 相关尺寸的衬套等。

2）钻模板的设计。采用固定式结构的钻模板。具体结构如图 2-25 所示。

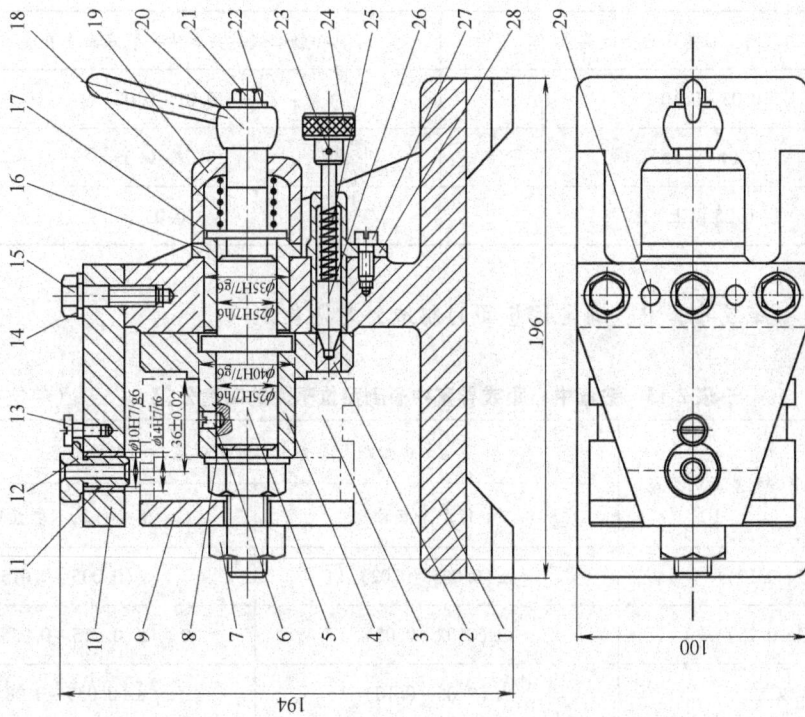

技术要求

1. 定位心轴轴线相对于夹具体底平面的平行度的公差值为 0.02。
2. 可换钻套轴线相对于定位心轴轴线的垂直度的公差值为 0.02。
3. 可换钻套轴线相对于定位心轴轴线的位置度的公差值为 0.05。
4. 分度机构圆周均布的三个加工位置之间的角度公差值为 ±10′。
5. 钻模机构装配时螺纹联接部分的预紧力要适中，不宜过大或过小。
6. 钻模装配时弹簧压盖的预紧力要适中，保证分度机构能够用手柄以适当的转矩换位。

图2-25　套筒加工3×φ6H9 孔的钻模装配图

序号	名称	数量	材料	备注
29	圆柱销 φ8	2	Q215	GB/T 119.1-2000
28	对定销套	1	HT200	
27	M6 螺钉	1	Q235	
26	对定销	1	45	
25	弹簧 φ10	1	65Mn	
24	把手	1	45	
23	圆柱销 φ3	1	Q215	GB/T 119.1-2000
22	M6 垫圈	1	Q215	GB/T 97.1-2002
21	六角螺母	1	Q235	GB/T 6170-2000
20	手柄	1	45	
19	弹簧压盖	1	45	
18	弹簧 φ20	1	65Mn	
17	M16 垫圈	1	Q215	GB/T 97.1-2002
16	衬套	1	45	
15	M8 螺栓	3	45	GB/T 5783-2000
14	M8 垫圈	3	Q215	GB/T 97.1-2002
13	钻套螺钉	1	Q235	GB/T 8045.5-1999
12	可换钻套	1	T10A	GB/T 8045.2-1999
11	钻模板	1	45	
10	开口垫圈	1	Q215	GB/T 97.1-2002
9	M16 垫圈	1	45	GB/T 6170-2000
8	M16 螺母	2	Q235	
7	紧定螺钉	1	45	GB/T 75-1985
6	定位心轴	1	45	
5	定位轴套	1	45	
4	工件	3		
3	对定套	1	45	
2	夹具体	1	HT200	
1	钻 3×φ 6H9 孔钻床 专用夹具			

夹具体结构设计方案如下：

加工 3 × φ6H9 孔，选择装配式夹具体。具体结构如图 2-25 所示。

（3）绘制钻模装配图　加工 3 × φ6H9 孔的钻模，绘制出的装配图如图 2-25 所示。

绘制夹具装配图时的"技术要求"编写方法如下。

夹具上主要元件之间的位置公差和角度公差，一般是按工件相应公差的 1/5 ~ 1/2 取值的，有时甚至还取得更严格。它们的取值原则是既要精确，又要能够实现，以确保工件加工质量。

夹具总图上技术要求的规定内容包括：

1）定位元件之间的相互位置精度要求。

2）定位元件与连接元件和夹具体底面的相互位置要求。

3）导向元件与连接元件和夹具体底面的相互位置要求。

4）导向元件与定位元件之间的相互位置要求。

另外，夹具在制造和使用上的其他要求，如夹具的平衡和密封、装配性能和要求、磨损范围和极限、打印标记和编号以及使用中的注意事项等，要用文字标注在夹具总图上。

田"钻床夹具的技术要求"相关知识导入

1. 钻床夹具的技术要求

1）钻套轴心线对夹具体安装基面垂直度要求见表 2-12。

表 2-12　钻套轴心线对夹具体安装基面垂直度要求　　　　（单位：mm）

工件加工孔对定位基面垂直度要求	钻套轴心线对夹具体安装基面垂直度要求
0.05 ~ 0.10	0.01 ~ 0.02
0.10 ~ 0.25	0.02 ~ 0.05
0.25 以上	0.05

2）钻套中心距或导套中心到定位基面的制造公差见表 2-13。

表 2-13　钻套中心距或导套中心到定位基面的制造公差　　　　（单位：mm）

工件孔中心距或中心到基面的公差	钻套中心距或导套中心到定位基面的制造公差	
	平行或垂直时	不平行或不垂直时
± (0.05 ~ 0.10)	± (0.005 ~ 0.02)	± (0.005 ~ 0.015)
± (0.10 ~ 0.25)	± (0.02 ~ 0.05)	± (0.015 ~ 0.035)
0.25 以上	± (0.05 ~ 0.10)	± (0.035 ~ 0.08)

3）多个处于同一圆周位置上的钻套所在圆的圆心对定位元件轴心线的平行度或垂直度。

4）定位表面对夹具体底面的平行度或垂直度。

5）活动定位件（如活动 V 形块）的对称中心线对定位元件、钻套轴心线的位置度。

6）定位销的定位表面对支撑面的垂直度（当定位表面较短时，可以不注）。

2. 钻床夹具技术要求示例

钻床夹具技术要求示例如图 2-26 所示。

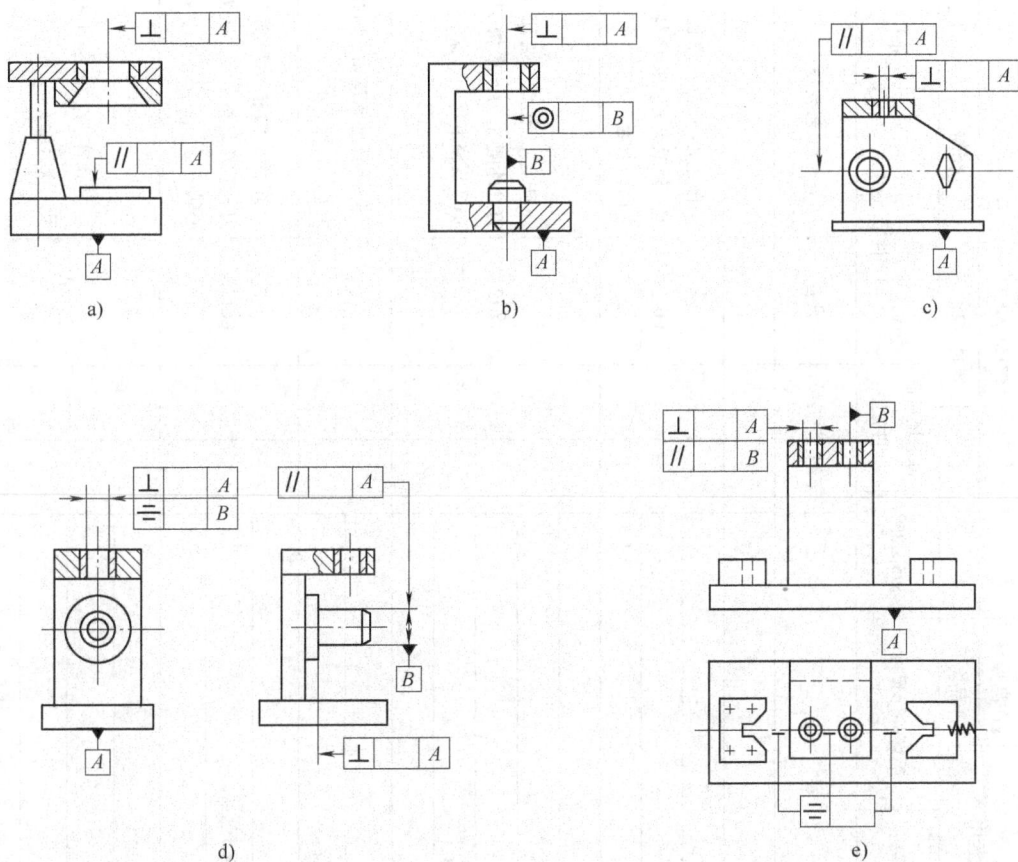

图 2-26　钻床夹具技术要求示例

4. 选择切削用量

钻削 $\phi 6H9$ 孔的切削用量：钻削用量——切削速度 $v_c = 20\text{m/min}$，进给量 $f = 0.13\text{mm/r}$；铰削用量——切削速度 $v_c = 10\text{m/min}$，进给量 $f = 0.1\text{mm/r}$，背吃刀量 $a_p = 0.09\text{mm}$。

5. 选择机床

加工机床选择型号为 Z5125A 立式钻床。

五、填写套筒零件机加工工艺文件

套筒零件的机加工工艺过程卡片见表 2-14，其中的加工 $\phi 6H9$ 孔工序的工序卡片见表 2-15。

表2-14 套筒零件机加工工艺过程卡片

（单位：mm）

	机加工工艺过程卡片	产品型号		零件图号	5		共2页	第1页
		产品名称		零件名称	套筒			
材料牌号	45	毛坯种类	棒料	毛坯外形尺寸	φ95×258	每毛坯可制件数	车间	

工序号	工序名称	工序内容	工段	设备	每台件数	工艺装备	备注	工时 准终	工时 单件
1	备料	棒料毛坯 φ95×258							
2	车	用卡盘装夹 1）车一端端面 2）粗车 φ90g6 外圆至 $\phi91.7_{-0.46}^{\ 0}$		C612A		自定心卡盘，外圆车刀，端面车刀，0.02规格卡尺，卡盘			
3	车	调头用卡盘装夹 1）车另一端端面 2）钻中心孔 3）粗车 φ90g6 外圆至 $\phi91.7_{-0.46}^{\ 0}$ 4）车四处分割槽3		C612A		自定心卡盘，外圆车刀，端面车刀，车槽刀，0.02规格卡尺，卡盘			
4	钻	用软卡爪装夹 φ40H7 孔钻至 $\phi38_{\ 0}^{+0.34}$，成单件		C612A		硬质合金麻花钻，内径千分尺，软卡爪			
5	车	用心轴装夹 1）半精车 φ90g6 外圆部分至 $\phi90.3_{-0.23}^{\ 0}$ 2）倒角 C1		C612A		外圆，沟槽，端面车刀，0.02规格卡尺，心轴			
6	扩、铰	用软卡爪装夹 1）φ40H7 孔扩至 $\phi39.7_{\ 0}^{+0.17}$ 2）车 φ80 孔至零件图要求 3）铰 φ40H7 孔至零件图尺寸		C612A		内孔车刀，内径千分尺，软卡爪			

（续）

机加工工艺过程卡片		产品型号		零件图号	5		共 2 页	第 2 页
		产品名称		零件名称	套筒			单件

材料牌号	45	毛坯种类	棒料	毛坯外形尺寸	φ95×258	每毛坯可制件数		每台件数	

工序号	工序名称	工 序 内 容	车间	工段	设备	工艺装备	备注	工时（准终）	工时（单件）
6	扩、铰	4) 倒角 C1							
7	铣	用专用夹具装夹　铣 82±0.1 两侧台阶至零件图精度要求			XQ6132	铣刀，0.02 规格卡尺，铣床夹具			
8	钻、铰	用钻模装夹　1) 钻 3×φ6H9 径向均布孔至 φ5.8 $^{+0.08}_{0}$　2) 铰 3×φ6H9 径向均布孔至零件图零件图精度要求			Z5125A	麻花钻，铰刀，0.02 规格卡尺，钻模			
9	磨	用胀力心轴装夹　1) 粗磨外圆 φ90g6 至 φ90.1 $^{0}_{-0.07}$　2) 精磨外圆 φ90g6 至零件图要求			M1320E	砂轮，0.02 规格卡尺，胀力心轴			
10	检	检验							

				设计日期	审核日期	标准化日期	会签日期
标记	处数	更改文字编号	签字	日期	标记	处数	更改文字编号	签字	日期

表 2-15 套筒零件加工 3 × φ6H9 圆周均布孔机加工工序卡片

机加工工序卡片		产品型号		零件图号					
		产品名称		零件名称	套筒		共 页	第 页	

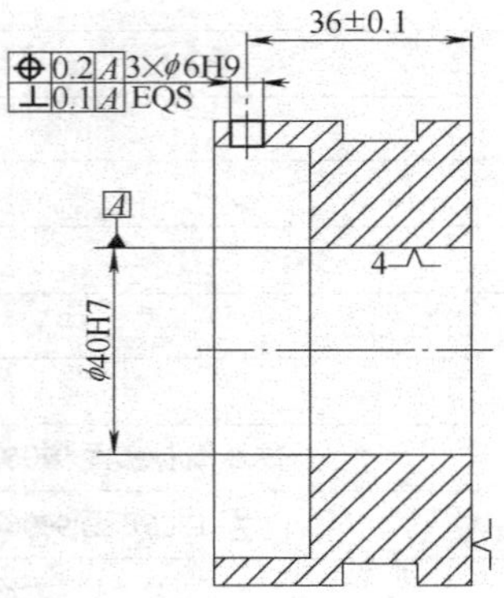

车间	工序号	工序名称		材料牌号
	8	钻、铰 φ6H9 孔		45

毛坯种类	毛坯外形尺寸	每毛坯可制件数	每台件数
棒料	φ95mm × 258mm	5	

设备名称	设备型号	设备编号	同时加工件数
卧式车床	Z5125A		

夹具编号	夹具名称		切削液
	钻模		

工位器具编号	工位器具名称		工序工时	
			准终	

工步号	工 步 内 容	工艺装备	主轴转速 /(r/min)	切削速度 /(m/min)	进给量 /(mm/r)	背吃刀量/mm	进给次数	工步工时	
								机动	辅助
1	钻 3 × φ6H9 径向均布孔至 φ5.8$^{+0.08}_{0}$ mm	钻模	1060	20	0.13				
2	铰 3 × φ6H9 径向均布孔至零件图精度要求	钻模	530	10	0.1	0.09			

				设计日期	审核日期	标准化日期	会签日期

标记	处数	更改文字编号	签字	日期	标记	处数	更改文字编号	签字	日期

模块二 齿轮零件机加工工艺设计

项目任务 2-2 设计图 2-27 所示双联齿轮零件的机加工工艺。

学习目标 2-2

- 会分析直齿圆柱齿轮结构的盘套类零件加工工艺技术要求。
- 熟悉齿形等齿轮零件加工表面的切削加工方法。
- 掌握工艺路线的拟定原则,能合理设计直齿圆柱齿轮的工艺路线。
- 熟悉齿形加工需要的刀具、夹具、切削机床等工序内容的确定。
- 能正确填写直齿圆柱齿轮零件加工的相关工艺文件。
- 会查阅工艺手册中齿轮零件齿形表面加工的相关资料。

一、分析双联齿轮零件加工工艺技术要求

（一）双联齿轮的功用与结构分析

1. 功用

齿轮是一种机械传动中应用极为广泛的传动零件,其功用是按照一定的速度比传递运动和动力。双联齿轮就是两个齿轮连成一体。这种双联齿轮在轮系（如变速器）中被称为滑移齿轮,它的作用就是改变输出轴的转速或速度。齿轮箱里,有滑移齿轮就可以有多种转速或速度,没有滑移齿轮就只有一种转速或速度。

2. 结构

直齿圆柱齿轮的结构,是在盘套类零件结构的基础上多出齿圈形状。其加工面包括了两部分:齿坯和齿圈（或齿形）。

图 2-27 中双联齿轮零件的结构可以分为齿圈和轮体两部分。齿圈是有齿数、精度等级、齿形角等参数要求的结构表面,轮体主要有内外回转面等结构。

齿轮的结构特点:齿轮的结构因其使用要求不同而具有不同的形状和尺寸,但从工艺角度区分,齿轮有齿圈和轮体两部分。按照齿圈上轮齿的分布形式不同,可分为直齿、斜齿和人字齿齿轮等;按照轮体的结构特点不同,齿轮可以分为盘形齿轮、套筒齿轮、轴齿轮和齿条。其中,盘形齿轮应用最为广泛。盘形齿轮一般都是回转体,其结构特点是径向尺寸大,轴向尺寸相对较小;主要几何构成有孔、外圆、端面和沟槽等。盘形齿轮的内孔多为精度较高的圆柱孔和内花键,其轮缘有一个或几个齿圈,而孔和一个端面常常是加工、检验和装配的基准。齿轮传动是机械传动中应用最为广泛的一类传动,其中最常用的是渐开线圆柱齿轮（传动）。圆柱齿轮的结构形式如图 2-28 所示。

（二）技术要求分析

分析双联齿轮的零件图,其主要加工技术要求见表 2-16。

该双联齿轮除了表中所列的主要技术要求,还有齿部高频淬火 52HRC 的热处理要求。

二、确定双联齿轮零件加工毛坯

双联齿轮是应用在一些设备变速箱中,通过与操纵机构相结合,从而实现变速的。要求配合精度较高,综合力学性能好,且生产纲领是成批生产,再结合所选用的材料,毛坯制造

齿号	I	II
模数	2	2
齿数	28	42
精度等级	7GK	7JL
公法线长度变动量	0.039	0.024
齿圈径向圆跳动	0.050	0.042
基本偏差	±0.016	±0.016
齿形公差	0.017	0.018
齿向公差	0.017	0.017
公法线平均长度	$21.36_{-0.05}^{\ 0}$	$27.6_{-0.05}^{\ 0}$
跨齿数	4	5

技术要求
1. 齿部高频淬火 52HRC
2. 机加工后，钳工去毛刺

$\sqrt{Ra\ 6.3}\ (\sqrt{\ })$

40Cr		齿轮
阶段标记	重量	比例
共 张	第 张	

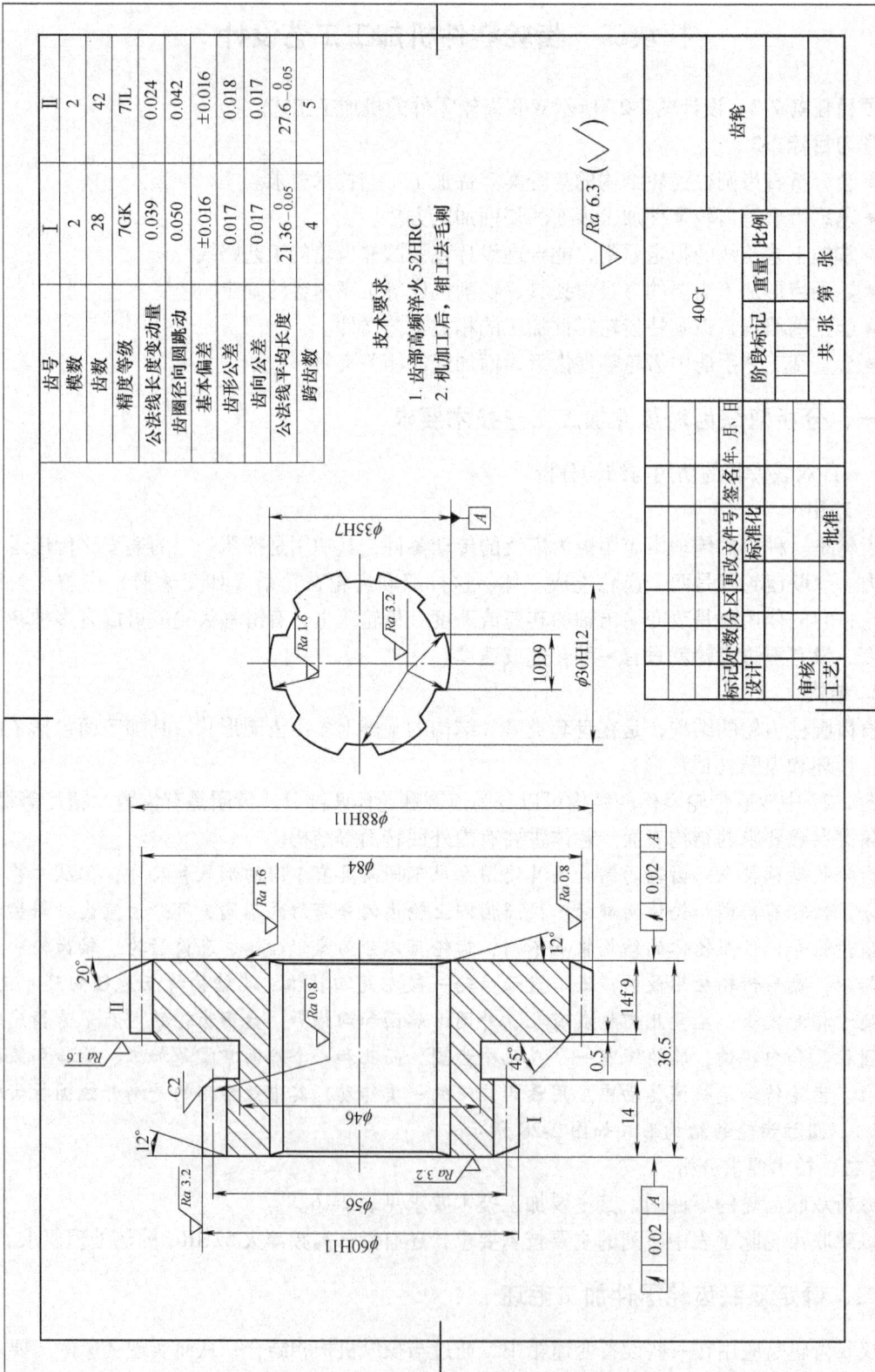

图2-27　双联齿轮零件图

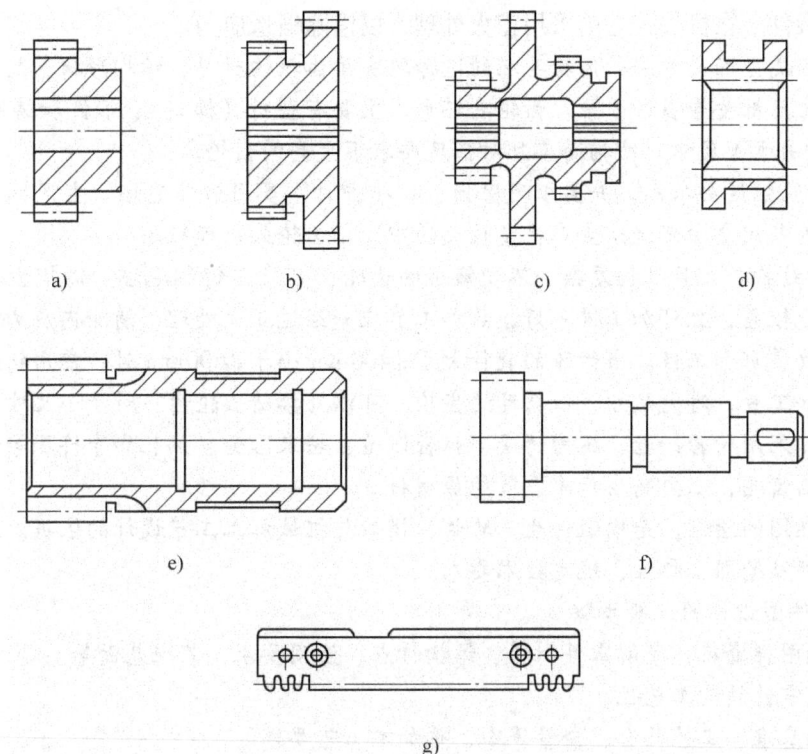

图 2-28　圆柱齿轮的结构形式

a)、b)、c) 盘形齿轮　d) 内齿轮　e) 套筒齿轮　f) 轴齿轮　g) 齿条

表 2-16　双联齿轮零件主要技术要求

加工表面		加工尺寸	主要尺寸的精度等级	表面粗糙度 $Ra/\mu m$	几何公差	备注
齿圈	齿顶圆 I	$\phi 60 H11 \times 14mm$	11	3.2		
	分度圆 I	$\phi 56mm \times 14mm$		0.8		
	齿形 I	齿数 28，模数 2mm，齿形角 20°，齿形倒角 12°等	7GK	0.8		
	齿顶圆 II	$\phi 88 H11 \times 14mm$	11	6.3		
	分度圆 II	$\phi 84mm \times 14mm$		0.8		
	齿形 II	齿数 42，模数 2mm，齿形角 20°，齿形倒角 12°等	7JL	0.8		
轮体	$\phi 46mm$ 外圆槽	$\phi 46mm \times 8.5mm$		6.3		
	$\phi 35 H7$ 花键孔	$\phi 35 H7 \times 36.5mm$，孔口两端倒角 $2 \times 15°$	7	3.2		
	齿圈所在左右端面	36.5mm，右端面公差等级 IT9	9	左端面 3.2，右端面 1.6	两端面相对于基准 E 的圆跳动公差为 0.02mm	基准 A

形式采用模锻件。在机加工之前采用正火处理，以消除锻造应力。

齿轮毛坯类型确定方法：齿轮毛坯的选择取决于齿轮的材料、结构形状、尺寸大小、使用条件以及生产批量等多种因素。齿轮毛坯形式主要有型材（棒料）、锻件和铸件。

1）棒料用于小尺寸、结构简单且对强度要求不太高的齿轮。

2）当齿轮强度要求高，并要求耐磨损、耐冲击时，多用锻件毛坯。生产批量较小或尺寸较大的齿轮采用自由锻造；生产批量较大的中、小齿轮采用模锻。

3）对于结构较大且结构复杂、不便锻造的齿轮，可采用铸钢毛坯。铸钢齿轮的晶粒较粗，力学性能较差，且可加工性不好，故加工前应先经过正火处理，消除内应力和硬度的不均匀性，以改善可加工性。当齿轮的直径大于 $\phi400mm$ 小于 $\phi600mm$ 时，常用铸造齿坯。为了减少机械加工量，对大尺寸、低精度的齿轮，可以直接铸出轮齿；对于小尺寸、形状复杂的齿轮，可以采用精密铸造、压力铸造、精密锻造、粉末冶金、热轧和冷挤压等新工艺制造出具有轮齿的齿轮，以提高生产率，节约原材料。

锻造毛坯图的绘制，是模锻件生产验收、模锻与机械加工工艺设计的依据。绘制锻件毛坯图，主要涉及绘图、标注、规定技术要求。

1. 模锻件图设计的一般步骤

1）阅读图样资料，了解零件材料、结构特点、使用要求、装配基面等。

2）审核零件结构工艺性。

3）协调基准、工艺凸台、余量等冷、热加工工艺要求。

4）选择锻造方法和分模位置。

5）绘制图形，加放余量，确定拔模角圆角半径、孔腔形状等工艺要求，完善图样。

2. 图样的标注

1）尺寸标注。锻件图尺寸的标注，除符合有关的规定外，还应能与零件相应尺寸比较。为便于了解零件的大致形状和锻件各部分余量分布情况，在锻件具有代表性的投影面上，用双点画线画出零件的轮廓，并采用与机械加工相同的基准，使检验、划线方便。

2）标记、检印及打硬度位置的确定。标记位置应在非加工表面上，位置要集中，并应使打刻和查看方便。在模具上刻字的位置应避开金属流动剧烈的部位。

3. 锻件技术要求

有关锻件质量及其检验要求，凡在锻件毛坯图上无法表示时，均列入技术要求中。包括：

1）锻件热处理及硬度要求，测定硬度的位置。

2）未注明的拔模角、圆角半径、尺寸公差等。

3）锻件表面质量要求，清理氧化皮方法等。

4）锻件外形的极限偏差等。

5）锻件的重量。

三、设计双联齿轮零件机加工工艺路线

如前所述，齿轮的功用是按照规定的速比传递运动和动力。为此，它必须满足三个方面的性能要求：传递运动的准确性、平稳性及载荷分布的均匀性，这就要求齿轮加工精度的精确性。齿轮的加工包括齿坯的加工和齿形的加工。齿形加工之前的齿轮加工称为齿坯加工。

齿坯加工类似于一般套类零件的加工。齿坯的内孔（或轴颈）、端面或外圆经常是齿轮加工、测量和装配的基准，齿坯的精度对齿轮的加工精度有着重要的影响。齿坯加工基本完成后即可完成齿形的加工。齿形加工是齿轮生产的关键。

（一）确定双联齿轮加工面加工方案

加工面总体包括齿形和齿坯两大部分。双联齿轮加工面的加工方案见表2-17。

表2-17 双联齿轮加工面的加工方案

加工面	加工方案	
	尺寸精度等级及表面粗糙度要求	加工方法
齿顶圆 I ϕ60H11	ϕ60H11×14，Ra3.2μm	粗车—半精车
齿顶圆 II ϕ88H11	ϕ88H11×14，Ra6.3μm	粗车—半精车
左端面	36.5mm，相对于基准 A 的圆跳动公差为0.02mm，Ra3.2μm	粗车—半精车
右端面	14f9，相对于基准 A 的圆跳动公差为0.02mm，Ra1.6μm	粗车—半精车—精车
齿形 I	齿数28，模数2mm，7GK，齿形倒角12°等，Ra0.8μm	插齿—剃齿—珩齿
齿形 II	齿数42，模数2mm，7JL，齿形倒角12°等，Ra0.8μm	滚齿—剃齿—珩齿
ϕ35H7 花键孔	ϕ35H7×36.5mm，孔口两端倒角2×15°，Ra3.2μm	粗镗—精镗—拉花键—推孔
ϕ46mm 外圆槽	ϕ46mm×8.5mm，Ra6.3μm	车

■囲"齿轮加工"的相关知识导入

齿轮的加工分为齿坯加工和齿形加工两部分。

齿坯加工方案的选择主要与齿轮的轮体结构、技术要求和生产批量等因素有关。中、小批量生产时尽量采用通用机床加工，而大批量生产中，应选用高效率的机床满足加工需要。具体方案见表2-18。

表2-18 齿坯加工方案

生产批量		加工方案
中、小批量生产	圆柱孔齿坯	1）在卧式车床上粗车齿轮各部分 2）在一次安装中精车内孔和基准端面，以保证基准端面对内孔的圆跳动要求 3）以内孔在心轴上定位，精车外圆和端面
	花键孔齿坯	1）在卧式车床上粗车齿轮各部分 2）拉花键孔 3）以内孔在心轴上定位，精车外圆和端面
大批量生产		1）以外圆定位加工端面和内孔 2）以端面定位拉内孔 3）以内孔在心轴上定位，粗车外圆和端面 4）不卸下心轴，在另一车床上精车外圆和端面

　　齿形的加工方法很多，按加工中有无屑，可以分为无屑加工和有屑加工。

　　无屑加工有热轧齿轮、冷轧齿轮、精锻、粉末冶金等新工艺。无屑加工具有生产率高、耗材少、成本低等优点。但因其加工精度较低，工艺性不稳定，特别是批量小时难以采用，故应用性受到限制。

　　齿形的有屑加工具有良好的加工精度，也是目前齿形加工的主要方法。

　　这里只介绍圆柱齿轮的切削加工。圆柱齿轮主要指分度曲面为圆柱面的渐开线齿廓齿轮，有直齿圆柱齿轮、斜齿圆柱齿轮、人字齿轮等。圆柱齿轮的齿形加工方法见表2-19。

表2-19　圆柱齿轮的齿形加工方法

加工方法	加工示意图	加工原理与特点	应用范围	加工精度	
				精度等级	表面粗糙度 $Ra/\mu m$
盘状成形铣刀铣齿		用盘状成形铣刀或指形成形铣刀加工直齿圆柱齿轮按成形法加工；加工斜齿圆柱齿轮按无瞬心包络法加工。加工时铣完一个齿槽后，分度机构将工件旋转一个齿再铣另一个齿槽	加工精度低，一般用于单件小批量生产和修理工件中	9~10	2.5~12.5
指形成形铣刀铣齿					
滚齿	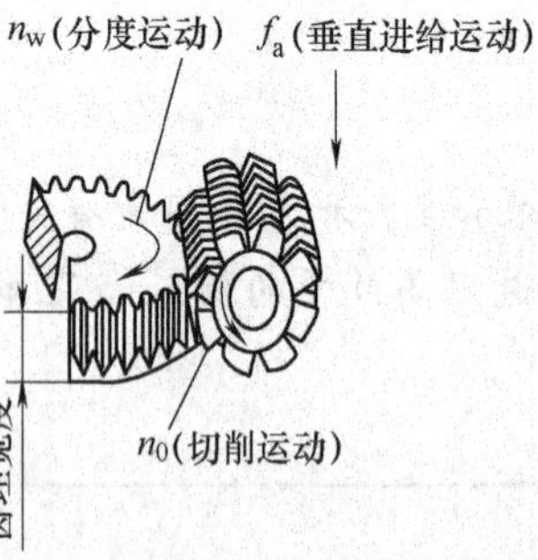	相当于一对交错轴斜齿圆柱齿轮的空间啮合。有两种不同的加工方法： 1) 普通滚齿。除了具有分度运动、垂直或（和）径向进给运动外，加工斜齿圆柱齿轮时，还有差动运动 2) 对角滚齿。滚刀除沿工件轴线作进给运动外，还沿滚刀轴向方向进给，工件需附加运动，这两个进给运动合成一个与工件轴线方向成一定角度的进给运动	加工外啮合的直齿或斜齿圆柱齿轮。在单件小批量生产和大批量生产中广泛应用，是目前圆柱齿轮加工中应用最为广泛的一种加工方法	5~9	1.25~12.5
插齿	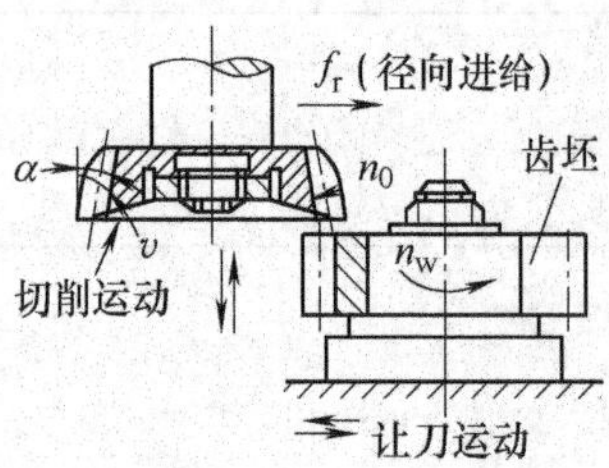	相当于一对外啮合或内啮合的圆柱齿轮副的啮合过程	加工外啮合或内啮合直齿或斜齿圆柱齿轮，它特别适合加工多联齿轮。装上附件后可以加工齿条、锥度齿和端面齿轮	5~9	2.5~12.5

（续）

加工方法	加工示意图	加工原理与特点	应用范围	加工精度	
				精度等级	表面粗糙度 Ra/μm
剃齿	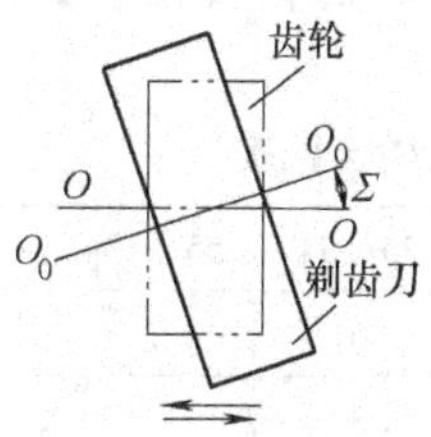	相当于一对交错轴圆柱齿轮啮合过程。剃齿刀和被剃工件自由转动。剃齿刀切削刃利用交错轴齿轮啮合时齿面间的相对滑动剃掉工件齿面上的余量。剃齿有轴向剃齿、对角剃齿、切向剃齿、径向剃齿	大量用于大批量生产中精加工淬火前的直齿、斜齿圆柱齿轮	5~8	0.4~1.6
挤齿	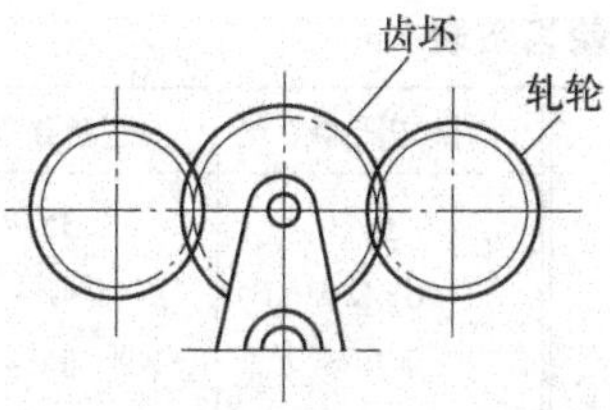	经过滚齿、插齿的齿轮，用轧轮和它们在一定压力下进行对滚，使齿面表层产生塑性变形，以改善齿面粗糙度和齿面精度。挤齿有单轮、双轮、三轮等方法。对小模数齿轮，可以直接冷挤压成形	主要用在大量生产中	6~8	0.4~1.6
珩齿	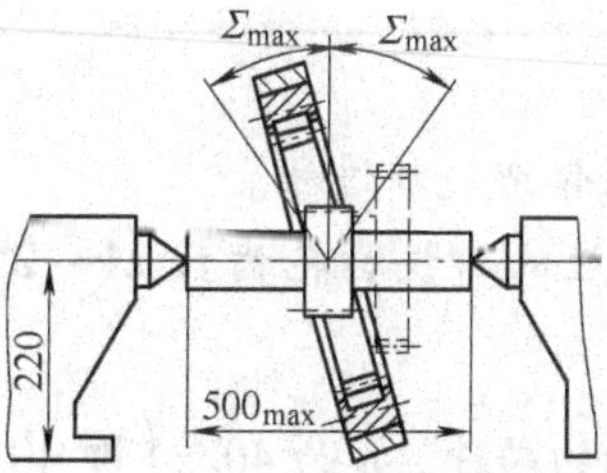	相当于一对交错轴圆柱齿轮啮合过程。其中一个斜齿轮换成珩磨轮，它是一个含有金刚砂等磨料的齿轮。根据珩磨轮的形状和啮合形式的不同存在三种珩磨形式：外啮合齿轮型珩齿、内啮合齿轮型珩齿和蜗杆型珩齿	主要用于大批大量生产中提高热处理后齿轮的精度	5~8	0.1~0.8
磨齿	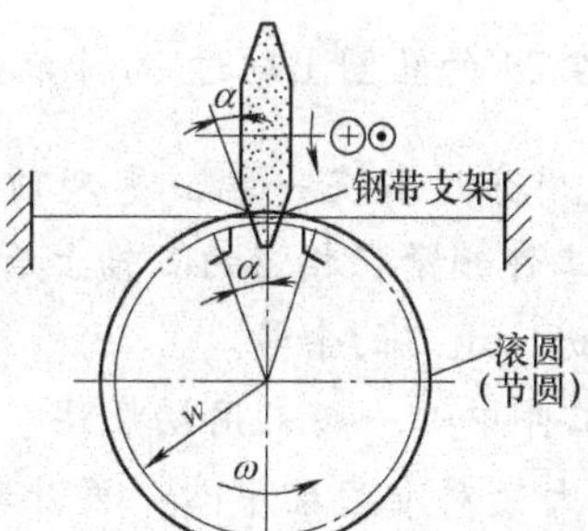	利用展成或成形的原理实现齿面的磨削加工。按采用的砂轮类型不同可以分为碟形双砂轮磨齿法、大平面砂轮磨齿法、蜗杆砂轮磨齿法、环面杆砂轮磨齿法、成形砂轮磨齿法	用于磨淬火后的硬齿面齿轮，可全面纠正齿轮磨前的各项误差，获得较高的齿轮精度。要根据齿轮结构特点、精度要求、生产批量等情况等选择不同的磨齿方法	3~8	0.1~0.8

表2-19中只列举了圆柱齿轮加工类型，每种齿形的具体加工方法和加工过程将在下面说明。

1. 成形法铣削齿轮加工

齿轮的齿形主要由铣刀廓形保证，齿轮的齿距精度由齿坯安装精度和分度精度保证。下面就以成形铣刀铣削直齿圆柱齿轮为例来说明。

（1）成形齿轮铣刀选择原则 根据渐开线性质可知，渐开线形状与基圆直径有关，同一模数、不同齿数的齿轮，其基圆直径不同，渐开线形状不同。因此，从理论上讲，相同模数不同齿数的齿轮都应当设计专用成形齿轮铣刀。这样做，既不经济，也没必要。在实际生产中，将齿轮的常用齿数进行分组，模数为 1~8 时，每种模数分成 8 组（即 8 把刀），模数为 9~16 时，每种模数分成 15 组（即 15 把刀）。每把铣刀齿形，是根据该铣刀所加工最小齿数的齿轮齿槽形状设计的。在实际应用时，需根据被加工齿轮的齿数按表 2-20 和表 2-21 选用刀号。

表 2-20　一组 8 把模数铣刀和径节铣刀所铣的齿轮齿数表

所铣齿轮齿数		12~13	14~16	17~20	21~25	26~34	35~54	55~134	135~齿条
铣刀号数	模数铣刀	1	2	3	4	5	6	7	8
	径节铣刀	8	7	6	5	4	3	2	1

表 2-21　一组 15 把模数铣刀所铣的齿轮齿数表

铣刀号数	所铣齿数	铣刀号数	所铣齿数	铣刀号数	所铣齿数
1	12	31/2	19~20	6	35~41
11/2	13	4	21~22	61/2	42~54
2	14	41/2	23~25	7	55~79
21/2	15~16	5	26~29	71/2	80~134
3	17~18	51/2	30~34	8	135~齿条

（2）铣削过程　以 $m=3\text{mm}$，$z=24$ 直齿圆柱齿轮为例介绍铣削过程。

1）铣刀的选定，已知 $m=3\text{mm}$，$z=24$，按表 2-20 对应的所铣齿轮齿数 21~25，应选用 4 号铣刀。

2）分度头计算。按单式分度法计算式计算分度头手柄的转速，n 为 $40/z$（即 $40/24$，也即 $1\frac{16}{24}$）。就是说，铣完一齿后，分度头手柄摇一转，再在 24 的孔圈上转过 16 个孔距。

3）工件装夹。若所加工的是直齿圆柱齿轮轴，一般用分度头夹一端，尾座顶尖顶一端。若加工的是直齿圆柱齿轮，则应配置相应的心轴。将工件锁紧在相应的心轴上后，同样用分度头夹心轴一端，尾座顶尖顶一端，但应保证加工时进、退刀的余量。

4）对刀及背吃刀量的控制。加工齿轮时，刀具对正工件中心一般采用切痕法。将工作台上升，使齿坯接近铣刀，然后凭目测使铣刀廓形对称线大致对准齿坯中心，再开动机床，使铣刀旋转并逐渐升高工作台，使铣刀的圆周切削刃和齿坯刚刚接触，同时来回移动横向工作台，这时齿坯上出现了一个椭圆形刀痕，接着调整铣刀廓形对称线对准椭圆中心即可。注意，刀对准后应锁紧横向工作台。

背吃刀量按 2.25mm 计算，即 $2.25\times3\text{mm}=6.75\text{mm}$。一般齿轮加工，为保证齿面的表面粗糙度，均分粗铣、精铣两次进行。一般粗铣后要留余量 1.5~2mm 再精铣。

2. 滚齿加工

滚齿是目前世界上齿轮加工中应用最广的切齿方法。

（1）滚齿机　滚齿机是加工圆柱齿轮、涡轮等零件的主要工艺装备。滚齿机的加工精度可以达到 5～7 级（GB/T 10095.1～10095.2—2008），滚齿机按布局形式和结构特点不同可以分为立式滚齿机和卧式滚齿机，最常用的是立式滚齿机。

滚齿机的型号和部分技术参数见表 2-22。

表 2-22　国产滚齿机型号和部分技术参数

机床型号 技术参数	YBS3112	YBA3115	YBA3120	YB2120	YXA3132	YBA3132
最大工件直径/mm	125	150	200	200	320	320
最大加工模数/mm	3	6	4	6	8	8
机床型号 技术参数	Y3150E	YM3150E	YW3150	Y3180H	YW3180	Y31125E
最大工件直径/mm	500	500	500	550/800	800	1250/1000
最大加工模数/mm	8	6	8	8	10	12/15

（2）滚齿夹具　目前，国内外经常采用弹簧卡头式的夹具来加工轴齿轮和盘齿轮。滚齿夹具的典型结构见表 2-23。

表 2-23　滚齿夹具的典型结构及齿轮的安装

立式滚齿机用夹具及齿轮的安装

小型带孔齿轮	中型带孔齿轮	带孔齿轮	轴齿轮
1—工作台　2—齿轮 3—垫圈　4—螺母 5—心轴	1—支座　2—齿轮 3—压板　4—可换套筒 5—心轴		

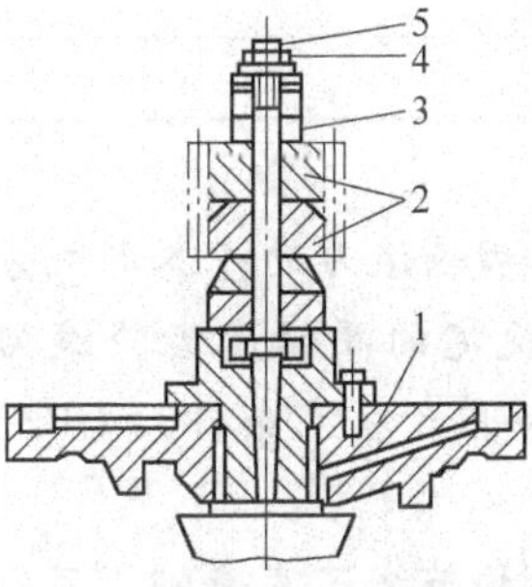

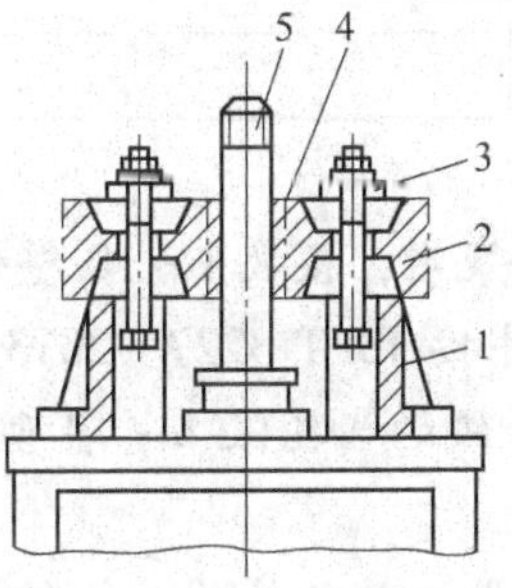

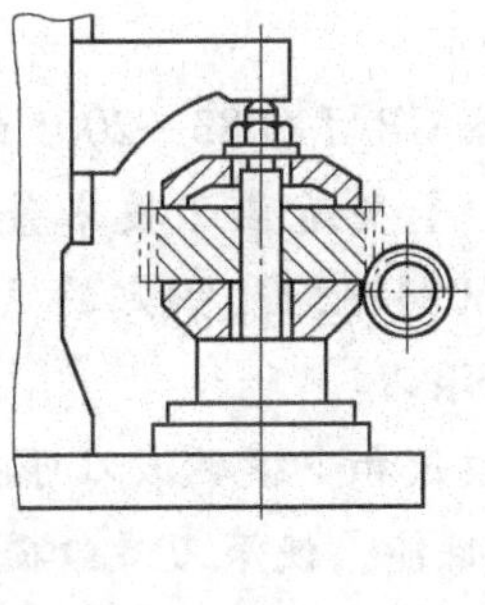

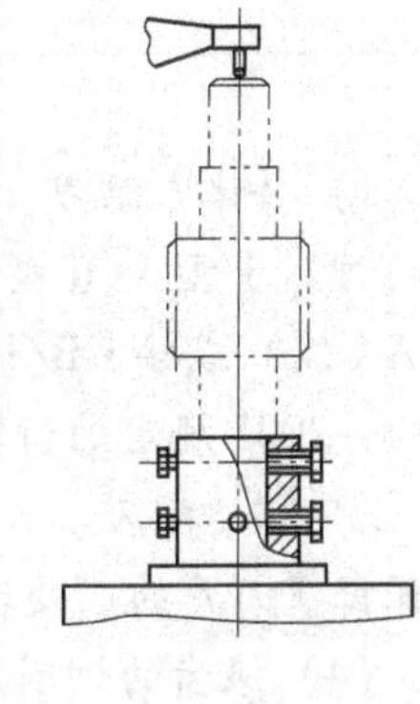

卧式滚齿机用夹具及齿轮的安装

带孔齿轮	轴齿轮	人字齿轮
1—心轴　2—法兰盘	1—主轴　2—后顶尖　3—卡盘	1—主轴　2—支架　3—卡盘

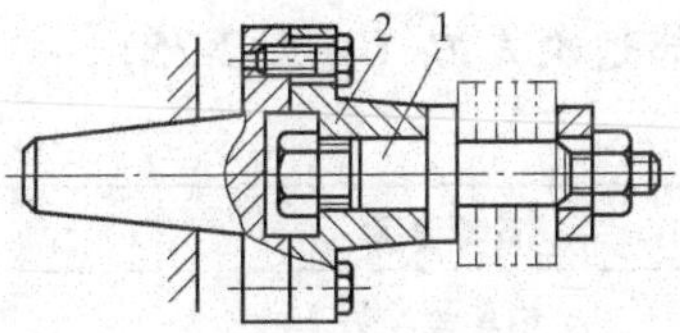

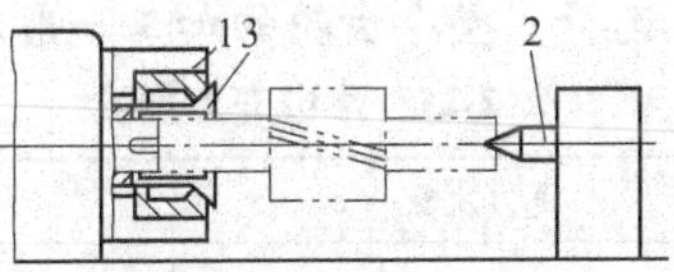

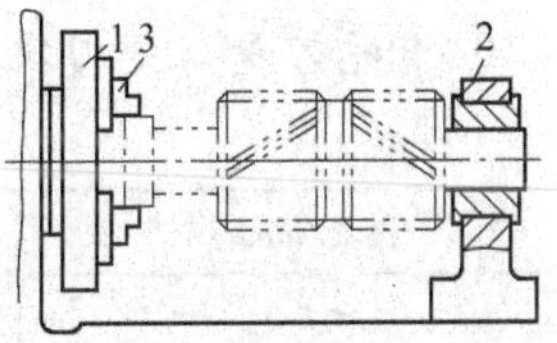

设计与使用滚齿夹具的一般原则如下：

1）定位基准要精确可靠，心轴与齿坯配合间隙要适宜。齿坯的定位基准一般与齿轮的装配基准一致。

2）齿坯轴心线应与工作台的旋转轴线重合。若夹具心轴以机床主轴锥孔为安装基准时，心轴定位轴颈与锥度要有同轴度要求，且锥度必须与机床锥孔配磨。

3）支撑端面应与工作台的旋转轴线垂直。过渡法兰盘的各工作平面、夹紧用的垫圈及压板的两端平面要平行。夹紧用螺纹要采用细牙，心轴螺纹应磨削，螺母的螺纹必须与其端面垂直，否则，齿坯夹紧后心轴将产生歪斜而引起齿轮的螺旋线误差。

4）齿轮的支撑面与切削力着力点之间的距离应尽可能小。

5）要有足够的刚性和夹紧力，保证在装夹工件时不致变形和在加工过程中不产生振动。

（3）滚刀　齿轮滚刀是按螺旋齿轮啮合原理加工直齿和斜齿圆柱齿轮的一种展成刀具。滚刀的种类很多，按其结构不同，可以分为整体滚刀和镶边滚刀、装配滚刀、焊接滚刀；按模数大小不同可以分为小模数滚刀、中模数滚刀和大模数滚刀等。一般情况下齿轮滚刀精度等级与被加工齿轮精度的对应关系见表2-24。

表2-24　齿轮滚刀精度等级与被加工齿轮精度的对应关系

齿轮滚刀精度等级	被加工齿轮精度 （GB/T 10095.1 ~ 10095.2—2008）	齿轮滚刀精度等级	被加工齿轮精度 （GB/T 10095.1 ~ 10095.2—2008）
AAA	6	B	9
AA	7	C	10
A	8		

1）整体式滚刀。按GB/T 6083—2001的规定，模数1~10整体齿轮滚刀的基本形式分为两种：Ⅰ型和Ⅱ型。Ⅰ型适应于技术条件按JB/T 3227—2013规定的高精度齿轮滚刀（AAA级）或按GB/T 6084—2001规定的AA级的齿轮滚刀；Ⅱ型适应于技术条件按GB/T 6084—2001规定的齿轮滚刀。

2）镶边滚刀。大模数和中模数滚刀可以做成镶片结构，这种结构节省了高速钢，同时还保证了刀片的热处理性能，使滚刀寿命提高。

（4）滚齿的切削用量　切削用量的选择应根据被加工齿轮的模数、材料、精度、夹具和刀具等情况而定。粗加工时可以采用较小的切削速度、较大的进给量；精度高、模数小、工件材料硬的齿轮加工可以采用高切削速度、小进给量；大螺旋角或大直径的齿轮滚齿应适当降低切削速度和进给量。

1）背吃刀量（走刀次数）选择。整个齿轮的加工一般不超过次走刀（见表2-25）。

表2-25　滚齿走刀次数

模数/mm	走刀次数	应留余量
≤1	1	切至全齿深
>3 ~ 8	2	留精切余量 0.5 ~ 1mm
>8	3	第一次切去 1.4 ~ 1.6mm 第二次留精切余量 0.5 ~ 1mm

2）进给量选择。为了保证较高的生产率，应尽可能采用大的进给量。粗加工时由于机床—工件—滚刀系统的刚性不足而使滚刀刀架产生的振动是限制进给量提高的主要因素。精加工时齿面粗糙度是限制进给量提高的主要因素。

根据机床刚性可把立式滚齿机按表2-26分组，粗加工进给量按表2-27选用，精加工进给量按表2-28选用。

表2-26　依据机床刚性的立式滚齿机分组

机床组别	主电动机功率/kW	最大加工模数/mm	滚齿机型号
I	1.5~3.5	3~6	YBA3120、YBS3112、Y38 等
II	3~5	5~8	Y3150E、Y3150、YB3120、YB3115 等
III	5~8	6~12	YBA3132、YX3132、YKS3132、YK3180A、Y3180H 等
IV	10~14	10~18	Y31125、YKS3140、YKX3140 等
V	≥15	16~30	Y31200H 等

表2-27　滚刀粗加工进给量　　　　（单位：mm/r）

机床组别	加工模数/mm							
	2.5	4	6	8	12	16	22	26
I	2~3	1.5~2	—	—	—	—	—	—
II	3~4	2~3	1.5~2.5	1.5~2	—	—	—	—
III	4~5	3~4	2.5~3.5	2~2.5	1.5~2	—	—	—
IV		4~4.5	3.5~4.5	3~4	2.5~3	2~2.5	—	—
V			4.5	3.5~4.5	3~4	2.5~3.5	2~3	1.5~2

表2-28　滚刀精加工进给量　　　　（单位：mm/r）

$Rz/\mu m$ 不大于	模数/mm	
	<12	>12
80	2~3	3~4
40	1~2	1.5~2.5
20	0.5~1	—

3）切削速度选用。根据上述所取得的走刀次数、进给量等，考虑被加工材料性质、齿轮模数和其他加工条件来确定切削速度，其值见表2-29。

表2-29　高速钢标准滚刀加工齿轮时的切削速度　　　　（单位：m/min）

模数/mm	进给量/（mm/r）						
	0.5	1.0	1.5	2.0	3.0	4.0	5.0
2~4	85	60	50	45	40	35	30
5~6	75	55	45	40	35	30	25
8	60	45	35	30	25	22	
10	58	43	35	30	25	21	

（续）

模数/mm	进给量/（mm/r）						
	0.5	1.0	1.5	2.0	3.0	4.0	5.0
12	58	41	31	29	23	21	—
16	49	35	29	25	20	—	—
20	48	34	29	20	20	—	—
24	45	30	24	20	—	—	—
30	35	25	20	—	—	—	—

3. 插齿加工

插齿加工是齿轮加工的重要方法之一，它广泛用于加工圆柱齿轮、斜齿轮、内齿轮、双联齿轮或三联齿轮，特别适合于加工内齿轮和多联齿轮。

（1）插齿机　插齿机按工作轴线分布情况不同分为立式插齿机和卧式插齿机两类。

立式插齿机机床的刀具轴线与工件轴线都是垂直分布的。这类插齿机按刀齿形式不同可以分为圆盘刀插齿机和齿条刀插齿机。前者多用于加工内、外啮合的直齿轮和斜齿轮、多联齿轮、齿条和齿扇等。后者加工时，齿条刀只作上下往复运动，在向下的过程中切削齿坯。切削过程中齿坯是静止的，工作台的运动是间歇的。当加工几个齿后，工作台返回原位再进行上述运动，直至整个齿轮加工完毕。

卧式插齿机机床的刀具轴线与工作轴线水平安装，它多用于无空刀槽人字齿轮、内人字齿轮，以及各种轴齿轮。

常见插齿机的型号及部分参数见表2-30。

表2-30　国产插齿机型号与部分技术参数

技术参数 ＼ 机床型号	YK5115	YT5120	Y54B	YS5120	YM5132	Y5120A	Y5132	Y5132CNC
外啮合齿轮中心距/mm	150	250	500	200	320	200	320	320
内啮合齿轮中心距/mm	$60+\delta_s$（刀径）	$60+\delta_s$（刀径）	550	200	500	200	320	400
加工齿轮的模数/mm	4	6	4	6	6	4	6	6
最大加工齿宽/mm	30	60	外105，内75	50	80	50	700	70
电动机总功率/kW	25	3	3.9	8.02	4.77	2.425	9.22	14

技术参数 ＼ 机床型号	Y5132A	YP5150A	YK5150	YK5180	YK51150	YZW5152	YKD5153	Y5120C
外啮合齿轮中心距/mm	320	500	500	1000	1500	250	300	2500
内啮合齿轮中心距/mm	400	600	500	800	1600	$120+\delta_s$（刀径）	250	2800
加工齿轮的模数/mm	6	8	8	12	12	6	6	20
最大加工齿宽/mm	70	125	100	170	170	60	60	400
电动机总功率/kW	9.5	8.4	11	7.5	11	4	6.1	30

(2) 插齿夹具 插齿夹具与滚齿夹具结构类似。

(3) 插齿刀 插齿刀实质上是一个变位齿轮，其不同点是插齿刀刀齿具有一定的前角与后角。根据结构形状不同，插齿刀可以分为盘形插齿刀、碗形插齿刀、锥形插齿刀和筒形插齿刀四种。盘形插齿刀主要用于加工普通的外啮合直齿圆柱齿轮、斜齿圆柱齿轮、人字齿轮、大直径内齿轮和齿条等。碗形插齿刀主要用于加工台阶齿轮、双联齿轮等，当然也可以用于加工盘形插齿刀加工的各种齿轮。锥形插齿刀主要用于加工内啮合直齿圆柱齿轮和斜齿圆柱齿轮。筒形插齿刀用于加工内齿轮和模数较小的外齿轮。

(4) 插齿的切削用量。插齿的切削用量包括切削速度、圆周进给量、插齿进刀（走刀）次数。

1) 切削速度 切削速度的选择取决于机床性能、齿轮材料、插齿刀材料、精度要求以及插齿时使用的切削液性能等。高速钢插齿刀切削钢制齿轮的切削速度一般取 13 ~ 30m/min。插削的切削速度参考数据见表 2-31。

表 2-31 插削的切削速度参考数据 （单位：m/min）

加工性质	圆周进给量 f/ (mm/双行程)	碳钢及合金钢				灰铸铁 170 ~ 210HBW			
		模数/mm							
		2	4	6	8	2	4	6	8
实体材料的粗加工及精加工	0.1	32.4	26	22	20				
	0.13	28.4	22.8	19.2	17.6	26	23.4	21	20
	0.16	25.6	20.8	17.2	15.7				
	0.2	22.8	18.4	15.4	14.2	23.5	21	18.5	18
	0.26	20	16.4	13.6	12.4				
	0.32	18	14.5	12.8	11.2	21	18.6	16.5	15.7
	0.42	15.8	12.8	10.7	10				
	0.52	14	11.4	9.6	8.7	18.5	16.5	16.5	14
粗加工后精加工	0.16	34.8				54.5			
	0.2	31.2				48.5			
	0.26	27.3				42.5			
	0.32	24.5				38.5			

2) 圆周进给量。圆周进给量的选择与切削速度有关，一般取每往复行程 0.2 ~ 0.5mm，可以参考表 2-32。

表 2-32 插齿的进给量

加工性质	加工材料	模数/mm	机床功率/kW			
			1.5 ~ 2.8	3 ~ 4	5 ~ 9	10 ~ 14
			圆周进给量 f/(mm/往复行程)			
粗加工	精插齿前粗插 45 钢	4	0.15 ~ 0.30	0.3 ~ 0.4	—	—
		6	0.15 ~ 0.30	0.13 ~ 0.18	0.3 ~ 0.4	—
		8	—	—	0.25 ~ 0.36	0.36 ~ 0.45

（续）

加工性质	加工材料	模数/mm	机床功率/kW			
			1.5~2.8	3~4	5~9	10~14
			圆周进给量 f/（mm/往复行程）			
粗加工	精插齿前粗插	灰铸铁（170~210HBW）	4	0.4~0.5	0.4~0.5	—	—
			6	0.16~0.22	0.3~0.45	0.4~0.5	—
			8	—	—	0.35~0.45	0.29~0.36
	剃齿前粗插	45钢（≤241HBW）	4	0.25~0.3	0.28~0.35	—	—
			6	0.1~0.2	0.2~0.3	0.28~0.35	—
			8	—	—	0.2~0.3	0.28~0.35
		灰铸铁（170~210HBW）	6	0.12~0.2	0.2~0.3	0.3~0.4	—
			8	—	—	0.25~0.35	0.3~0.4
	磨齿前粗插	45钢（≤241HBW）	4	0.25~0.35	0.3~0.4	—	—
			6	0.12~0.2	0.25~0.35	0.3~0.4	—
			8	—	—	0.25~0.35	0.3~0.4
精加工	实体材料	45钢（≤241HBW）	2~3	0.2~0.3			
		灰铸铁（170~210HBW）	—	0.25~0.35			
	粗加工后	45钢（≤241HBW）	4~8	0.15~0.25			
		灰铸铁（170~210HBW）	—	0.3~0.4			

3）插齿进刀（走刀）次数，见表 2-33。

表 2-33　插削钢制（≤220HBW）齿轮时的插削进刀（走刀）次数参考

模数/mm	进刀（走刀）次数			
	粗切	半精切	精切	总计
2~3	—	—	1	1
4~6	1	—		2
8~12	1	1		3
14~20	2	1		4
20~30	3	1		5
32~40	4	1		6

4. 剃齿加工

剃齿是一种精加工方法。剃齿加工时，被加工齿轮装在心轴上，可以自由转动，剃齿刀装在机床主轴上和工件相交成一角度带动工件旋转，两者之间作自由啮合运动。剃齿主要用于滚齿或插齿后未经淬硬的内、外啮合的直齿圆柱齿轮和斜齿圆柱齿轮的精加工。

（1）剃齿机　剃齿机是一种高效的齿轮加工机床，其种类繁多，按所能加工齿轮直径大小不同可以分为小型、中型和大型三种。按其所用刀具不同又可以分为使用齿条形剃齿刀和使用盘形剃齿刀的剃齿机。中等尺寸的剃齿机按布局形式不同分为卧式剃齿机、卧式立面布置的剃齿机、立式剃齿机。

国内外剃齿机型号及部分技术参数见表2-34。

表2-34 国内外剃齿机型号及部分技术参数

技术参数　　机床型号	Y4212 Y4212D	Y4232C	YWA4232	Y4236	Y4250	Y42125A
最大工件直径/mm	125	320	320	360	500	1250
最大加工模数/mm	1.5/2.5	6	8	8	8	12
技术参数　　机床型号	YA4232	YA4250	ZSA220	ZSA420	ZS550	—
最大工件直径/mm	320	500	220	420	650	—
最大加工模数/mm	8	8	6	8	10	—

（2）剃齿夹具 剃齿工作原理及装夹夹具如图2-29所示。

（3）剃齿刀 剃齿刀是一种外啮合和内啮合直齿、斜齿渐开线圆柱齿轮的精加工刀具。剃齿时，剃齿刀的切削刃从工件齿面上剃下很薄的一层金属，可以有效地提高被剃齿轮的精度及齿面质量。根据结构不同，剃齿刀有盘形和齿条形两种。盘形剃齿刀所用的机床结构简单，调整方便，效率也较高，所以应用广泛，而齿条形剃齿刀已趋于淘汰。盘形剃齿刀的结构形式、主要尺寸、技术要求等可以查阅GB/T 14333—2008《盘形轴向剃齿刀》。

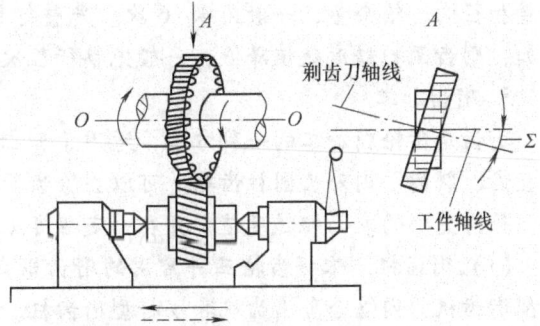

图2-29 剃齿工作原理及装夹夹具

（4）剃齿切削用量 剃齿的切削用量包括切削速度 $v_\circ$、纵向进给量、径向进给量和行程次数。

1）剃齿时切削速度的大小与剃齿刀转速有关。盘形剃齿刀工作时，齿高上各点的切削速度 v 是变化的，一般说的切削速度是指啮合节点处的滑动速度。通常 $v_\circ = 130 \sim 145 \text{m/min}$，$v = 35 \sim 45 \text{m/min}$。剃齿刀在啮合节点处的圆周速度参考表2-35数据。

表2-35 剃齿刀在啮合节点处的圆周速度

轴交角 $\Sigma/(°)$	工件螺旋角 $\beta/(°)$					
	0	10~15	20	25	30	>30
5~10	145	140	135	130	125	120
15	130	125	120	115	110	105
20	115	105	105	110	90	80

2）纵向进给量可以分为工件每转纵向进给量 $f/(\mathrm{mm/r})$ 和工作台每分钟纵向进给量 $v_f/$ $(\mathrm{mm/min})$，它们之间的关系式为 $v_f = fn_w$（n_w 为工件转速）。一般纵向进给量为 $0.1 \sim 0.3\mathrm{mm/r}$（工件），详见表2-36。

表2-36　剃齿纵向进给量

轴交角 $\Sigma/(°)$	工件齿数 z			
	17 ~ 25	25 ~ 40	40 ~ 45	50 ~ 100
7 ~ 10	0.075 ~ 0.10	0.10 ~ 0.15	0.15 ~ 0.20	0.20 ~ 0.25
10 ~ 15	0.10 ~ 0.15	0.15 ~ 0.20	0.20 ~ 0.25	0.25 ~ 0.30
>15	0.15 ~ 0.20	0.20 ~ 0.25	0.25 ~ 0.30	0.30 ~ 0.35

3）径向进给量。径向进给量对于修正齿轮剃前误差的能力有影响，过小时剃齿刀切不下金属层，过大时切屑过厚且破坏齿轮原有精度。一般推荐每单行程的径向进给量为 0.02 ~0.06mm，在切削开始（粗加工）时可以取 0.04 ~ 0.06mm，在光整行程前精加工时可以取 0.02mm。

4）工作台行程次数可以分为切削行程次数和光整行程次数。切削行程次数取决于剃齿余量和径向进给余量，一般为 4 ~6 次。光整行程次数同齿面粗糙度值有关，光整行程次数增加，则齿面粗糙度数值降低，一般光整行程次数取 2 ~4 次。

5. 珩齿加工

珩齿是齿轮精加工的一种方法，适用于加工经滚齿、插齿或磨齿后，齿面淬硬或非淬硬的直齿、斜齿、内外齿圆柱齿轮。可以去除齿面磕碰伤和毛刺，在齿面形成网纹状的切削花纹，获得更小的表面粗糙度值，并在一定程度上改善齿廓形状和螺旋线精度。

（1）珩齿机　依据齿轮三种常用的珩齿形式，也分别有三种常用的齿轮珩磨机：外啮合型珩齿机、内啮合型珩齿机和蜗杆型珩齿机。内、外啮合型珩齿机的型号和部分技术参数见表2-37 和表2-38。

表2-37　外啮合型珩齿机型号和部分技术参数

机床型号 技术参数	Y4632A	Y4650	999A	GHG12	5B913	YA4632
最大工件直径/mm	320	500	368	375	320	320
最大加工模数/mm	6	8	4 ~20DP	2 ~20DP	6	6
最大加工齿宽/mm	90	90	140	140	110	120
珩轮最大直径/mm	φ240	φ240	φ254	φ254	φ250	—

表2-38　内啮合型珩齿机型号和部分技术参数

机床型号 技术参数	YK4820	ZS25A	PGHT250D	PGH300A	CX120	ZH250CNC-E
最大工件直径/mm	200	250	250	300	120	250
最大加工模数/mm	4	6	—	—	3	6
最大加工齿宽/mm	—	100	650	400	70	100
珩轮最大直径/mm	φ310	φ400	φ300	φ350	φ230	φ400

（2）珩齿夹具　珩齿夹具的基本结构与剃齿夹具基本相似。珩齿夹具安装在珩齿机的工作台上，必须调整找正定位表面的径向圆跳动和轴向圆跳动，使其在允许范围内。

1）普通型珩齿夹具，采用螺母压紧的珩齿心轴，为保证螺纹节线与心轴轴线平行，应将螺纹进行磨削。这种夹具制造容易，缺点是装卸工件时间较长，在单件和小批量生产中被广泛采用。

2）快速型珩齿夹具是利用珩齿机的液力（或弹簧力）压紧的。这种夹具制造困难，但可以缩短工件装夹时间，生产率高，在大批量生产中被广泛采用。

3）大型珩齿夹具。比较大而重的盘形齿轮，宜放在立式珩齿机上加工。珩齿夹具安装在珩齿机的工作台上，需调整找正定位表面的径向圆跳动和轴向圆跳动，使其在允许范围内。

（3）珩磨轮　珩磨轮因其结构形状不同可以分为三种：外啮合齿轮型珩磨轮、内齿圈型珩磨轮、蜗杆型珩磨轮。目前大部分的珩磨轮结构由齿部和心部组成，齿部用环氧树脂和磨料等混合浇注而成，心部用碳素钢、铸铁或工程塑料制成。齿轮型珩磨轮齿部的齿廓形状为渐开线齿形，蜗杆型珩磨轮为法向直廓蜗杆齿形。

（4）珩齿切削用量　珩齿切削用量的选择见表2-39。

表2-39　珩齿切削用量

珩磨方法	外啮合珩齿	内啮合珩齿	蜗杆式珩齿
珩削速度/(m/s)	0.7~2	0.3~1.5	20~25
轴向进给量	300~500mm/min	1000~3000mm/min	0.6~1.2mm/r
径向进给量	0.01~0.04mm/min	0.01~0.04mm/min	0.01~0.03mm/dstr

（二）划分双联齿轮加工阶段

划分该双联齿轮加工阶段应该考虑的问题有：

1. 定位基准的选择

为保证齿轮的加工质量，加工齿轮齿形时应根据"基准重合"原则，选择齿轮的装配基准和测量基准为定位基准，而且在整个加工过程中保持基准的统一。

该双联齿轮的齿形加工定位基准选择花键孔和端面。

定位基准的精度对齿轮的加工精度有较大的影响，特别是对于齿圈径向圆跳动和齿向精度影响很大。因此，严格控制齿坯的加工误差，提高定位基准的加工精度，对于提高齿轮的加工精度有明显的效果。

齿轮加工的定位基准选择方法如下：

1）对于带孔齿轮，一般选择内孔和一个端面定位，基准端面相对内孔的轴向圆跳动应符合标准规定。当批量较小、不采用心轴、以内孔定位时，也可以选择外圆作为定位基准。但外圆相对于内孔的径向圆跳动应有严格的要求。

2）对于直径较小的轴齿轮，一般选择顶尖孔定位。对于直径或模数较大的轴齿轮，由于自重和切削力较大，不宜选择顶尖孔定位时，则多选择轴颈和轴向圆跳动较小的端面定位。

2. 热处理的安排

齿轮的热处理包括齿坯的热处理和齿形的热处理。

　　双联齿轮齿坯的热处理选择正火，安排在齿轮机加工之前。双联齿轮齿形的热处理，按零件图的技术要求，选择高频淬火，安排在齿形的终加工之前。

　　齿轮加工中的热处理安排方法如下：

　　1）齿坯的热处理。钢料齿坯最常用的热处理是正火和调质。正火是将齿坯加热到相变临界点以上 30~50℃，保温后从炉中取出，在空气中冷却。正火一般安排在锻造之后、机加工之前。调质主要是为了提高齿轮零件的整体力学性能，一般放在粗加工和半精加工之间。

　　2）轮齿的热处理。齿形加工基本完成之后，为提高齿面的硬度和耐磨性，常用热处理方法有高频淬火、渗碳、渗氮。高频淬火是将齿轮置于高频交变磁场中，由于感应电流的效应，齿部表面在几秒到几十秒内很快被提高到淬火温度，立即喷水冷却，形成比普通淬火稍高的硬度表层，并能保持心部的强度和韧性。渗碳是将齿轮放在碳介质中在高温下保温，使碳原子渗入工件的表层，因而使齿轮表面具有高硬度和耐磨性，心部仍保持一定的强度和韧性。渗氮是将齿轮置于氨中并加热，使活性氮原子渗入轮齿表面层，形成硬度很高的氮化物薄层。氮化层还具有抗腐蚀作用，所以氮化齿轮不需要进行镀锌、发蓝等防腐蚀化学处理。

　　3. 加工阶段划分

　　双联齿轮的加工过程大致要经过如下几个加工阶段：毛坯的热处理—齿坯加工—齿形加工—齿端加工—齿面热处理—精基准修正及齿形精加工等。

　　第一阶段：粗车外圆及端面，镗花键底孔，拉花键孔。这一阶段是齿坯最初进入机械加工的阶段。由于齿轮的传动精度主要取决于齿形精度和齿距分布的均匀性，而这与切齿时采用的定位基准（孔和端面）的精度有着直接的关系，所以，这个阶段主要是为下一阶段加工齿形准备精基准，另外对于齿形以外的次要表面的加工，也应尽量在这一阶段的后期加以完成。

　　齿坯加工方案的确定方法如下：

　　（1）中、小批量生产的齿坯加工　中、小批量生产尽量采用通用机床加工。对于圆柱孔齿坯，可采用粗车—精车的加工方案。

　　1）在卧式车床上粗车齿坯各部分。

　　2）在一次安装中精车内孔和基准端面，以保证基准端面对内孔的圆跳动要求。

　　3）以内孔在心轴上定位，精车外圆、端面及其他部分。

　　对于花键孔齿坯，采用粗车—拉削—精车的加工方案。

　　（2）大批量生产的齿坯加工　大批量生产中，无论花键孔或圆柱孔，均采用高生产率的机床（如拉床、多轴自动或多刀自动车床等）。

　　1）以外圆定位加工端面和孔（留拉削余量）。

　　2）以孔本身和端面支撑拉孔。

　　3）以孔在心轴上定位，在多刀半自动车床上粗车外圆、端面和切槽。

　　4）不卸下心轴，在另一台车床上继续精车外圆、端面、切槽和倒角。

　　第二阶段：滚齿、剃齿等齿形加工。这一阶段是齿形加工。对于不需要淬火的齿轮，一般来说，这个阶段也就是齿轮加工的最后阶段，即经过这个阶段就应当加工出完全符合图样要求的齿轮来。对于需要淬硬的齿轮，必须在这个阶段加工出能满足齿形最后精加工所要求的齿形精度，所以这个阶段是保证齿轮加工精度的关键阶段。

第三阶段：齿部高频淬火。这个阶段是齿形的热处理阶段。主要是对齿面的淬火处理，使齿面达到规定的硬度要求。

最后阶段：推孔、珩齿加工。这个阶段主要是齿形的精加工阶段，主要目的在于修正齿轮经过淬火引起的齿形变形，进一步提高齿形精度和降低表面粗糙度值，使之达到最终的精度要求。在这个阶段中，首先应对定位基准面（孔和端面）进行修整，因淬火后齿轮的内孔和端面均会产生变形，如果在淬火后直接采用这样的孔和端面作为基准进行齿形精加工，是很难达到齿轮精度要求的。

齿形加工方案的确定思路如下：

1）8级精度以下的齿轮，经滚齿或插齿即可达到要求。对于硬齿轮，常采用滚（插）齿—齿端加工—齿面热处理—修正内孔的加工方案，但在齿面热处理前，齿形加工精度应比图样设计要求高一级。

2）7级精度不需淬硬齿轮，可用滚齿—剃齿（或冷挤压）方案。对于7级精度淬硬齿轮，当批量较小或淬火后变形较大的齿轮，可采用磨齿方案：滚（插）齿—齿端加工—渗碳淬火—修正基准—磨齿；批量大时可用剃、珩齿方案：滚（插）齿—齿端加工—剃齿—表面淬火—修正基准—珩齿。

3）5～6级精度齿轮常采用磨齿方案。

齿端加工是指齿轮的齿端倒圆、倒角、倒棱和去毛刺等加工方式。经倒圆和倒角后的齿轮传动容易进入啮合状态；倒棱可以除去齿端的锐边，因为渗碳淬火后这些锐边变得硬而脆，在齿轮的传动中会崩碎，使得传动系统中齿轮的磨损加速。

（三）确定双联齿轮加工面加工顺序，拟定工艺路线

选择定位基准，并依据其他加工顺序确定原则，确定加工工序，拟定工艺路线。该双联齿轮的工艺路线见表2-40。

表2-40　双联齿轮的机加工工艺路线

工序号	工序名称	工 序 内 容	定位基准
1	锻造	锻造毛坯	
2	热处理	正火	
3	镗	镗花键孔底孔，车右端面	外圆及左端面
4	车	粗车、半精车外圆及左端面	内孔及右端面
5	拉	拉花键孔	内孔及右端面
6	钳	去毛刺	
7	检	检验	
8	车	（上花键心轴）精车右端面、外圆槽至图样要求	花键孔及左端面
9	滚齿	滚齿（$z=42$），留剃齿余量0.07～0.10mm	花键孔及左端面
10	插齿	插齿（$z=28$），留剃齿余量0.04～0.06mm	花键孔及右端面
11	倒角	倒角（Ⅰ、Ⅱ齿部12°倒角）	花键孔及端面
12	钳	去毛刺	
13	剃齿	剃齿（$z=42$），公法线长度至尺寸上限	花键孔及右端面

（续）

工序号	工序名称	工序内容	定位基准
14	剃齿	剃齿（$z=28$），公法线长度至尺寸上线	花键孔及右端面
15	热处理	齿部高频淬火，齿部硬度52HRC	
16	推	推孔	花键孔及右端面
17	珩齿	珩齿至尺寸要求	花键孔及右端面
18	检		

齿轮的加工工艺过程根据齿轮材质和热处理要求、齿轮结构及尺寸大小、精度要求、生产批量和车间设备条件而定，一般可以归纳成：锻造毛坯—毛坯正火热处理—齿坯加工—齿坯调质热处理—齿形加工—齿圈淬火热处理—精基准加工—齿圈精整加工。

四、设计双联齿轮零件机加工工序

双联齿轮的工序设计中，齿坯的外圆、内孔等加工面的工序尺寸计算类同于轴承套等一般套类零件的工序尺寸计算，这里不再介绍详细的计算过程。

1. 剃齿与珩齿的余量

剃齿与珩齿的余量参考见表2-41和表2-42。

表2-41　剃齿余量（齿厚两侧）　　　　　（单位：mm）

模数	工件直径			
	≤100	100~200	200~500	500~1000
≤2	0.04~0.08	0.06~0.10	0.08~0.12	0.10~0.15
>2~4	0.06~0.10	0.08~0.12	0.10~0.15	0.12~0.18

表2-42　珩齿加工的余量选择　　　　　（单位：mm）

模数	加工余量
1~2.5	0.03~0.06
2.5~4	0.04~0.08
4~6	0.05~0.10

由双联齿轮工艺路线表2-40知道，工序3、4、5、8、9、10、13、14、16、17十个工序需要进行各个工序的刀具、夹具、切削用量、加工机床等的确定。确定过程类似于其他零件，此处将详细过程省略。

五、填写双联齿轮零件机加工工艺文件

双联齿轮机加工工艺过程卡片见表2-43。

表2-43　双联齿轮机加工工艺过程卡片

机加工工艺过程卡片		产品型号		零件图号			共2页	第1页
		产品名称		零件名称	双联齿轮			
材料牌号	40Cr	毛坯种类	锻造	毛坯外形尺寸		每毛坯可制件数	每台件数 1	备注

工序号	工序名称	工序内容	车间	工段	设备	工艺装备	备注	工时(准终)	工时(单件)
1	锻造	锻造毛坯							
2	热	正火热处理							
3	镗	用卡盘装夹工件 1)粗镗花键孔底孔 2)精镗花键孔底孔 3)粗车右端面 4)半精车右端面			C6132A	卡盘、车刀、镗刀			
4	车	用卡盘装夹工件 1)粗车外圆及左端面 2)半精车外圆及左端面			C6132A	卡盘、车刀、镗刀			
5	拉	用拉床夹具装夹工件 拉花键孔			L515A	花键拉刀、车刀、拉床夹具			
6	钳	去毛刺							
7	检	检验							
8	车	用花键心轴装夹 1)精车右端面至图样要求 2)车外圆圆槽至图样要求			C6132A	车刀、花键心轴			

（续）

机加工工艺过程卡片		产品型号		零件图号		共2页	第2页
		产品名称		零件名称	双联齿轮		

| 材料牌号 40Cr | 毛坯种类 锻造 | 毛坯外形尺寸 | 每毛坯可制件数 | 每台件数 1 | | |

工序号	工序名称	工序内容	车间	工段	设备	工艺装备	备注
9	滚	用带孔齿轮式滚齿夹具装夹工件；滚齿（$z=42$），留剃齿余量			YBA3115	GB/T 6083—2001 整体式 AA 滚刀，带孔齿轮式滚齿夹具	
10	插	用插床夹具装夹工件；插齿（$z=28$），留剃齿余量			YK5115	盘形插齿刀，插床夹具	
11	倒角	I，II 齿部 12° 倒角					
12	钳	去毛刺					
13	剃齿	剃齿（$z=42$），公法线长度至尺寸上限；用剃齿夹具装夹工件			Y4232C	GB/T 14333—2008 盘形剃齿刀，剃齿夹具	
14	剃齿	剃齿（$z=28$），公法线长度至尺寸上限；用剃齿夹具装夹工件			Y4232C	GB/T 14333—2008 盘形剃齿刀，剃齿夹具	
15	热	齿部高频淬火处理，齿部硬度 52HRC					
16	推	用拉床夹具装夹工件；推孔			L515A	花键推刀，拉床夹具	
17	珩齿	用珩齿夹具装夹工件；珩齿至尺寸要求			Y462A	珩磨轮，珩齿夹具	
18	检	检验各部分精度					

工时：准终 / 单件

设计日期 审核日期 标准化日期 会签日期

标记	处数	更改文字编号	签字	日期	标记	处数	更改文字编号	签字	日期

模块三　薄壁长套筒零件机加工工艺设计

项目任务 2-3　设计图 2-30 所示液压缸零件的机加工工艺。
学习目标 2-3

- 会分析薄壁长套筒结构类液压缸零件的加工工艺技术要求。
- 熟悉薄壁长套筒零件毛坯特征。
- 设计工艺路线时，能合理地将粗、精加工分开，以减少薄壁工件变形程度。
- 在薄壁长套筒零件的工序设计过程中，能合理地确定装夹夹具的夹紧力作用点和方向，并合理地选择刀具（切削角度）及切削用量，以减少薄壁工件的加工变形，保障加工精度。
- 能准确填写液压缸零件机加工的相关工艺文件。

一、分析液压缸零件加工工艺技术要求

（一）功用与结构分析

液压缸零件属于液压系统的执行元件，被广泛用于各种液压机械设备中。液压缸的功用是将液体压力能转化为机械能，用于实现直线往复运动或往复摆动。

液压缸零件的结构表面主要有外圆、内孔和端面。

（二）加工技术要求分析

液压缸零件的主要加工技术要求，见表 2-44。

液压缸的技术要求除了表 2-44 中列出的，还有 $\phi70H7$ 的两端孔口距离端面各 15mm 的 $1°30'$ 锥孔部分。

（三）结构工艺性

薄壁长套筒零件的结构特点是孔壁薄且轴向尺寸分布远大于径向尺寸分布，这与盘套或短套零件有很大的不同。因加工中夹紧力、切削力作用以及内应力和切削热的影响，容易产生变形等影响加工精度的现象。常见变形如图 2-31 所示。

二、确定液压缸零件加工毛坯

液压缸的材料一般有铸铁和无缝钢管两种。为保证活塞在液压缸内移动平顺，对该液压缸的内孔有圆柱度要求，对内孔的轴线有直线度要求，对内孔轴线与两端面间有垂直度要求，内孔轴线对两端支撑外圆（$\phi82h6$）的轴线有同轴度要求。此外还特别要求：内孔必须光洁无纵向刻痕；若缸体为铸铁材料，要求其组织紧密，不得有砂眼、针孔及疏松等缺陷。

制作图 2-30 中液压缸的毛坯，可采用型材无缝钢管。

液压缸材质及毛坯成形特点如下：

液压缸的材料可以根据工作介质的压力大小不同及工作缸的尺寸大小不同来选择，选择范围很广。对于低压的小尺寸的液压缸，可使用灰铸铁，常用的牌号为 HT200 到 HT350 之间。要求高一些的，则可选用球墨铸铁 QT450—10、QT500—7 及 QT600—3 等。要求再高的可以采用铸钢，如 ZG230—450、ZG270—500、ZG310—570 等。对于大、中型锻造液压机，

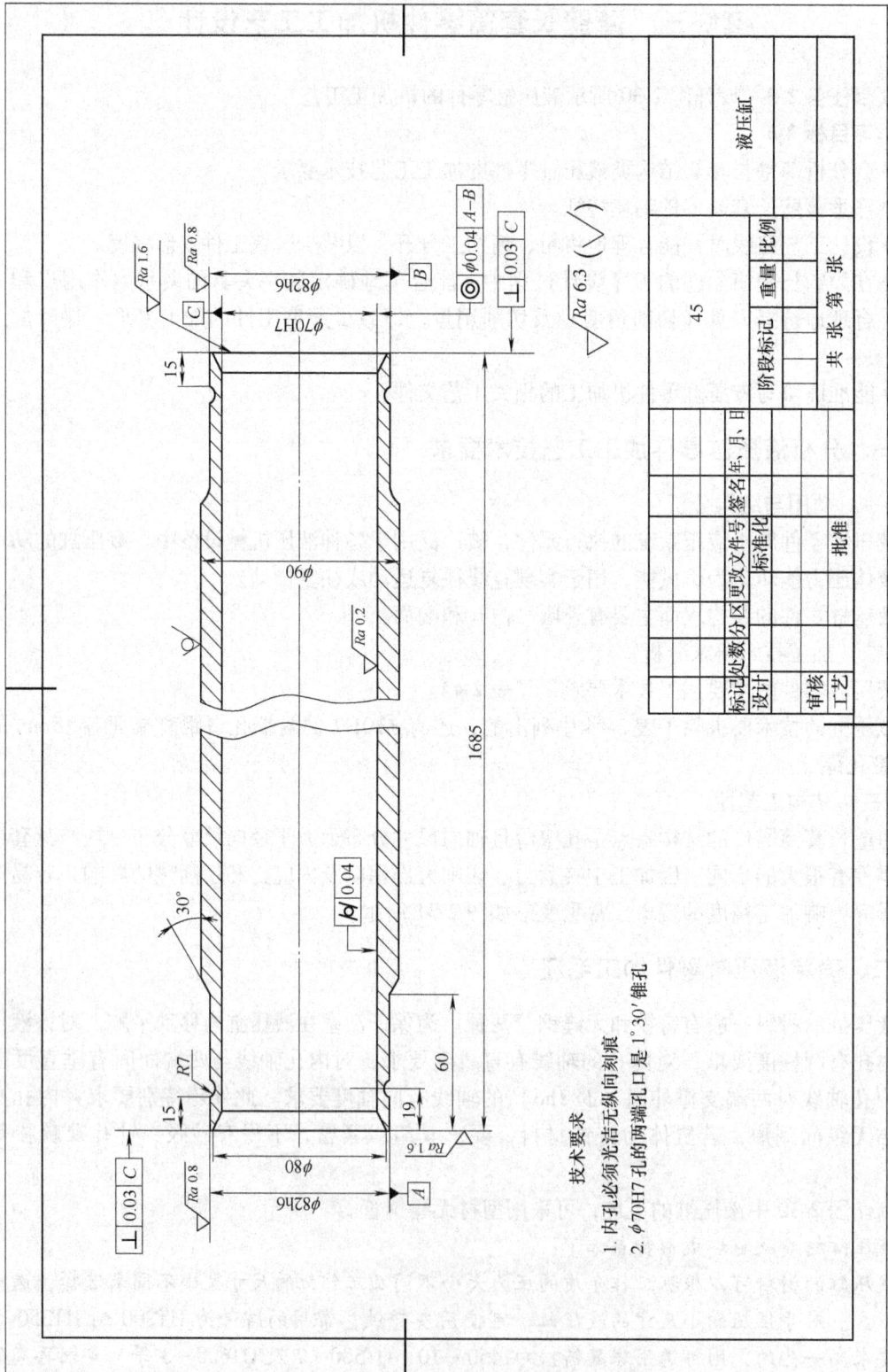

图2-30 液压缸零件图

技术要求

1. 内孔必须光洁无纵向刻痕
2. φ70H7孔的两端孔口是1°30′锥孔

表 2-44　液压缸零件主要加工技术要求

加工表面	加工尺寸/mm	主要尺寸的公差等级	表面粗糙度 $Ra/\mu m$	几何公差/mm	备注
$\phi82h6$ 两处	$\phi82h6 \times 60$	IT6	0.8		基准 A 和基准 B
$\phi70H7$	$\phi70H7 \times 1685$	IT7	0.2	孔的圆柱度公差不大于 0.04；相对于基准 $A-B$ 的同轴度公差不大于 $\phi0.04$	基准 C
两端面			1.6	相对于基准 C 的垂直度公差不大于 0.03	
两处 $R7$mm 圆弧槽	$R7$, 15, 19		6.3		

常用 35、45 或 40 锻钢，有时也用 20MnMo 等低合金钢来制造液压缸。而在一些大吨位的锻造或模锻液压机中，液压缸的材料有时选用 18MnMoNb 合金钢等，用大的钢锭直接锻造成液压缸的毛坯。小尺寸的液压缸也常用无缝钢管作坯料，其优点是加工余量小，工艺性能好，生产准备周期短，适合于批量较大的生产。

三、设计液压缸零件机加工工艺路线

要设计出液压缸零件的工艺路线，首先要确定各单个加工表面的加工方案，然后依据加工面之间加工顺序的安排原则，划分零件整体的加工阶段。

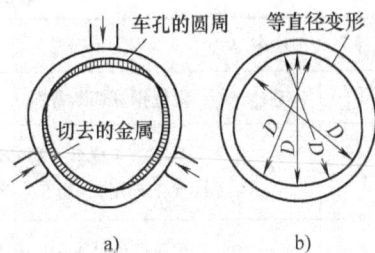

图 2-31　薄壁工件的变形
a) 车孔情况　b) 等直径变形

（一）确定液压缸加工面加工方案

液压缸零件中孔的尺寸精度不算太高，但是为保证活塞与内孔的相对运动平顺，对孔的几何精度和表面质量要求较高。因而精加工采用滚压，以提高表面质量。精加工采用镗孔和浮动铰孔，以保证较高的圆柱度和孔轴线的直线度要求。由于毛坯采用无缝钢管，毛坯精度较高且加工余量小，故内孔直接从半精镗开始加工。液压缸加工方案见表 2-45。

表 2-45　液压缸加工方案

加工面	加工方案	
	尺寸公差等级及表面粗糙度要求	加工方法
$\phi82h6$ 两处	IT6, $Ra0.8\mu m$	粗车—半精车—粗磨—精磨
$\phi70H7$	IT7, $Ra0.2\mu m$	半精镗—精镗—精铰（浮动镗）—滚压
两端面	$Ra1.6\mu m$	粗车—半精车—精车
两处 $R7$mm 圆弧槽	$Ra6.3\mu m$	车
两端锥孔	$1°30'$	镗

（二）划分加工阶段

首先依据基准先行原则（注意定位基准的选择），其次以套零件加工阶段划分的一般规律来确定加工阶段。

1. 选择定位基准

选择定位基准时，按基准先行原则，保证内孔 $\phi70H7$ 轴线对两端外圆柱面 $\phi82h6$ 轴线的同轴度公差为 $\phi0.04mm$；两端端面对内孔 $\phi70H7$ 轴线的垂直度公差为 $0.03mm$。

2. 划分加工阶段

液压缸的加工阶段划分如下：粗车、半精车 $\phi82h6$ 外圆及端面—半精镗、精镗、浮动镗 $\phi70H7$ 内孔—精车 $\phi82h6$ 外圆及端面。

（三）确定液压缸加工面加工顺序，拟定工艺路线

液压缸壁薄，采用径向夹紧方式容易变形。但由于轴向长度大，加工时需要两端支撑装夹外圆表面。为使外圆受力均匀，先在一端外圆表面上加工出工艺螺纹，使后面的工序进行时都能用工艺螺纹夹紧外圆，最终加工完成后再车去工艺螺纹，达到外圆要求的尺寸，见表2-46。

表 2-46　液压缸的机加工工艺路线　　　　　　（单位：mm）

工序号	工序名称	工序内容	定位及夹紧
1	毛坯	无缝钢管切断备料	
2	车	粗车、半精车一端 $\phi82h6$ 外圆部分，并车 M88×1.5 螺纹（工艺用），粗车、半精车端面，倒角	一夹一托 一夹一大头顶
3	车	粗车、半精车另一端 $\phi82h6$ 外圆部分，粗车、半精车端面，倒角	一端紧固一端托（M88×1.5 螺纹端固定在夹具上，另一端用中心架）
4	镗	半精镗、精镗 $\phi70H7$ 孔，精铰	一端紧固一端托
5	滚压	用滚压头滚压 $\phi70H7$ 孔至精度要求	一端紧固一端托
6	磨	车去工艺螺纹，车 R7 的槽，粗磨、精磨 $\phi82h6$ 外圆至尺寸，精车端面至精度要求	一软爪夹一大头顶
7	磨	车另一端 R7 的槽，磨 $\phi82h6$ 外圆至尺寸，车端面至精度要求	一软爪夹一大头顶
8	镗	镗内锥孔 1°30′锥孔	一软爪夹一托
9	镗	镗另一端内锥孔 1°30′锥孔	一软爪夹一托
10	检		

长套筒零件的定位基准选择方法：为保证内、外圆的同轴度，在加工外圆时，一般与空心主轴的安装方法相似，即以孔的轴线为定位基准，用双顶尖顶孔口棱边，或一头夹紧另一头用顶尖顶孔口；加工孔时，与深孔加工方式相同，一般采用夹一头，另一头采用中心架托住外圆。作为定位基准的外圆表面应为已加工表面，以保证基准准确。

　　薄壁套筒工件在加工过程中，往往因夹紧力、切削力和切削热的影响而引起变形，致使加工精度降低。为防止工件的变形，可以采取以下措施：

　　（1）减小夹紧力对变形的影响　在实际加工中，要减小夹紧力对变形的影响，工艺上常从以下三点来着手解决。

　　1）夹紧力不应集中于工件的某一部分，而应分布在较大的面积上，以使工件单位面积上所受的压力减小，从而减小其变形。例如，工件以外圆用卡盘夹紧时，可以采用软卡爪，增加装卡的宽度和长度，如图2-32所示。也可用开缝套筒装夹薄壁工件，如图2-33所示，由于开缝套筒与工件接触面积大，夹紧力均匀分布在外圆上，不易产生变形。当薄壁套筒以孔为定位基准时，宜采用胀开式心轴装夹。

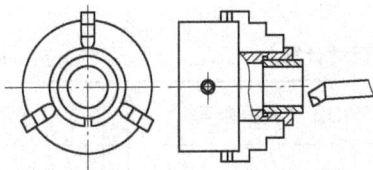

图2-32　用开缝套筒装夹薄壁工件　　　　　图2-33　增加工艺肋减少薄壁工件变形

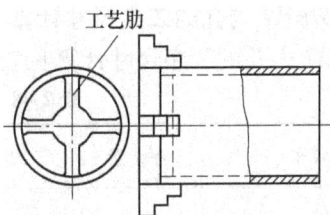

　　2）尽量采用轴向夹紧工件的夹具。对于薄壁套筒类零件，由于轴向刚性比径向刚性好，用卡爪径向夹紧时工件变形大，若沿轴向施加夹紧力，变形就会小得多。

　　3）在工件上做出加强刚性的辅助凸边，以提高其径向刚度，减小夹紧变形，加工时采用特殊结构的卡爪夹紧。

　　（2）减小切削力对变形的影响　可以通过以下两个方面来解决。

　　1）减小径向力，通常可以借助增大刀具的主偏角来达到。

　　2）粗、精加工分开进行，使粗加工时产生的变形能在精加工中得到纠正。

　　（3）减少热变形引起的误差　工件在加工过程中受切削热后会膨胀变形，从而影响工件的加工精度。为了减少热变形对加工精度的影响，应在粗、精加工工序之间留有充分的冷却时间，并在加工时注入足够的切削液。另外，为减少热处理对工件变形的影响，热处理工序应放在粗、精加工之间进行，以便热处理引起的变形在精加工中得到纠正。

四、设计液压缸零件机加工工序

　　首先计算出个体加工表面的工序尺寸，然后针对零件整体，对每个机加工工序的刀具、量具、夹具、切削用量、加工机床等工序内容进行设计。

　　（一）计算工序尺寸

　　液压缸零件，由加工方案选择的表2-45得知，需要进行工序尺寸设计的加工面有ϕ82h6外圆、ϕ70H7内孔。

　　1. ϕ82h6外圆的工序尺寸计算

　　ϕ82h6外圆的工序尺寸计算见表2-47。

表 2-47　ϕ82h6 外圆加工面工序尺寸计算　　　　　　　（单位：mm）

工序名称	工序余量	工序公称尺寸	工序所能达到的公差等级	工序尺寸
精磨	0.15	ϕ82	IT6（0.022）	$\phi82_{-0.022}^{0}$
粗磨	0.25	ϕ82.15	IT9（0.07）	$\phi82.15_{-0.07}^{0}$
半精车	1.5	ϕ82.4	IT11（0.23）	$\phi82.4_{-0.23}^{0}$
粗车	2.5	ϕ83.9	IT12（0.46）	$\phi83.9_{-0.46}^{0}$

2. ϕ70H7 内孔的工序尺寸计算

ϕ70H7 内孔的工序尺寸计算见表 2-48。

表 2-48　ϕ70H7 内孔的工序尺寸计算　　　　　　　（单位：mm）

工序名称	工序余量	工序公称尺寸	工序所能达到的公差等级	工序尺寸
滚压	0.1	ϕ70	IT7（0.03）	$\phi70_{0}^{+0.03}$
精铰（浮动镗）	0.3	ϕ69.9	IT8（0.46）	$\phi69.9_{0}^{+0.46}$
精镗	0.1	ϕ69.6	IT9（0.06）	$\phi69.6_{0}^{+0.06}$
半精镗		ϕ69.5	IT11（0.20）	$\phi69.5_{0}^{+0.20}$

液压缸两端面表面粗糙度工序加工分布见表 2-49。

表 2-49　两端面的表面粗糙度工序加工分布

工序名称	工序所能达到的表面粗糙度值 $Ra/\mu m$	工序名称	工序所能达到的表面粗糙度值 $Ra/\mu m$
精车	1.6	粗车	6.3
半精车	3.2		

（二）确定工序的刀、量、夹具，选择切削用量，确定加工机床等

由液压缸工艺路线的表 2-46 知道，工序 2、3、4、5、6、7、8、9 需要确定各个工序的刀具、量具、夹具、切削用量及加工机床的工序设计。

每个机加工工序的设计思路与方法，和前文类似，此处不再赘述。

五、填写液压缸零件机加工工艺文件

液压缸机加工工艺过程卡片见表 2-50。

表2-50　液压缸机加工工艺过程卡片

机加工工艺过程卡片		产品型号		零件图号			共2页	第1页
		产品名称		零件名称	液压缸			

材料牌号	毛坯种类	毛坯外形尺寸	每毛坯可制件数	每台件数
45	无缝钢管			1

工序号	工序名称	工序内容	车间	工段	设备	工艺装备	备注	工时 准终	工时 单件
1	毛坯	无缝钢管切断							
2	车	一夹一托，一夹一大头顶装夹工件 1) 粗车、半精车端面 2) 粗车、半精车 $\phi82h6$ 外圆至 $\phi82.4_{-0.23}^{0}$ mm 3) 车 M88×1.5 螺纹（工艺用） 4) 倒角			CT61100	90°外圆车刀，45°端面车刀，螺纹车刀；自定心卡盘，中心架，顶尖；0.02mm规格的游标卡尺			
3	车	一端紧固（M88×1.5螺纹端固定在夹具上，另一端用中心架） 1) 粗车、半精车另一端端面 2) 粗车、半精车 $\phi82h6$ 外圆至 $\phi82.4_{-0.23}^{0}$ mm 3) 倒角			CT61100	90°外圆车刀，45°端面车刀；自定心卡盘，中心架；0.02mm规格的游标卡尺			
4	镗	一端紧固一端托装夹工件 1) 半精镗 $\phi70H7$ 孔至 $\phi69.5_{0}^{+0.20}$ mm 2) 精镗 $\phi70H7$ 至 $\phi69.6_{0}^{+0.06}$ mm 3) 铰孔（浮动镗孔）$\phi69.9_{0}^{+0.46}$ mm			TX617	普通单刃镗刀；中心架等；内测千分尺			
5	滚压	一端紧固一端托装夹工件 用滚压头将滚压孔至精度要求			CT61100	滚压头；中心架等；内测千分尺			
6	磨	一软爪夹一大头顶装夹 1) 车去工艺螺纹							

（续）

机加工工艺过程卡片		产品型号		零件图号		共2页	第2页
		产品名称		零件名称	1		

材料牌号 45　毛坯种类 无缝钢管　毛坯外形尺寸　每毛坯可制件数　每台件数 1　液压缸　备注

工序号	工序名称	工 序 内 容	车间	工段	设备	工艺装备	工时（准终／单件）	备注
6	磨	2) 车 R7mm 的槽 3) 粗磨 φ82h6 外圆至 φ82.15 $_{-0.07}^{0}$ mm 4) 精磨 φ82h6 外圆至尺寸 5) 精车端面至精度要求 一软爪夹一大头顶装夹			CT61100	外圆车刀、圆弧车刀、平面通用砂轮；软卡爪、顶尖；外径千分尺		
7	磨	1) 车 R7mm 的槽 2) 粗磨 φ82h6 外圆至 φ82.15 $_{-0.07}^{0}$ mm 3) 精磨 φ82h6 外圆至尺寸 4) 精车端面至精度要求 一软爪夹一托装夹			CT61100	外圆车刀、圆弧车刀、平面通用砂轮；软卡爪、顶尖；外径千分尺		
8	镗	镗内锥孔 1°30′ 锥孔 一软爪夹一托装夹			TX617	普通单刃镗刀；中心架爪、软卡		
9	镗	镗另一端内锥孔 1°30′ 锥孔 一软爪夹一托装夹			TX617	普通单刃镗刀；中心架爪、软卡		
10	检	检验各部分精度						

				设计日期	审核日期	标准化日期	会签日期
标记	处数	更改文字编号	签字	日期			

项目三 异形结构类零件机加工工艺设计

工作任务 3

设计机械零部件中常见的拨叉、连杆等异形结构类零件的机加工工艺。

能力目标 3

● 会分析异形结构件的加工技术要求。

● 能合理选择异形结构件各加工面的加工方案，并合理划分加工阶段，进而合理设计出零件加工工艺路线。

● 在异形结构件工序设计过程中，对于需要专用铣床夹具的工序，能够根据工序技术要求与铣床专用夹具的设计要点知识，设计出相应的铣床专用夹具。

● 能准确地填写出异形结构件的工艺过程卡等工艺文件。

● 会查阅工艺手册中铣削等切削加工相关资料。

知识目标 3

● 熟悉铣床夹具常用附件。

● 掌握铣床专用夹具的对刀块、塞尺、定位键等相关设计要点知识。

● 熟悉平面的铣削、磨削加工方法，以及小尺寸、攻螺纹的相关知识。

模块一 拨叉零件机加工工艺设计

项目任务 3-1 设计图 3-1 所示拨叉零件的机械加工工艺。

学习目标 3-1

● 能准确地分析出拨叉零件的加工技术要求。

● 熟悉异形结构零件的铣削加工等加工方式，能合理选择拨叉零件各加工面的加工方案，并能合理安排加工顺序，设计出零件加工工艺路线。

● 在拨叉零件的工序设计过程中，熟练掌握铣床专用夹具的设计要点相关知识，能设计出工序所需的铣床夹具。

● 能正确地填写出拨叉零件的相关工艺文件。

● 会查阅铣削用量、铣床、平面加工余量等工艺资料，以及铣床夹具设计中的对刀块、塞尺、定位键等铣床夹具结构件的相关资料。

一、分析拨叉零件加工工艺技术要求

（一）拨叉零件的功用与结构分析

拨叉零件主要用在操纵机构中，如改变车床滑移齿轮的位置，实现变速；或应用于控制

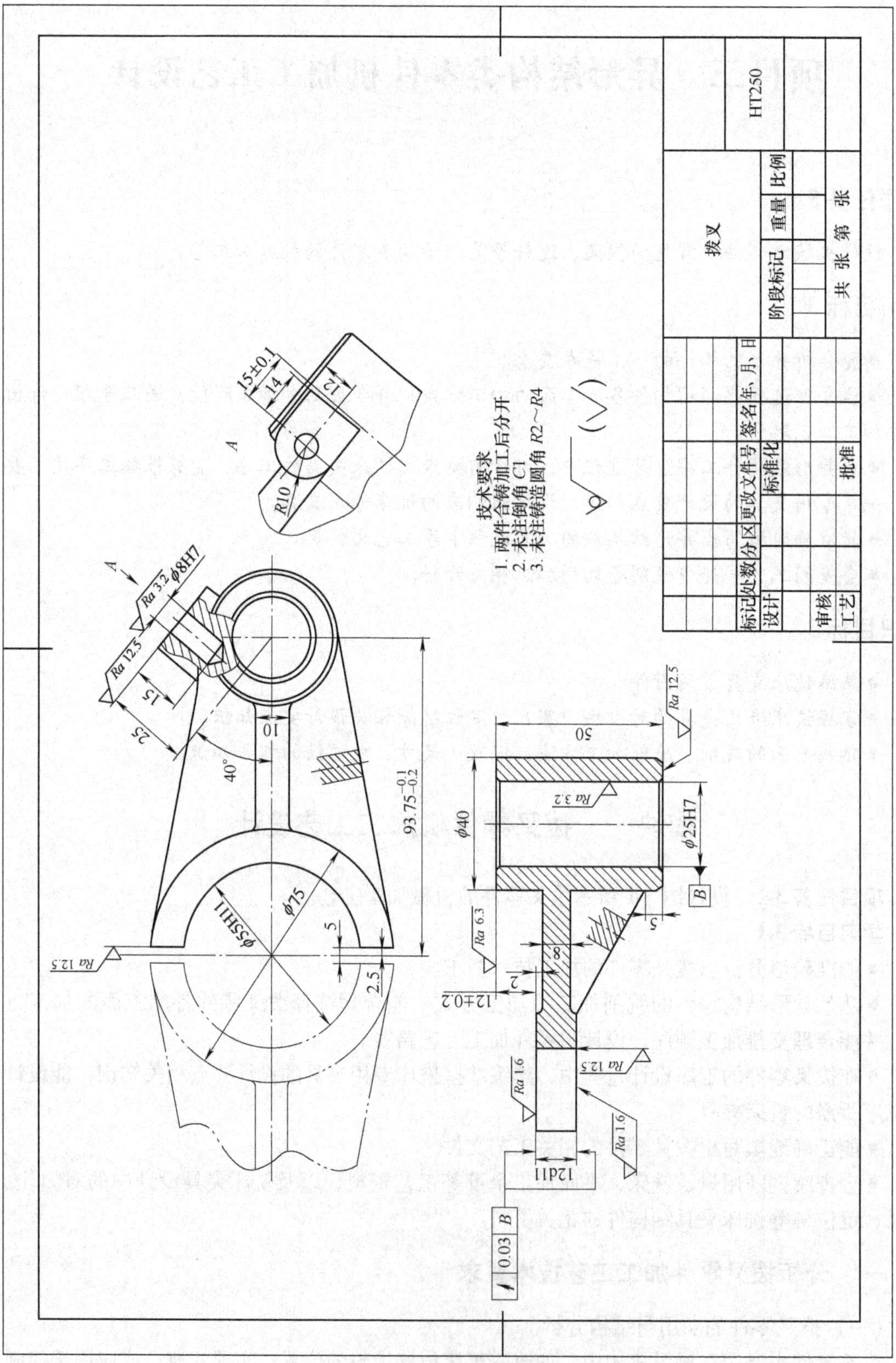

图3-1　拨叉零件图

离合器的啮合与断开的机构中，控制横向或纵向进给。机械中的拨叉，一般分为拨叉爪子、拨叉轴和拨叉手柄座。主要作用是拨动滑移齿轮，改变其在齿轮轴上的位置，可以上下移动或左右移动，从而实现不同的速度。机械产品中离合器的控制，如端面结合齿的结构、内外齿的结构，都需要用拨叉控制来实现结合与分离。机械产品中电器的控制也需要拨叉来实现开关的闭合与断开，一般是电器盒中两边各一个碰卡开关，拨叉左右或上下拨动，从而实现机床不同方向的运转。

（二）加工工艺要求分析

拨叉零件的主要加工技术要求见表 3-1。

表 3-1　拨叉零件的主要加工技术要求

加工表面	加工尺寸 /mm	加工公差 等级	表面粗糙度 $Ra/\mu m$	几何公差 /mm	备注
拨叉头 $\phi 25H7$	50，$\phi 25H7$，倒角 $C1$	IT7	3.2		基准 B
拨叉头 $\phi 8H7$	$\phi 8H7$，15 ± 0.1，12，15	IT7	3.2		
拨叉头 $\phi 8H7$ 孔端面	25		12.5		
拨叉脚爪口内侧面	$\phi 55H11$	IT11	12.5		
拨叉脚两端面	$12d11$，12 ± 0.2	IT9	1.6	相对于基准 B 的轴向 圆跳动公差 0.03	

除了表中主要加工技术要求，还有拨叉头前端面 $Ra12.5\mu m$，拨叉头后端面 $Ra6.3\mu m$，毛坯采用两件合铸后分开。

二、确定拨叉零件加工毛坯

拨叉零件的材料是 HT250，毛坯采用铸造成形。参考工序尺寸的计算结果，画出的拨叉毛坯图如图 3-2 所示。

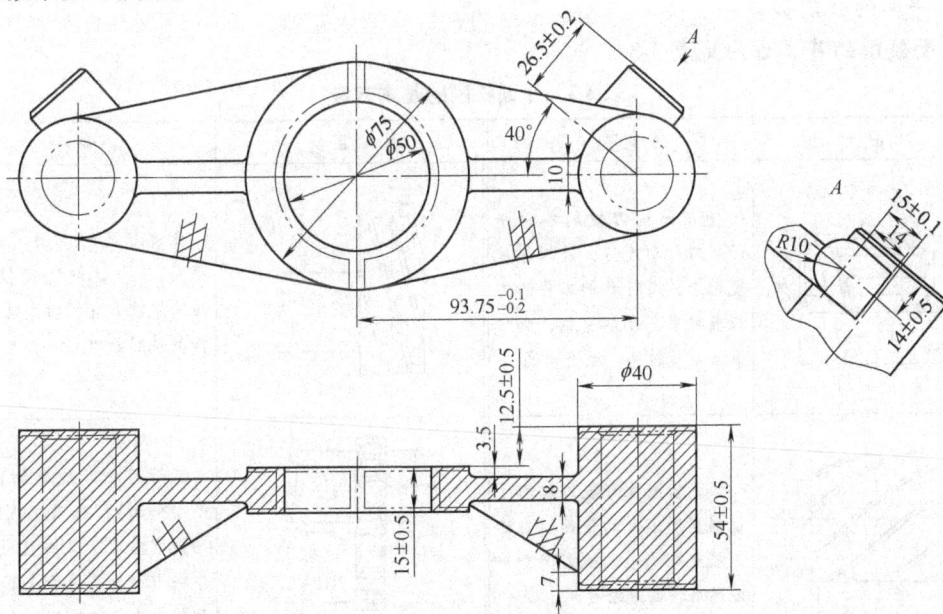

图 3-2　拨叉毛坯图

三、设计拨叉零件机加工工艺路线

拨叉零件属于异形结构件，其整体看起来比较复杂，但是可将其局部地"分解"来看。拨叉头有 $\phi25\text{H7}$ 孔及其端面需要加工，拨叉头 $\phi8\text{H7}$ 及其端面也需要加工；拨叉脚爪口内侧面及拨叉脚端面需要加工；其余的拨叉头与拨叉脚连接肋板部位等是不需要去除材料的，毛坯成形即可。所以，在清楚了所有需要加工的面及其相互位置关系（注意加工面的工序尺寸），并选择好这些面的加工方案后，可以按照加工顺序的安排原则设计出拨叉零件的加工路线。

（一）确定拨叉零件各加工面加工方案

拨叉零件各加工面的加工方案见表 3-2。

表 3-2　拨叉零件各加工面的加工方案

加工面	加工方案	
	公差等级及表面粗糙度/μm	加工方法
拨叉头前端面	$Ra12.5$	铣
拨叉头后端面	$Ra6.3$	粗铣—半精铣
拨叉头 $\phi25\text{H7}$ 孔	IT7，$Ra3.2$	钻—扩—粗铰—精铰
拨叉头 $\phi8\text{H7}$ 孔	IT7，$Ra3.2$	钻—粗铰—精铰
拨叉头 $\phi8\text{H7}$ 孔端面	$Ra12.5$	铣
拨叉脚爪口内侧面	IT11，$Ra12.5$	铣
拨叉脚两端面	IT9，$Ra1.6$	粗铣—半精铣—磨

▦ "平面的铣削加工和磨削加工"知识导入

1. 平面的铣削加工

平面铣削的基本方法见表 3-3。

表 3-3　平面铣削的基本方法

简图	说明	简图	说明
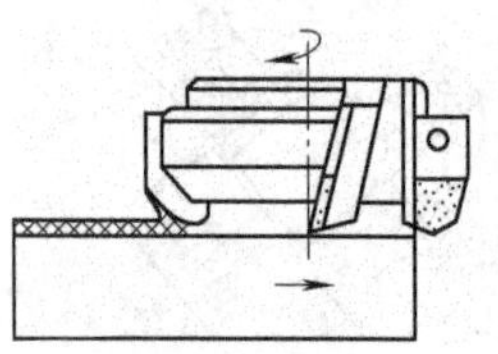	使用面铣刀铣削各种平面，刀杆刚度好，铣削厚度变化小，同时参加工作的刀齿数较多，切削平稳，加工表面质量较高，生产率高	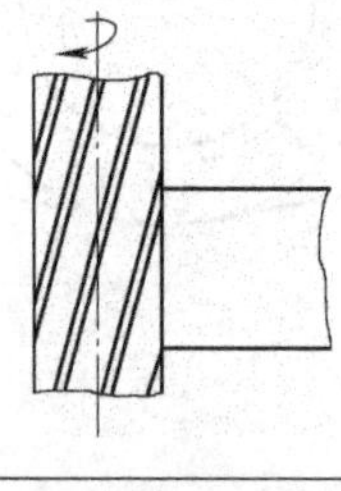	立铣刀铣削侧面（或凸台平面），当铣削宽度较大时，应选用较大直径的立铣刀，以提高铣削效率
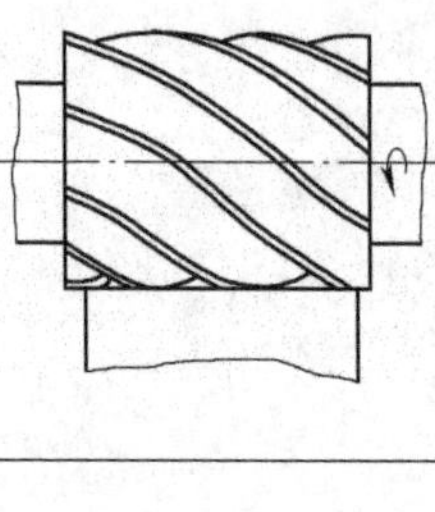	螺旋齿圆柱形铣刀仅用于铣削宽度不大的平面。当选用较大螺旋角的铣刀时，可以适当提高进给量	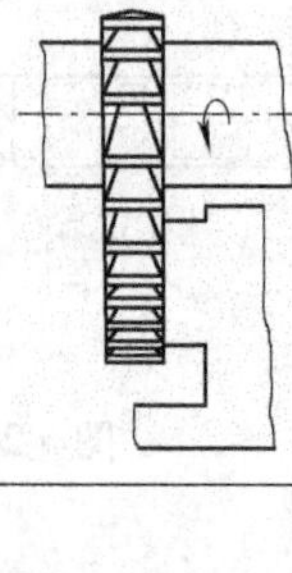	三面刃铣刀铣削侧面（或凸台平面），在满足铣削工件的铣削要求及工件（或夹具）不碰刀杆套筒的条件下，应选用较小直径的铣刀

（续）

简图	说明	简图	说明
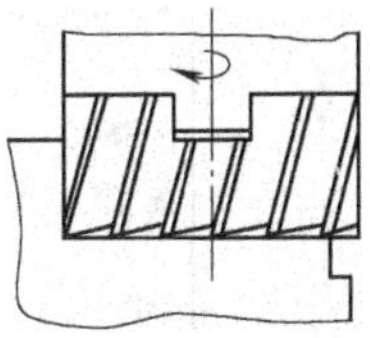	套式立铣刀铣削台阶面	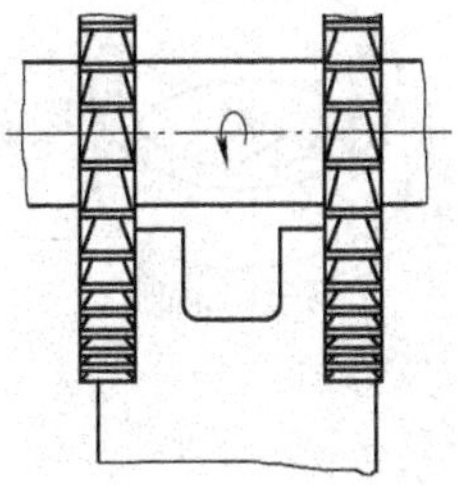	两把三面刃铣刀铣削平行台阶平面，铣刀的直径应相等。装刀时，两把铣刀的刀齿应错开半个齿，以减小振幅

平面铣削加工的铣刀、铣床、铣削用量等资料见附录相关内容。

2. 平面磨削加工

在平面磨床上磨削平面，一般可以达到公差等级 IT6～IT7，表面粗糙度值为 $Ra0.63～0.16\mu m$。精密平面磨床，磨削表面粗糙度值可达 $Ra0.1\mu m$，平行度公差在 1000mm 长度内为 0.01mm。

平面磨削形式及特点见表 3-4，平面磨削常用方法见表 3-5。

表 3-4 平面磨削形式及特点

磨削形式	图 示	特 点	磨床类型
周边磨削	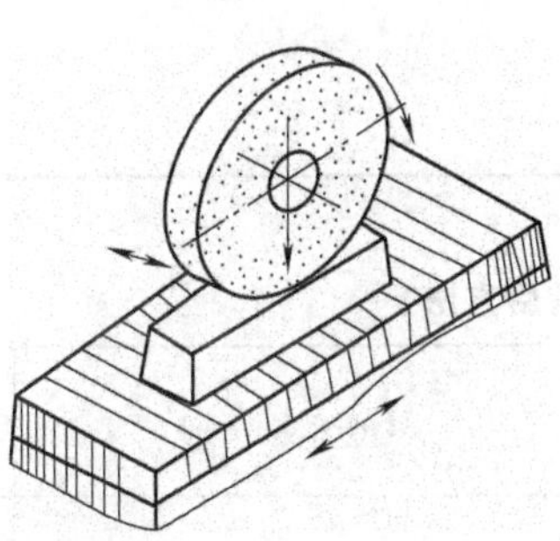	用砂轮圆周面磨削平面时，砂轮与工件的接触面较小，磨削时的冷却和排屑条件较好，产生的磨削力和磨削热也较小，因此，有利于提高工件的磨削精度。这种磨削方式适用于精磨各种平面零件，一般为 0.01～0.02mm/100mm。但因磨削时要用间断的横向进给来完成整个工件表面的磨削，所以生产率较低	矩形卧轴平面磨床
	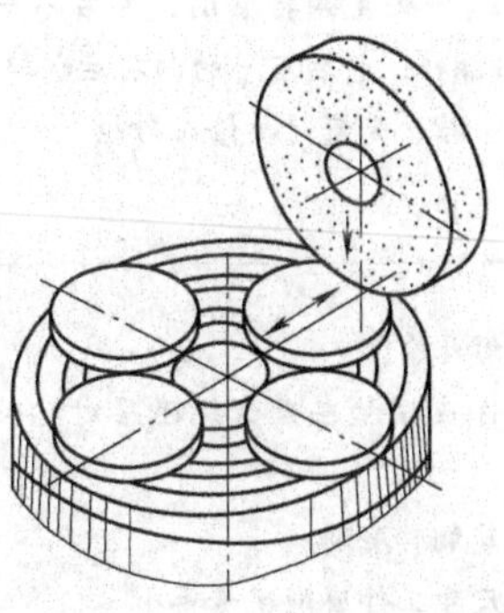		圆台卧轴平面磨床

（续）

磨削形式	图 示	特 点	磨床类型
端面磨削	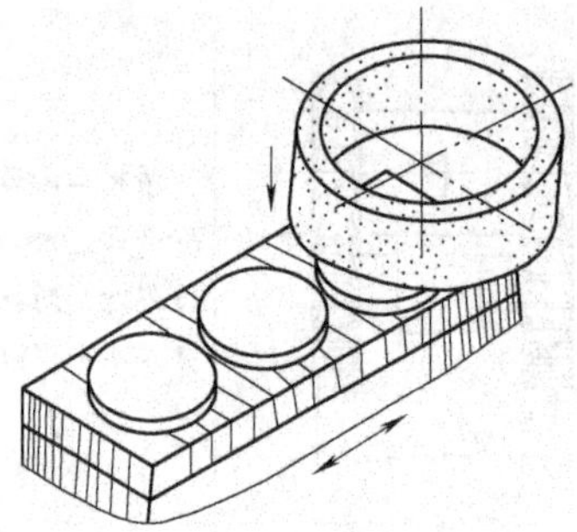	用筒形砂轮端面磨削时，砂轮主轴主要承受轴向力，因此主轴的弯曲变形小，刚性好，磨削时可选用较大的磨削用量。此外，砂轮与工件的接触面积大，同时参加磨削的磨粒多，所以生产率高。但磨削过程中发热量较大，切削热不宜直接扩散到磨削区，排屑也较困难。因此，工件容易产生热变形和烧伤	矩形立轴平面磨床
	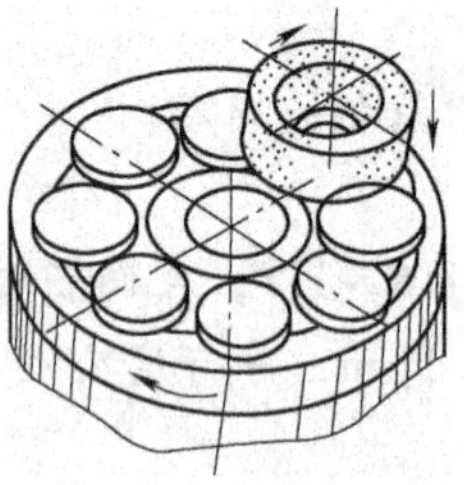		圆台立轴平面磨床
	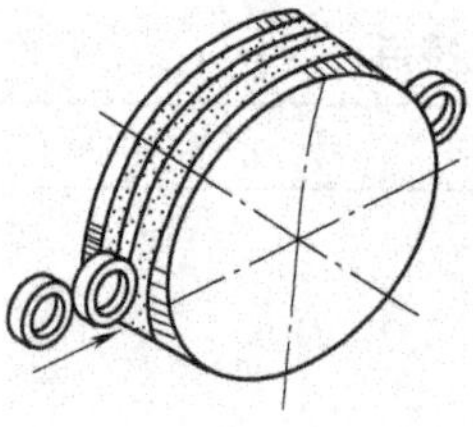		双端面磨床

表 3-5 平面磨削常用方法

磨削方法	磨削表面特征	图 示	磨削要点	夹具
周边纵向磨削	较宽的长形平面	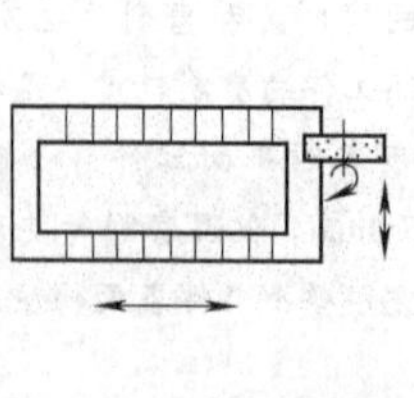	1）清除工件和吸盘上铁屑、毛刺 2）将工件反复翻转磨削，左右不平的向左右翻转，前后不平的向前后翻转 3）粗、精、光磨时要修正砂轮	圆吸盘
	平形平面	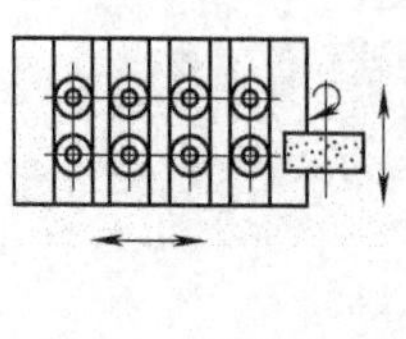	1）选好基准面 2）工件应摆放在吸盘绝磁层对称位置上 3）反复翻转磨削 4）小尺寸工件磨削用量要小	电磁吸盘挡板或挡板夹具

（续）

磨削方法	磨削表面特征	图　示	磨削要点	夹具
周边纵向磨削	环形平面	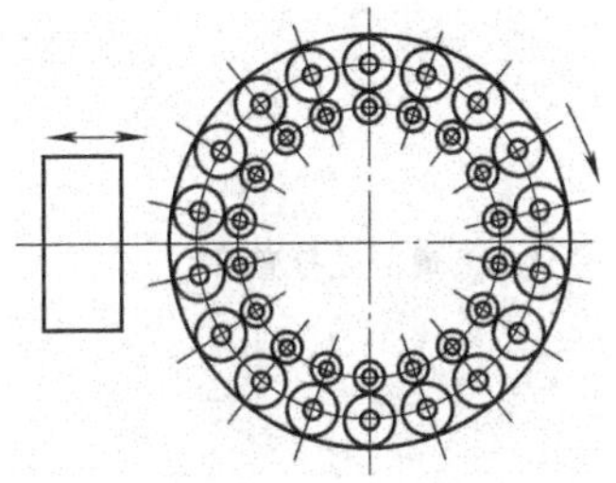	1）选好基准面 2）工件应摆放在吸盘绝磁层对称位置上 3）反复翻转磨削 4）小尺寸工件磨削用量要小	圆吸盘
	薄片平面	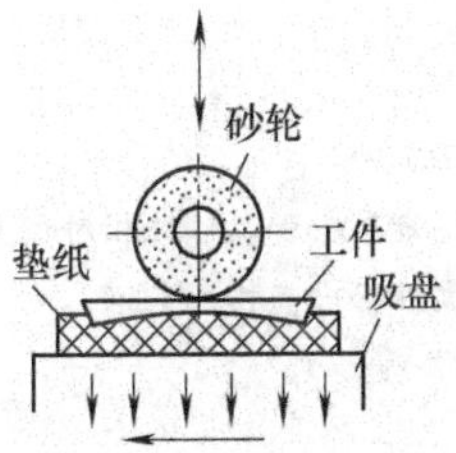	1）使用垫纸、橡胶、涂蜡、低熔点合金等，改善工件装夹 2）选用较软砂轮，时常修正，以保持锋利 3）采用小背吃刀量、快送进，磨削液要充分	电磁吸盘
	斜面	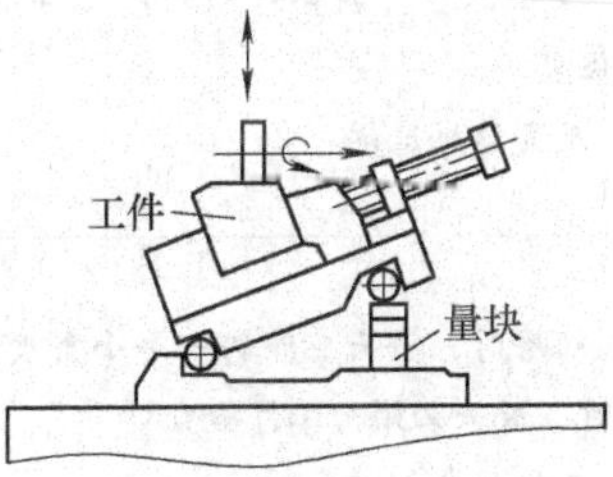	1）先将工件基准面磨好 2）将工件装夹在夹具上，调整夹具到所要求的角度 3）按磨削一般平面的方法磨削	正弦精密平口钳，正弦电磁吸盘，精密角铁等
	直角槽	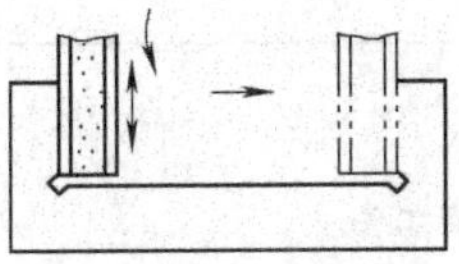	1）使正槽外侧基准面与工作台进给方向平行 2）将砂轮两端修成凹形	电磁吸盘
	圆柱端面	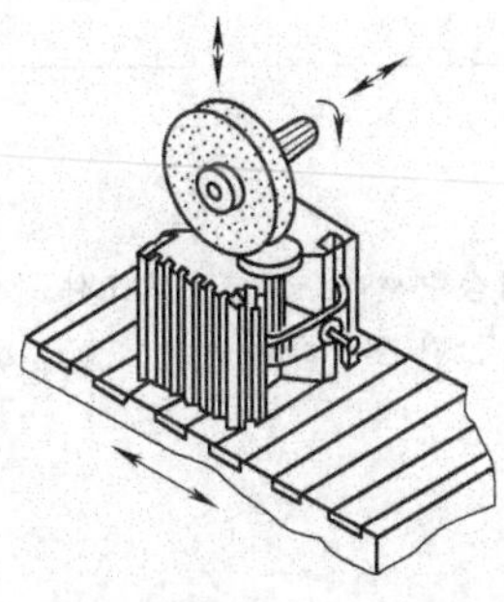	1）将圆柱面紧靠 V 形块装夹好 2）工件在 V 形块上悬伸不宜过长	电磁吸盘、精密 V 形块

（续）

磨削方法	磨削表面特征	图示	磨削要点	夹具
周边纵向磨削	多边形平面	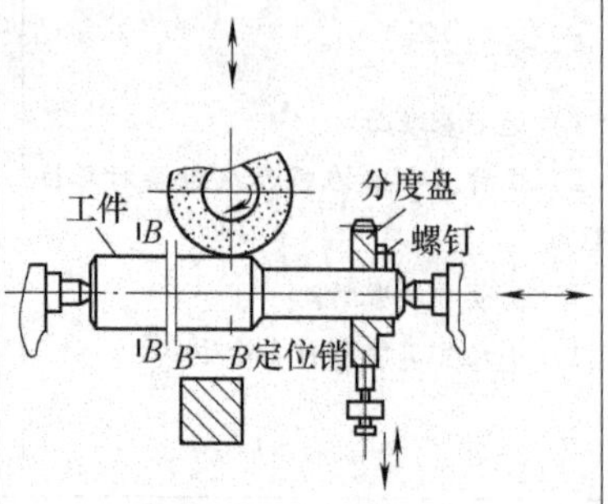	用分度夹具逐一进行磨削	分度装置
周边切入磨削	窄槽	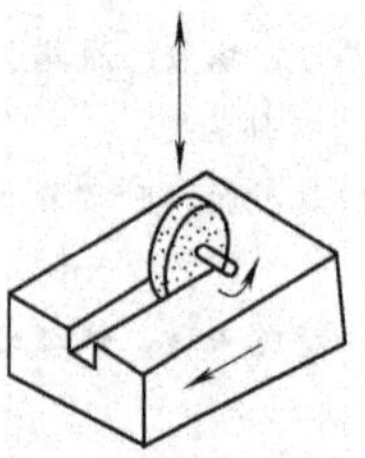	1）找正工件 2）调整好砂轮和工件的相对位置 3）一次性磨出直槽	电磁吸盘
	窄长平面	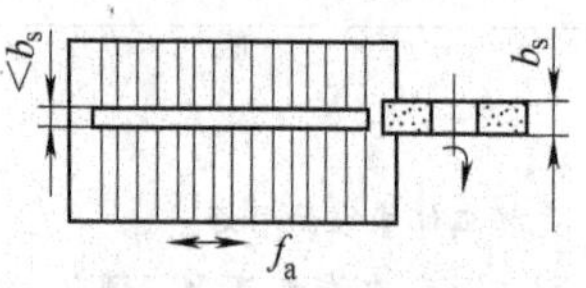	1）找正工件，调整好砂轮和工件的相对位置 2）反复翻转磨削	电磁吸盘
端面纵向磨削	长形平面	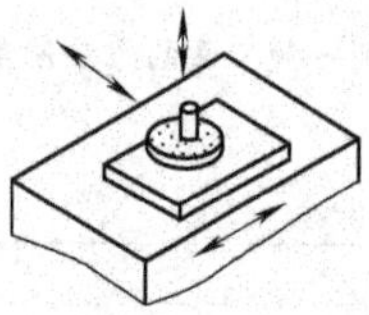	1）粗磨时，磨头应倾斜一个小角度；精磨时，磨头必须与工件垂直 2）工件反复翻转磨削 3）粗、精磨要修整砂轮	电磁吸盘
	垂直平面	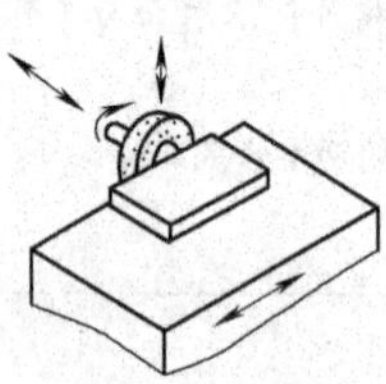	1）找正工件 2）正确安装基准面	电磁吸盘
端面切入磨削	环形平面	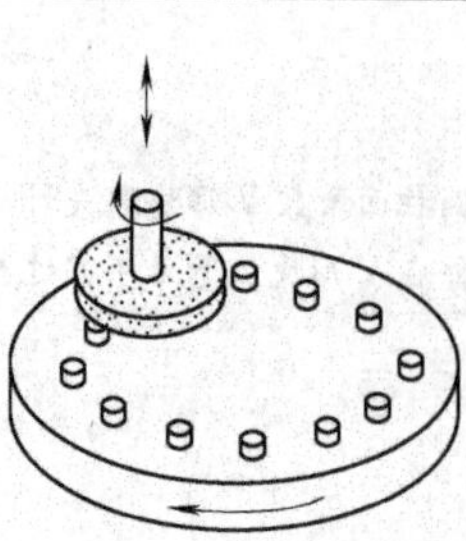	1）圆台中央部分不宜安装工件 2）若工件小，砂轮宜软，背吃刀量宜小	圆吸盘

（续）

磨削方法	磨削表面特征	图　示	磨削要点	夹具
端面切入磨削	短圆柱形零件的双端平行平面	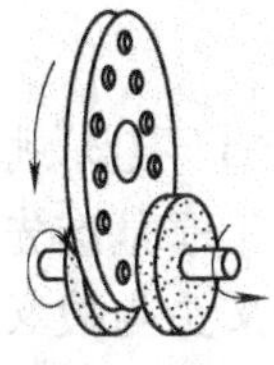	1）工件手动或自动放在送料盘上，送料盘带动工件在两砂轮间回转 2）两砂轮调整水平及垂直方向都成倾斜角度形成复合磨削区	圆送料盘
	扁的圆形零件双端平行平面	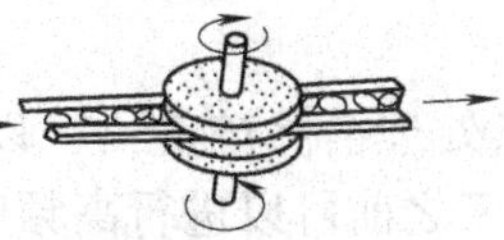	两砂轮水平方向调整成倾斜角，进口为工件尺寸加2/3磨削余量，出口为成品尺寸	导板送料机构
	大尺寸平行平面	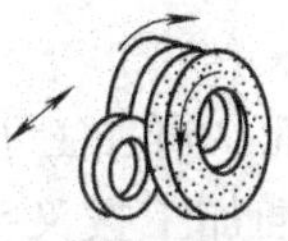	1）工件在夹具中自转 2）两砂轮调整一个倾斜角	专用夹具
	复杂形状工件平行平面		1）适于形状复杂、不宜连续进给的工件 2）砂轮倾斜角使得摇臂在砂轮内的死点处。开口为成品尺寸	摇臂式夹具
导轨磨削	导轨面	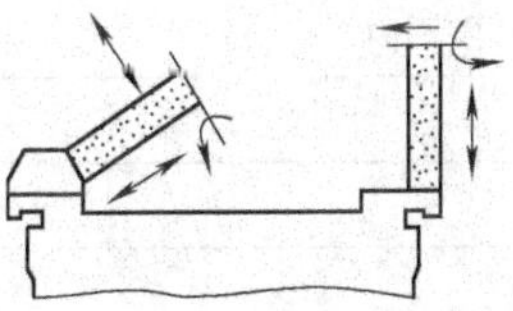	1）导轨面的周边磨削 2）导轨要正确支撑和固定 3）调整好导轨面和砂轮的位置与方向	垫铁支撑，磨头运动时导轨不固定，工件运动时要固定
			1）导轨面的周边磨削 2）导轨要正确支撑和固定 3）调整好导轨面和砂轮的位置与方向	垫铁支撑，磨头运动时导轨不固定，工件运动时要固定
		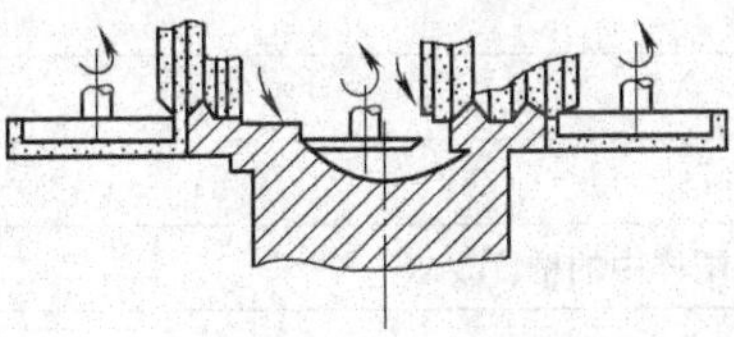	1）用成形砂轮分别磨削导轨面，用辅助磨头磨削侧面等 2）正确支撑和装夹导轨	支撑垫铁、压板、螺钉
		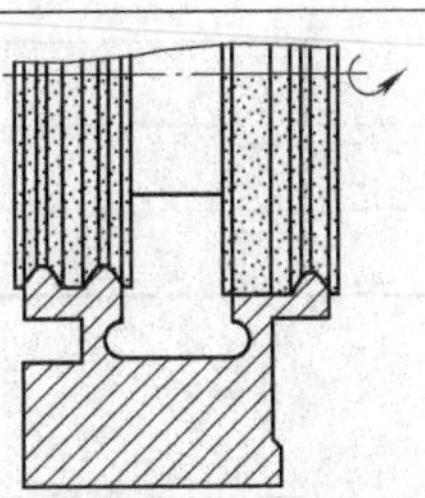	1）组合成形砂轮一次性磨削导轨面 2）正确支撑和装夹导轨	支撑垫铁、压板、螺钉

平面磨削加工的砂轮、磨床、磨削用量等资料见附录相关内容。

（二）安排拨叉零件加工顺序

在安排拨叉零件加工顺序之前，要先明确定位基准，同时还要考虑拨叉脚两端面局部热处理在工序中的安排。

1. 用基准先行等原则选择定位基准

基准先行，除了保证拨叉脚两端面相对于拨叉头 $\phi25H7$ 孔圆跳动公差 0.03mm 外，还要考虑各加工面的工序尺寸标注，即将选择为定位基准的工序基准先行加工。另外拨叉头和拨叉脚都是有面有孔的结构，要按先面后孔的顺序排出拨叉头与拨叉脚局部加工面之间的加工顺序。

2. 安排热处理

拨叉零件毛坯在铸造完成后，安排人工时效热处理消除内应力，以避免机加工中的变形。考虑拨叉脚工作面的耐磨性，在拨叉脚的终加工之前可以进行高频感应淬火，以满足表面耐磨的硬度要求。

3. 安排拨叉零件加工顺序

总体来说，先加工拨叉头（先加工拨叉头前、后端面，再加工 $\phi25H7$ 孔），再加工拨叉脚（拨叉脚两端面间插入拨叉脚爪口内侧面加工），穿插加工拨叉头 $\phi8H7$（拨叉头 $\phi8H7$ 孔端面在先，$\phi8H7$ 孔在后）。

（三）确定拨叉零件机加工工艺路线

经过加工顺序的确定，最终得到的拨叉零件机加工工艺路线见表3-6。

表3-6 拨叉零件机加工工艺路线

工序号	工序名称	工 序 内 容
1	铸造	铸造毛坯
2	热处理	人工时效
3	铣	将两件合铸的毛坯铣开
4	铣	粗铣拨叉头两端面，半精铣拨叉头后端面
5	钻	钻、扩、粗铰、精铰拨叉头 $\phi25H7$，将孔口倒角至图样中的精度要求
6	钳	校正拨叉脚
7	铣	粗铣拨叉脚两端面
8	铣	铣拨叉脚爪口内侧面
9	铣	铣拨叉头 $\phi8H7$ 孔端面
10	铣	精铣拨叉脚两端面
11	钻	钻、粗铰、精铰拨叉头 $\phi8H7$ 孔至图样中的精度要求
12	钳	去毛刺
13	钳	校正拨叉脚
14	磨	磨削拨叉脚两端面至图样中的精度要求
15	检	检验

四、设计拨叉零件机加工工序

拨叉零件的机加工工序设计包括对表3-2中的拨叉头后端面、拨叉头 $\phi25H7$ 孔、拨叉

头 $\phi8H7$ 孔、拨叉脚两端面各加工面的加工工序尺寸计算，以及对表 3-6 中的各机加工工序 3、4、5、7、8、9、10、11、14，进行刀具、量具、夹具、切削用量、加工机床等工序内容 的确定。

（一）计算工序尺寸

1. 拨叉头后端面加工的工序尺寸计算

拨叉头后端面加工的工序尺寸计算见表 3-7。

表 3-7 拨叉头后端面加工的工序尺寸计算 （单位：mm）

工序名称	工序余量	工序基本尺寸	工序所能达到的公差等级	工序尺寸
半精铣	1.0	50	IT11 (0.16)	50 ± 0.08
粗铣	1.5	51	IT12 (0.25)	51 ± 0.125
毛坯	2.5	52.5	± 2	52.5 ± 2

2. 拨叉头 $\phi25H7$ 孔加工的工序尺寸计算

拨叉头 $\phi25H7$ 孔加工的工序尺寸计算见表 3-8。

表 3-8 拨叉头 $\phi25H7$ 孔加工工序尺寸计算 （单位：mm）

工序名称	工序余量	工序基本尺寸	工序所能达到的公差等级	工序尺寸
精铰	0.06	$\phi25$	IT7 (0.021)	$\phi25H7$
粗铰	0.14	$\phi24.94$	IT9 (0.05)	$\phi24.94^{+0.05}_{0}$
扩	1.8	$\phi24.8$	IT10 (0.084)	$\phi24.8^{+0.084}_{0}$
钻		$\phi23$	IT11 (0.14)	$\phi23^{+0.14}_{0}$

3. 拨叉头 $\phi8H7$ 孔加工的工序尺寸计算

拨叉头 $\phi8H7$ 孔加工的工序尺寸计算见表 3-9。

表 3-9 拨叉头 $\phi8H7$ 孔加工工序尺寸计算 （单位：mm）

工序名称	工序余量	工序基本尺寸	工序所能达到的公差等级	工序尺寸
精铰	0.04	$\phi8$	IT7 (0.016)	$\phi8H7$
粗铰	0.16	$\phi7.96$	IT9 (0.03)	$\phi7.96^{+0.03}_{0}$
钻		$\phi7.8$	IT11 (0.1)	$\phi7.8^{+0.1}_{0}$

4. 拨叉脚两端面加工的工序尺寸计算

拨叉脚两端面加工的工序尺寸计算见表 3-10。

表 3-10 拨叉脚两端面加工工序尺寸计算 （单位：mm）

工序名称	工序余量	工序基本尺寸	工序所能达到的公差等级	工序尺寸
磨	0.3	12.0	IT9 (0.035)	12.0 ± 0.0175
半精铣	0.7	12.3	IT10 (0.07)	12.3 ± 0.035
粗铣	1.0	13.0	IT11 (0.12)	13.0 ± 0.06
毛坯	2.0	14.0	± 2	14.0 ± 2

（二）选择各加工工序的刀具、量具、切削用量、加工机床，选择各机加工工序可以使用的通用夹具或设计所需要的专用夹具

表3-6中拨叉零件的3、4、5、7、8、9、10、11、14九个机加工工序的内容设计，其方法和思路与前文提到的各零件类似，这里只以工序7"粗铣拨叉脚两端面"为例进行刀具、量具、夹具、切削用量、加工机床等工序内容的确定。

工序7"粗铣拨叉脚两端面"的工序内容设计过程如下：

1. 选择刀具

粗铣拨叉脚两端面所用的刀具选择三面刃铣刀，标准编号为GB/T 6119—2012。

2. 选择量具

选择0.05mm规格的游标卡尺，标准编号为GB/T 21389—2008。

3. 设计铣床夹具

🎞"铣床夹具"相关知识导入

铣床夹具主要用于加工零件上的平面、凹槽、花键及各种成形面。在加工过程中，装夹有工件的夹具固定在铣床工作台上。一般铣削用量较大而且不均匀（铣刀刀齿多且是断续切削）时，易产生振动。因此，这类夹具在设计时，除了应该尽量降低夹具的重心外，还应保证夹具的刚性和强度、定位的稳定和夹紧的可靠。铣床夹具一般必须有确定夹具方向的定向键和刀具位置的对刀块，以保证夹具和刀具与机床的相对位置。

按铣削方式的不同，铣床夹具主要分为直线进给式、圆周进给式两种类型。

1. 直线进给式铣床夹具

这类夹具安装在铣床工作台上，在加工中随工作台按直线进给方式运动。按照在夹具中同时安装工件的数目和工位的多少分为单件加工、多件加工和多工位加工夹具。

为了降低辅助时间，提高铣削工序的生产率，对于直线进给式的铣床夹具来说，该方法可以节省每次进给的引进和越程时间。图3-3所示为直线进给式铣床夹具应用实例。

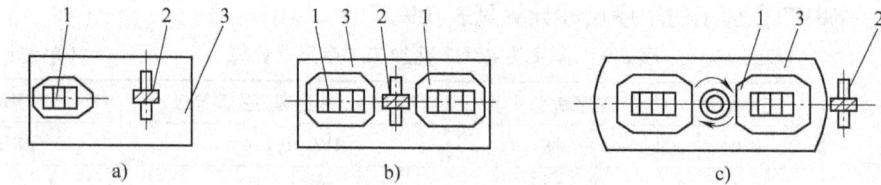

图3-3 直线进给式铣床夹具应用实例
a）单侧工位 b）左右两侧工位 c）转位工位
1—工位 2—铣刀 3—夹具体

2. 圆周进给式铣床夹具

这类夹具多用于回转工作台或回转鼓轮铣床，依靠回转台或鼓轮的旋转将工件顺序送入铣床的加工区域，实现连续切削。在切削的同时，可在装卸区域装卸工件，使辅助时间与机动时间重合。因此，它是一种高效率的铣床夹具。在转台上可以沿圆周方向依次装夹若干工件，依靠转台旋转而将其上的工件依次送入铣床的切削区域，从而实现连续切削。图3-4所示为圆周进给式铣床夹具工作原理。

图3-5所示为连杆铣槽的工序图。图3-6所示为连杆铣槽工序的铣床夹具结构。

图3-4　圆周进给式铣床夹具工作原理

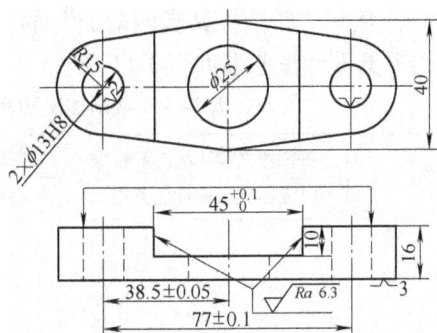

图3-5　连杆铣槽的工序图

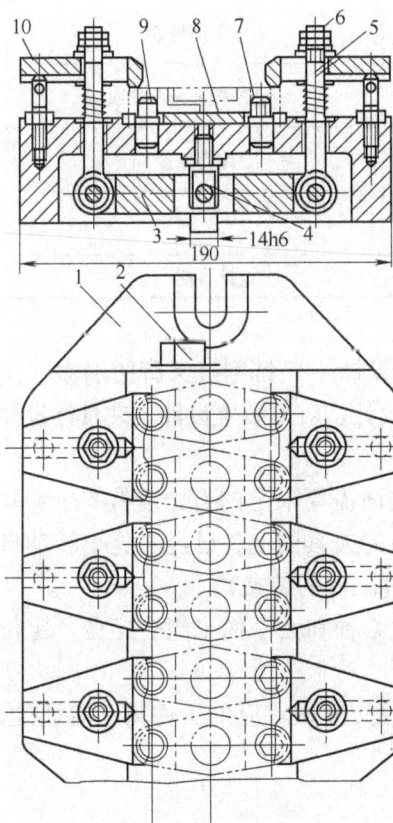

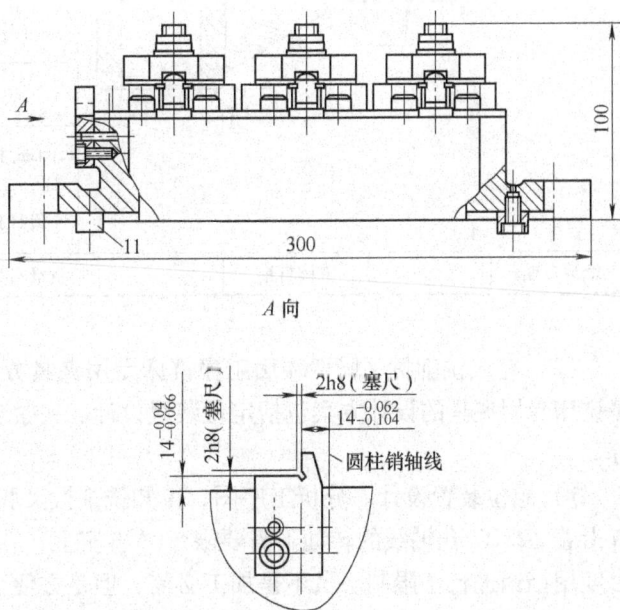

图3-6　连杆铣槽工序的铣床夹具结构

1—夹具体　2—对刀块　3—浮动杠杆　4—铰链螺钉　5—活节螺栓　6—螺母
7—菱形销　8—支撑块　9—圆柱销　10—压板　11—定位键

在连杆铣槽工序的铣床夹具结构图中，工件以一面两孔在支撑块8、菱形销7和圆柱销9上定位。拧紧螺母6，通过活节螺栓5带动浮动杠杆3，使得两副压板10均匀且同时夹紧两个工件。该夹具可以同时加工六个工件，属于生产率较高的多件加工铣床夹具。

"铣削拨叉脚两端面"的铣床专用夹具设计过程如下:

(1) 填写"铣削拨叉脚两端面"的铣床专用夹具设计任务书　铣削拨叉脚两端面的铣床专用夹具设计任务书见表 3-11。

表 3-11　铣削拨叉脚两端面的铣床专用夹具设计任务书

(单位)	铣削拨叉脚两端面的铣床专用夹具设计任务书	产品型号		零件图号		每件台数	
		产品名称		零件名称	拨叉	生产批量	1
		夹具编号			使用车间		
		夹具名称	铣床夹具		使用设备	XQ6125	
		制造数量	1		是否适用其他产品		
		夹具等级					
		工序号			工序内容		
		7			铣削拨叉脚两端面		
		旧夹具编号			库存数量		
		设计理由					
填写日期		审核日期		批准日期		设计日期	

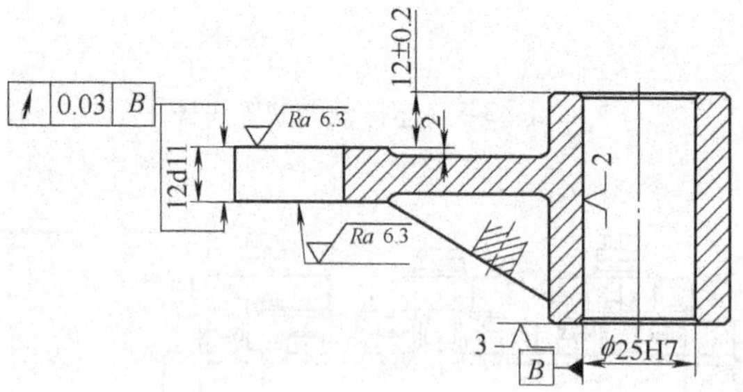

(2) 完成铣削拨叉脚两端面工序铣床专用夹具方案的设计　"铣削拨叉脚两端面"工序铣床专用夹具的设计方案包括定位装置设计、夹紧装置设计、对刀装置设计、夹具体设计等。

1) 定位装置设计。分析工序图,得知铣削拨叉脚两端面需要限定的自由度有 5 个,只有沿着 φ25H7 孔轴线的转动不需要限定(事实上,在最终的夹具图上,已经对这个转动自由度用挡销进行了限制。虽不是加工必需,但是方便了多件工件的装夹)。

分别以 φ25H7 孔内圆和其端面为定位基准面,选用短心轴和大平面来组合定位。定位装置的结构示意见图 3-11。

2) 夹紧装置设计。该拨叉的夹紧装置在以与端面定位支撑相对应的工件另一端面处,通过开口垫圈靠液压缸驱动拉杆来实现夹紧。

夹紧装置的结构见图 3-11。

3) 对刀装置设计。铣削拨叉脚两端面采用高度对刀装置的圆形对刀块就可以了。塞尺选择圆柱塞尺 JB/T 8032.2—1999。

⊞"铣床夹具的对刀装置"知识导入

铣床夹具的对刀装置用于确定刀具相对于工件的位置。对刀装置主要由对刀块和塞尺构成。表 3-12 为常用对刀装置的基本类型。塞尺用于检查刀具与对刀块之间的间隙,以避免刀具与对刀块之间直接接触。对刀块和塞尺都是标准件。它们的结构参数均可从有关手册中查取。

表 3-12 常用对刀装置的基本类型

基本类型	对刀装置简图	使用说明	基本类型	对刀装置简图	使用说明
高度对刀装置	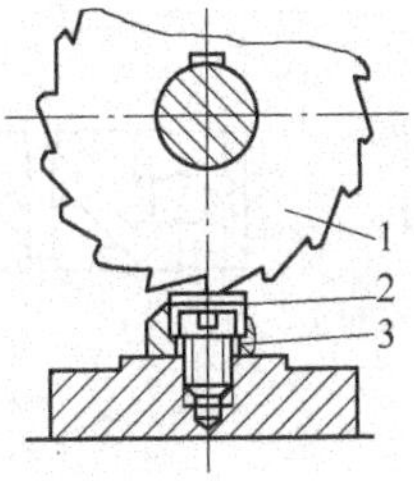	主要用于加工平面,选用圆形对刀快	成形刀具对刀装置	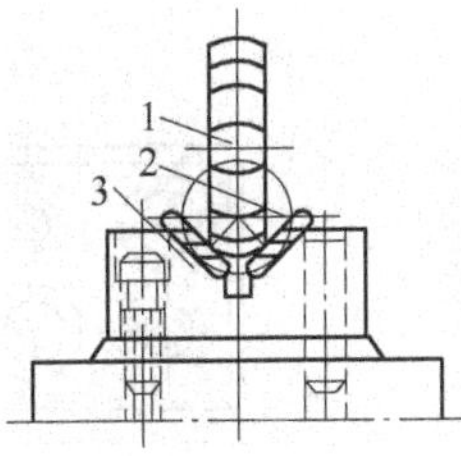	主要用于加工成形槽
					主要用于加工成形表面
直角对刀装置	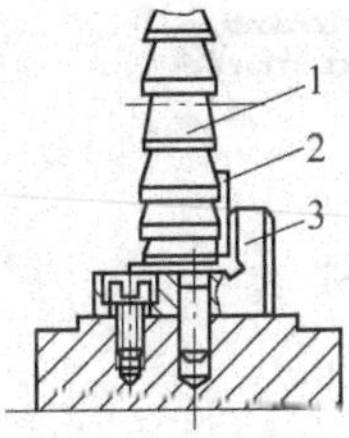	主要供盘状铣刀、圆柱铣刀和立铣刀铣槽或铣直角面对刀用	组合刀具对刀装置	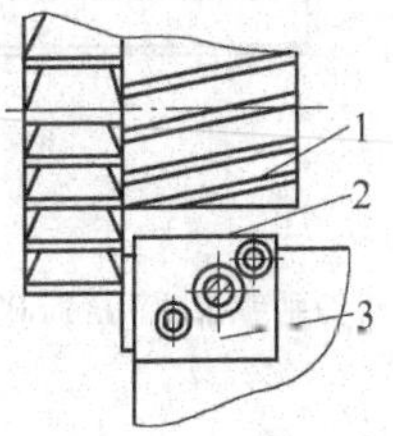	主要供组合铣刀用

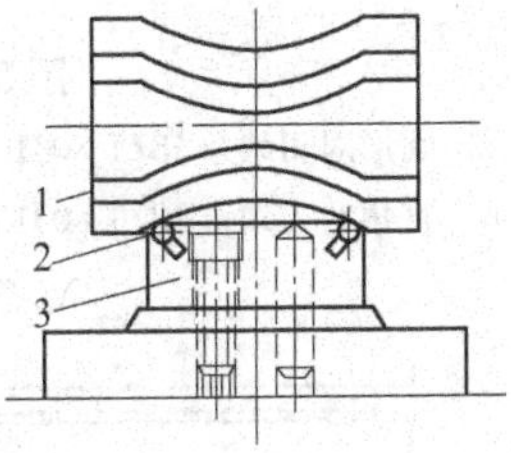

注:表中图示中:1—刀具;2—塞尺;3—对刀块。

图 3-7 所示为标准对刀块的结构。

对刀块通常制成单独的元件,用销钉或螺钉紧固在夹具上,其位置应便于使用塞尺对刀和不妨碍工件的装卸。对刀块的工作表面与定位元件之间应有一定的位置尺寸要求。标准对刀块,材料为 20 钢,渗碳深度为 0.8~1.2mm,淬火硬度为 58~64HRC;材料为 T8,淬火硬度为 55~60HRC。在夹具的总装图上应注明对刀块的位置尺寸。

图 3-8 所示为标准对刀塞尺。

平塞尺的公称尺寸 H 为 1~5mm,圆柱塞尺的公称尺寸 d 为 ϕ3mm 或 ϕ5mm,均按公差带 h8 制造。在夹具总图上应注明塞尺的尺寸。

田"铣床夹具的定位键"知识导入

铣床夹具的定位键安装在夹具底面的纵向槽内,一般使用两个,用开槽圆头螺钉固定。小型夹具也可以使用一个端面为矩形的长键。通过定位键与铣床工作台上 T 形槽的配合,确定夹具在机床上的正确位置。定位键还可以承受铣削时产生的切削扭矩,减轻夹具固定螺栓的负荷,加强夹具在加工过程中的稳固性。

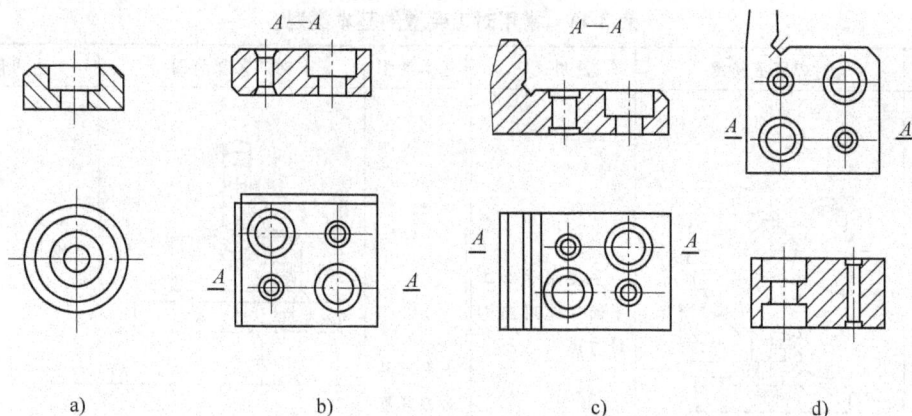

图 3-7　标准对刀块的结构

a）圆形对刀块（JB/T 8031.1—1999）　b）方形对刀块（JB/T 8031.2—1999）

c）直角对刀块（JB/T 8031.3—1999）　d）侧装对刀块（JB/T 8031.4—1999）

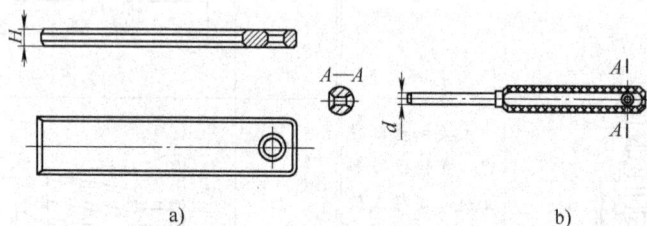

图 3-8　标准对刀塞尺

a）对刀平塞尺（JB/T 8032.1—1999）　b）对刀圆柱塞尺（JB/T 8032.2—1999）

　　常用定位键的断面为矩形，矩形定位键已经标准化（JB/T 8016—1999），如图 3-9 所示。

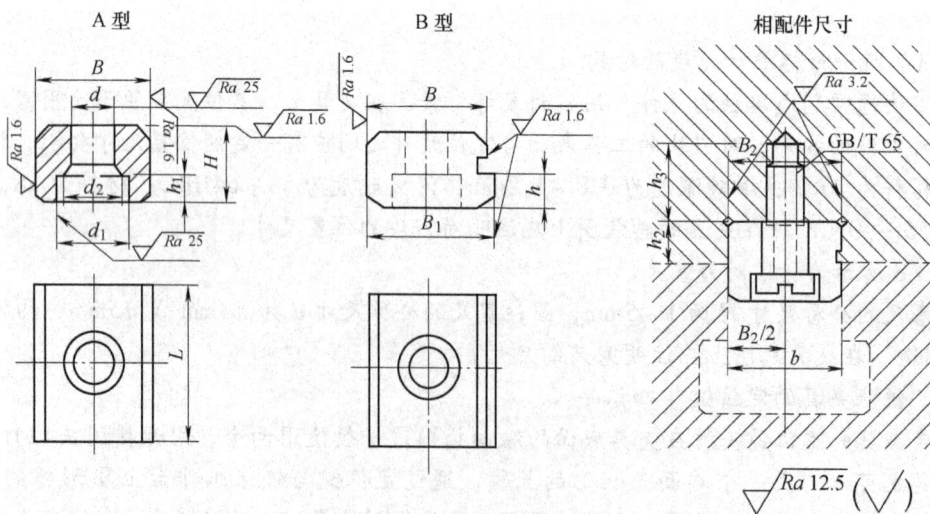

图 3-9　定位键

对于 A 型键，其与夹具体槽和工作台 T 形槽的配合尺寸均为 B，极限偏差可选 h6 或 h8。夹具体上用于安装定位键的槽宽 B_2 和 B 尺寸相同，极限偏差可选 H7 或 js6。为了提高精度，可以选用 B 型定位键，其与 T 形槽配合的尺寸 B_1 留有 0.5mm 磨削余量，可按机床 T 形槽实际尺寸配作，极限偏差取 h6 或 h8。

为了提高铣床夹具在机床上安装的稳固性和动态下的抗振性能，在进行夹具的总体设计时，各种装置的布置应紧凑，加工面应尽可能靠近工作台面，以降低夹具的重心。一般情况下，铣床夹具的高、宽之比应限制在 $1 \leqslant H/B \leqslant 1.25$ 范围内。

铣床夹具的夹具体应具有足够的刚度和强度，必要时应设计加强肋。此外，还应该合理地布置耳座，以便与工作台连接。常见的耳座结构如图 3-10 所示，有关尺寸的设计可以参考相关的机床夹具设计手册。如果夹具的宽度尺寸较大时，可在同一侧设置两个耳座，两耳座间的距离应该和铣床工作台两 T 形槽间的距离一致。

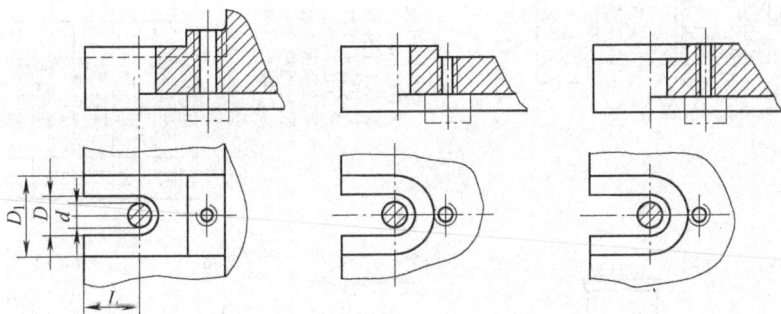

图 3-10　夹具体耳座结构

（3）绘制铣削拨叉脚两端面工序的铣床专用夹具装配图　铣削拨叉脚两端面工序的铣床专用夹具装配图如图 3-11 所示。

铣床夹具典型结构的技术要求见表 3-13。

4. 选择切削用量

粗铣拨叉脚两端面的铣削用量：铣削速度 $v_c = 20\text{m/min}$，每齿进给量 $f_z = 0.2\text{mm/z}$，铣削深度 $a_p = 6\text{mm}$。

5. 选择机床

选择万能铣床，型号为 XQ6125。

五、填写拨叉零件机加工工艺文件

拨叉零件机加工工艺过程卡片见表 3-14，其中铣削拨叉脚两端面机加工工序卡片见表 3-15。

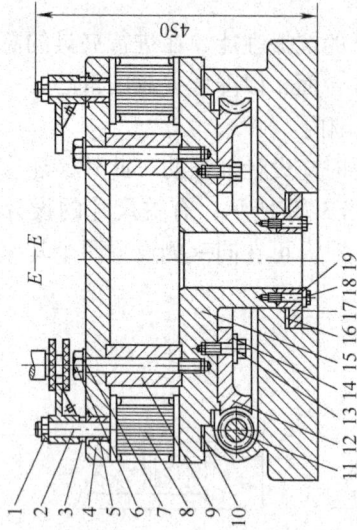

技术要求

1. 每个液压拉杆的轴线相对于旋转工作台轴线的平行度最大公差为 0.02mm。
2. 旋转工作台上平面相对于夹具底面的平行度最大公差为 0.2mm。
3. 旋转工作台上平面相对于旋转工作台轴线的轴向圆跳动最大公差为 0.02mm。
4. 该铣床夹具安装时各螺纹联接部分要联接牢固，消除不该有的装配间隙。
5. 验收夹具时检验各部分技术要求，不符合要求的不予验收。

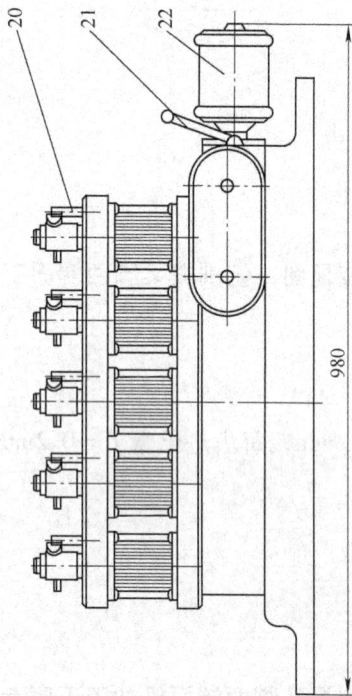

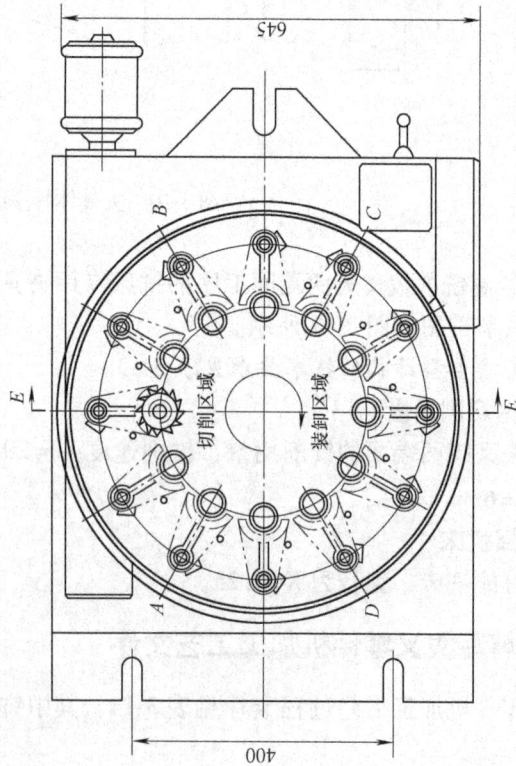

22	电动机	1				8	液压缸	12	45
21	夹紧手柄	1	45			7	垫圈 M20	12	Q215
20	挡销	12	45			6	螺栓 M20	12	45
19	垫圈 M10	6	Q215			5	衬套	12	45
18	螺栓 M10	6	45			4	转台上盖板	1	HT200
17	压紧盖版	1	45			3	垫圈	12	45
16	垫片	1	橡胶			2	拉杆	12	45
15	转台下座	1	HT200			1	开口垫圈	12	Q215
14	垫圈 M16	6	Q215			序号	名称	数量	材料
13	螺栓 M16	6	45				铣削拨叉脚两端		备注
12	蜗杆	1	Q235				面铣床专用夹具		图号
11	铜质垫片	1	黄铜			制图		比例	数量
10	铜质垫片	1	45			审核		日期	
9	转台支撑环	1	45						

图3-11 拨叉零件铣削拨叉脚两端面的铣床专用夹具装配图

表 3-13　铣床夹具典型结构的技术要求

图示及符号表示	文字描述表示
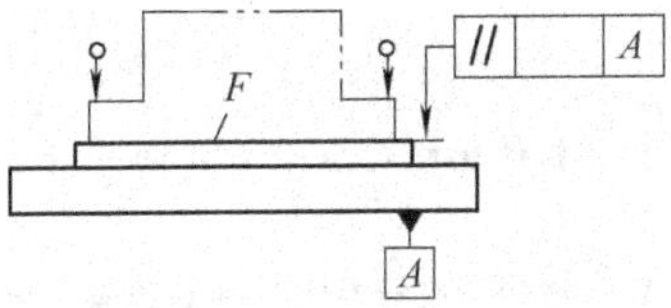	定位面 F 对底平面 A 的平行度误差不大于……
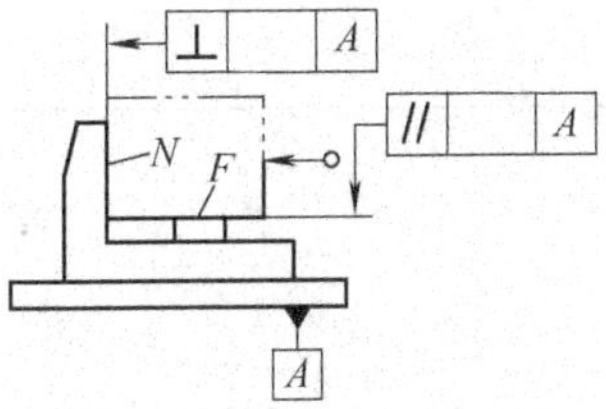	1）定位面 F 对底平面 A 的平行度误差不大于…… 2）侧面 N 对底平面 A 的垂直度误差不大于……
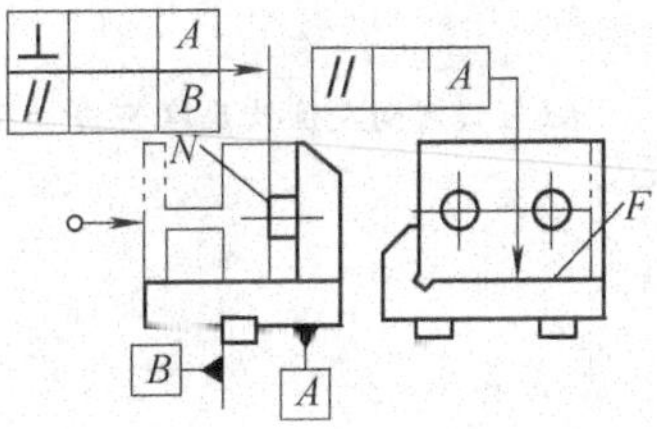	1）定位面 F 对底平面 A 的平行度误差不大于…… 2）侧面 N 对底平面 A 的垂直度误差不大于…… 3）侧面 N 对两定位键基准面 B 的平行度误差不大于……
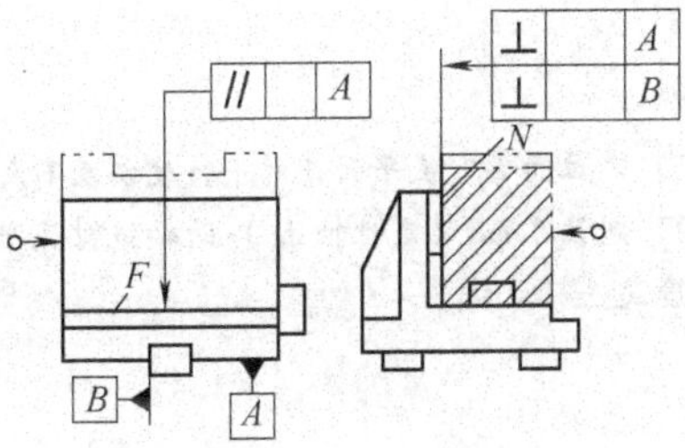	1）定位面 F 对底平面 A 的平行度误差不大于…… 2）侧面 N 对底平面 A 的垂直度误差不大于…… 3）侧面 N 对两定位键基准面 B 的垂直度误差不大于……
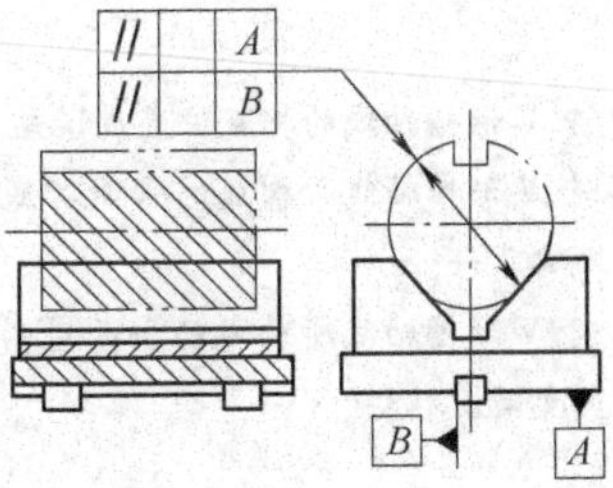	1）V 形槽的轴线对底平面 A 的平行度误差不大于…… 2）V 形槽的轴线对两定位键基准面 B 的平行度误差不大于……

（续）

图示及符号表示	文字描述表示
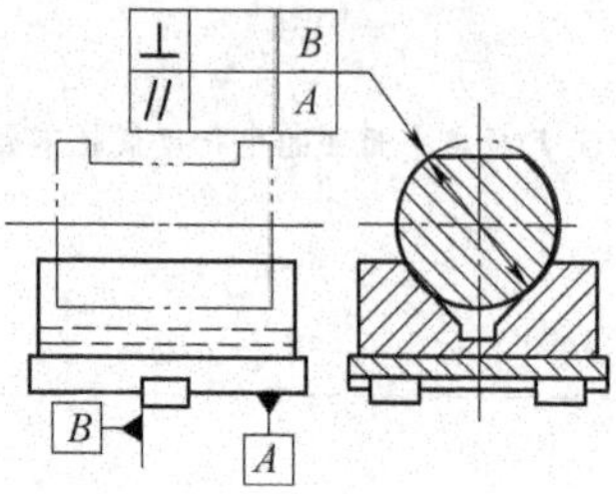	1）V 形槽的轴线对底平面 A 的平行度误差不大于…… 2）V 形槽的轴线对两定位键基准面 B 的垂直度误差不大于……
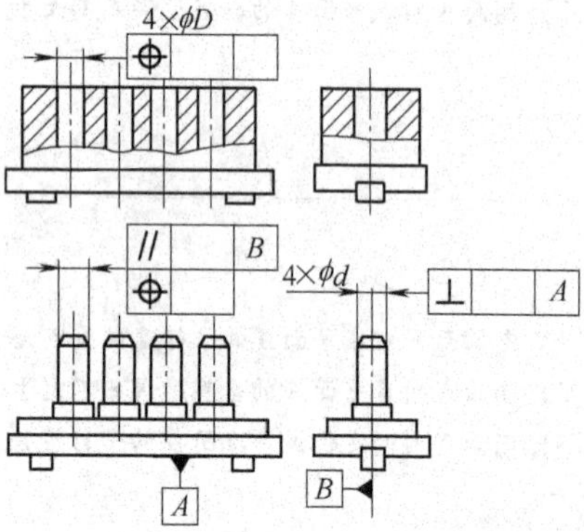	1）$4 \times \phi d$（$4 \times \phi D$）轴线的相互位置度误差不大于…… 2）$4 \times \phi d$ 轴线所在平面对底平面 A 的垂直度误差不大于…… 3）$4 \times \phi d$ 轴线对两定位键基准面 B 的平行度误差不大于……
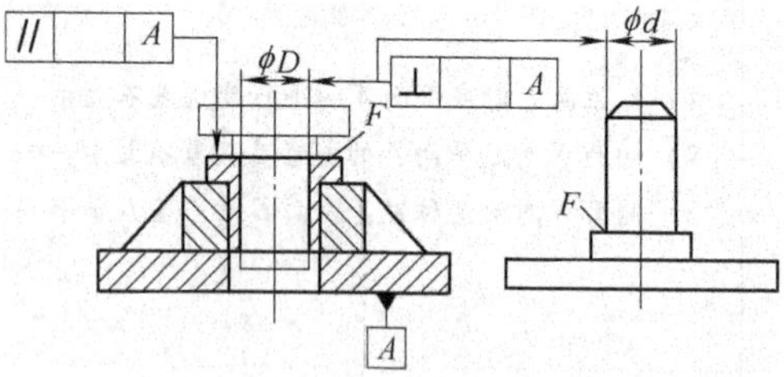	1）定位面 F 对底平面 A 的平行度误差不大于…… 2）定位孔 ϕD（定位轴 ϕd）的轴线对底平面 A 的垂直度误差不大于……
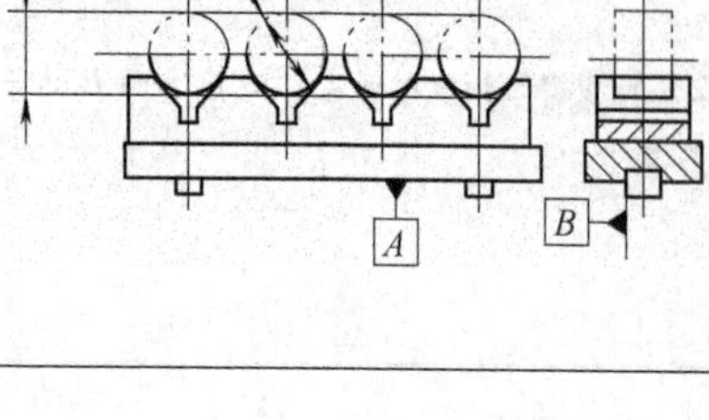	1）4 个 V 形槽轴线的相互位置度误差不大于…… 2）4 个 V 形槽轴线所构成的平面对底平面 A 的平行度误差不大于…… 3）4 个 V 形槽轴线所构成的平面对两定位键基准面 B 的垂直度误差不大于……

（续）

图示及符号表示	文字描述表示
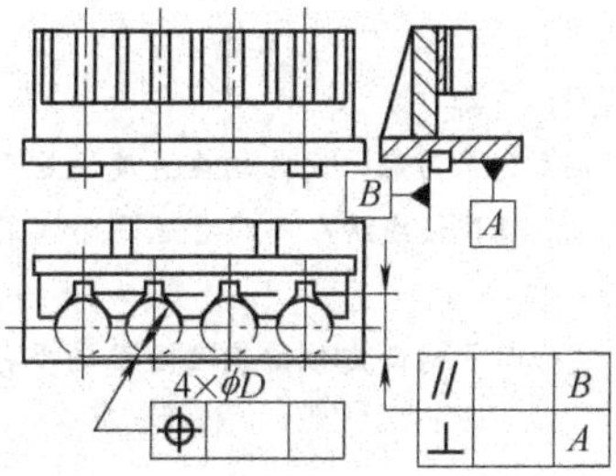	1）4个V形槽轴线的相互位置度误差不大于…… 2）4个V形槽轴线所构成的平面对底平面A的垂直度误差不大于…… 3）4个V形槽轴线所在平面对两定位键基准面B的平行度误差不大于……
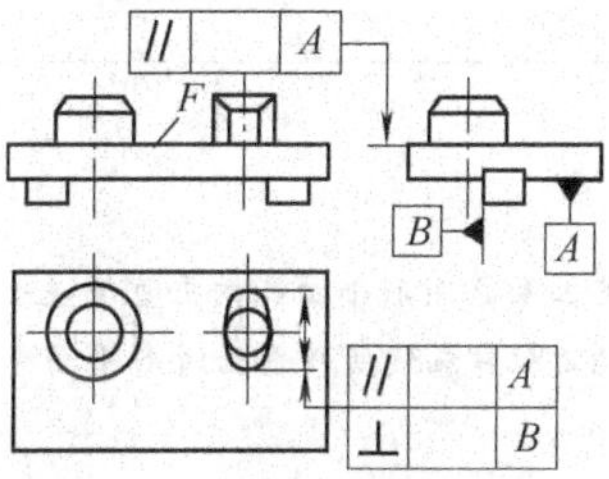	1）定位面F对底平面A的平行度误差不大于…… 2）两定位销轴线所在平面对底平面A的垂直度误差不大于…… 3）两定位销轴线所在平面对两定位键基准面B的平行度误差不大于……
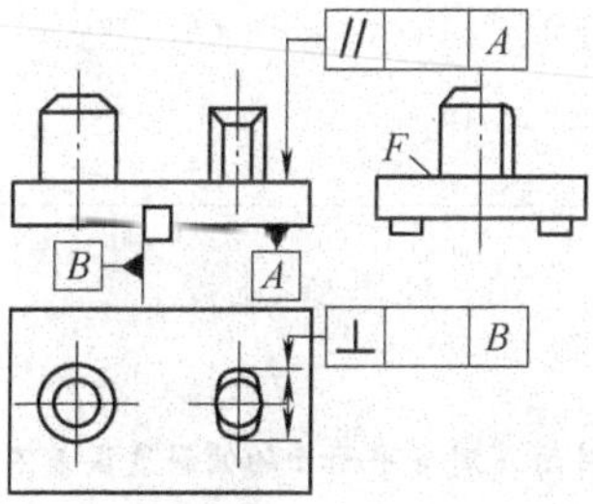	1）定位面F对底平面A的平行度误差不大于…… 2）两定位销轴线所在平面对两定位键基准面B的垂直度误差不大于……
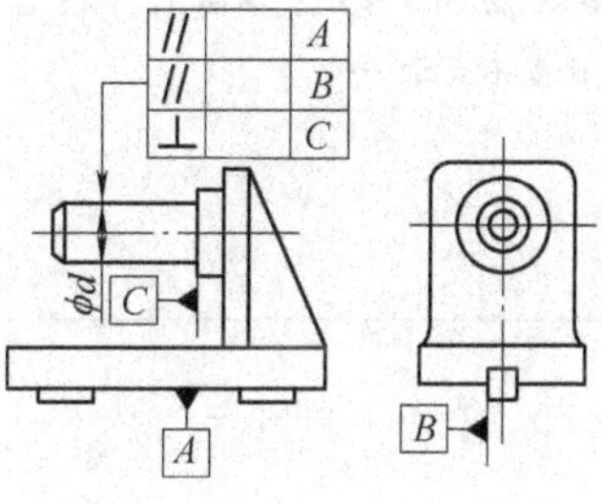	1）ϕd的轴线对底平面A的平行度误差不大于…… 2）ϕd的轴线对侧平面C的垂直度误差不大于…… 3）ϕd的轴线对两定位键基准面B的平行度误差不大于……
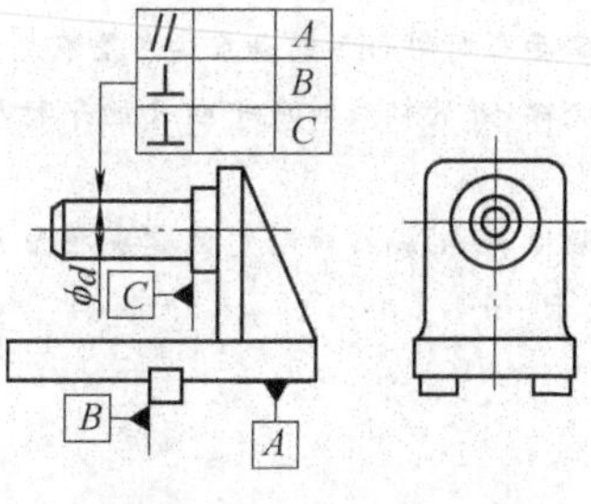	1）ϕd的轴线对底平面A的平行度误差不大于…… 2）ϕd的轴线对侧平面C的垂直度误差不大于…… 3）ϕd的轴线对两定位键基准面B的垂直度误差不大于……

（续）

图示及符号表示	文字描述表示
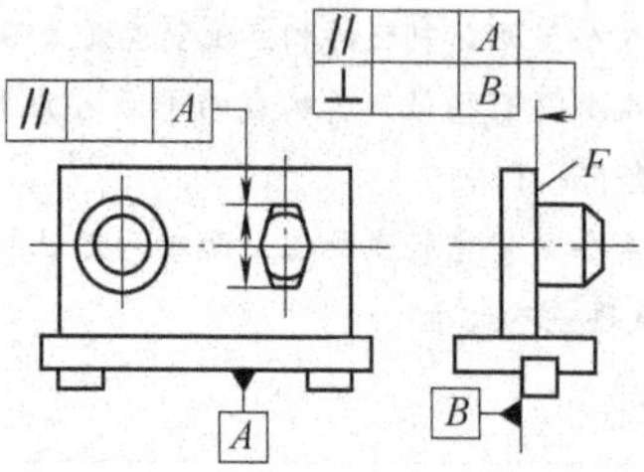	1）定位面 F 对底平面 A 的垂直度误差不大于…… 2）两定位销轴线所在平面对底平面 A 的平行度误差不大于…… 3）定位面 F 对两定位键基准面 B 的平行度误差不大于……
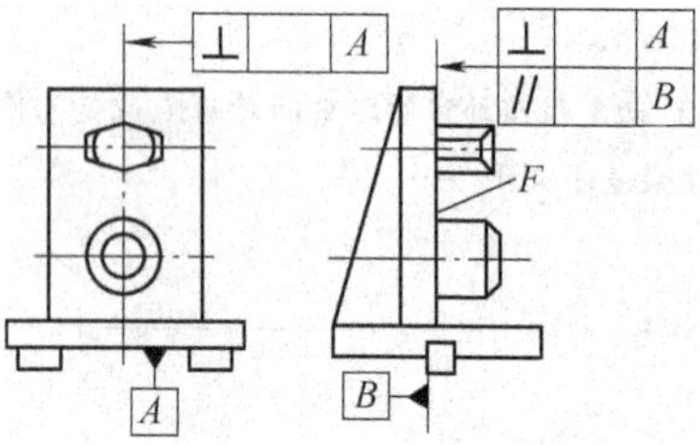	1）定位面 F 对底平面 A 的垂直度误差不大于…… 2）两定位销轴线所在平面对底平面 A 的垂直度误差不大于…… 3）定位面 F 对两定位键基准面 B 的平行度误差不大于……
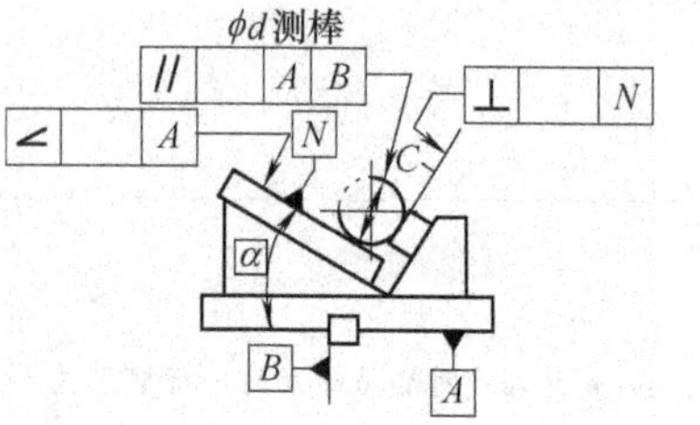	1）斜面 N 对底平面 A 的倾斜度误差不大于…… 2）斜面 C 对斜面 N 的垂直度误差不大于…… 3）测棒 ϕd 的轴线对底平面 A、两定位键基准面 B 的平行度误差不大于……
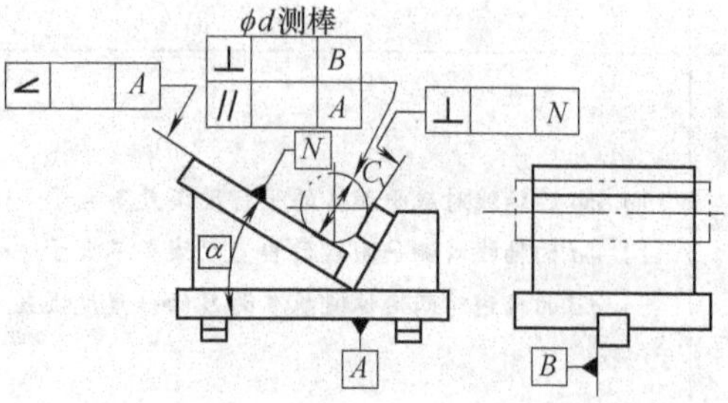	1）斜面 N 对底平面 A 的倾斜度误差不大于…… 2）斜面 C 对斜面 N 的垂直度误差不大于…… 3）测棒 ϕd 的轴线对底平面 A 的平行度误差不大于…… 4）测棒 ϕd 的轴线对两定位键基准面 B 的垂直度误差不大于……

表3-14 拨叉零件机加工工艺过程卡片

机加工工艺过程卡片		产品型号		零件图号			共2页	第1页
		产品名称		零件名称	拨叉			
材料牌号	HT250	毛坯种类	铸造	毛坯外形尺寸		每毛坯可制件数	每台件数 2	备注
工序号	工序名称	工序内容		车间	工段	设备	工艺装备	工时（准终／单件）
1	铸	铸造毛坯						
2	热	人工时效						
3	铣	用铣床附件装夹，将两件合铸的毛坯铣开				XQ6125	锯片铣刀，0.05mm规格的游标卡尺，铣床附件	
4	铣	用铣床附件装夹 粗精铣拨叉头两端面，半精铣拨叉头端端面，都铣至零件图样精度要求				XQ6125	三面刃铣刀，0.05mm规格的游标卡尺，铣床附件	
5	钻	用专用夹具装夹 1）钻拨叉头φ25H7至φ23 $^{+0.14}_{0}$ mm 2）扩拨叉头φ25H7至φ24.8 $^{+0.084}_{0}$ mm 3）孔口倒角C1 4）粗铰拨叉φ25H7至φ24.94 $^{+0.05}_{0}$ mm 5）精铰拨叉头φ25H7，至图样精度要求				组合钻床	麻花钻，扩孔钻，铰刀等，专用夹具	
6	钳	校正拨叉脚				钳工台	锤子	
7	铣	用铣床专用夹具装夹 粗铣拨叉脚两端面至（13.0±0.12）mm				XQ6125	三面刃铣刀，0.05mm规格的游标卡尺，铣床专用夹具	
8	铣	用铣床专用夹具装夹 铣拨叉脚爪口内侧面至零件图样精度要求				XQ6125	铲背成形铣刀，0.05mm规格的游标卡尺，专用铣床夹具	
9	铣	用专用铣床夹具装夹						

（续）

	机加工工艺过程卡片	产品型号		零件图号			共2页	第2页
		产品名称		零件名称	2			

材料牌号	HT250	毛坯种类	铸造	毛坯外形尺寸		每毛坯可制件数		每台件数		备注		

工序号	工序名称	工序内容	车间	工段	设备	工艺装备	工时（准终）	工时（单件）
9	铣	铣拨叉头φ8H7孔端面至零件图样精度要求			XQ6125	三面刃铣刀，0.05mm规格的游标卡尺，铣床专用夹具		
10	铣	用铣床专用夹具装夹 半精铣拨叉脚两端面至（12.3±0.07）mm 用钻模装夹			XQ6125	三面刃铣刀，0.05mm规格的游标卡尺，铣床专用夹具		
11	钻	钻拨叉头φ8H7孔至$\phi 7.8^{+0.1}_{0}$ mm 粗铰拨叉头φ8H7孔至$\phi 7.96^{+0.03}_{0}$ mm 精铰拨叉头φ8H7孔至图样精度要求			Z5152A	麻花钻、铰刀、内径千分尺，钻模		
12	钳	去毛刺			钳工台	平锉		
13	钳	校正拨叉脚			钳工台	锤子		
14	磨	用专用夹具装夹，磨削拨叉脚两端面至图样精度要求			M7112	砂轮，0.05mm规格的游标卡尺，专用夹具		
15	检	检验						

				设计日期	审核日期	标准化日期	会签日期

标记	处数	更改文字编号	签字	日期	标记	处数	更改文字编号	签字	日期

表 3-15 铣削拨叉脚两端面机加工工序卡片

机加工工序卡片	产品型号		零件图号			共 页	第 页
	产品名称		零件名称				材料牌号 HT250

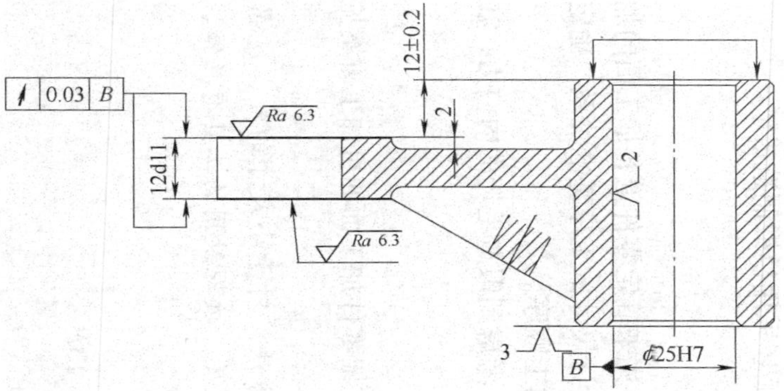

	车间	工序号	工序内容				同时加工件数
		7	粗铣拨叉脚两端面				
拨叉	毛坯种类 铸造	毛坯外形尺寸	每毛坯可制件数 2	每台件数			切削液
	设备名称 万能铣床	设备型号 XQ6125	设备编号				
	夹具编号	夹具名称 铣床专用夹具					

工位器具编号	工位器具名称		工序工时	
			准终	终

工步号	工步内容	工艺装备	主轴转速 /(r/min)	切削速度 /(m/min)	进给量 /(mm/z)	铣削深度 /mm	进给次数	工步工时 机动	辅助
1	粗铣拨叉脚两端面	三面刃铣刀，0.05mm 规格的游标卡尺	65	20	0.2	6			

			设计日期	审核日期	标准化日期	会签日期
标记	处数	更改文字编号	签字	日期		
标记	处数	更改文字编号	签字	日期		

模块二　支架零件机加工工艺设计

项目任务 3-2　设计图 3-12 所示支架零件的机械加工工艺。

学习目标 3-2

- 会分析异形结构件支架零件的加工工艺技术要求。
- 熟悉小尺寸螺纹的套、攻螺纹的相关知识。
- 注意把握异形件零件的工艺路线设计特点。
- 能正确地填写支架零件的机加工工艺过程卡。

一、分析支架零件加工工艺技术要求

（一）支架零件的功用与结构分析

支架是起支撑作用的构架，承受较大的力，起稳固支撑的作用；也具有定位作用，使得零件之间保持相对正确的位置。

（二）加工工艺要求分析

分析支架零件图，得到支架零件的主要加工技术要求见表 3-16。

二、确定支架零件加工毛坯

因支架零件的材料是 45 钢，零件的机加工毛坯采用模锻制造成形。

三、设计支架零件机加工工艺路线

针对支架零件的机加工工艺路线设计过程，先来确定零件上各加工面的加工方案，然后根据各加工面之间的位置公差的基准关系以及设计尺寸的工序基准关系，确定定位基准。再依照基准先行的原则等来安排各加工面之间的加工顺序。

热处理的安排，零件图中没有特别的要求，考虑到锻造毛坯的内应力，在机加工之前安排正火即可。

（一）确定支架壳体零件加工面加工方案

加工面包括零件上所有需要加工的表面。支架零件加工面的机加工方案见表 3-17。

■ "套螺纹、攻螺纹加工"的相关知识导入

螺纹联接是机械连接方法中最常见的联接方法。对于小尺寸的外、内螺纹，常用套螺纹、攻螺纹的方法来加工。套螺纹用的工具是板牙，攻螺纹用的工具有丝锥、铰杠等。

1. 套螺纹前工件圆杆直径的确定

工件圆杆直径可按下式确定，即

$$d_0 = d - 0.13P$$

式中　d_0——工件圆杆直径（mm）；

　　　d——螺纹公称直径（mm）；

　　　P——螺距（mm）。

2. 攻螺纹及攻螺纹前底孔直径的确定

（1）攻螺纹方法　攻螺纹的方法、特点及应用范围见表 3-18。

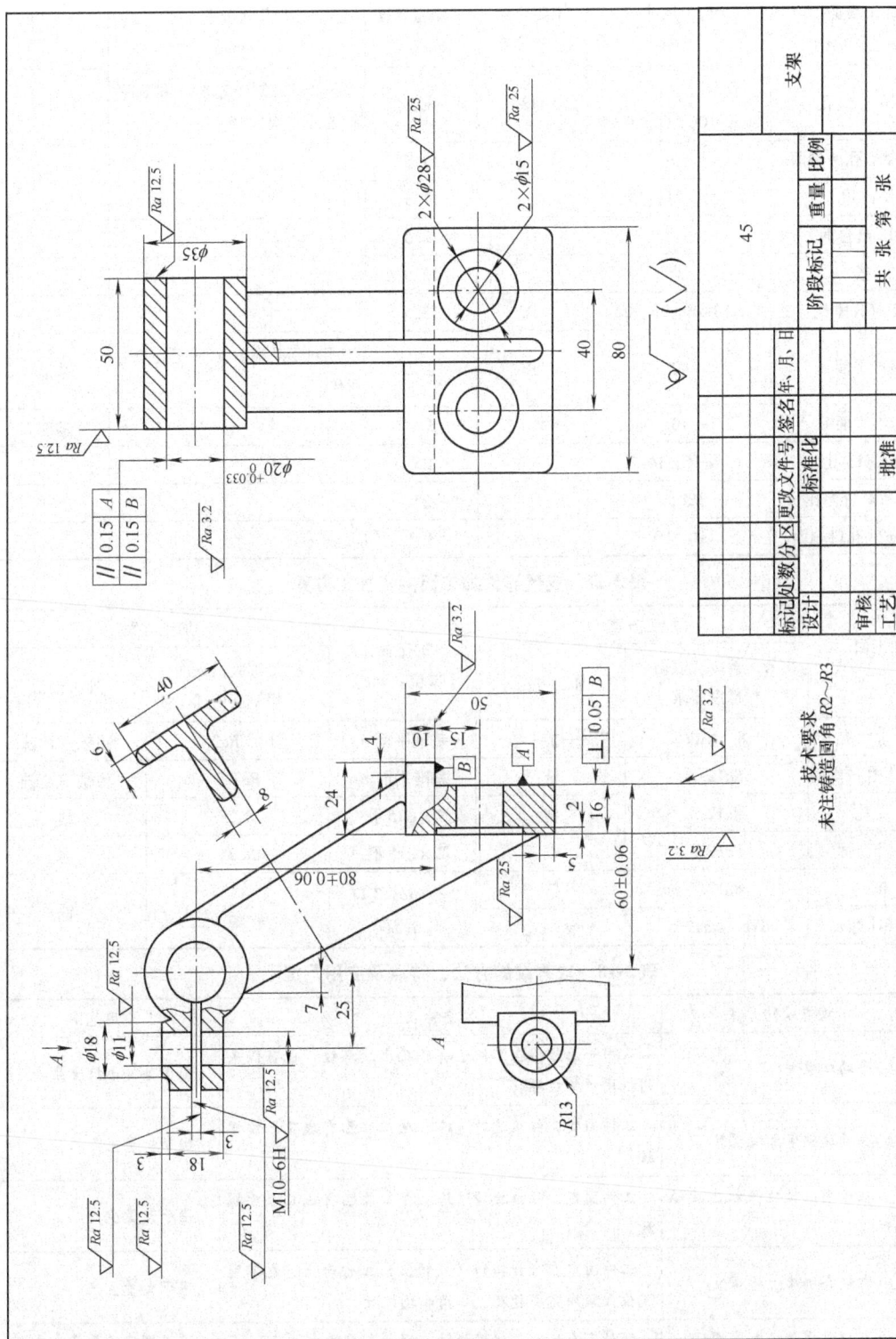

技术要求
未注铸造圆角 R2~R3

图3-12 支架零件图

表 3-16　支架零件主要加工技术要求

加工表面 （单位：mm）	加工尺寸 /mm	主要尺寸 公差等级	表面粗糙度 $Ra/\mu m$	几何公差 /mm	备注
$\phi20^{+0.033}_{0}$ 孔	$\phi20^{+0.033}_{0}$，50， 80 ± 0.06，60 ± 0.06	IT8	3.2	孔轴线相对于基准 A 和 B 平行度公差均 0.15	
$\phi20^{+0.033}_{0}$ 孔两端面	50		12.5		
$\phi11$ 孔	$\phi11$，21，25		12.5		
$\phi18$ 凸台面			12.5		
槽	3		12.5		
M10-6H 螺纹	M10-6H，12，25	IT6	12.5		
基准平面 A	40	IT8	3.2	相对于基准 B 垂直度公差为 0.05	基准 A
基准平面 B	10		3.2		基准 B
$2\times\phi15$ 孔	$\phi15$，14		25		
$2\times\phi28$ 阶梯孔	$\phi28$，2		25		
2 个 $\phi28$ 孔口端面	16，50		3.2		

表 3-17　支架零件加工面的机加工方案

加工面 （单位：mm）	加工方案		加工面 （单位：mm）	加工方案	
	公差等级及表面 粗糙度要求	加工方法		公差等级及表面 粗糙度要求	加工方法
$\phi20^{+0.033}_{0}$ 孔	IT8，$Ra3.2$	钻—扩—铰	基准平面 A	IT8，$Ra3.2$	粗铣—精铣
$\phi20^{+0.033}_{0}$ 孔两端面	$Ra12.5$	铣	基准平面 B	$Ra3.2$	粗铣—精铣
$\phi11$ 孔	$Ra12.5$	钻	$2\times\phi15$ 孔	$Ra25$	钻
$\phi18$ 凸台面	$Ra12.5$	铣	$2\times\phi28$ 孔	$Ra25$	锪
槽	$Ra12.5$	铣	2 个 $\phi28$ 孔口端面	$Ra25$	铣
M10-6H 螺纹	IT6，$Ra12.5$	钻—攻			

表 3-18　攻螺纹的方法、特点及应用范围

序号	攻螺纹的方法	主要特点	应用范围
1	手动攻螺纹	采用手动丝锥在工件已有底孔上攻螺纹，也可以采用机用丝锥攻螺纹	用于单件小批量生产
2	在普通钻床上攻螺纹	工件固定，丝锥旋转进给。在工件已有底孔上攻螺纹	用于批量生产
3	在专用多轴攻丝机上攻螺纹	工件固定，丝锥旋转进给。在工件已有底孔上攻螺纹	用于大量生产
4	在组合机床上攻螺纹	工件固定在可旋转的（或转位）工作台上，在不同工位上顺序完成钻孔、倒角和攻螺纹	用于大量生产
5	在自动螺母机上攻螺纹	螺母已有底孔，丝锥旋转，螺母在导槽内送进	用于螺母的大量生产
6	在卧式车床上攻螺纹	工件旋转，丝锥安装在尾座上，手摇尾座套筒送进	用于单件小批量生产

（2）攻螺纹前底孔直径　攻螺纹前底孔直径即钻底孔用钻头的直径。钻底孔用钻头的直径的确定，可用以下公式计算，即

$$P < 1\text{mm} \text{ 时}, \quad D_0 = D - P$$

$$P > 1\text{mm} \text{ 时}, \quad D_0 = D - (1 \sim 1.1)P$$

式中　D_0——钻工件底孔的钻头直径（mm）；

　　　D——螺纹公称直径（mm）；

　　　P——螺距（mm）。

（3）被加工的内螺纹公差与丝锥制造公差的关系　根据 GB/T 968—2007，丝锥中径公差带与所能加工的内螺纹公差带代号见表 3-19。

表 3-19　不同公差带丝锥加工内螺纹的相应公差带代号

GB/T 968—2007 丝锥 公差带代号	加工内螺纹的公差带代号	GB/T 968—2007 丝锥 公差带代号	加工内螺纹的公差带代号
H1	4H、5H	H3	6G、7H、7G
H2	5G、6H	H4	6H、7H

（二）安排支架零件加工顺序

1. 定位基准的选择

每个加工面或每组加工面的定位基准的选择，都是优先考虑选择它们的工序基准（设计尺寸基准或位置精度基准）所在位置。比如，$\phi20^{+0.033}_{0}$mm 孔的加工定位基准就要选择基准面 A 和基准面 B 所在位置，$\phi11$mm 孔、M10-6H 螺纹孔的加工定位基准就选择 $\phi20^{+0.033}_{0}$mm 孔轴线，等等。

2. 热处理的安排

在毛坯锻造成形后、机加工之前，安排正火热处理，以消除内应力。

3. 加工顺序的安排

遵循定位基准先行原则、有面有孔结构的加工面先面后孔原则、主要加工面先次要加工面后的加工原则、主要加工面的粗精加工分开原则等，确定支架零件的加工顺序为：粗铣基准面 A 和 B—铣 $\phi20^{+0.033}_{0}$mm 孔端面—钻、扩、铰 $\phi20^{+0.033}_{0}$mm 孔—钻、攻 M10-6H 螺纹—钻 $\phi11$mm 孔—铣槽—精铣基准面 A 和 B—钻 $\phi15$mm 孔等。

（三）确定支架零件机加工工艺路线

支架零件机加工工艺路线，见表 3-20。

表 3-20　支架零件机加工工艺路线　　　　　　　　　　（单位：mm）

工序号	工序名称	工 序 内 容	工序号	工序名称	工 序 内 容
1	锻造	锻造毛坯	8	钻	钻 $\phi11$ 孔
2	热处理	正火	9	铣	铣槽
3	铣	粗铣基准平面 A 和 B	10	铣	精铣基准平面 A 和 B
4	铣	铣 $\phi20^{+0.033}_{0}$ 孔两端面	11	铣	铣 2 个 $\phi28$ 孔口端面
5	钻、扩、铰	钻、扩、铰 $\phi20^{+0.033}_{0}$ 孔	12	钻、锪	钻 2×$\phi15$ 孔，锪 2×$\phi28$ 孔
6	钻、攻	钻、攻 M10-6H 螺纹	13	钳	去毛刺
7	铣	铣 $\phi18$ 凸台面	14	检	检验

四、设计支架零件机加工工序

支架零件的加工面中，需要进行工序尺寸计算的是 $\phi20^{+0.033}_{0}$ mm 孔、基准面 A 及基准面 B。表 3-20 中各加工工序的刀具、夹具、加工机床等的确定，见该零件的机加工工艺过程卡。

（一）计算工序尺寸

由表 3-17 知道，支架零件的加工面 $\phi20^{+0.033}_{0}$ mm 孔、基准面 A 及基准面 B 的工序尺寸计算见以下各表。

1. $\phi20^{+0.033}_{0}$ mm 孔加工的工序尺寸计算

$\phi20^{+0.033}_{0}$ mm 孔加工的工序尺寸计算，见表 3-21。

表 3-21　$\phi20^{+0.033}_{0}$ mm 孔加工的工序尺寸计算　　（单位：mm）

工序名称	工序余量	工序基本尺寸	工序所能达到的公差等级	工序尺寸
铰	0.2	20	IT8 (0.033)	$\phi20^{+0.033}_{0}$
扩	1.8	19.8	IT10 (0.084)	$\phi19.8^{+0.084}_{0}$
钻	18	18	IT11 (0.14)	$\phi18^{+0.14}_{0}$

2. 基准面 A 加工的工序尺寸计算

基准面 A 加工的工序尺寸计算，见表 3-22。

表 3-22　基准面 A 加工的工序尺寸计算　　（单位：mm）

工序名称	工序余量	工序基本尺寸	工序所能达到的公差等级	工序尺寸
精铣	0.7	16	IT9 (0.05)	16 ± 0.025
粗铣	1.5	16.7	IT11 (0.17)	16.7 ± 0.085
毛坯	2.2	18.2	± 2	18.2 ± 2

3. 基准面 B 加工的工序尺寸计算

基准面 B 加工的工序尺寸计算，见表 3-23。

表 3-23　基准面 B 加工的工序尺寸计算　　（单位：mm）

工序名称	工序余量	工序基本尺寸	工序所能达到的公差等级	工序尺寸
精铣	0.7	10	IT9 (0.05)	10 ± 0.025
粗铣	1.5	10.7	IT11 (0.17)	10.7 ± 0.085
毛坯	2.2	12.2	± 2	12.2 ± 2

（二）各工序的刀具、量具、夹具、加工机床等的确定

各工序的刀具、量具、夹具、加工机床等的确定，见支架零件的机加工工艺过程卡片表 3-24。

五、填写支架零件机加工工艺文件

支架零件的机加工工艺过程卡片，见表 3-24。

表3-24 支架零件机加工工艺过程卡片

	机加工工艺过程卡片	产品型号		零件图号			共2页	第1页
		产品名称		零件名称				

材料牌号 45钢　毛坯种类 模锻　毛坯外形尺寸　每毛坯可制件数 1　每台件数 1

工序号	工序名称	工序内容	车间	工段	设备	工艺装备	备注	准终	单件
1	锻造	模锻毛坯							
2	热处理	正火							
3	铣	用铣床专用夹具装夹工件；粗铣基准平面A和B至(16.7±0.17)mm和(10.7±0.17)mm			XQ6125	三面刃铣刀，0.02mm规格卡尺，铣床专用夹具			
4	铣	用铣床专用夹具装夹工件；铣$\phi20^{+0.033}_{0}$孔两端面			XQ6125	三面刃铣刀，0.02mm规格卡尺，铣床专用夹具			
5	钻、铰	用钻模装夹工件；1)钻$\phi20^{+0.033}_{0}$孔至$\phi18^{+0.14}_{0}$mm 2)扩$\phi20^{+0.033}_{0}$孔至$\phi19.8^{+0.084}_{0}$mm 3)铰$\phi20^{+0.033}_{0}$孔至$\phi20^{+0.033}_{0}$mm			Z5125A	麻花钻、扩孔钻、铰刀、内径千分尺、钻模			
6	钻、攻	用钻模装夹工件；1)钻M10-6H螺纹底孔至5mm 2)攻M10-6H螺纹			Z5125A	麻花钻、丝锥、内径千分尺、钻模			
7	铣	用铣床专用夹具装夹工件；铣$\phi18$凸台面			XQ6125	三面刃铣刀，0.02mm规格卡尺，铣床专用夹具			
8	钻	用钻模装夹工件；钻$\phi11$孔至零件图要求			Z5125A	麻花钻、内径千分尺、钻模			
9	铣	用铣床专用夹具装夹工件；铣槽3mm至零件图要求			XQ6125	锯片铣刀，0.02mm规格卡尺，铣床专用夹具			

（续）

机加工工艺过程卡片		产品型号		零件图号			共 2 页	第 2 页
		产品名称		零件名称	1			

材料牌号	毛坯种类	毛坯外形尺寸		每毛坯可制件数		每台件数	备注	
45 钢	模锻							

工序号	工序名称	工 序 内 容	车间	工段	设备	工艺装备	工时	
							准终	单件
10	铣	用铣床专用夹具装夹工件 精铣基准平面 A 和 B 至（16±0.05）mm 和（10±0.05）mm			XQ6125	三面刃铣刀，0.02mm 规格卡尺，铣床专用夹具		
11	铣	用铣床专用夹具装夹工件 铣 2 个 φ28 孔口端面至零件图零件图精度要求			XQ6125	三面刃铣刀，0.02mm 规格卡尺，铣床专用夹具		
12	钻、镗	用钻模装夹工件 1）钻 2×φ15 孔 2）镗 2×φ28 孔			Z5125A	麻花钻、镗钻、内径千分尺，钻模		
13	钳工	去毛刺						
14	检	检验						

		设计日期	审核日期	标准化日期	会签日期
标记	处数	更改文字编号	签字	日期	
标记	处数	更改文字编号	签字	日期	

模块三 连杆零件机加工工艺设计

项目任务 3-3 设计图 3-13 所示三孔连杆零件的机械加工工艺,大量生产。

学习目标 3-3

- 会分析异形件结构的三孔连杆零件加工工艺技术要求。
- 能熟练把握复杂结构异形件的工艺路线设计过程。
- 能够熟练计算任意基准重合加工面的工序尺寸,并确定各工序加工用具等工序内容。
- 能正确填写三孔连杆零件的相关工艺文件。

一、分析三孔连杆零件加工工艺技术要求

(一)三孔连杆零件的功用与结构分析

连杆是汽车发动机中的重要零件,它连接着活塞和曲轴,其作用是将活塞的往复运动转变为曲轴的旋转运动,并把作用在活塞组上的燃气压力传给曲轴,使曲轴带动工作机械做功。三孔连杆零件的结构有连杆大头孔及孔端平面,连杆小头孔及孔端平面,以及侧耳部孔及孔端平面。

(二)加工工艺要求分析

三孔连杆零件的加工技术要求,见表 3-25。

除了表中主要加工技术要求,还有三孔连杆毛坯锻造的拔模斜度不大于 7°,连杆不得有裂纹、夹渣等缺陷。

二、确定三孔连杆零件加工毛坯

连杆连接活塞和曲轴,其作用是将活塞的往复运动转换成曲轴的旋转运动,并把作用在活塞上的力传给曲轴以输出功率。连杆在工作中,除承受燃烧室内燃气产生的压力以外,还要承受纵向和横向的惯性力。因此,连杆在一个很复杂的应力状态下工作,它既承受交变的拉应力,又承受弯曲应力,其主要失效形式是疲劳断裂和过量变形。连杆的功能要求连杆具有较高的工作强度和抗疲劳性能;具有足够的刚度和韧性。因此,连杆材料一般采用 45 钢,40Cr 或 40MnB 等调质钢。

三孔连杆的材料是 45 钢,由于其力学性能要求较高,因此可采用锻造毛坯。为保证加工质量,选择模锻成形。

模锻结束之后,需对毛坯进行切边、冷态矫正等的后续处理。

三、设计三孔连杆零件机加工工艺路线

(一)确定三孔连杆零件加工面加工方案

加工面包括零件上所有需要加工的表面。其加工面的加工方案见表 3-26。

(二)安排三孔连杆零件加工顺序

1. 定位基准的选择

在端面的加工时可选择大头孔为粗基准,在保证垂直度的情况下,通过划线找正装夹的方法,铣削大头孔端面(作为后续工序的精基准)、小头孔端面、侧耳孔端面。在钻削加工

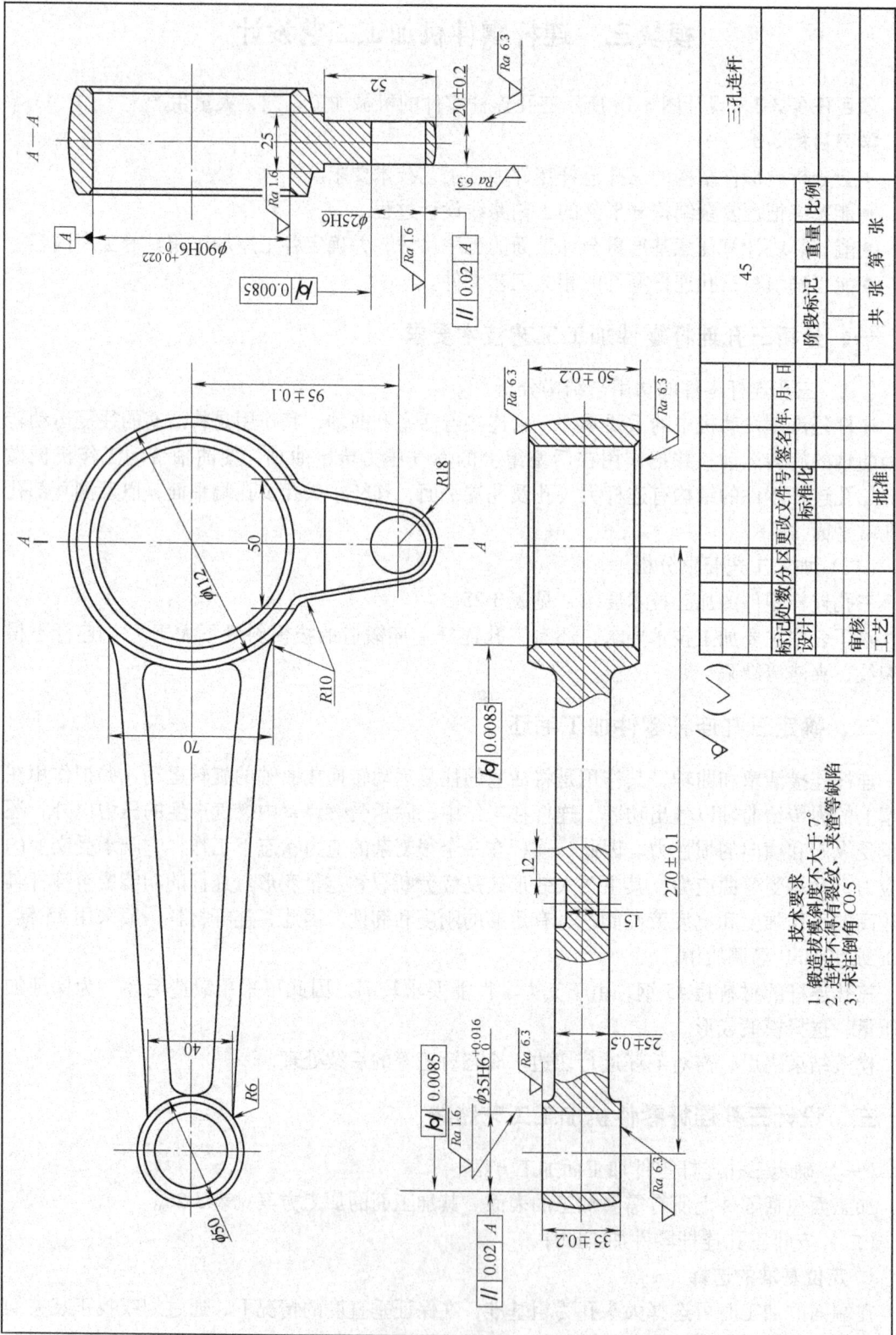

图3-13　三孔连杆零件图

技术要求
1. 锻造拔模斜度不大于7°
2. 连杆不得有裂纹、夹渣等缺陷
3. 未注倒角C0.5

表 3-25　三孔连杆零件的加工技术要求

加工表面	加工尺寸 /mm	加工公差 等级	表面粗糙度 $Ra/\mu m$	几何公差 /mm	备注
$\phi 35$H6 孔	$\phi 35$H6，270 ± 0.1	IT6	1.6	孔轴线相对于基准 A 的平行度公差 0.02；孔的圆柱度公差 0.0085	
$\phi 35$H6 孔两端面	35 ± 0.2	IT11	6.3		
$\phi 90$H6 孔	$\phi 90$H6，孔口倒角 $C1$	IT6	1.6		基准 A
$\phi 90$H6 孔两端面	50 ± 0.2	IT11	6.3		
$\phi 25$H6 孔	$\phi 25$H6，95 ± 0.1	IT6	1.6	孔轴线相对于基准 A 的平行度公差 0.02；孔的圆柱度公差 0.0085	
$\phi 25$H6 孔两端面	20 ± 0.2	IT12	6.3		

表 3-26　三孔连杆零件加工面加工方案

加工面	加工方案	
	公差等级及表面粗糙度要求/μm	加工方法
小头 $\phi 35$H6 孔	IT6，$Ra1.6$	钻—粗镗—半精镗—精镗
$\phi 35$H6 孔两端面	IT11，$Ra6.3$	铣
大头 $\phi 90$H6 孔	IT6，$Ra1.6$	粗镗—半精镗—精镗
$\phi 90$H6 孔两端面	IT11，$Ra6.3$	铣
侧耳 $\phi 25$H6 孔	IT6，$Ra1.6$	钻—粗镗—半精镗—精镗
$\phi 25$H6 孔两端面	IT12，$Ra6.3$	铣

小孔和侧耳孔时需要以大头孔作为精基准，来确定另外两孔的轴线位置。

大头孔端面为精基准。

2. 热处理的安排

模锻成形后切边，进行正火处理，然后喷砂、去毛刺。

3. 加工顺序的安排

遵循"先面后孔"的原则，先加工大头孔和小头孔的两侧端面及侧耳孔的两侧平面，后加工三个孔；遵循"先基准后其他"的原则，首先加工精基准——大头孔端平面和大头孔内表面 $\phi 90$H6；遵循"先粗后精"的原则，先安排粗加工工序，后安排精加工工序。

三孔连杆加工质量要求较高，可将加工阶段划分成粗加工、半精加工和精加工三个阶段。在粗加工阶段，首先将精基准（大头孔端平面）准备好，使后续工序都可采用精基准定位加工，保证其他加工表面精度要求；然后粗铣大头孔另一侧端面、小头孔两侧端面、耳部两侧平面；钻小头孔、侧耳孔；粗镗大头孔、小头孔和侧耳孔。在半精加工阶段，完成大头孔、小头孔和侧耳孔半精镗。在精加工阶段完成大头孔、小头孔和侧耳孔的精镗，主要是保证三个孔的端面和内孔面的表面粗糙度及相互位置精度的要求。

4. 辅助工序

精加工之后安排去刺、修钝各处尖棱，探伤检查，检查零件有无裂纹、夹渣等工序。

（三）确定三孔连杆零件机加工工艺路线

三孔连杆零件机加工工艺路线，见表 3-27。

表 3-27　三孔连杆零件机加工工艺路线

工序号	工序名称	工 序 内 容
1	锻造	模锻毛坯
2	热处理	正火处理
3	喷砂	去毛刺
4	划线	划杆身十字中心线和三孔的端面加工线
5	铣	按划线找正，铺平，杆身加辅助支撑，压紧工件，铣大头一侧平面及侧耳部孔的一侧平面
6	铣	以已加工过的大头孔端面为基准面，小头、耳部及杆身加辅助支撑，压紧工件，铣削大头孔、耳部孔端平面的各自另一侧
7	铣	以大头孔端面为基准面，按大、小头中心连线找正，压紧大头，铣削小头孔的两侧端平面
8	划线	以大头毛坯孔为基准，兼顾连杆外形情况，划三孔大小的加工线
9	钻	以大头孔端面为基准面，小头及耳部端面加辅助支撑后压紧工件。钻小头孔和耳部孔
10	粗镗	以大头孔端面为基准面，小头及耳部端面加辅助支撑后压紧工件，粗镗三孔
11	半精镗	以大头孔端面为基准面，小头及耳部端面加辅助支撑后压紧工件，半精镗三孔
12	精镗	以大头孔端面为基准面，小头及耳部端面加辅助支撑后重新压紧装夹工件。精镗三个孔至图样要求
13	钳	修钝各处尖棱，去毛刺
14	检	检验各部分精度
15	检	探伤检查（无损探伤），检查零件有无裂痕、夹渣等
16	入库	油封入库

四、设计三孔连杆零件机加工工序

三孔连杆零件的工序设计内容，包括由表 3-26 加工方案确定的加工面加工尺寸计算，以及由表 3-27 加工工艺路线确定的工序加工设备和工序加工工艺装备等。

（一）计算工序尺寸

三孔连杆零件的大头 $\phi90H6$ 孔、小头 $\phi35H6$ 孔、侧耳 $\phi25H6$ 孔机加工工序尺寸计算见以下各表。

1. 大头 $\phi90H6$ 孔加工的工序尺寸计算

大头 $\phi90H6$ 孔加工的工序尺寸计算，见表 3-28。

表 3-28　大头 φ90H6 孔加工的工序尺寸计算　（单位：mm）

工序名称	工序余量	工序基本尺寸	工序所能达到的公差等级	工序尺寸
精镗	0.1	φ90	IT6 (0.022)	φ90H6
半精镗	0.3	φ89.9	IT9 (0.076)	$\phi89.9^{+0.076}_{0}$
粗镗	1.6	φ89.6	IT11 (0.23)	$\phi89.6^{+0.23}_{0}$
毛坯	2	φ88		

2. 小头 φ35H6 孔加工的工序尺寸计算

小头 φ35H6 孔加工的工序尺寸计算，见表 3-29。

表 3-29　小头 φ35H6 孔加工的工序尺寸计算　（单位：mm）

工序名称	工序余量	工序基本尺寸	工序所能达到的公差等级	工序尺寸
精镗	0.1	φ35	IT6 (0.016)	φ35H6
半精镗	0.2	φ34.9	IT9 (0.05)	$\phi34.9^{+0.05}_{0}$
粗镗	1.7	φ34.7	IT11 (0.17)	$\phi34.7^{+0.17}_{0}$
钻	33	φ33	IT12 (0.34)	

3. 侧耳 φ25H6 孔加工的工序尺寸计算

侧耳 φ25H6 孔加工的工序尺寸计算，见表 3-30。

表 3-30　侧耳 φ25H6 孔加工工序尺寸计算　（单位：mm）

工序名称	工序余量	工序基本尺寸	工序所能达到的公差等级	工序尺寸
精镗	0.1	φ25	IT6 (0.013)	φ25H6
半精镗	0.2	φ24.9	IT9 (0.045)	$\phi24.9^{+0.045}_{0}$
粗镗	1.7	φ24.7	IT11 (0.14)	$\phi24.7^{+0.14}_{0}$
钻	23	φ23	IT12 (0.28)	

（二）确定各机加工工序的工艺装备和加工设备等

这部分工序内容的确定方法和前文其他类似内容的思路和方法是一致的。具体内容的确定结果见三孔连杆零件的机加工工艺过程卡片。

五、填写三孔连杆零件机加工工艺文件

三孔连杆零件的机加工工艺过程卡片，见表 3-31。

表 3-31　三孔连杆零件机加工工艺过程卡片

机加工工艺过程卡片		产品型号	三孔连杆	零件图号			共 2 页	第 1 页
		产品名称	汽车发动机	零件名称	1			
材料牌号	毛坯种类	毛坯外形尺寸		每毛坯可制件数	每台件数		备注	
45	模锻				1			

工序号	工序名称	工序内容	车间	工段	设备	工艺装备	备注	工时 准终	工时 单件
1	锻	模锻毛坯							
2	热	正火处理							
3	喷砂	去毛刺							
4	划线	划杆身十字中心线和三孔的端面加工线							
5	铣	按划线找正、铺平、杆身加辅助支撑，压紧工件 1) 铣大头孔一侧平面 2) 铣耳部孔的一侧平面			X5030A	三面刃铣刀，0.01mm 规格卡尺，专用夹具			
6	铣	以已加工过的大头孔端面为基准面，小头、耳部及杆身加辅助支撑，压紧工件 1) 铣削大头孔端平面另一侧，保证尺寸（50±0.2）mm，达到零件图精度要求 2) 铣削小头孔端平面的另一侧，保证尺寸（20±0.2）mm			X5030A	三面刃铣刀，0.01mm 规格卡尺，专用夹具			
7	铣	以大头孔端面为基准面，按大、小头中心连线找正，压紧大头 铣削小头孔的两侧端面至零件图精度要求			X5030A	三面刃铣刀，0.01mm 规格卡尺，专用夹具			
8	划线	以大头毛坯孔为基准，兼顾连杆外形情况，划三孔大小的加工线							
9	钻	以大头孔端面为基准面，小头及耳部端面加辅助支撑后压紧工件 钻小头孔至 φ33mm 钻耳部孔至 φ23mm			Z3050	麻花钻，0.01mm 规格卡尺，组合夹具			
10	粗镗	以大头孔端面为基准面，小头及耳部端面加辅助支撑后压紧工件				组合夹具			

（续）

机加工工艺过程卡片	产品型号		零件图号		共 2 页 第 2 页
	产品名称 汽车发动机		零件名称 三孔连杆		

材料牌号 45	毛坯种类 模锻	毛坯外形尺寸	每毛坯可制件数	每台件数 1	备注

工序号	工序名称	工 序 内 容	车间	工段	设备	工艺装备	工时 准终	工时 单件
10	粗镗	1) 粗镗大头孔至 $\phi89.6\,^{+0.23}_{0}$ mm 2) 粗镗小头孔至 $\phi34.7\,^{+0.17}_{0}$ mm 3) 粗镗侧耳孔至 $\phi24.7\,^{+0.14}_{0}$ mm			T617A	镗刀，内径千分尺		
11	半精镗	以大头孔端面为基准面，小头及耳部端面加辅助支撑后压紧工件 1) 半精镗大头孔至 $\phi89.9\,^{+0.076}_{0}$ mm 2) 孔口倒角 C1 3) 半精镗小头孔至 $\phi34.9\,^{+0.05}_{0}$ mm 4) 半精镗侧耳孔至 $\phi24.9\,^{+0.045}_{0}$ mm			T617A	金刚石镗刀，内径千分尺，组合夹具		
12	精镗	以大头孔端面为基准面，小头及耳部端面加辅助支撑后压紧工件 1) 精镗大头孔至 $\phi90H6$ 的零件图精度要求 2) 精镗小头孔至 $\phi35H6$ 的零件图精度要求 3) 精镗侧耳孔至 $\phi25H6$ 的零件图精度要求			T617A	金刚石镗刀，内径千分尺，组合夹具		
13	钳	修钝各处分歧，去毛刺						
14	检	检验各部分精度						
15	检	探伤检查（无损探伤），检查零件有无裂痕，夹渣等						
16	入库	油封入库						

					设计日期	审核日期	标准化日期	会签日期
标记	处数	更改文字编号	签字	日期	标记	处数	更改文字编号	签字	日期

项目四　箱体类零件机加工工艺设计

工作任务 4

设计机械零部件中常见的箱体类零件机加工工艺。

能力目标 4

- 会分析箱体零件的加工工艺技术要求。
- 能合理确定箱体零件的毛坯。
- 能合理确定箱体零件的机加工方案。
- 能合理安排箱体零件的加工顺序，进而设计出其加工工艺路线。
- 熟知工序加工所用的镗床专用夹具（或镗模）的设计要点。
- 会查阅工艺手册中箱体零件表面的平面加工和孔系加工的相关工艺参数资料。

知识目标 4

- 熟悉箱体零件的平面镗削、刨削等切削加工相关知识。
- 熟知镗床专用夹具（或镗模）的设计要点，以及镗套等镗床专用夹具的相关知识。

模块一　减速器箱体零件机加工工艺设计

项目任务 4-1　设计图 4-1、图 4-2、图 4-3 所示减速器箱体零件的机加工工艺。

学习目标 4-1

- 能准确分析出腔型结构的箱体零件加工工艺技术要求。
- 熟知箱体零件的毛坯选材特点（关注热处理）及毛坯成形方式。
- 熟悉刨削、镗削加工的相关知识，掌握箱体类零件的工艺路线设计特点与方法，设计出减速器箱体零件的加工工艺路线。
- 能够正确填写出减速器箱体零件的相关工艺文件。
- 会查阅工艺手册中箱体零件表面的平面加工和孔系加工的相关工艺参数资料。

一、分析减速箱零件加工工艺技术要求

（一）减速箱零件的功用与结构分析

减速器在原动机和工作机或执行机构之间起匹配转速和传递转矩的作用，在现代机械中应用极为广泛。减速器的组成构件之一的箱体是各传动零件的底座和基础，是减速器重要的组成部分。减速器箱体（以下简称减速箱）分为上箱盖、下箱体两部分。

箱体的功用与结构分析如下：

箱体是各类机器的基础零件，用于将机器和部件中的轴、套、轴承和齿轮等有关零件连

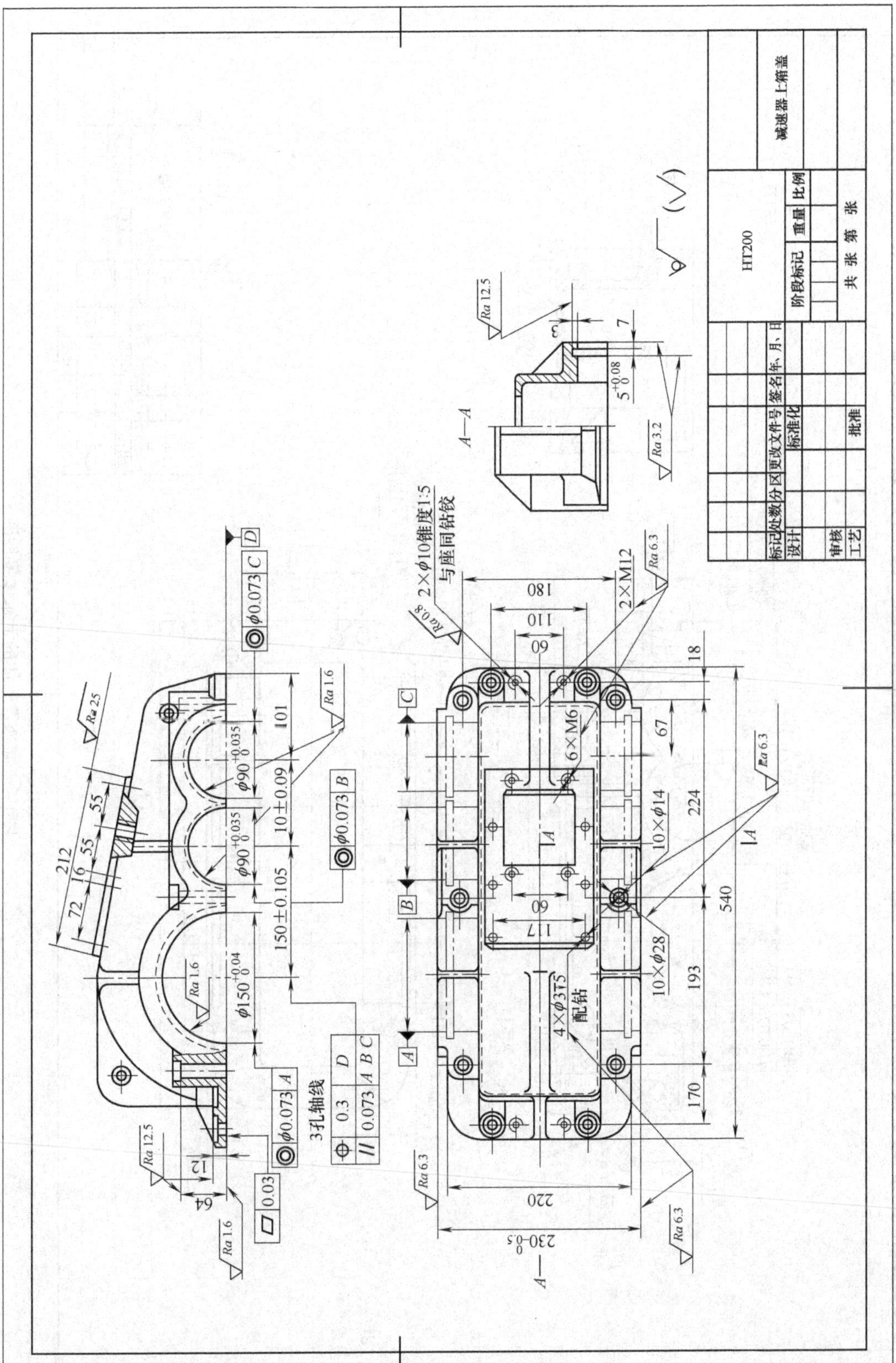

图4-1 减速器箱体的上箱盖零件图

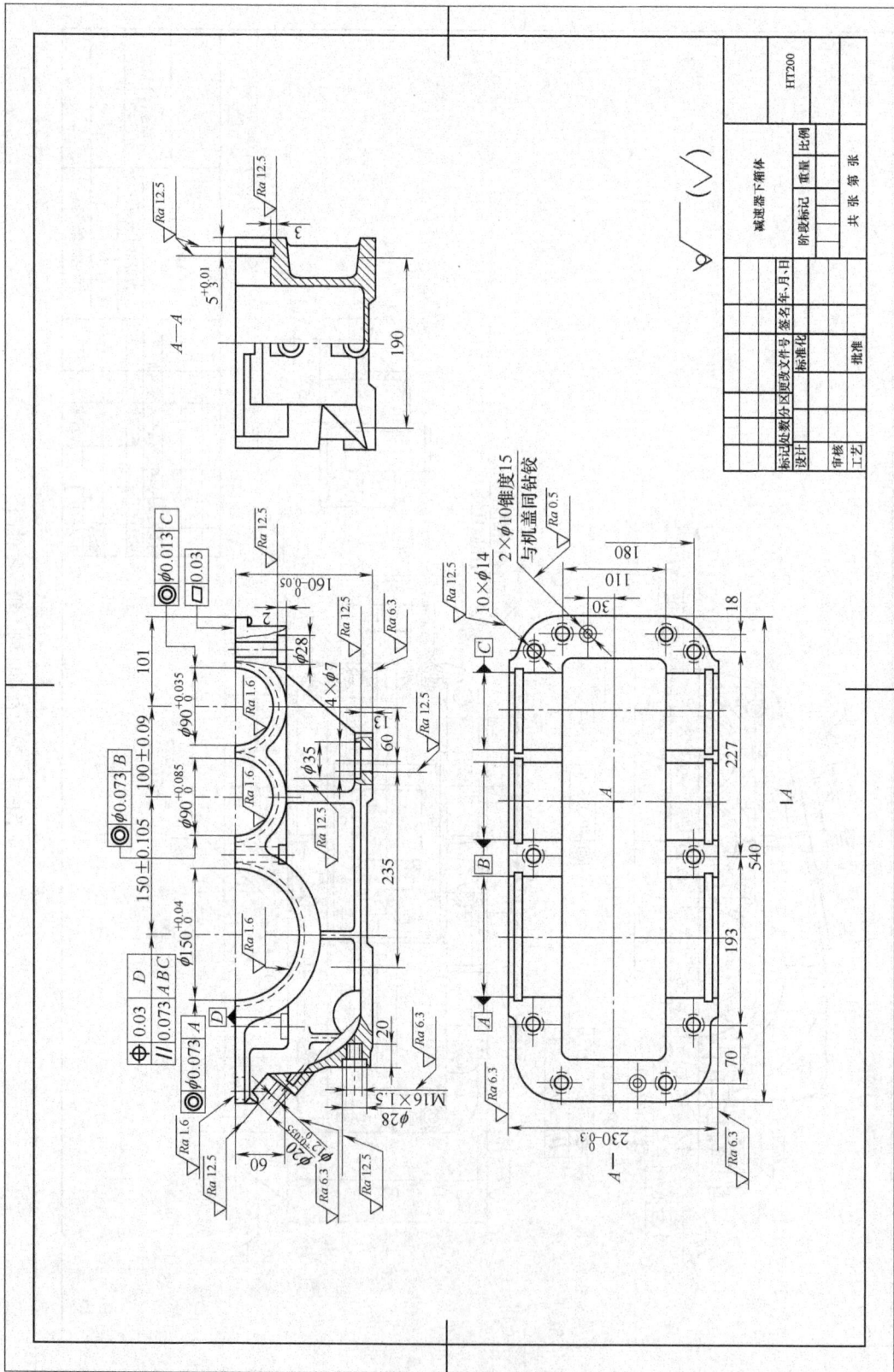

图4-2　减速器箱体的下箱体零件图

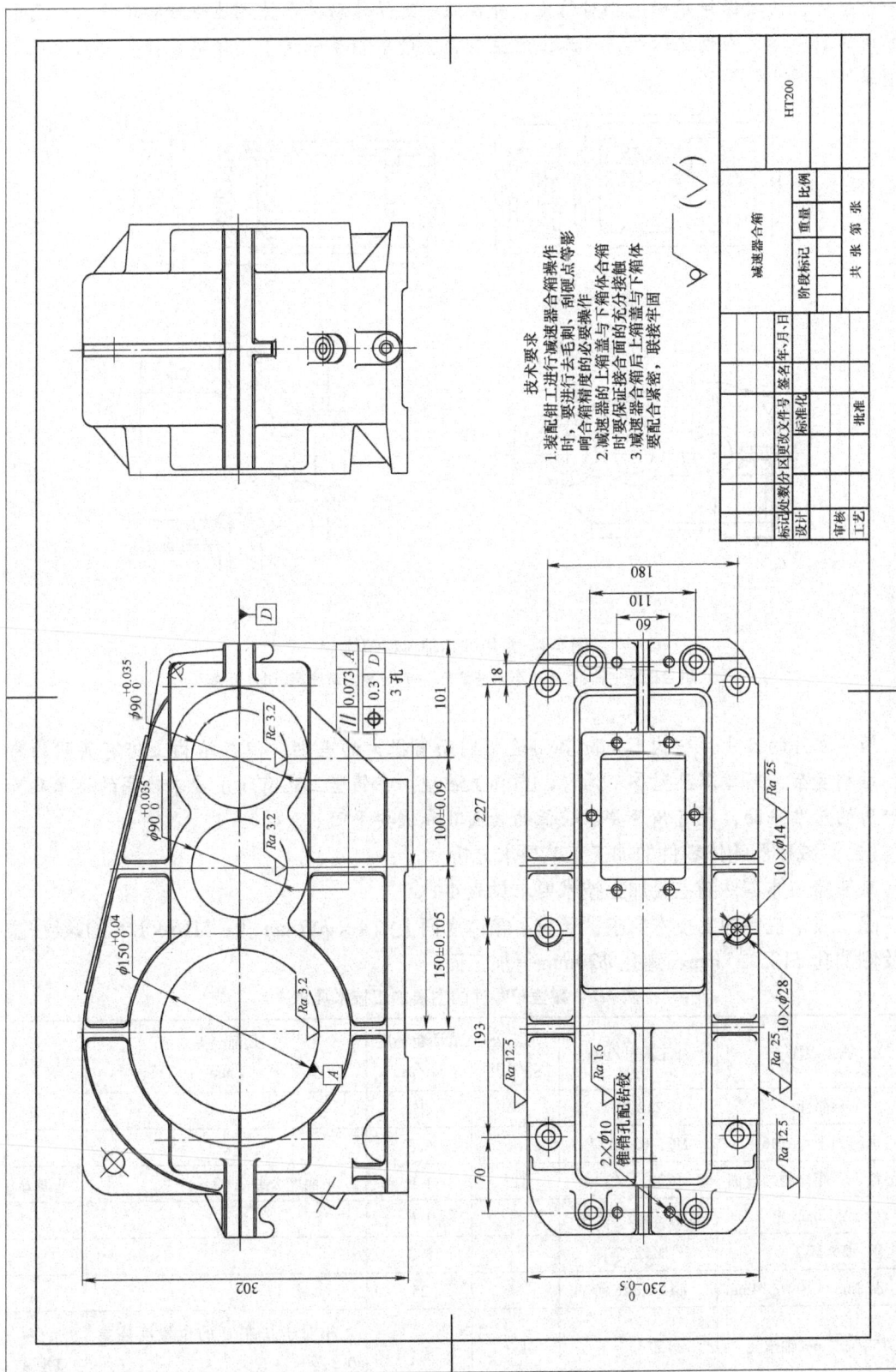

图4-3 减速器箱体的合箱结构图

技术要求

1. 装配钳工进行减速器合箱操作时，要进行去毛刺、制倒点等影响合箱精度的必要操作。
2. 减速器的上箱盖与下箱体合箱时要保证接合面的充分接触。
3. 减速器合箱后上箱盖与下箱体要配合紧密，联接牢固

成一个整体，使之保持正确的相对位置，并按照一定的传动关系协调地运转和工作。如汽车上的变速器壳体、发动机缸体，机床上的主轴箱、进给箱等都属于箱体类零件。常用的几种典型箱体如图4-4所示。

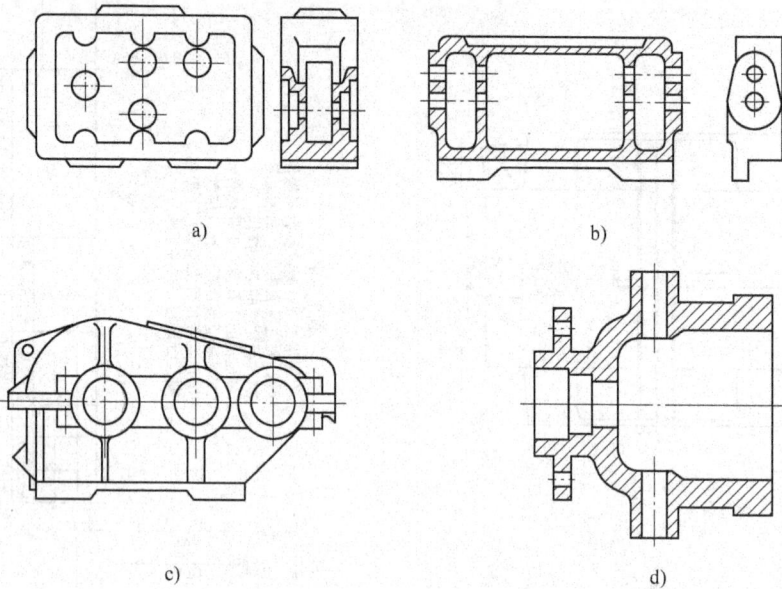

a)　　　　　　　　　　　　　　　　　b)

c)　　　　　　　　　　　　　　　　　d)

图4-4　常用的几种典型箱体
a）组合机床主轴箱　b）车床进给箱　c）分离式减速箱　d）泵壳

箱体零件的尺寸和结构形式随其用途不同而有很大的差别，但在结构上仍有共同的特点：结构复杂，箱壁薄且壁厚不均匀，内部呈腔型。在箱壁上既有精度要求较高的轴承孔和装配用的基准平面，也有精度要求较低的紧固孔和次要平面。

（二）减速器箱体零件的加工工艺要求分析

减速器箱体零件的主要加工技术要求见表4-1。

除了表中主要加工技术要求，还有下箱体底面上的 $4 \times \phi 17 \text{mm}$ 孔、$M16 \times 1.5$ 的螺纹孔，以及侧油孔 $\phi 12^{+0.035}_{0} \text{mm}$、锪孔 $\phi 20 \text{mm}$ 等加工面。

表4-1　减速箱零件的主要加工技术要求

加工表面	加工尺寸/mm	加工公差等级	表面粗糙度 Ra/μm	几何公差 /mm	备注
顶斜面	212 等		25		
顶斜面上 6 × M6	M6，60，117		6.3		
上箱盖、下箱体的结合面	230，540	IT7	1.6	平面度公差0.03	基准 D
2 × φ10mm 孔	φ10，锥度1:5 等		1.6		
2 × M12	M12 等		6.3		
10 × φ28mm，10 × φ14mm	φ14，φ28 等		25		
$\phi 150^{+0.04}_{0} \text{mm}$ 轴承孔	$\phi 150^{+0.04}_{0}$ 等	IT7	3.2	相对于基准 D 的位置度公差 0.3 等	后侧基准 A

（续）

加工表面	加工尺寸/mm	加工公差等级	表面粗糙度 $Ra/\mu m$	几何公差 /mm	备注
$\phi 90^{+0.035}_{0}$ mm 轴承孔	$\phi 90^{+0.035}_{0}$ 等	IT7	3.2	孔轴线相对于基准 A、B、C 的平行度公差 $\phi 0.073$ 等	后侧基准 B
$\phi 90^{+0.035}_{0}$ mm 轴承孔	$\phi 90^{+0.035}_{0}$ 等	IT7	3.2	相对于基准 C 的同轴度公差 $\phi 0.073$ 等	后侧基准 C
轴承孔的前后端面	$230^{0}_{-0.5}$	IT12	12.5		

箱体零件主要加工表面的技术要求分析特点如下：

（1）主要平面的形状精度和表面粗糙度　箱体的主要平面是装配基准，并且往往是加工时的定位基准，所以有较高的平面度和较小的表面粗糙度值。

（2）孔的尺寸精度、几何精度和表面粗糙度　箱体上的轴承孔本身的尺寸精度、几何精度和表面粗糙度要求较高。

（3）主要孔和平面相互位置精度　同轴线的孔一般有一定的同轴度要求，各支撑孔之间也应有一定的孔距尺寸精度和平行度要求。

二、确定减速箱零件加工毛坯

箱体类零件常用材料大多为普通灰铸铁 HT150～HT350，可根据实际需要选用，用得较多的是 HT200。灰铸铁的铸造性能和加工性能好，价格低廉，具有较好的吸振性和耐磨性。

箱体零件的毛坯，依加工余量与生产批量、毛坯尺寸、结构、精度和铸造方法不同而变化。单件小批量生产的铸铁箱体，常用木模手工砂型铸造，毛坯精度低，加工余量大；大批量生产中大多用金属模机器造型铸造，毛坯精度高，加工余量小。铸铁箱体毛坯上直径单件生产孔径大于 $\phi 50$mm、成批生产孔径大于 $\phi 30$mm 的孔大都预先铸出，以减小孔的加工余量。毛坯铸造时，应防止砂眼和气孔的产生。为了减小毛坯制造时产生残余应力，应尽量使箱体壁厚均匀，并在浇注后安排时效或退火工序。

所以，该减速器箱体零件上箱盖和下箱体的毛坯采用铸造成形。

三、设计减速箱零件机加工工艺路线

（一）确定减速箱体零件加工面加工方案

箱体的主要加工表面有平面和孔系。

1. 箱体平面的加工

箱体平面的加工，常用方法有刨削、铣削和磨削三种。刨削和铣削常用作平面的粗加工、半精加工，而磨削则用作平面的精加工。刨削因刀具结构简单，机床调整方便，加工较大平面的生产率低，适于单件小批量生产。铣削的优势，表现在成批、大量生产中的生产率较刨削高，故在成批、大量生产中常用。箱体平面的精加工，单件生产时，一般多以精刨代替传统的手工刮研；生产批量较大且精度要求较高时，多采用磨削。

2. 箱体的孔系加工

箱体的孔系加工，主要从以下三种相互位置来考虑：

（1）平行孔系加工　平行孔系的技术要求一般是：各平行轴心线之间以及轴心线与基面之间的尺寸精度和位置精度。下面介绍保证孔距精度的几种方法：

1）找正法。根据图样要求在毛坯或半成品上划出界线作为加工依据，然后按线找正加工，孔距精度较低。找正时，采用心轴和块规找正法、样板找正法。为提高加工精度，可以将划线找正法和试切法相结合：先镗出一个孔（达到图样要求），然后将机床主轴调整到第二个孔的中心，镗出一段比图样要求直径小的孔，测量两孔的实际中心距，根据与图样要求中心距的差值调整主轴位置，再试切、调整。经过几次试切达到图样要求的尺寸后，即可将第二孔镗到图样尺寸要求。因这样的加工操作麻烦，精度低，一般适于单件小批量生产。

2）镗模法。镗削加工是用镗刀在镗床上加工工件预制孔，一般镗刀用镗刀杆或刀盘装夹，由主轴带动旋转作主运动，而进给运动则根据机床类型和加工情况由刀具或工件来完成。镗模法加工孔系是用镗模板上孔系来保证工件上孔系位置精度的一种方法，如图4-5所示。

工件装在带有镗模板的夹具内，并通过定位与夹紧装置使工件上的待加工孔与镗模板上的孔同轴。当用两个或两个以上的支架来引导镗杆时，镗杆与机床主轴浮动连接，可以使孔距精度主要取决于镗模而获得较高精度。

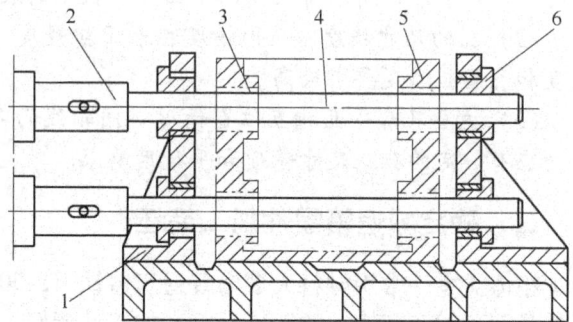

图4-5　用镗模法加工孔系
1—镗架支撑　2—镗床主轴　3—镗刀
4—镗杆　5—工件　6—导套

（2）同轴孔系加工　在成批生产时，箱体的同轴孔系的同轴度由镗模来保证。在单件小批量生产中，主要采用导向法（用已加工孔作支撑导向、用镗床后立柱上的导向套作支撑导向等）来保证。

（3）交叉孔系加工　箱体上交叉孔系的加工主要是控制有关孔的垂直度误差。在成批生产中采用镗模法保证。在单件小批量生产中，一般在通用机床上采用找正法保证精度。

减速器箱体零件加工面的加工方案，见表4-2。

表4-2　减速箱零件加工面的加工方案

加工面	加工方案	
	公差等级及表面粗糙度/μm	加工方法
顶斜面	$Ra25$	刨
顶斜面上 6 × M6	$Ra6.3$	钻—攻
上箱盖、下箱体的结合面	IT7，$Ra1.6$	粗刨—精刨—磨
2 × ϕ10mm 孔	$Ra1.6$	钻
2 × M12	$Ra6.3$	钻—攻
10 × ϕ28mm，10 × ϕ14mm	$Ra25$	钻，锪
$\phi150^{+0.04}_{0}$ mm 轴承孔	IT7，$Ra3.2$	粗镗—半精镗—精镗
$\phi90^{+0.035}_{0}$ mm 轴承孔	IT7，$Ra3.2$	粗镗—半精镗—精镗
$\phi90^{+0.035}_{0}$ mm 轴承孔	IT7，$Ra3.2$	粗镗—半精镗—精镗

（续）

加工面	加工方案	
	公差等级及表面粗糙度/μm	加工方法
轴承孔的前后端面	IT12，Ra12.5	铣
底面 4×φ17mm 孔，锪孔 φ35mm	Ra25	钻，锪
侧油孔 φ12$^{+0.035}_{0}$ mm，锪孔 φ20mm	IT8，Ra12.5	钻—铰，锪
M16×1.5，锪孔 φ28mm	Ra6.3	钻—攻，锪

⊞ "平面的刨削加工"和"孔的镗削加工"相关知识导入

1. 平面的刨削加工

刨削是以刨刀相对于工件的往复直线运动与工作台（或刀架）的间歇进给运动实现切削加工的。

刨削加工常作为平面加工的方法之一，可加工平面、沟槽。

刨削加工是在刨床上加工的。常用的刨床为牛头刨床、龙门刨床。牛头刨床主要用于加工中小型零件，龙门刨床则用于加工大型零件或同时加工多个中型零件。牛头刨床和龙门刨床的技术参数见附表 H-19 和附表 H-20。

刨削加工如图 4-6 所示。

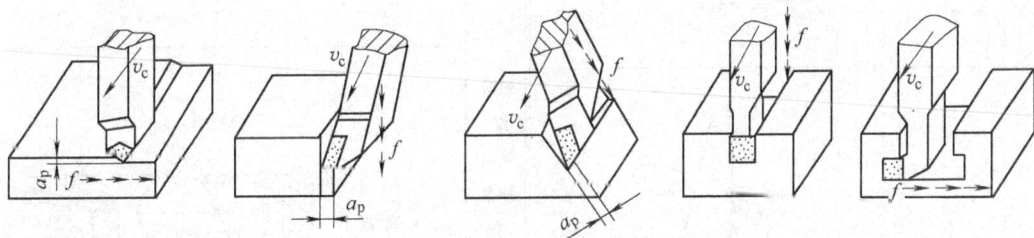

图 4-6 刨削加工

刨刀和刨削用量等相关资料见附表 F-24 和附表 G-20。

刨削常用装夹方法，见表 4-3。

表 4-3 刨削常用装夹方法

方法	分类及用途	图示	方法	分类及用途	图示
压板装夹	平压板和弯压板		压板装夹	孔内压板	
	可调压板		台虎钳装夹	刨削一般平面	

（续）

方法	分类及用途	图　示	方法	分类及用途	图　示
台虎钳装夹	平面1、2有垂直度要求时	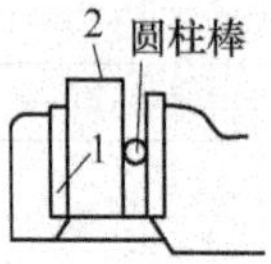 2 圆柱棒　1	螺纹撑、螺纹挡装夹	用螺纹撑和螺纹挡在工作台上装夹	挡块　螺纹撑　挡块
	平面3、4有平行度要求	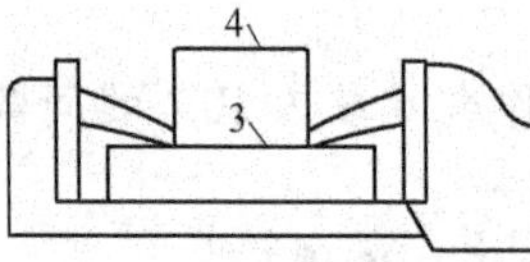 4　3		用螺纹撑和螺纹挡在工作台上装夹薄壁工件	螺纹撑　定位挡块　A　A　8°~12°
	台虎钳与螺栓配合装夹薄壁工件			用角度挡块和螺纹撑在工作台上装夹圆柱工件	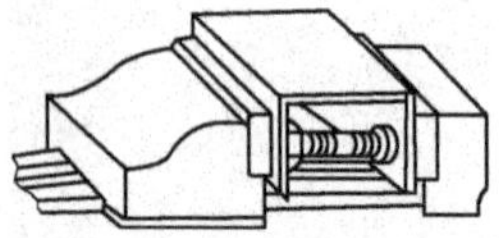
螺纹撑、螺纹挡装夹	螺纹撑	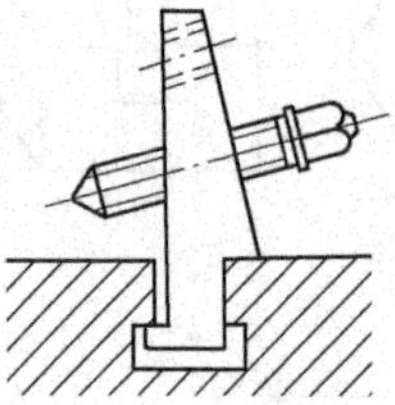 a) 用于T型槽的螺纹撑 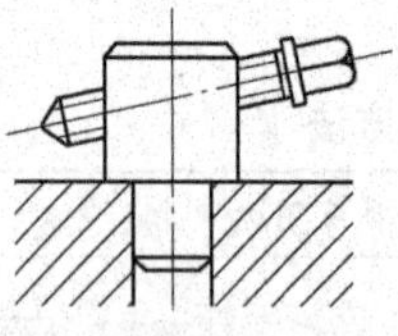　b) 用于圆柱孔内的螺纹撑			
	螺纹挡			用螺纹撑和工作台装夹圆柱形工件	

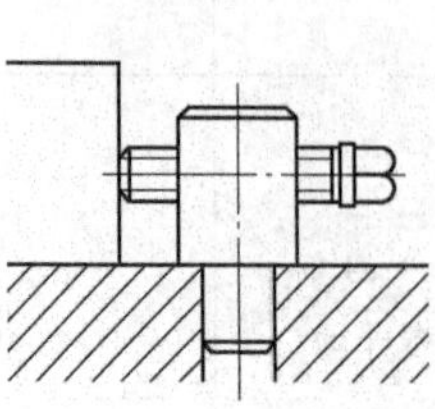

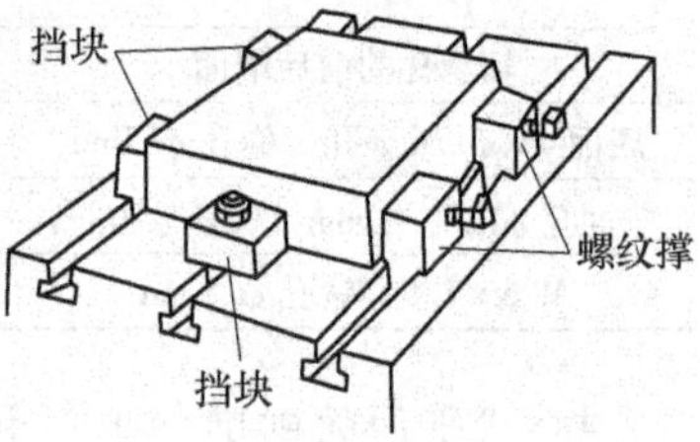

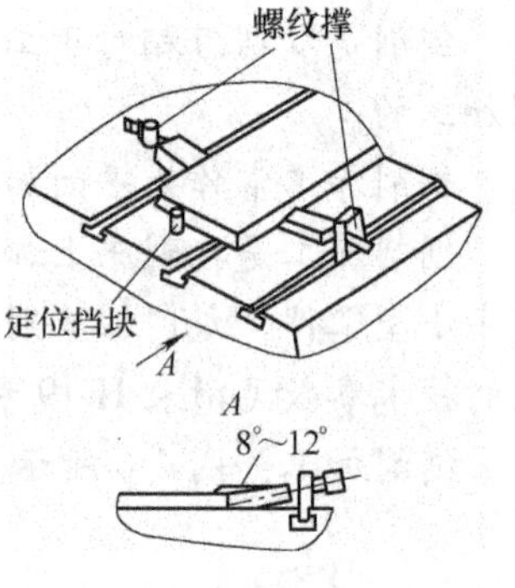

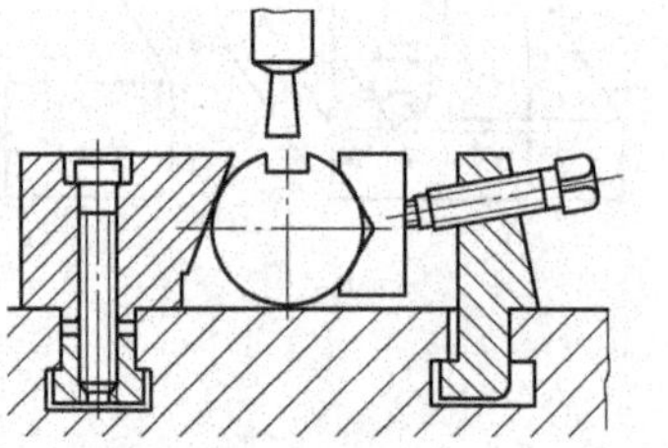

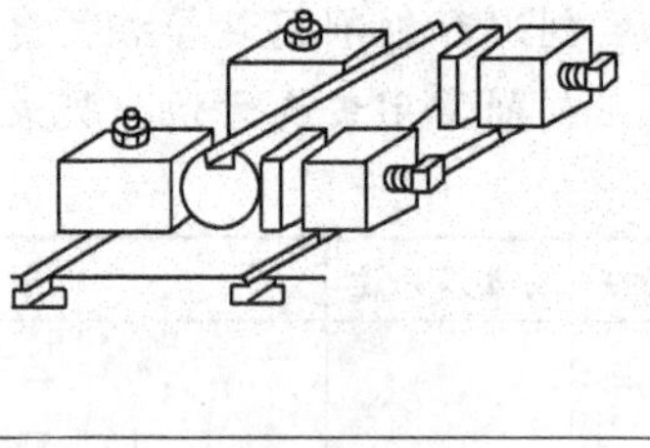

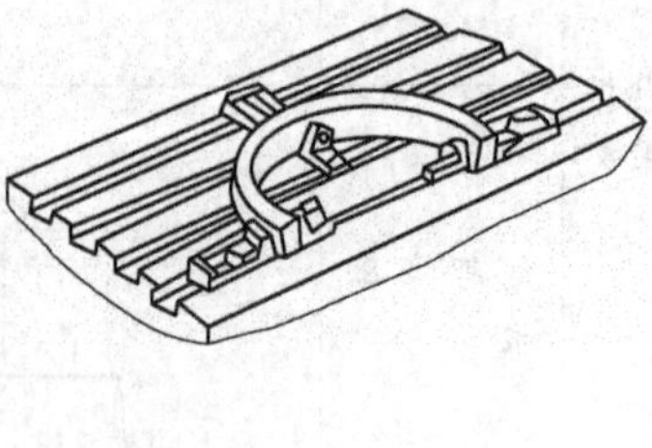

（续）

方法	分类及用途	图示	方法	分类及用途	图示
弯板装夹工件	刨削垂直面及槽		其他装夹方法	挤压方法装夹工件	
				压板与千斤顶配合装夹工件	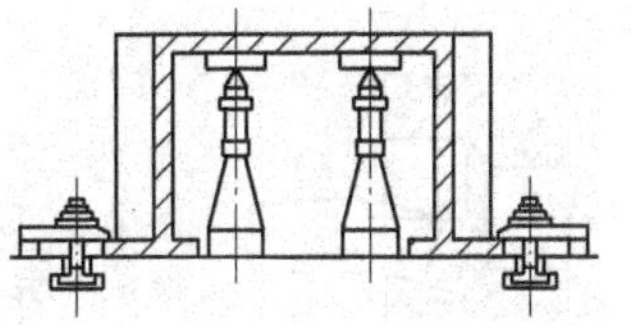
锲铁装夹工件	锲铁装夹薄板工件			箱体工件的装夹方法	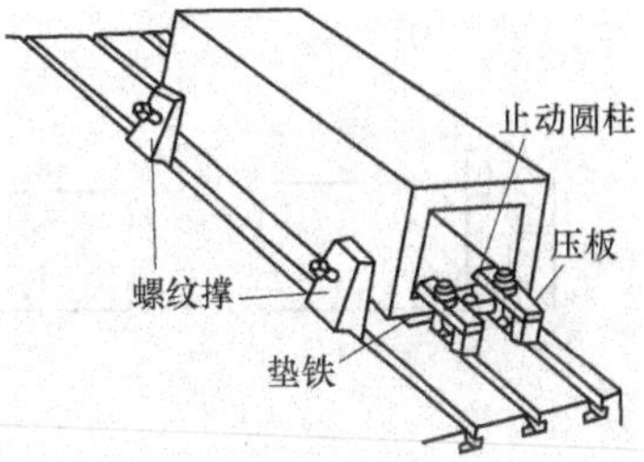

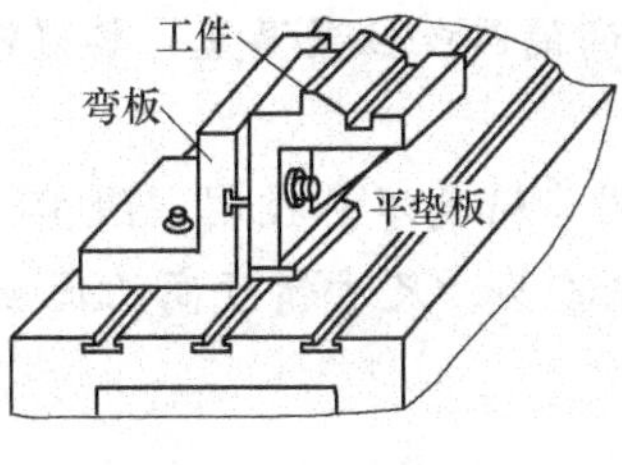

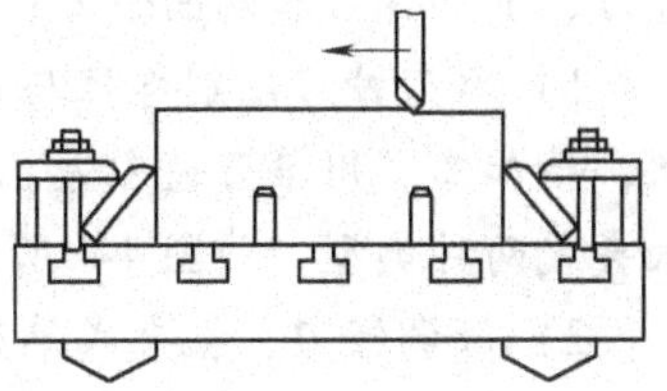

2. 孔的镗削加工

（1）镗削 镗削是一种用镗刀对已有孔进一步加工的精加工方法。可以加工机座、箱体、支架等外形复杂的大型零件上的孔，特别是有位置精度要求的孔和孔系。

镗削加工有如下特点：

1）镗削加工灵活性大，适应性强。在镗床上除加工孔和孔系外，还可以车外圆、车端面、铣平面。加工尺寸可大亦可小，对于不同的生产类型和精度要求的孔都可以采用这种加工方法。

2）镗削加工操作技术要求高，生产率低。要保证工件的尺寸精度和表面粗糙度，除取决于所用的设备外，更主要的是与工人的技术水平有关，同时机床、刀具调整时间较多。使用镗模可以提高生产率，使成本增加，一般用于批量较大的生产。

3）镗孔和"钻—扩—铰"加工相比，孔径尺寸不受刀具尺寸的限制，而且能使所镗孔与定位表面保持较高的位置精度。镗孔与车外圆相比，由于刀杆系统的刚性差，变形大，散热、排屑条件不好，工件和刀具的热变形比较大，因此镗孔的加工质量与生产率不如车外圆高。

4）镗孔的加工范围广，可以加工不同尺寸和不同精度要求的孔。对于孔径较大、尺寸和位置精度要求较高的孔和孔系，镗孔几乎是唯一的加工方法。

镗孔可以在镗床、车床、铣床等机床上进行。在大批量生产中，为提高镗孔效率，常使用镗模。

（2）镗刀　根据加工对象的不同，镗床上使用的镗刀也有所不同。按切削刃数量不同可以分为单刃镗刀、双刃镗刀和多刃镗刀；按工件的加工表面不同可以分为通孔镗刀、盲孔镗刀、阶梯镗刀和端面镗刀；按刀具结构不同分为整体式、装配式和可调式。

1）单刃镗刀切削部位与普通车刀相似，刀体较小，结构简单，使用方便，适用于孔的粗、精加工。用单刃镗刀镗孔时可以矫正孔轴线的偏斜或位置误差。单刃镗刀分为整体式和机夹式两种类型，如图4-7所示。

2）微调镗刀，机夹式单刃镗刀调节费时，调节精度不易控制。图4-8所示为坐标镗床和数控机床上常用的微调镗刀。它具有调节尺寸容易、尺寸精度高的优点，主要用于精加工。

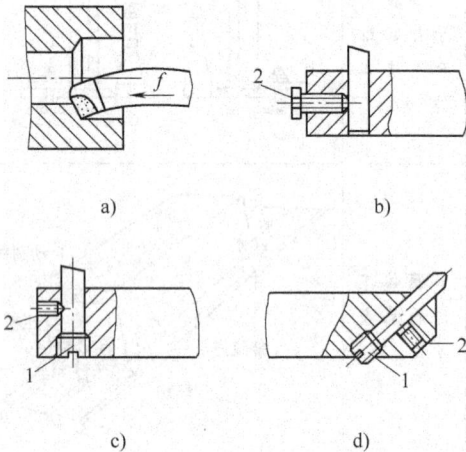

图 4-7　单刃镗刀类型
a）整体式单刃镗刀　b）机夹式单刃镗刀（一）
c）机夹式单刃镗刀（二）　d）机夹式单刃镗刀（三）
1—调节螺钉　2—压紧螺钉

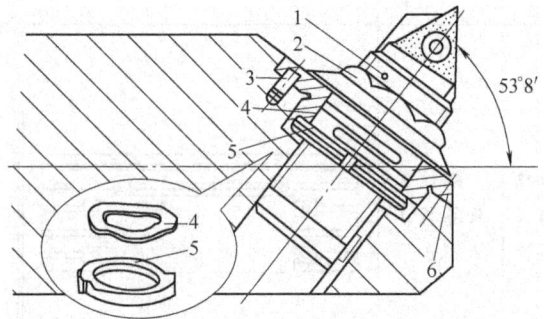

图 4-8　微调镗刀
1—镗刀头　2—微调螺母　3—螺钉　4—波形垫圈
5—调节螺母　6—固定座套

3）双刃镗刀是定尺寸的镗孔刀具，通过改变两刃之间的距离，实现对不同直径孔的加工。常用的双刃镗刀有固定式镗刀和浮动式镗刀两种。固定式镗刀用于粗镗或半精镗直径 d >40mm 的孔。浮动镗刀主要适用于单件、小批量加工直径较大的孔，特别适用于精镗孔径大（d >200mm）而深（L/d >5）的筒件和管件孔。

（3）镗床　镗床是一种主要用镗刀在工件上加工孔的机床，通常用于加工尺寸较大、精度要求较高的孔，特别是分布在不同表面上、孔距和位置精度要求较高的孔，如各种箱体、汽车发动机缸体等零件上的孔，一般镗刀的旋转为主运动，镗刀或工件的移动为进给运动。常用的镗床有立式镗床、卧式镗床、坐标镗床及金刚镗床等。

1）卧式镗床因其工作范围非常广泛和加工精度高而得到普遍应用。卧式镗床除了镗孔外，还可以铣平面及各种形状的沟槽，钻孔、扩孔和铰孔，车削端面和短外圆柱面，车槽和车螺纹等。零件可以在一次安装中完成大量的加工工序，而且其加工精度比钻床和一般的车床、铣床高，因此特别适合于加工大型、复杂的箱体类零件上精度要求较高的孔系及端面。

2）坐标镗床是一种高精度的机床，主要用于加工精密的孔和位置精度要求较高（IT5

或更高）的孔。它具有测量坐标位置的精密测量装置。其工艺范围很广，除镗孔、钻孔、扩孔、铰孔、精铣平面和沟槽外，还可以进行精密划线，以及孔距和直线尺寸的精密测量等工作。

卧式镗床和坐标镗床的类型及技术参数见附表 H-21 和附表 H-23。

（4）镗削用量　卧式镗床的镗削用量和坐标镗床的镗削用量，见附表 G-21 和附表 G-22。

（二）安排减速器箱体零件加工顺序

1. 定位基准的选择

箱体零件的加工，是箱盖、下箱体、合箱分别加工的。所以，上箱盖的加工粗基准选择重要面——上、下箱体的结合面作为粗基准；下箱体的粗基准依然是选择重要的"上、下箱体的结合面"。

精基准的选择，多数是考虑到定位基准与工序基准（或者设计基准）重合原则，不管是箱盖、箱体还是合箱加工，多是选择结合面、底面等作为精基准。

加工箱体类零件的定位基准选择原则如下：

1. 粗基准的选择

大多数箱体上都有一个或一组主要孔，为保证主要孔的加工余量均匀，应该以主要孔为粗基准。箱体内壁一般都不加工，它和安装在箱体中的齿轮等传动件之间只有不大的间隙，如果加工出的轴承孔与内壁之间的距离误差太大，有可能导致装配齿轮时与箱体内壁相撞，为防止这种情况，加工箱体时应以内壁作为粗基准。为此，实际生产中，常以箱体的主要孔为粗基准限定四个自由度，以内壁或其他毛坯孔为辅助基准，以达到完全定位的目的。

但是有的时候，也会以箱体上某些重要加工面本身作为粗基准。

2. 精基准的选择

为了保证箱体上的孔与孔、孔与平面、平面与平面之间的相互位置和距离尺寸精度，选择箱体类零件精基准时应遵循以下原则：基准统一原则、基准重合原则。

（1）基准统一原则（一面两孔）　在多数工序中，箱体利用底面（或顶面）及两孔作定位基准，加工其他平面和孔系，以避免由于基准转换而带来的积累误差。

（2）基准重合原则（三面定位）　箱体上的装配基准一般为平面，而他们又往往是箱体上其他要素的设计基准，因此，以这些装配基准平面作为定位基准，避免了基准不重合误差，有利于提高箱体各主要表面的相互位置精度。

2. 热处理的安排

箱体结构一般较复杂，壁厚不均匀，铸造残余内应力大。为消除内应力，减少箱体在使用中的变形，保持精度稳定，铸造后一般均需进行时效处理。一般采用人工时效。箱体经过粗加工后，应存放一段时间再进行精加工，以消除粗加工积聚的内应力。精密机床的箱体或形状特别复杂的箱体，应在粗加工后安排一次人工时效，促进铸造和粗加工造成的内应力释放。

减速箱整个箱体壁薄，容易变形，在加工前要进行人工时效处理，以消除铸件内应力。加工时，要注意夹紧位置和夹紧力的大小，防止零件变形。

3. 加工顺序的安排

箱体零件加工顺序的安排原则如下：

（1）先面后孔的原则　由于箱体的加工和装配大多以平面为基准，先以孔为粗基准加工平面，切去了铸件的硬皮和凸凹不平的粗糙面，有利于后续支撑孔的加工，也可为精度要求较高的支撑孔提供精基准（一般情况下，这样的基准就是支撑孔的工序基准）。

（2）先主后次的原则　先加工主要平面或主要孔。

（3）粗、精加工分开原则　对于刚度差、批量大、精度要求较高的箱体，在主要平面和各支撑孔的粗加工之后再进行主要平面和各支撑孔的精加工，以便于消除由粗加工所造成的内应力、切削热等对加工精度的影响。但是，粗、精加工分开会使机床、夹具的数量及工件安装次数增加，而使成本提高，所以对单件小批量、精度要求不高的箱体，常常将粗、精加工合在一起加工。

减速箱盖、下箱体主要加工部分是结合面、轴承孔、通孔和螺孔，其中轴承孔要在箱盖、下箱体合箱后再进行镗孔加工，以保证三个轴承孔中心线和结合面的位置，以及三个孔中心线的平行度和中心距。对于箱盖和箱体来说，先从主要平面的结合面开始（顶斜面和底面的加工是为结合面加工准备好精基准），然后再加工面上的紧固孔等。和箱盖、箱体"先面后孔"确定局部加工面几个顺序类似，合箱加工轴承孔时，也是先加工前后端面，再加工轴承孔。

（三）设计减速箱零件机加工工艺路线

减速箱零件机加工工艺路线分上箱盖、下箱体、合箱加工来表达，见表4-4～表4-6。

表4-4　减速箱零件的上箱盖加工工艺路线　　　　　　　　　　（单位：mm）

工序号	工序名称	工　序　内　容
1	铸造	
2	清砂	清除浇注系统、冒口、型砂、飞边等
3	热处理	人工时效
4	涂漆	非加工面涂防锈漆
5	划线	划结合面加工线，三个轴承孔以及三个轴承孔的端面加工线，还有顶斜面的加工线
6	刨	刨顶部斜面
7	刨	刨削结合面
8	钻	钻 $10 \times \phi14$ 孔，锪 $10 \times \phi28$ 孔，钻攻 $2 \times M12$ 螺纹
9	钻	钻攻顶斜面上 $6 \times M6$ 螺纹
10	磨	磨削结合面至图样精度要求
11	检	检验各部分精度

表4-5　减速箱零件的下箱体加工工艺路线　　　　　　　　　　（单位：mm）

工序号	工序名称	工　序　内　容
1	铸造	
2	清砂	清除浇注系统、冒口、型砂、飞边等
3	热处理	人工时效
4	涂漆	非加工面涂防锈漆

（续）

工序号	工序名称	工 序 内 容
5	划线	划结合面加工线，三个轴承孔以及三个轴承孔的端面加工线，还有底面的加工线
6	刨	刨削结合面
7	刨	刨削底面
8	钻	钻底面 $10 \times \phi 14$ 孔，其中两个铰至 $\phi 17.5 \,^{+0.01}_{0}$ （工艺用），锪 $4 \times \phi 35$ 孔
9	钻	钻 $10 \times \phi 14$ 孔，锪 $10 \times \phi 28$ 孔
10	钻	钻、铰 $\phi 12 \,^{+0.035}_{0}$ 侧油孔，锪 $\phi 20$ 孔
11	钻	钻 $M16 \times 1.5$ 底孔，攻 $M16 \times 1.5$ 螺纹，锪 $\phi 28$ 孔
12	磨	磨削结合面至图样精度要求
13	钳	箱体底面用煤油做渗漏试验
14	检	检验各部分精度

表 4-6 减速箱零件的合箱加工工艺路线 （单位：mm）

工序号	工序名称	工 序 内 容
1	钳	将上箱盖、下箱体对准合箱，用 $2 \times M12$ 螺栓、螺母紧固
2	钻	钻、铰 $2 \times \phi 10$、1:5 锥度销孔，装入锥销
3	钳	将箱盖、箱体做标记编号
4	铣	铣削轴承孔两端面
5	划线	划三个轴承孔加工线
6	镗	粗镗、半精镗 $\phi 150 \,^{+0.04}_{0}$ 轴承孔和两个 $\phi 90 \,^{+0.035}_{0}$ 轴承孔
7	镗	精镗三个轴承孔至图样精度要求，镗环槽
8	钳	拆箱，清理毛刺
9	检	检验各部分精度
10	入库	入库

四、设计减速箱零件机加工工序

减速箱零件的机加工工序设计，工序尺寸计算的主要加工面有上箱盖、下箱体的结合面；$\phi 150 \,^{+0.04}_{0}$ mm 轴承孔和两个 $\phi 90 \,^{+0.035}_{0}$ mm 轴承孔，计算的方法和前述零件类似，此处计算详细的过程省略了。刀具、夹具、加工机床内容等的选择部分内容见减速箱零件机加工工艺过程卡片。

五、填写减速箱零件机加工工艺文件

减速箱零件的加工工艺过程卡片见表 4-7 ~ 表 4-9。

表 4-7 减速箱零件的上箱盖机加工工艺过程卡片

(单位:mm)

机加工工艺过程卡片		产品型号		零件图号		共 2 页	第 1 页
		产品名称	减速器	零件名称			
材料牌号	毛坯种类	毛坯外形尺寸		每毛坯可制件数	每台件数		
HT200	铸件				1		

工序号	工序名称	工序内容	车间	工段	设备	工艺装备	工时(准终/单件)	备注
1	铸造							
2	清砂	清除浇注系统、冒口、型砂、飞边等						
3	热处理	人工时效						
4	涂漆	非加工面涂防锈漆						
5	划线	划结合面加工线,$\phi150^{+0.04}_{0}$ 和两个 $\phi90^{+0.035}_{0}$ 的三个承孔以及三个轴承孔的端面加工线,还有顶斜面的加工线						
6	刨	以结合面为基准面,按线找正装夹工件;刨削顶部斜面,保证尺寸3			B665	直杆刨刀、专用工装		
7	刨	以已加工的顶斜面定位装夹工件;刨削结合面,保证尺寸12,留磨削余量			B665	弯颈刨刀、专用工装		
8	钻、攻、锪	以结合面外形定位装夹工件;1)钻10×φ14孔 2)锪10×φ28孔 3)钻2×M12螺纹底孔 4)攻2×M12螺纹			Z3050	直柄麻花钻、锪孔钻、丝锥、专用工装		
9	钻、攻	以结合面定位装夹工件;1)钻顶斜面上6×M6螺纹底孔 2)攻顶斜面上6×M6螺纹			Z3050	直柄麻花钻、丝锥、专用工装		

（续）

机加工工艺过程卡片		产品型号		零件图号		共2页	
		产品名称		零件名称		第2页	
材料牌号	毛坯种类	毛坯外形尺寸	每毛坯可制件数	每台件数	减速器	减速箱	备注
HT200	铸件		1	1		1	

工序号	工序名称	工序内容	车间	工段	设备	工艺装备	工时(准终/单件)
10	磨	磨削结合面至图样精度要求			M7132	砂轮、专用工装	
11	检	检验各部分精度					

		设计日期	审核日期	标准化日期	会签日期
标记	处数	更改文字编号	签字	日期	
标记	处数	更改文字编号	签字	日期	

表 4-8　减速箱零件的下箱体机加工工艺过程卡片

（单位：mm）

机加工工艺过程卡片	产品型号		零件图号		共2页 第1页
	产品名称	减速器	零件名称	减速箱	

材料牌号	HT200	毛坯种类	铸件	毛坯外形尺寸		每毛坯可制件数		每台件数	1		

工序号	工序名称	工序内容	车间	工段	设备	工艺装备	备注	工时 准终	工时 单件
1	铸造								
2	清砂	清除浇注系统，冒口、型砂、飞边等							
3	热处理	人工时效							
4	涂漆	非加工面涂防锈漆							
5	划线	划结合面加工线，三个轴承孔以及三个轴承孔的端面加工线，还有底面的加工线							
6	刨	以底面定位装夹工件 刨削结合面，留磨削余量			B665	直杆刨刀、专用工装			
7	刨	以结合面定位装夹工件 刨削底面，保证高度尺寸 $160_{-0.5}^{\ 0}$（工艺尺寸）			B665	弯颈刨刀、专用工装			
8	钻、铰、锪	用钻模等装夹工件 1）钻底面 10×φ14 孔 2）铰底面 10×φ14 孔中两个至 $φ17.5_{\ 0}^{+0.01}$（工艺用） 3）锪 4×φ35 孔			Z3050	直柄麻花钻、锪孔钻、铰刀、钻模专用工装			
9	钻、锪	钻模等装夹工件 1）钻 10×φ14 2）锪 10×φ28			Z3050	直柄麻花钻、锪孔钻、钻模专用工装			

（续）

机加工工艺过程卡片	产品型号		零件图号		共 2 页	
	产品名称	减速器	零件名称	减速箱	第 2 页	
材料牌号	毛坯种类	毛坯外形尺寸	每毛坯可制件数	每台件数	备注	
HT200	铸件			1		

工序号	工序名称	工 序 内 容	车间	工段	设备	每台件数	工 艺 装 备	工时 准终	工时 单件
10	钻、铰、锪	用专用夹具装夹工件 1) 钻 φ12 $^{+0.035}_{0}$ 侧油孔 2) 铰 φ12 $^{+0.035}_{0}$ 侧油孔 3) 锪 φ20 孔			Z3050	1	直柄麻花钻、锪孔钻、铰刀、钻模专用工装		
11	钻、锪、攻	用专用夹具装夹工件 1) M16×1.5 底孔 2) 锪 φ28 孔 3) 攻 M16×1.5 螺纹			Z3050		直柄麻花钻、锪孔钻、丝锥、钻模专用工装		
12	磨	用专用夹具装夹 磨削结合面至图样精度要求			M7132		砂轮、专用工装		
13	钳	箱体底面用煤油做渗漏试验							
14	检	检验各部分精度							

					设计日期	审核日期	标准化日期	会签日期
更改文字编号	处数	标记	签字	日期				
更改文字编号	处数	标记	签字	日期				
标记	处数	更改文字编号	签字	日期				

（单位：mm）

表 4-9 减速箱零件合箱机加工工艺过程卡片

机加工工艺过程卡片	产品型号		减速器	零件图号	1	共2页	第1页
	产品名称		减速箱	零件名称	1		

材料牌号	毛坯种类	毛坯外形尺寸	每毛坯可制件数	每台件数 1		
HT200	铸件					

工序号	工序名称	工序内容	车间	工段	设备	工艺装备	备注
1	钳	将上箱盖、下箱体对准合箱，用 $2 \times M12$ 螺栓、螺母紧固					
2	钻、铰	用专用夹具装夹 1）钻 $2 \times \phi 10$ 2）铰 $2 \times \phi 10$,1:5 锥度销孔 3）装入锥销			Z3050	直柄麻花钻、铰刀，钻模 专用工装	
3	钳	将箱盖、箱体做标记编号					
4	铣	用专用铣床夹具装夹 铣削轴承孔两端面			X62W	面铣刀，专用工装	
5	划线	划三个轴承孔加工线					
6	镗	以底孔定位，镗模装夹工件 1）粗镗 $\phi 150^{+0.04}_{0}$ 轴承孔和两个 $\phi 90^{+0.035}_{0}$ 轴承孔 2）半精镗 $\phi 150^{+0.04}_{0}$ 轴承孔和两个 $\phi 90^{+0.035}_{0}$ 轴承孔			T68	镗刀，镗模	
7	镗	以底孔定位，镗模装夹工件 精镗三个轴承孔至图样精度要求 镗环槽			T68	镗刀，镗模	
8	钳	拆箱，清理毛刺					
9	检	检验各部分精度					
10	入库	入库					

工时：准终 单件

（续）

机加工工艺过程卡片		产品型号	减速器	零件图号			共2页	第2页
		产品名称	减速器	零件名称	减速箱			

材料牌号	毛坯种类	毛坯外形尺寸	每毛坯可制件数	每台件数	备注			
HT200	铸件		1	1				

工序号	工序名称	工序内容	车间	工段	设备	工艺装备	工时	
							准终	单件

				设计日期	审核日期	标准化日期	会签日期
			签字	日期			

标记	处数	更改文字编号	签字	日期	标记	处数	更改文字编号	签字	日期

模块二　镗床夹具分析

项目任务 4-2　图 4-9 所示为支架壳体零件的镗削孔工序图，支架的装配基准 a 面及侧面 b 均已精加工，本工序采用粗、精镗加工 $\phi35H7$ 与 $\phi40H7$ 两个孔，除了应保证各孔尺寸精度外，还需要满足两孔相对于相应基准的同轴度公差 $\phi0.01\mathrm{mm}$。分析图 4-10 所示的该工序的镗床夹具结构。

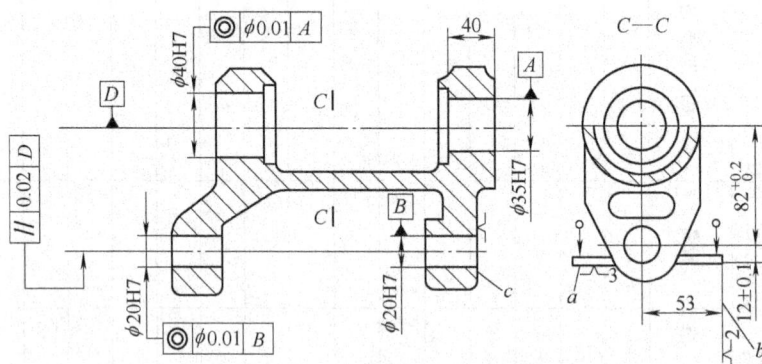

图 4-9　支架壳体零件的镗削孔工序图

学习目标 4-2
- 能够准确分析支架壳体零件工序加工的技术要求；
- 熟知镗床夹具的相关知识；
- 熟练把握镗床专用夹具（或镗模）设计要点知识与结构特点。

镗床夹具又称镗模，主要用于加工箱体、支座等零件上的孔或孔系。其加工过程是刀具随镗杆在工件的孔中作旋转运动，工件随工作台相对于刀具作慢速的进给运动，连续切削比较稳定。孔系镗削加工的工序采用镗模，可以不受镗床精度的影响而加工出有较高精度要求的孔系。镗模不仅广泛应用于镗床和组合机床上，也可以在一般通用机床（如车床、铣床和摇臂钻床等）上用于加工有较高精度要求的孔及孔系。

一、镗床夹具的相关知识

（一）镗床夹具的类型

镗床夹具具有钻床夹具的特点，由镗套引导镗刀或镗杆进行镗孔，工件上孔或孔系的位置精度主要由镗床夹具的精度保证。由于箱体孔系的加工精度要求较高，因此镗床夹具的制造精度比钻床夹具高得多。

按镗套布置方式的不同，可将镗模结构分为四种类型。

1. 单支撑前引导镗模

如图 4-11 所示，镗套布置在刀具的前方，刀具与机床主轴刚性连接，主要用于加工孔径为 $D>60\mathrm{mm}$、加工长度 $L<D$ 的通孔。一般镗杆的导向部分直径 $d<D$。因导向部分直径不受加工孔径大小的影响，故在多工步加工时可不更换镗套。这种方式便于在加工过程中进

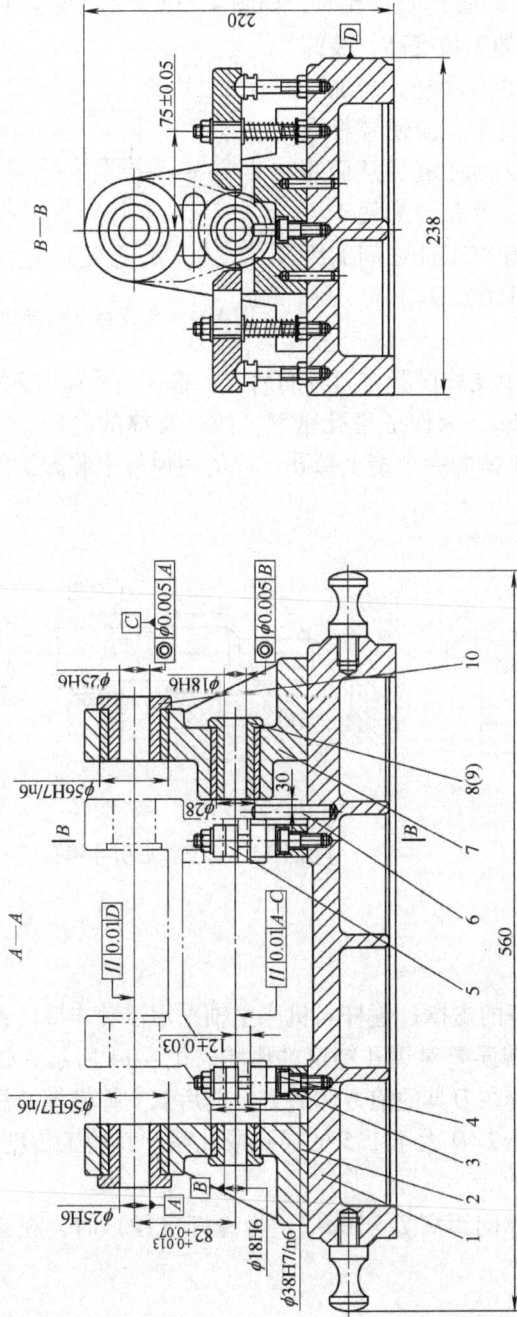

序号	名称	数量	材料	备注
10	镗套	2	45	
9	铰套	2	45	
8	钻套	2	45	
7	支架	1	HT200	
6	挡销	4	Q215	
5	压板	4	HT200	
4	内六角螺钉	2	Q215	
3	支承板	2	HT200	
2	支架	1	HT200	
1	夹具体	1	HT200	

	镗模		比例	图号
			数量	
			重量	
制图		日期		
审核				

技术要求

1. 夹具装配时，各个接合面要擦拭干净
2. 夹具上的螺纹联接部分要联接牢固
3. 夹具装配完成时，测量图样所要求的各部分尺寸及几何精度，必要时要进行适当的调整直至符合要求

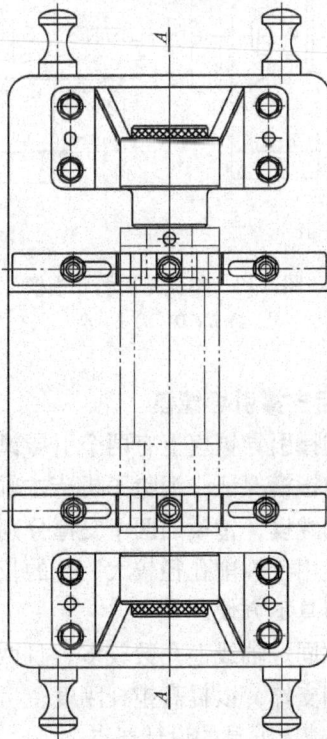

图4-10 支架壳体零件镗削孔工序的镗床夹具结构

行观察和测量，特别适合需要锪削平面的工序，缺点是切屑容易带入镗套。为了便于排屑，一般取 $h = (0.5 \sim 1) D$，但是 h 不应小于 20mm。

2. 单支撑后引导镗模

如图 4-12 所示，镗套布置在刀具的后方，刀具与机床主轴刚性连接。用于立镗时，切屑不会影响镗套。当镗削 $D < 60$mm、$L < D$ 的通孔或盲孔时，如图 4-12a 所示，可使镗杆导向部分的 $d > D$。这种形式的镗杆刚性好，加工精度高，装卸工件和更换刀具方便，多工步加工时可不更换镗杆。当加工孔长度 $L = (1 \sim 1.25) D$ 时，如图 4-12b 所示，应使镗杆导向部分直径 $d < D$，以便镗杆导向部分可进入加工孔，从而缩短镗套与工件之间的距离 h 及镗杆的悬伸长度 L_1。为便于刀具与工件的装卸和测量，单支承镗模的镗套与工件之间的距离一般取 $h = 20 \sim 80$mm，常取 $h = (0.5 \sim 1.0) D$。

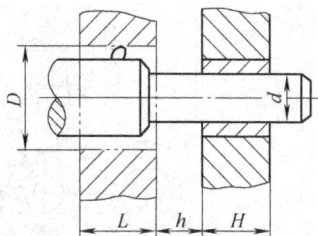

图 4-11　单支撑前引导镗模

3. 双支撑后引导镗模

图 4-13 所示为双支撑后引导镗孔。两个支撑设置在刀具的后方，镗杆与主轴浮动连接。为保证镗杆的刚性，镗杆的悬伸长度 $L_1 < 5d$；为保证镗孔精度，两个支撑的导向长度 $L > (1.25 \sim 1.5) L_1$。双支撑后引导镗模可在箱体的一个壁上镗孔，此类镗模便于装卸工件和刀具，也便于测量和观察。

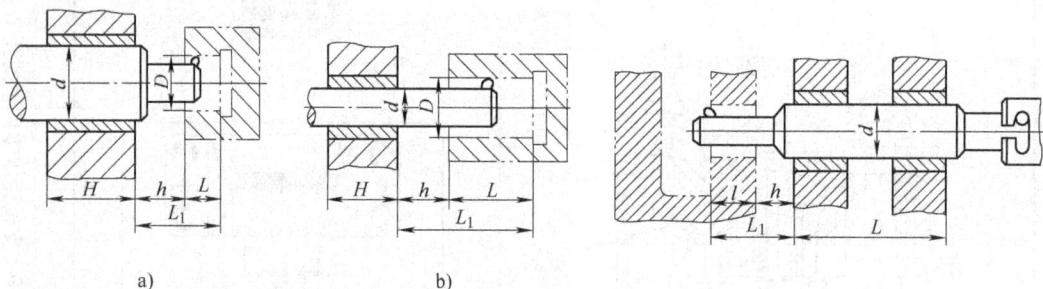

图 4-12　单支撑后引导镗模　　　　　　图 4-13　双支撑后引导镗孔
a) $L < D$　b) $L > D$

4. 前后支撑引导镗模

前后支撑引导镗模上有两个引导镗刀杆的支撑，镗杆与机床主轴采用浮动连接，镗孔的位置精度由镗模保证，消除了机床主轴回转误差对镗孔精度的影响。图 4-14 所示为镗削车床尾座孔的镗模，镗模的两个支撑分别设置在刀具的前方和后方。前后双支撑镗模应用得很普遍，一般用于镗削孔径较大、孔的长径比 L/D 大于 1.5 的通孔或孔系。其加工精度较高，但是更换刀具不方便。

当工件同一轴线上孔数较多，且两支撑间距离 $L > 10d$（d 为镗杆直径）时，在镗模上应增加中间支撑，以提高镗杆刚度。

（二）镗床夹具的设计要点

设计镗床夹具时，除合理确定其类型并处理好工件的定位及夹紧外，还必须解决镗套、镗杆、支架和底座等设计问题。

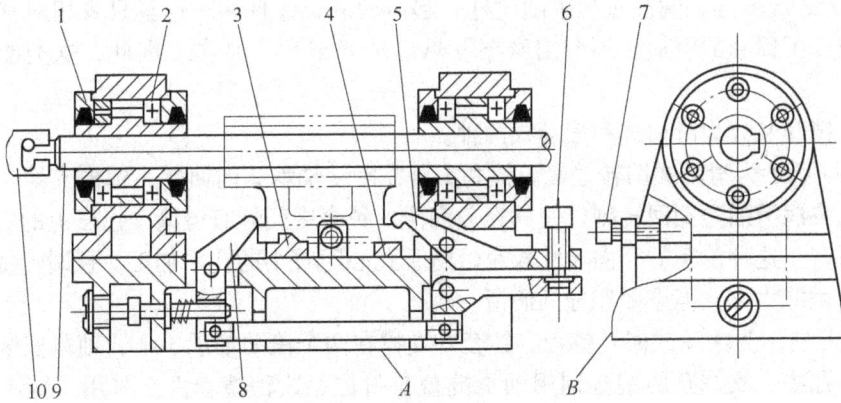

图 4-14 镗削车床尾座孔的镗模

1—支架 2—镗套 3、4—定位板 5、8—压板 6—夹紧螺钉
7—可调支撑钉 9—镗刀杆 10—浮动接头

1. 镗套的选择

（1）镗套结构形式 镗套的结构和精度对镗孔的精度和表面粗糙度有直接影响。一般将镗套分为固定式镗套和回转式镗套。

1）图 4-15 所示为标准的固定式镗套 JB/T 80461—1999，其结构与镗模中可换或快换钻套基本相似。它紧固在镗模的支架上，镗孔时不随镗杆转动，故镗杆在镗套内既有相对转动又有相对移动。这种镗套的结构已经标准化，它有两种结构类型：A 型不带油杯和油槽，镗套易于磨损，只适宜在低速下工作；B 型带有压配式油杯，内孔开有油槽，以便在加工中滴油润滑，镗孔时可适当提高切削速度。

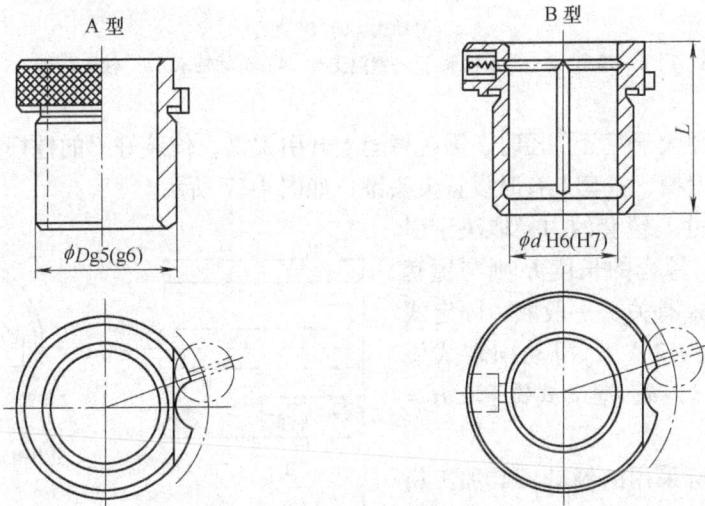

图 4-15 固定式镗套

固定式镗套外形尺寸小、结构简单、精度高，但镗杆在镗套内一边回转，一边作轴向移动，镗套容易磨损，故只适用于低速镗孔。

2）回转式镗套是在镗孔过程中随镗杆一起运动的，镗杆相对镗套只有相对移动而无转动，从而减少了镗套的磨损，不会因摩擦发热出现"卡死"现象。因此，这类镗套适合于高速镗孔。

回转式镗套又分为滑动式和滚动式两种。

图 4-16a 所示为滑动式回转镗套。镗套 1 可在滑动轴承 2 内回转，镗模支架 3 上设置油杯，经油孔将润滑油送到回转副，使其充分润滑。镗套中间开有键槽，镗杆上的键通过键槽带动镗套回转。这种镗套的径向尺寸较小，适于孔心距较小的孔系加工，且回转精度高，减振性好，承载能力大，但需要充分的润滑。

图 4-16b 所示为滚动式回转镗套。镗套 6 支撑在两个滚动轴承 4 上，轴承安装在镗模支架 3 的轴承孔中，支撑孔两端分别用轴承端盖 5 封住。这种镗套由于采用了标准的滚动轴承，所以设计、制造和维修方便，且对润滑要求较低，镗杆转速可以大大提高。滚动式回转镗套一般用于镗削孔距较大的孔系。

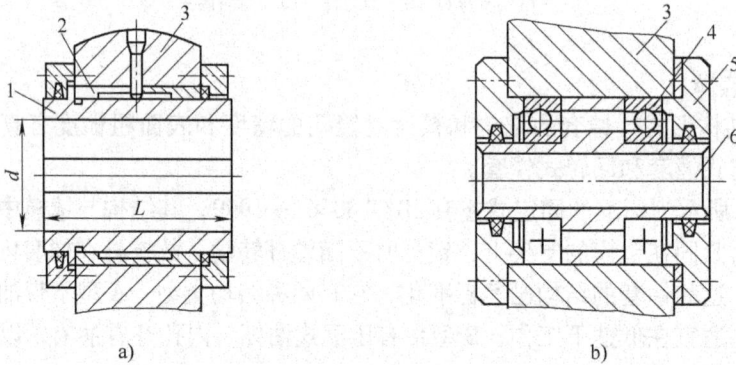

图 4-16　回转式镗套

a）滑动式　b）滚动式

1、6—镗套　2—滑动轴承　3—镗模支架　4—滚动轴承　5—轴承端盖

当被加工孔径大于镗套孔径时，需在镗套上开引刀槽，使装好刀的镗杆能顺利进入。为确保镗刀进入引刀槽，镗套上有时设置尖头键，如图 4-17 所示。

（2）镗套尺寸　镗套的内径取决于引导部分的直径 d；镗套的长度 H 则与镗套的类型和布置方式有关。一般取：固定式镗套，$H = （1.5 \sim 2）d$，滑动回转式镗套，$H = （1.5 \sim 3）d$；滚动式镗套，$H = 0.75d$。

对于单支撑所采用的镗套，或加工精度要求较高时，H 应取较大值。

（3）镗套技术要求　镗套的技术要求涉及热处理、公差和表面粗糙度。

1）镗套材料可以选用铸铁、青铜、

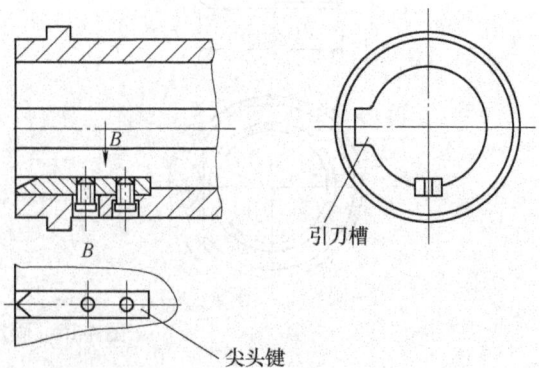

图 4-17　回转式镗套的引刀槽及尖头键

粉末冶金或钢，硬度一般应低于镗杆的硬度。当生产批量不大或孔径较大时，多选铸铁，负荷大时采用50钢或20钢，渗碳淬硬至55～60HRC；青铜比较贵，多用于高速镗削及生产批量较大的场合。

2）镗套的公差和表面粗糙度，镗套内径的公差带为H6或H7；镗套外径的公差带为g6（粗镗用）和g5（精镗用）；镗套内径与外径的同轴度公差一般为$\phi 0.01mm$，内径的圆柱度误差对镗孔的形状精度影响极大，故其圆柱度公差一般按0.01～0.02mm取值，表面粗糙度值为$Ra = 0.4 \sim 0.1 \mu m$。外圆表面粗糙度值Ra取0.8～0.4μm。

2. 镗杆的设计

（1）镗杆结构　镗杆有整体式和镶条式两种。图4-18所示为用于固定式镗套的镗杆导向部分结构。当镗杆导向部分直径$d < 50mm$时，常采用整体式结构的图4-18a（易卡死）、b及c（减少卡死）。当镗杆导向部分直径$d > 50mm$时，常采用镶条式结构的图4-18d。

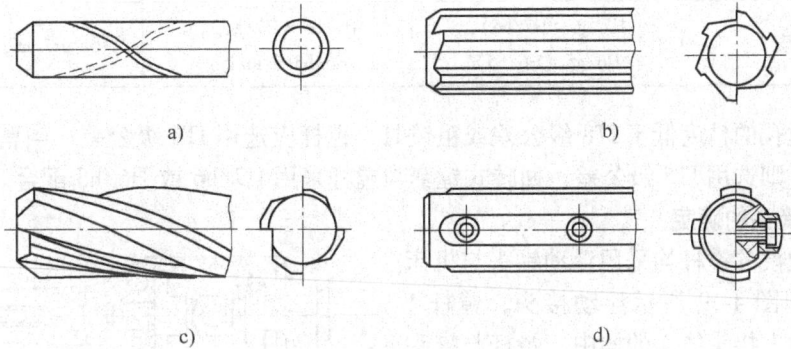

图4-18　用于固定式镗套的镗杆导向部分结构

a）开油槽的镗杆　b）有较深直槽和螺旋槽的镗杆

c）有较深直槽和螺旋槽的镗杆　d）镶条式结构的镗杆

（2）镗杆尺寸　镗杆的尺寸对镗杆的刚性影响很大，镗杆尺寸的设计主要是确定恰当的直径和长度。确定镗杆直径时，应保证镗杆的刚度和镗孔时应有的容屑空间，一般取$d = (0.6 \sim 0.8)D$。设计镗孔时，镗孔直径D、镗杆直径d、镗刀截面$B \times B$之间的关系一般符合：$(D - d)/2 = (1 \sim 1.5)B$，或参考表4-10选择。

表4-10　镗孔直径D、镗杆直径d与镗刀截面$B \times B$的尺寸关系　　（单位：mm）

D	30～40	40～50	50～70	70～90	90～100
d	20～30	30～40	40～50	50～65	65～90
$B \times B$	8×8	10×10	12×12	16×16	20×20

同一镗杆上的直径应该尽量取得一致，避免阶梯形状。镗杆上若同时安装几把镗刀，为减少刀杆变形，可采用对称装刀法，使得径向切削力平衡。

在设计镗杆的长度时，考虑到其工作中的挠曲变形影响，一般前后引导的镗杆的工作长度与直径之比以不超过10:1为宜；对于悬臂切削的镗杆的悬向长度与导向部分的直径之比以小于5为宜。

（3）镗杆技术要求及材料　镗杆的制造精度对其回转精度有很大的影响，所以其导向部分的直径公差要求较高，一般取镗杆引导表面的直径公差为 g6（粗镗）和 g5（精镗）。

镗杆引导表面的圆度及圆柱度应控制在直径公差的一半以内，且 500mm 长度内的直线度公差不超过 0.01mm。镗杆上的装刀孔对镗杆轴线的对称度公差为 0.01~0.1mm，垂直度公差为（0.01~0.1）/100mm。镗杆引导部分的表面粗糙度值为 $Ra = 0.4~0.2\mu m$。

镗杆要求表面硬度高而心部有良好的韧性，因此，镗杆材料一般多采用 45 钢或 40Cr 钢精热处理后制成，也可采用 20 钢、20Cr 钢经渗碳淬火后制成。对于要求较高的镗杆，可以用氮化钢 38CrMoAlA 制成，但其热处理工艺较复杂。

镗套与镗杆及衬套的配合必须合理确定，配合过紧容易研坏或"咬死"，过松则不能保证加工精度。设计时可以参考表 4-11。

表 4-11　镗套与镗杆、衬套等的配合

配合表面	镗套与镗杆	镗套与衬套	衬套与支架
配合性质	H7/g6（H7/h6），H6/g5（H6/h5）	H7/h6（H7/js6），H6/h5（H6/j5）	H7/n6，H6/n5

一般被镗孔的精度低于 IT8 级公差或粗镗时，镗杆应选用 IT6 级公差；当精度为 IT7 级公差的孔时，则选用 IT5 级公差。回转式镗套与镗杆采用 H7/h6 或 H6/h5 配合。

3. 浮动接头的确定

双支撑镗模的镗杆均采用浮动镗头与机床主轴连接。如图 4-19 所示浮动接头，镗杆 1 上拨动销 3 插入接头体 2 的槽中，镗杆与接头体之间留有浮动间隙，接头体的锥柄安装在主轴锥孔中。主轴的回转可以通过接头体、拨动销传给镗杆。

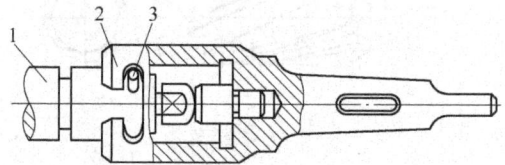

图 4-19　浮动接头
1—镗杆　2—接头体　3—拨动销

4. 镗模支架与底座的设计

（1）支架　支架是组成镗模、供安装镗套并承受切削力的重要元件。因此，它必须具有足够的刚度与稳定性。所以，在结构上应保证支架有足够大的安装基面和设置必要的加强肋。支架和底座的连接要牢固，一般用圆锥销和螺钉紧固，避免采用焊接结构。

镗模支架的典型结构和尺寸见表 4-12。

（2）底座　底座要承受安装在其上的各种装置、元件、工件的重量，以及切削力和夹紧力的作用，因此，底座必须具有足够的强度和刚度。通常在结构上可以采用合理的形状、适当的壁厚及内腔设置十字形加强肋等措施来满足上述要求，见表 4-13 的图。

（3）底座的上平面　底座的上平面，应按连接需要作出高度约 3~5mm 的凸台面，加工后经过刮研，使有关元件安装时接触紧贴。凸台表面应与夹具底面平行或垂直，其公差值一般为 0.01/100mm。为了保证镗模在机床上的正确安装及定位元件相对于安装基面位置的准确，应使安装基面经刮研后其平面度（只准凹）公差值控制在 0.05mm 范围内，表面粗糙度值为 $Ra = 1.6\mu m$。具体结构尺寸及技术要求可参阅表 4-13。

镗模的结构尺寸一般较大，为在机床上安装牢固，底座上应设置适当数目的耳座。另外，还必须在适当位置设置起重吊环，以便镗模的搬运。

表 4-12　镗模支架的典型结构和尺寸

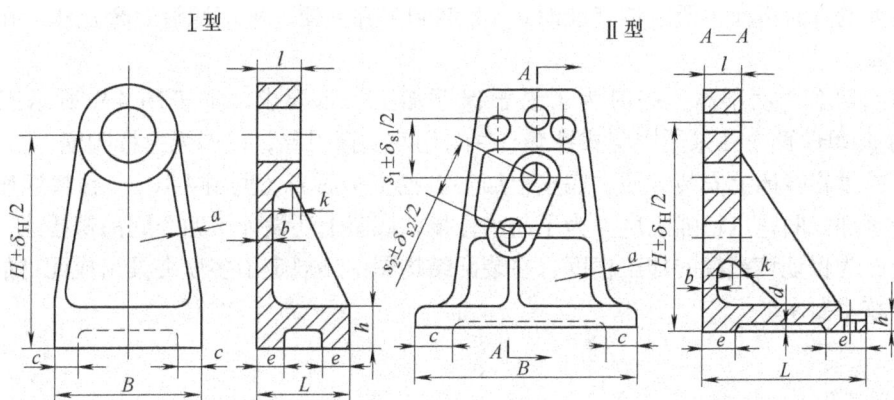

型式	B	L	H	l	$s1,s2$	a	b	c	d	e	h	k
I	$(1/5\sim1/2)H$	$(1/3\sim1/2)H$	按工件相应尺寸取	按工件相应尺寸取	$10\sim20$	$15\sim25$	$30\sim40$	$3\sim5$	$20\sim30$	$20\sim30$	$3\sim5$
II	$(2/3\sim1)H$	$(1/3\sim2/3)H$										

注：本表材料为铸铁，对于铸钢件，厚度可以减薄。

表 4-13　镗模底座典型结构尺寸及技术要求

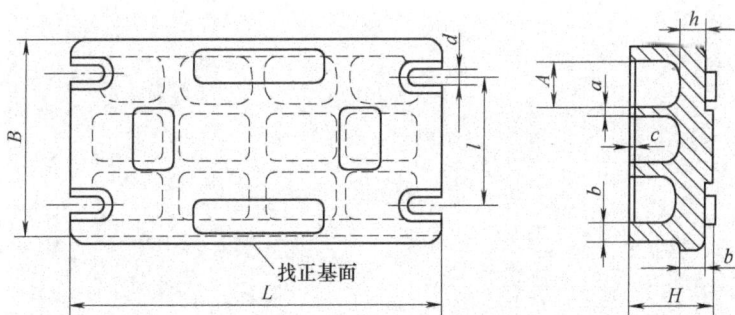

找正基面

L	B	A	a	b	c	h
按工件大小定	$(1/8\sim1/6)L$	$(1\sim1.5)L$	$10\sim26$	$20\sim30$	$5\sim8$	$20\sim30$

　　支架和底座常采用铸铁毛坯。为保证其尺寸精度的稳定不变，铸件毛坯应进行时效处理，必要时在精加工后要进行第二次时效。

二、壳体零件的镗削工序镗床夹具分析

　　图 4-10 所示的加工支架壳体零件两孔的镗床夹具结构图中，遵循基准重合的原则，选择图 4-9 所示工序图的 a、b、c 面作为定位基准，其中 a 面为主要的定位基准。定位元件选

用两块带侧立面的支撑板 3，共限制工件的 5 个自由度，挡销 6 限定一个自由度，从而完全定位，如图 4-10 所示。

夹紧力的方向指向主要定位基准面 a，为装卸工件方便，采用四块开槽压板，用螺栓螺母手动夹紧。

考虑到切削速度不高，同时为了易于保证加工技术要求，加工图 4-9 所示工序图的 $\phi35H7$ 与 $\phi40H7$ 两个孔采用固定式镗套，并采用双支撑引导，以增强镗杆刚度。

为了镗模在镗床上安装方便，底座上加工出找正基面 D（见图 4-10）。镗模底座下部采用多条十字加强肋，以增强刚度。为了起吊镗模，底座上还设计了四个起吊螺栓。

另外，为保证该镗模的加工精度，在装配结构图中还规定了多项夹具组成元件的相互位置精度等技术要求。

附　　录

附录 A　标准公差数值

附表 A-1　公称尺寸至 3150mm 的标准公差数值（摘自 GB/T 1800—2009）

公称尺寸 /mm		IT01	IT0	IT1	IT2	IT3	IT4	IT5	IT6	IT7	IT8	IT9	IT10	IT11	IT12	IT13	IT14	IT15	IT16	IT17	IT18
大于	至	/μm													/mm						
—	3	0.3	0.5	0.8	1.2	2	3	4	6	10	14	25	40	60	0.10	0.14	0.25	0.40	0.60	1.0	1.4
3	6	0.4	0.6	1	1.5	2.5	4	5	8	12	18	30	48	75	0.12	0.18	0.30	0.48	0.75	1.2	1.8
6	10	0.4	0.6	1	1.5	2.5	4	6	9	15	22	36	58	90	0.15	0.22	0.36	0.58	0.90	1.5	2.2
10	18	0.5	0.8	1.2	2	3	5	8	11	18	27	43	70	110	0.18	0.27	0.43	0.70	1.10	1.8	2.7
18	30	0.6	1	1.5	2.5	4	6	9	13	21	33	52	84	130	0.21	0.33	0.52	0.84	1.30	2.1	3.3
30	50	0.6	1	1.5	2.5	4	7	11	16	25	39	62	100	160	0.25	0.39	0.62	1.00	1.60	2.5	3.9
50	80	0.8	1.2	2	3	5	8	13	19	30	46	74	120	190	0.30	0.46	0.74	1.20	1.90	3.0	4.6
80	120	1	1.5	2.5	4	6	10	15	22	35	54	87	140	220	0.35	0.54	0.87	1.40	2.20	3.5	5.4
120	180	1.2	2	3.5	5	8	12	18	25	40	63	100	160	250	0.40	0.63	1.00	1.60	2.50	4.0	6.3
180	250	2	3	4.5	7	10	14	20	29	46	72	115	185	290	0.46	0.72	1.15	1.85	2.90	4.6	7.2
250	315	2.5	4	6	8	12	16	23	32	52	81	130	210	320	0.52	0.81	1.30	2.10	3.20	5.2	8.1
315	400	3	5	7	9	13	18	25	36	57	89	140	230	360	0.57	0.89	1.40	2.30	3.60	5.7	8.9
400	500	4	6	8	10	15	20	27	40	63	97	155	250	400	0.63	0.97	1.55	2.50	4.00	6.3	9.7
500	630	4.5	6	9	11	16	22	32	44	70	110	175	280	440	0.70	1.10	1.75	2.80	4.40	7.0	11.0
630	800	5	7	10	13	18	25	36	50	80	125	200	320	500	0.80	1.25	2.00	3.20	5.00	8.0	12.5
800	1000	5.5	8	11	15	21	28	40	56	90	140	230	360	560	0.90	1.40	2.30	3.60	5.60	9.0	14.0
1000	1250	6.5	9	13	18	24	33	47	66	105	165	260	420	660	1.05	1.65	2.60	4.20	6.60	10.5	16.5
1250	1600	8	11	15	21	29	39	55	78	125	195	310	500	780	1.25	1.95	3.10	5.00	7.80	12.5	19.5
1600	2000	9	13	18	25	35	46	65	92	150	230	370	600	920	1.50	2.30	3.70	6.00	9.20	15.0	23.0
2000	2500	11	15	22	30	41	55	78	110	175	280	440	700	1100	1.75	2.80	4.40	7.00	11.00	17.5	28.0
2500	3150	13	18	26	36	50	68	96	135	210	330	540	860	1350	2.10	3.30	5.40	8.60	13.50	21.0	33.0

附录 B　几何公差值（摘自 GB/T 1184—1996）

附表 B-1　直线度、平面度公差值

主参数 L/mm	公差等级											
	1	2	3	4	5	6	7	8	9	10	11	12
	公差值/μm											
≤10	0.2	0.4	0.8	1.2	2	3	5	8	12	20	30	60
>10 ~ 16	0.25	0.5	1	1.5	2.5	4	6	10	15	25	40	80

（续）

主参数 L/mm	公差等级											
	1	2	3	4	5	6	7	8	9	10	11	12
	公差值/μm											
>16 ~ 25	0.3	0.6	1.2	2	3	5	8	12	20	30	50	100
>25 ~ 40	0.4	0.8	1.5	2.5	4	6	10	15	25	40	60	120
>40 ~ 63	0.5	1	2	3	5	8	12	20	30	50	80	150
>63 ~ 100	0.6	1.2	2.5	4	6	10	15	25	40	60	100	200
>100 ~ 160	0.8	1.5	3	5	8	12	20	30	50	80	120	250
>160 ~ 250	1	2	4	6	10	15	25	40	60	100	150	300
>250 ~ 400	1.2	2.5	5	8	12	20	30	50	80	120	200	400
>400 ~ 630	1.5	3	6	10	15	25	40	60	100	150	250	500
>630 ~ 1000	2	4	8	12	20	30	50	80	120	200	300	600
>1000 ~ 1600	2.5	5	10	15	25	40	60	100	150	250	400	800
>1600 ~ 2500	3	6	12	20	30	50	80	120	200	300	500	1000
>2500 ~ 4000	4	8	15	25	40	60	100	150	250	400	600	1200
>4000 ~ 6300	5	10	20	30	50	80	120	200	300	500	800	1500
>6300 ~ 10000	6	12	25	40	60	100	150	250	400	600	1000	2000

附表 B-2　圆度、圆柱度公差值

主参数 d(D)/mm	公差等级												
	0	1	2	3	4	5	6	7	8	9	10	11	12
	公差值/μm												
≤3	0.1	0.2	0.3	0.5	0.8	1.2	2	3	4	6	10	14	25
>3 ~ 6	0.1	0.2	0.4	0.6	1	1.5	2.5	4	5	8	12	18	30
>6 ~ 10	0.12	0.25	0.4	0.6	1	1.5	2.5	4	6	9	15	22	36
>10 ~ 18	0.15	0.25	0.5	0.8	1.2	2	3	5	8	11	18	27	43
>18 ~ 30	0.2	0.3	0.6	1	1.5	2.5	4	6	9	13	21	33	52
>30 ~ 50	0.25	0.4	0.6	1	1.5	2.5	4	7	11	16	25	39	62
>50 ~ 80	0.3	0.5	0.8	1.2	2	3	5	8	13	19	30	46	74
>80 ~ 120	0.4	0.6	1.0	1.5	2.5	4	6	10	15	22	35	54	87
>120 ~ 180	0.6	1	1.2	2	3.5	5	8	12	18	25	40	63	100
>180 ~ 250	0.8	1.2	2	3	4.5	7	10	14	20	29	46	72	115
>250 ~ 315	1.0	1.6	2.5	4	6	8	12	16	23	32	52	81	130
>315 ~ 400	1.2	2	3	5	7	9	13	18	25	36	57	89	140
>400 ~ 500	1.5	2.5	4	6	8	10	15	20	27	40	63	97	155

附表 B-3　平行度、垂直度、倾斜度公差值

主参数 L, d(D)/mm	公差等级											
	1	2	3	4	5	6	7	8	9	10	11	12
	公差值/μm											
≤10	0.4	0.8	1.5	3	5	8	12	20	30	50	80	120
>10 ~ 16	0.5	1	2	4	6	10	15	25	40	60	100	150

（续）

主参数 L, $d(D)$ /mm	公差等级											
	1	2	3	4	5	6	7	8	9	10	11	12
	公差值/μm											
>16~25	0.6	1.2	2.5	5	8	12	20	30	50	80	120	200
>25~40	0.8	1.5	3	6	10	15	25	40	60	100	150	250
>40~63	1	2	4	8	12	20	30	50	80	120	200	300
>63~100	1.2	2.5	5	10	15	25	40	60	100	150	250	400
>100~160	1.5	3	6	12	20	30	50	80	120	200	300	500
>160~250	2	4	8	15	25	40	60	100	150	250	400	600
>250~400	2.5	5	10	20	30	50	80	120	200	300	500	800
>400~630	3	6	12	25	40	60	100	150	250	400	600	1000
>630~1000	4	8	15	30	50	80	120	200	300	500	800	1200
>1000~1600	5	10	20	40	60	100	150	250	400	600	1000	1500
>1600~2500	6	12	25	50	80	120	200	300	500	800	1200	2000
>2500~4000	8	15	30	60	100	150	250	400	600	1000	1500	2500
>4000~6300	10	20	40	80	120	200	300	500	800	1200	2000	3000
>6300~10000	12	25	50	100	150	250	400	600	1000	1500	2500	4000

附表 B-4　同轴度、对称度、圆跳动和全跳动公差值

主参数 $d(D)$, B, L /mm	公差等级											
	1	2	3	4	5	6	7	8	9	10	11	12
	公差值/μm											
≤1	0.4	0.6	1	1.5	2.5	4	6	10	15	25	40	60
>1~3	0.4	0.6	1	1.5	2.5	4	6	10	20	40	60	120
>3~6	0.5	0.8	1.2	2	3	5	8	12	25	50	80	150
>6~10	0.6	1	1.5	2.5	4	6	10	15	30	60	100	200
>10~18	0.8	1.2	2	3	5	8	12	20	40	80	120	250
>18~30	1	1.5	2.5	4	6	10	15	25	50	100	150	300
>30~50	1.2	2	3	5	8	12	20	30	60	120	200	400
>50~120	1.5	2.5	4	6	10	15	25	40	80	150	250	500
>120~250	2	3	5	8	12	20	30	50	100	200	300	600
>250~500	2.5	4	6	10	15	25	40	60	120	250	400	800
>500~800	3	5	8	12	20	30	50	80	150	300	500	1000
>800~1250	4	6	10	15	25	40	60	100	200	400	600	1200
>1250~2000	5	8	12	20	30	50	80	120	250	500	800	1500
>2000~3150	6	10	15	25	40	60	100	150	300	600	1000	2000
>3150~5000	8	12	20	30	50	80	120	200	400	800	1200	2500
>5000~8000	10	15	25	40	60	100	150	250	500	1000	1500	3000
>8000~10000	12	20	30	50	80	120	200	300	600	1200	2000	4000

附录 C 机械加工的经济精度

附表 C-1 各种加工方法可能达到的公差等级

加工方法	公差等级 IT																	
	01	0	1	2	3	4	5	6	7	8	9	10	11	12	13	14	15	16
研磨	▬	▬	▬	▬	▬	▬												
珩磨					▬	▬	▬	▬	▬									
内外圆磨削							▬	▬	▬	▬								
平面磨削							▬	▬	▬	▬								
金刚石车削							▬	▬	▬									
金刚石镗削							▬	▬	▬									
拉削							▬	▬	▬	▬								
铰孔								▬	▬	▬	▬	▬						
车削									▬	▬	▬	▬	▬					
镗削									▬	▬	▬	▬	▬					
铣削										▬	▬	▬	▬					
刨削、插削												▬	▬					
钻孔												▬	▬	▬				
滚压、挤压												▬	▬					
冲压												▬	▬					

附表 C-2 端面加工的经济精度　　　　　　　　（单位：mm）

加工方法		直　径			
		≤50	>50 ~ 120	>120 ~ 260	>260 ~ 500
车削	粗	0.15	0.20	0.25	0.40
	精	0.07	0.10	0.13	0.20
磨削	普通	0.03	0.04	0.05	0.07
	精密	0.02	0.025	0.03	0.035

附表 C-3 外圆柱表面加工的经济精度

公称直径 /mm	车　削			磨　削				研磨	用钢珠或滚柱工具滚压		
	粗车	半精车或一次加工	精车	一次加工	粗磨	精磨					
	加工的公差等级(IT)和误差值/μm										
	13 ~ 12	12	11	10	9	7	8	7	6	5	10	9	7	6
1 ~ 3	120	120	60	40	20	9	20	9	6	4	40	20	9	6
>3 ~ 6	160	160	80	48	25	12	25	12	8	5	48	25	12	8
>6 ~ 10	200	200	100	58	30	15	30	15	10	6	58	30	15	10

（续）

公称直径 /mm	车 削					磨 削					研磨	用钢珠或滚柱工具滚压		
	粗车	半精车或一次加工	精车			一次加工	粗磨	精磨						
	加工的公差等级（IT）和误差值/μm													
	13~12	12	11	10	9	7	9	7	6	5	10	9	7	6
>10~18	240	240	120	70	35	18	35	18	12	8	70	35	18	12
>18~30	280	280	140	84	45	21	45	21	14	9	84	45	21	14
>30~50	620~340	340	170	100	50	25	50	25	17	11	100	50	25	17
>50~80	740~400	400	200	120	60	30	60	30	20	13	120	60	30	20
>80~120	870~460	460	230	140	70	35	70	35	23	15	140	70	35	23
>120~180	1000~530	530	260	160	80	40	80	40	27	18	160	80	40	27
>180~260	1150~600	600	300	185	80	47	90	47	30	20	185	90	47	30
>260~360	1350~680	680	340	215	100	54	100	54	35	22	215	100	54	35
>360~500	1550~760	760	380	250	120	62	120	62	40	25	250	120	62	40

附表 C-4　平面加工的经济精度

公称尺寸 /mm （高或厚）	刨削和圆柱铣刀及套式面铣刀铣削									拉 削					磨 削					研磨	用钢球或滚柱工具滚压		
	粗	半精或一次加工	精		细					粗拉铸造冲压表面		精拉			一次加工	粗	精		细				
	加工公差等级（IT）和误差值/μm																						
	13	12	11	12	11	10	9	7	6	11	10	9	7	6	9	7	9	7	6	5	10	9	7
10~18	430	240	120	240	120	70	35	18	12	—	—	—	—	—	35	18	35	18	12	8	70	35	18
>18~30	520	280	140	280	140	84	45	21	14	140	84	45	21	14	45	21	45	21	14	9	84	45	21
>30~50	620	340	170	340	170	100	50	25	17	170	100	50	25	17	50	25	50	25	17	11	100	50	25
>50~80	700	400	200	400	200	120	60	30	20	200	120	60	30	20	60	30	60	30	20	13	120	60	30
>80~120	870	460	230	460	230	140	70	35	23	230	140	70	35	23	70	35	70	35	23	15	140	70	35
>120~180	1000	530	260	530	260	160	80	40	27	260	160	80	40	27	80	40	80	40	27	18	160	80	40
>180~260	1150	600	300	600	300	185	90	47	30	300	185	90	47	30	90	47	90	47	30	20	185	90	47
>260~360	1350	680	340	680	340	215	100	54	35	—	—	—	—	—	100	54	100	54	35	22	215	100	54
>360~500	1550	760	380	760	380	250	120	62	40	—	—	—	—	—	120	62	120	62	40	25	250	120	62

注：1. 表内资料适用于尺寸<1m，结构刚性好的零件加工；用光洁的表面作为定位基准和测量基准。

　　2. 套式面铣刀铣削的加工精度在相同的条件下大体上比圆柱铣刀铣削高一级。

　　3. 细铣仅用于套式面铣刀铣削。

附表 C-5　孔加工的经济精度

孔的公称直径 /mm	钻及扩孔钻		扩 孔			铰 孔			
	无钻模	有钻模	粗扩	铸孔或冲孔后一次扩孔	粗扩或钻后精扩	半精铰	精 铰	细 铰	
	加工的公差等级（IT）和偏差值/μm								
	12	11	12	11	12	11	10	11	10	9	8	7	6
1~3	—	60	—	60	—	—	—	—	—	—	—	—	—

（续）

孔的公称直径 /mm	钻及扩孔钻				扩 孔				铰 孔					
	无钻模		有钻模		粗扩	铸孔或冲孔后一次扩孔	粗扩或钻后精扩		半精铰		精 铰			细 铰
	加工的公差等级(IT)和偏差值/μm													
	12	11	12	11	12	12	11	10	11	10	9	8	7	6
>3 ~6	—	80	—	80	—	—	—	—	80	48	25	18	13	8
>6 ~10	—	100	—	100	—	—	—	—	100	58	30	22	16	9
>10 ~18	240	—	—	120	240	—	120	70	120	70	35	27	19	11
>18 ~30	280	—	—	140	280	—	140	84	140	84	45	38	23	—
>30 ~50	340	—	340	—	340	340	170	100	170	100	50	39	27	—
>50 ~80	—	—	—	460	400	400	200	120	200	120	60	46	30	—
>80 ~120	—	—	—	—	460	460	230	140	280	140	70	54	35	—
>120 ~180	—	—	—	—	—	—	—	—	260	160	80	63	40	—
>180 ~260	—	—	—	—	—	—	—	—	300	185	90	73	45	—
>260 ~360	—	—	—	—	—	—	—	—	340	215	100	84	50	—
>360 ~500	—	—	—	—	—	—	—	—	—	—	—	—	—	—

孔的公称直径 /mm	拉孔			镗孔							磨孔			研磨
	粗拉孔后或钻孔后精拉孔			粗	半精	精			细		粗	精		
	加工的公差等级(IT)和偏差值/μm													
	9	8	7	12	11	10	9	8	7	6	9	8	7	6
1 ~3	—	—	—	—	—	—	—	—	—	—	—	—	—	—
>3 ~6	—	—	—	—	—	—	—	—	—	—	—	—	—	—
>6 ~10	—	—	—	—	—	—	—	—	—	—	—	—	—	—
>10 ~18	35	27	19	240	120	70	35	27	19	11	35	27	19	11
>18 ~30	45	33	23	280	140	84	45	33	23	13	45	33	23	13
>30 ~50	50	39	27	340	170	100	50	39	27	15	50	39	27	15
>50 ~80	60	46	30	400	200	120	60	46	30	18	60	46	30	18
>80 ~120	70	54	35	460	230	140	70	54	35	21	70	54	35	21
>120 ~180	80	63	40	530	260	160	80	63	40	—	80	63	40	24
>180 ~260	—	—	—	600	300	185	90	73	45	—	90	73	45	27
>260 ~360	—	—	—	680	340	215	100	84	50	—	100	84	50	30
>36 ~500	—	—	—	760	380	250	120	95	60	—	120	95	60	35

附表 C-6　平面度和直线度的经济精度

加工方法	公差等级(IT)	加工方法	公差等级(IT)
研磨、精密磨、精刮	1 ~2	粗磨、铣、刨、拉、车	7 ~8
研磨、精磨、刮	3 ~4	铣、刨、车、插	9 ~10
磨、刮、精车	5 ~6	各种粗加工	11 ~12

附表 C-7　平行度的经济精度

加工方法	公差等级(IT)	加工方法	公差等级(IT)
研磨、金刚石精密加工、精刮	1 ~ 2	铣、磨、刨、拉、镗、车	7 ~ 8
研磨、珩磨、刮、精密磨	3 ~ 4	铣、镗、车，按导套钻、铰	9 ~ 10
磨、坐标镗、精密铣、精密刨	5 ~ 6	各种粗加工	11 ~ 12

附表 C-8　端面圆跳动和垂直度的经济精度

加工方法	公差等级(IT)	加工方法	公差等级(IT)
研磨、精密磨、金刚石精密加工	1 ~ 2	磨、刨、铣、刮、镗	7 ~ 8
研磨、精磨、精刮、精密车	3 ~ 4	车、半精铣、刨、镗	9 ~ 10
磨、刮、珩、精刨、精铣、精镗	5 ~ 6	各种粗加工	11 ~ 12

附表 C-9　同轴度的经济精度

加工方法	公差等级(IT)	加工方法	公差等级(IT)
研磨、珩磨、精密磨、金刚石精密加工	1 ~ 2	粗磨、车、镗、拉、铰	7 ~ 8
精磨、精密车，一次装夹下的内圆磨、珩磨	3 ~ 4	车、镗、钻	9 ~ 10
磨、精车，一次装夹下的内圆磨及镗削	5 ~ 6	各种粗加工	11 ~ 12

附表 C-10　各种加工方法能达到的表面粗糙度值

加工方法			表面粗糙度值 $Ra/\mu m$	加工方法		表面粗糙度值 $Ra/\mu m$
自动气割、带锯或圆盘锯割断			50 ~ 12.5	切槽	一次行程	12.5
切　断	车		50 ~ 12.5		二次行程	6.3 ~ 3.2
	铣		25 ~ 12.5	高速车削		0.8 ~ 0.2
	砂轮		3.2 ~ 1.6	圆柱铣刀铣削	粗	12.5 ~ 3.2
车削外圆	粗车		12.5 ~ 3.2		精	3.2 ~ 0.8
	半精车	金属	6.3 ~ 3.2		精密	0.8 ~ 0.4
		非金属	3.2 ~ 1.6	面铣刀铣削	粗	12.5 ~ 3.2
	精车	金属	3.2 ~ 0.8		精	3.2 ~ 0.4
		非金属	1.6 ~ 0.4		精密	0.8 ~ 0.2
	精密车（或金刚石车）	金属	0.8 ~ 0.2	高速铣削	粗	1.6 ~ 0.8
		非金属	0.4 ~ 0.1		精	0.4 ~ 0.2
车削端面	粗车		12.5 ~ 6.3	刨削	粗	12.5 ~ 6.3
	半精车	金属	6.3 ~ 3.2		精	3.2 ~ 1.6
		非金属	6.3 ~ 1.6		精密	0.8 ~ 0.2
	精车	金属	6.3 ~ 1.6		槽的表面	6.3 ~ 3.2
		非金属	6.3 ~ 1.6	插削	粗	25 ~ 12.5
	精密车	金属	0.8 ~ 0.4		精	6.3 ~ 1.6
		非金属	0.8 ~ 0.2	拉削	精	1.6 ~ 0.4

（续）

加工方法		表面粗糙度值 Ra/μm	加工方法			表面粗糙度值 Ra/μm
拉削 推削	精密	0.2～0.1	铰孔	精密铰	钢	0.8～0.2
	精	0.8～0.2			轻合金	0.8～0.4
	精密	0.4～0.025			黄铜、青铜	0.2～0.1
外圆磨、 内圆磨	半精（一次加工）	6.3～0.8	超精加工	精		0.8～0.1
	精	0.8～0.2		精密		0.1～0.05
	精密	0.2～0.1		镜面加工（两次加工）		<0.025
	精密、超精密磨削	0.05～0.025	抛光	精		0.8～0.1
	镜面磨削（外圆磨）	<0.05		精密		0.1～0.025
平面磨	精	0.8～0.4		砂带抛光		0.2～0.1
	精密	0.2～0.05		砂布抛光		1.6～0.1
珩磨	粗（一次加工）	0.8～0.2		电抛光		1.6～0.012
	精、精密	0.2～0.025	螺纹加工	切削	板牙、丝锥、 自开式板牙头	3.2～0.8
研磨	粗	0.4～0.2			车刀或梳刀车、铣	6.3～0.8
	精	0.2～0.05			磨	0.8～0.2
	精密	<0.05			研磨	0.8～0.05
钻	≤φ15mm	6.3～3.2		滚轮	搓丝模	1.6～0.8
	>φ15mm	25～6.3			滚丝模	1.6～0.2
扩孔	粗（有表皮）	12.5～6.3	齿轮及花 键加工	切削	粗滚	3.2～1.6
	精	6.3～1.6			精滚	1.6～0.8
锪倒角（孔的）		3.2～1.6			精插	1.6～0.8
带导向的锪平面		6.3～3.2			精刨	3.2～0.8
镗孔	粗镗	12.5～6.3			拉	3.2～1.6
	半精镗	金属	6.3～3.2			剃	0.8～0.2
		非金属	6.3～1.6			磨	0.8～0.1
	精镗	金属	3.2～0.8			研	0.4～0.2
		非金属	1.6～0.4		滚轮	热轧	0.8～0.4
	精密镗 （或金刚石镗）	金属	0.8～0.2			冷轧	0.2～0.1
		非金属	0.4～0.2	刮	粗		3.2～0.8
	高速镗	0.8～0.2		精		0.4～0.05
铰孔	半精铰 （一次铰）	钢	6.3～3.2	滚压加工			0.4～0.05
		黄铜	6.3～1.6	钳工锉削			12.5～0.8
	精铰 （二次铰）	铸铁	3.2～0.8	砂轮清理			50～6.3
		钢、轻合金	1.6～0.8				
		黄铜、青铜	0.8～0.4				

附录 D　机械加工方案

附表 D-1　外圆表面加工方案

序号	加工方案	经济加工公差等级(IT)	加工表面粗糙度值 $Ra/\mu m$	适用范围
1	粗车	11 ~ 12	50 ~ 12.5	适于淬火钢以外的各种金属
2	粗车—半精车	8 ~ 10	6.3 ~ 3.2	
3	粗车—半精车—精车	6 ~ 7	1.6 ~ 0.8	
4	粗车—半精车—精车—滚压(或抛光)	5 ~ 6	0.2 ~ 0.025	
5	粗车—半精车—磨削	6 ~ 7	0.8 ~ 0.4	主要适于淬火钢,也可用于未淬火钢,不宜加工非铁金属
6	粗车—半精车—粗磨—精磨	5 ~ 6	0.4 ~ 0.1	
7	粗车—半精车—粗磨—精磨—超精加工(或超精磨)	5 ~ 6	0.1 ~ 0.012	
8	粗车—半精车—精车—金刚石车	5 ~ 6	0.4 ~ 0.025	主要用于要求较高的非铁金属的加工
9	粗车—半精车—粗磨—精磨—超精磨(或镜面磨)	5 级以上	<0.025	极高精度的钢或铸铁的外圆加工
10	粗车—半精车—粗磨—精磨—研磨	5 级以上	<0.1	

附表 D-2　孔加工方案

序号	加工方案	经济加工公差等级(IT)	加工表面粗糙度值 $Ra/\mu m$	适用范围
1	钻	11 ~ 12	12.5	加工未淬火钢及铸铁的实心毛坯,也可用于加工非铁金属(但表面粗糙度较高),孔径<20mm
2	钻—铰	8 ~ 9	3.2 ~ 1.6	
3	钻—粗铰—精铰	7 ~ 8	1.6 ~ 0.8	
4	钻—扩	11	12.5 ~ 6.3	加工未淬火钢及铸铁的实心毛坯,也可用于加工非铁金属(但表面粗糙度较高),孔径>20mm
5	钻—扩—铰	8 ~ 9	3.2 ~ 1.6	
6	钻—扩—粗铰—精铰	7	1.6 ~ 0.8	
7	钻—扩—机铰—手铰	6 ~ 7	0.4 ~ 0.1	
8	钻—(扩)—拉(或推)	7 ~ 9	1.6 ~ 0.1	大批大量生产的中、小零件的通孔
9	粗镗(或扩孔)	11 ~ 12	12.5 ~ 6.3	除淬火钢之外各种材料,毛坯有铸出孔或锻出孔
10	粗镗(粗扩)—半精镗(精扩)	9 ~ 10	3.2 ~ 1.6	
11	粗镗(粗扩)—半精镗(精扩)—精镗(铰)	7 ~ 8	1.6 ~ 0.8	
12	粗镗(扩)—半精镗(精扩)—精镗—浮动镗刀块精镗	6 ~ 7	0.8 ~ 0.4	

（续）

序号	加工方案	经济加工公差等级（IT）	加工表面粗糙度值 Ra/μm	适用范围
13	粗镗（扩）—半精镗—磨孔	7~8	0.8~0.2	主要用于加工淬火钢，也可用于加工未淬火钢，但不宜用于加工非铁金属
14	粗镗（扩）—半精镗—粗磨—精磨	6~7	0.2~0.1	
15	粗镗—半精镗—精镗—金刚镗	6~7	0.4~0.05	用于精度要求较高的非铁金属加工
16	钻—（扩）—粗铰—精铰—珩磨 钻—（扩）拉—珩磨 粗镗—半精镗—精镗—珩磨	6~7	0.2~0.025	精度要求很高的孔
17	以研磨代替上述方案中的珩磨	5~6	<0.1	成批大量生产的非铁金属材料零件中的小孔，铸铁箱体上的孔
18	钻（或粗镗）—扩（半精镗）—精镗—金刚镗—脉冲滚挤	6~7	0.1	

附表 D-3 平面加工方案

序号	加工方案	经济加工公差等级（IT）	加工表面粗糙度值 Ra/μm	适用范围
1	粗车—半精车	8~9	6.3~3.2	端面
2	粗车—半精车—精车	6~7	1.6~0.8	
3	粗车—半精车—磨削	7~9	0.8~0.2	
4	粗刨（或粗铣）—精刨（或精铣）	7~9	6.3~1.6	一般不淬硬的平面
5	粗刨（或粗铣）—精刨（或精铣）—刮研	5~6	0.8~0.1	精度要求较高的不淬硬平面，批量较大时，宜采用宽刃精刨方案
6	粗刨（或粗铣）—精刨（或精铣）—宽刃精刨	6~7	0.8~0.2	
7	粗刨（或粗铣）—精刨（或精铣）—磨削	6~7	0.8~0.2	精度要求较高的淬硬平面或不淬硬平面
8	粗刨（或粗铣）—精刨（或精铣）—粗磨—精磨	5~6	0.4~0.25	
9	粗铣—拉	6~9	0.8~0.2	大量生产、较小的平面
10	粗铣—精铣—磨削—研磨	5级以上	<0.1	高精度平面

附录 E 加工余量及偏差

附表 E-1 轴类零件采用精轧圆棒料时毛坯直径　　（单位：mm）

零件公称尺寸	零件长度与公称尺寸之比				零件公称尺寸	零件长度与公称尺寸之比			
	≤4	>4~8	>8~12	>12~20		≤4	>4~8	>8~12	>12~20
	毛坯直径					毛坯直径			
5	7	7	8	8	8	10	10	10	11
6	8	8	8	8	10	12	12	13	13

（续）

零件公称尺寸	零件长度与公称尺寸之比				零件公称尺寸	零件长度与公称尺寸之比			
	≤4	>4~8	>8~12	>12~20		≤4	>4~8	>8~12	>12~20
	毛坯直径					毛坯直径			
11	14	14	14	14	40	43	45	45	45
12	14	14	15	15	42	45	48	48	48
14	16	16	17	18	44	48	48	50	50
16	18	18	18	19	45	48	48	50	50
17	19	19	20	21	46	50	52	52	52
18	20	20	21	22	50	54	54	55	55
19	21	21	22	23	55	58	60	60	60
20	22	22	23	24	60	65	65	65	70
21	24	24	24	25	65	70	70	70	75
22	25	25	26	26	70	75	75	75	80
25	28	28	28	30	75	80	80	85	85
27	30	30	32	32	80	85	85	90	90
28	32	32	32	32	85	90	90	95	95
30	33	33	34	34	90	95	95	100	100
32	35	35	36	36	95	100	105	105	105
33	36	38	38	38	100	105	110	110	110
35	38	38	39	39	110	115	120	120	120
36	39	40	40	40	120	125	125	130	130
37	40	42	42	42	130	140	140	140	140
38	42	42	42	43	140	150	150	150	150

附表 E-2　轧制圆棒料切断和端面加工余量　　　　　　（单位:mm）

公称尺寸	切断后不加工时的余量				端面需要加工时的余量			
	机械弓锯	切断机床上用圆盘锯	车床上用切断刀	铣床上用圆盘铣刀	零件长度			
					≤300	>300~1000	>1000~5000	>5000
≤30	2	2	3	3	2	3	4	5
>30~50	2	—	4	4	2	4	5	7
>50~60	2		5		3	6	7	9
>60~80	2	6	7		3	7	8	10
>80~150	2	6	—		4	8	10	12

附表 E-3　粗车及半精车外圆加工余量及偏差　　　　　　（单位:mm）

零件公称尺寸	端面最大直径						直径偏差	
	经或未经热处理零件的粗车		半精车				荒车	粗车端面尺寸偏差
			未经热处理		经热处理			
	折算长度						(h14)	(h12~h13)
	≤200	200~400	≤200	200~400	≤200	200~400		
3~6	—	—	0.5		0.8	—	−0.30	−0.12~−0.18
6~10	1.5	1.7	0.8	1.0	1.0	1.3	−0.36	−0.15~−0.22

（续）

零件公称尺寸	端面最大直径						直径偏差	
	经或未经热处理零件的粗车		半精车				荒车	粗车端面尺寸偏差
			未经热处理		经热处理		（h14）	（h12~h13）
	折算长度							
	≤200	200~400	≤200	200~400	≤200	200~400		
10~18	1.5	1.7	1.0	1.3	1.3	1.5	−0.43	−0.18~−0.27
18~30	2.0	2.2	1.3	1.3	1.3	1.5	−0.52	−0.21~−0.33
30~50	2.0	2.2	1.4	1.5	1.5	1.9	−0.62	−0.25~−0.39
50~80	2.3	2.5	1.5	1.8	1.8	2.0	−0.74	−0.30~−0.45
80~120	2.5	2.8	1.5	1.8	1.8	2.0	−0.87	−0.35~−0.54
120~180	2.5	2.8	1.8	2.0	2.0	2.3	−1.00	−0.40~−0.63
180~250	2.8	3.0	2.0	2.3	2.3	2.5	−1.15	−0.46~−0.72
250~315	3.0	3.3	2.0	2.3	2.3	2.5	−1.30	−0.52~−0.81

附表 E-4　半精车后磨外圆加工余量及偏差　　　（单位：mm）

零件公称尺寸	直径余量										直径偏差	
	第一种		第二种				第三种				第一种磨削前半精车或第三种粗磨	第二种粗磨
	经或未经热处理零件的终磨		热处理后				热处理前粗磨		热处理后半精磨			
			粗磨		半精磨						（h10~h11）	（h8~h9）
	折算长度											
	≤200	200~400	≤200	200~400	≤200	200~400	≤200	200~400	≤200	200~400		
3~6	0.15	0.20	0.10	0.12	0.05	0.08	—	—	—	—	−0.048~−0.075	−0.018~−0.030
6~10	0.20	0.30	0.12	0.20	0.08	0.10	0.12	0.20	0.20	0.30	−0.058~−0.090	−0.022~−0.036
10~18	0.20	0.30	0.12	0.20	0.08	0.10	0.12	0.20	0.20	0.30	−0.070~−0.110	−0.027~−0.043
18~30	0.20	0.30	0.12	0.20	0.08	0.10	0.12	0.20	0.20	0.30	−0.084~−0.130	−0.033~−0.052
30~50	0.30	0.40	0.20	0.25	0.10	0.15	0.20	0.25	0.30	0.40	−0.100~−0.160	−0.039~−0.062
50~80	0.40	0.50	0.25	0.30	0.15	0.20	0.25	0.30	0.40	0.50	−0.120~−0.190	−0.064~−0.074
80~120	0.40	0.50	0.25	0.30	0.15	0.20	0.25	0.30	0.40	0.50	−0.140~−0.220	−0.054~−0.087
120~180	0.50	0.80	0.30	0.50	0.20	0.30	0.30	0.50	0.50	0.80	−0.160~−0.250	−0.063~−0.100
180~250	0.50	0.80	0.30	0.50	0.20	0.30	0.30	0.50	0.50	0.80	−0.185~−0.290	−0.072~−0.115
250~315	0.50	0.80	0.30	0.50	0.20	0.30	0.30	0.50	0.50	0.80	−0.210~−0.320	−0.081~−0.130

附表 E-5　无心磨外圆加工余量及偏差　　　（单位：mm）

零件公称尺寸	直径余量									直径偏差	
	第一种				第二种	第三种		第四种		终磨前半精车或第四种粗磨	第三种粗磨
	终磨未车过的棒料				最终磨削	热处理后		热处理前粗磨	热处理后半精磨		
	未经热处理		经热处理			粗磨	半精磨			（h10~h11）	（h8~h9）
	冷拉棒料	热轧棒料	冷拉棒料	热轧棒料							
3~6	0.3	0.5	0.3	0.5	0.2	0.10	0.05	0.1	0.2	−0.048~−0.075	−0.018~−0.030
6~10	0.3	0.6	0.3	0.7	0.3	0.12	0.08	0.2	0.3	−0.058~−0.090	−0.022~−0.036

（续）

零件公称尺寸	直径余量									直径偏差	
	第一种				第二种	第三种		第四种		终磨前半精车或第四种粗磨（h10~h11）	第三种粗磨（h8~h9）
	终磨未车过的棒料				最终磨削	热处理后		热处理前粗磨	热处理后半精磨		
	未经热处理		经热处理			粗磨	半精磨				
	冷拉棒料	热轧棒料	冷拉棒料	热轧棒料							
10~18	0.5	0.8	0.6	1.0	0.3	0.12	0.08	0.2	0.3	-0.070~-0.110	-0.027~-0.043
18~30	0.6	1.0	0.8	1.3	0.3	0.12	0.08	0.3	0.4	-0.084~-0.130	-0.033~-0.052
30~50	0.7	—	1.3	—	0.4	0.20	0.10	0.3	0.4	-0.100~-0.160	-0.039~-0.062
50~80	—	—	—	—	0.4	0.25	0.15	0.3	0.5	-0.120~-0.190	-0.046~-0.074

附表 E-6　用金刚石刀精车外圆加工余量　　　　　　（单位：mm）

零件材料	零件公称尺寸	直径加工余量
轻合金	≤100	0.3
	>100	0.5
青铜及铸铁	≤100	0.3
	>100	0.4
钢	≤100	0.2
	>100	0.3

附表 E-7　外圆磨削余量　　　　　　（单位：mm）

工件直径	余量限度	磨削前								粗磨后、精磨前	精磨后、研磨前
		未经热处理的轴				经热处理的轴					
		轴的长度									
		100以下	101~200	201~400	401~700	100以下	101~300	301~600	601~1000		
≤φ10	Max	0.20	—	—	—	0.25	—	—	—	0.020	0.008
	Min	0.10	—	—	—	0.15	—	—	—	0.015	0.005
φ11~φ18	Max	0.25	0.30	—	—	0.30	0.35	—	—	0.025	0.008
	Min	0.15	0.20	—	—	0.20	0.25	—	—	0.020	0.006
φ19~φ30	Max	0.30	0.35	0.40	—	0.35	0.40	0.45	—	0.030	0.010
	Min	0.20	0.25	0.30	—	0.25	0.30	0.35	—	0.025	0.007
φ31~φ50	Max	0.30	0.35	0.40	0.45	0.40	0.45	0.55	0.70	0.035	0.010
	Min	0.20	0.25	0.30	0.35	0.25	0.30	0.40	0.50	0.028	0.008
φ51~φ80	Max	0.35	0.40	0.45	0.55	0.45	0.55	0.65	0.75	0.035	0.013
	Min	0.20	0.25	0.30	0.35	0.30	0.35	0.45	0.50	0.028	0.008
φ81~φ120	Max	0.45	0.50	0.55	0.60	0.55	0.60	0.70	0.80	0.040	0.014
	Min	0.25	0.35	0.35	0.40	0.35	0.40	0.45	0.45	0.032	0.010
φ121~φ180	Max	0.50	0.55	0.60	—	0.60	0.70	0.80	—	0.045	0.016
	Min	0.30	0.35	0.40	—	0.40	0.50	0.55	—	0.038	0.012
φ181~φ260	Max	0.60	0.60	0.65	—	0.70	0.75	0.85	—	0.050	0.020
	Min	0.40	0.40	0.45	—	0.50	0.55	0.60	—	0.040	0.015

附表 E-8　研磨外圆加工余量　（单位：mm）

零件公称尺寸	直径余量	零件公称尺寸	直径余量
≤10	0.005~0.008	50~80	0.008~0.012
10~18	0.006~0.009	80~120	0.010~0.014
18~30	0.007~0.010	120~180	0.012~0.016
30~50	0.008~0.011	180~250	0.015~0.020

附表 E-9　抛光外圆加工余量　（单位：mm）

零件公称尺寸	≤100	100~200	200~700	>700
直径余量	0.1	0.3	0.4	0.5

附表 E-10　粗车端面后，正火调质的加工余量　（单位：mm）

零件直径	零件全长					
	≤18	>18~50	>50~120	>120~260	>260~500	>500
	端面余量					
≤30	0.8	1.0	1.4	1.6	2.0	2.4
>30~50	1.0	1.2	1.4	1.6	2.0	2.4
>50~120	1.2	1.4	1.6	2.0	2.4	2.4
>120~260	1.4	1.6	2.0	2.0	2.4	2.8
>260	1.6	1.8	2.0	2.0	2.8	3.0

注：1. 对于粗车不需要调质的零件，其端面余量按上表 1/2~1/3 选用。
　　2. 对薄形零件，如齿轮、垫圈等，按上表余量加 50%~100%。

附表 E-11　槽的加工余量及公差　（单位：mm）

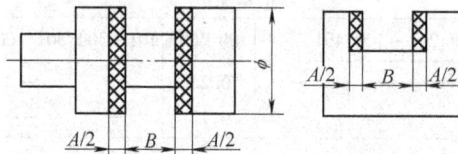

工序	精车（或铣、刨）槽				精车（或铣、刨）槽后，磨槽			
槽宽 B	<10	<18	<30	<50	<10	<18	<30	<50
加工余量 A	1	1.5	2	3	0.30	0.35	0.40	0.45
公　差	0.20	0.20	0.30	0.30	0.10	0.10	0.15	0.15

附表 E-12　半精车轴端面加工余量及偏差　（单位：mm）

零件长度（全长）	端面最大直径					粗车端面尺寸偏差（IT12~IT13）
	≤30	>30~120	>120~260	>260~500	>500	
	端面余量					
≤10	0.5	0.6	1.0	1.2	1.4	-0.15~-0.22
>10~18	0.5	0.7	1.0	1.2	1.4	-0.18~-0.27
>18~30	0.6	1.0	1.2	1.3	1.5	-0.21~-0.33

（续）

零件长度 （全长）	端面最大直径					粗车端面尺寸偏差 （IT12～IT13）
	≤30	>30～120	>120～260	>260～500	>500	
	端面余量					
>30～50	0.6	1.0	1.2	1.3	1.5	−0.25～−0.39
>50～80	0.7	1.0	1.3	1.5	1.7	−0.30～−0.46
>80～120	1.0	1.0	1.3	1.5	1.7	−0.35～−0.54
>120～180	1.0	1.3	1.5	1.7	1.8	−0.40～−0.63
>180～250	1.0	1.3	1.5	1.7	1.8	−0.46～−0.72
>250～500	1.2	1.4	1.5	1.7	1.8	−0.52～−0.97
>500	1.4	1.5	1.7	1.8	2.0	−0.70～−1.10

注:1. 加工有台阶的轴时,每个台阶的加工余量应根据该台阶的直径 d 及零件的全长分别选用。

2. 表中余量指单边余量,偏差指长度偏差。

3. 加工余量及偏差适用于经热处理及未经热处理的零件。

附表 E-13　精车轴端面加工余量及偏差　　　（单位:mm）

零件直径 d	零件全长 L					
	≤18	>18～50	>50～120	>120～260	>260～500	>500
	端面余量					
≤30	0.4	0.5	0.7	0.8	1.0	1.2
>30～50	0.5	0.6	0.7	0.8	1.0	1.2
>50～120	0.6	0.7	0.8	1.0	1.2	1.2
>120～260	0.7	0.8	1.0	1.0	1.2	1.4
>260～500	0.9	1.0	1.2	1.2	1.4	1.5
>500	1.2	1.2	1.4	1.4	1.5	1.7
长度偏差	−0.2	−0.3	−0.4	−0.5	−0.6	−0.8

注:1. 加工有台阶的轴时,每个台阶的加工余量应根据该台阶的直径 d 及零件的全长分别选用。

2. 表中的公差系指尺寸 L 的公差。当原公差大于该公差时,尺寸公差为原公差数值。

附表 E-14　磨轴端面加工余量及偏差　　　（单位:mm）

零件长度 （全长）	端面最大直径					半精磨端面 尺寸偏差 （IT11）
	≤30	>30～120	>120～260	>260～500	>500	
	端面余量					
≤10	0.2	0.2	0.3	0.4	0.6	−0.09
>10～18	0.2	0.3	0.3	0.4	0.6	−0.11
>18～30	0.2	0.3	0.3	0.4	0.6	−0.13
>30～50	0.2	0.3	0.3	0.4	0.6	−0.16
>50～80	0.3	0.3	0.4	0.5	0.6	−0.19
>80～120	0.3	0.3	0.5	0.5	0.6	−0.22
>120～180	0.3	0.4	0.5	0.6	0.7	−0.25
>180～250	0.3	0.4	0.5	0.6	0.7	−0.29
>250～500	0.4	0.5	0.6	0.7	0.8	−0.40
>500	0.5	0.6	0.7	0.7	0.8	−0.44

注:1. 加工有台阶的轴时,每个台阶的加工余量应根据该台阶的直径 d 及零件的全长分别选用。

2. 表中余量指单边余量,偏差指长度偏差。

3. 加工余量及偏差适用于经热处理及未经热处理的零件。

附表 E-15　平面第一次粗加工余量　　　（单位:mm）

平面最大尺寸	毛坯制造方法					
	铸　件			热冲压	冷冲压	锻造
	灰铸铁	青铜	可锻铸铁			
≤50	1.0 ~ 1.5	1.0 ~ 1.3	0.8 ~ 1.0	0.8 ~ 1.1	0.6 ~ 0.8	1.0 ~ 1.4
50 ~ 120	1.5 ~ 2.0	1.3 ~ 1.7	1.0 ~ 1.4	1.3 ~ 1.8	0.8 ~ 1.1	1.4 ~ 1.8
120 ~ 260	2.0 ~ 2.7	1.7 ~ 2.2	1.4 ~ 1.8	1.5 ~ 1.8	1.0 ~ 1.4	1.5 ~ 2.5
260 ~ 500	2.7 ~ 3.5	2.2 ~ 3.0	2.0 ~ 2.5	1.8 ~ 2.2	1.3 ~ 1.8	2.2 ~ 3.0
>500	4.0 ~ 6.0	3.5 ~ 4.5	3.0 ~ 4.0	2.4 ~ 3.0	2.0 ~ 2.6	3.5 ~ 4.5

附表 E-16　平面粗刨后精铣加工余量　　　（单位:mm）

平面长度	平面宽度		
	≤100	100 ~ 200	>200
≤100	0.6 ~ 0.7	—	—
100 ~ 250	0.6 ~ 0.8	0.7 ~ 0.9	—
250 ~ 500	0.7 ~ 1.0	0.75 ~ 1.0	0.8 ~ 1.1
>500	0.8 ~ 1.0	0.9 ~ 1.2	0.9 ~ 1.2

附表 E-17　铣平面加工余量　　　（单位:mm）

零件厚度	荒铣后粗铣						粗铣后半精铣					
	宽度≤200			200 < 宽度 < 400			宽度≤200			200 < 宽度 < 400		
	平面长度											
	≤100	100 ~ 250	250 ~ 400	≤100	100 ~ 250	250 ~ 400	≤100	100 ~ 250	250 ~ 400	≤100	100 ~ 250	250 ~ 400
6 ~ 30	1.0	1.2	1.5	1.2	1.5	1.7	0.7	1.0	1.0	1.0	1.0	1.0
30 ~ 50	1.0	1.5	1.7	1.5	1.5	2.0	1.0	1.0	1.2	1.0	1.2	1.2
>50	1.5	1.7	2.0	1.7	2.0	2.5	1.0	1.3	1.5	1.3	1.5	1.5

附表 E-18　磨平面的加工余量　　　（单位:mm）

零件厚度	第一种						第二种											
	经过或未经过热处理零件的终磨						热处理后											
							粗　磨						半　精　磨					
	宽度≤200			200 < 宽度 < 400			宽度≤200			200 < 宽度 < 400			宽度≤200			200 < 宽度 < 400		
	平面长度																	
	≤100	100 ~ 250	250 ~ 400	≤100	100 ~ 250	250 ~ 400	≤100	100 ~ 250	250 ~ 400	≤100	100 ~ 250	250 ~ 400	≤100	100 ~ 250	250 ~ 400	≤100	100 ~ 250	250 ~ 400
6 ~ 30	0.3	0.3	0.5	0.3	0.5	0.5	0.2	0.2	0.3	0.2	0.3	0.3	0.1	0.1	0.2	0.1	0.2	0.2
30 ~ 50	0.5	0.5	0.5	0.5	0.5	0.5	0.3	0.3	0.3	0.3	0.3	0.3	0.2	0.2	0.2	0.2	0.2	0.2
>50	0.5	0.5	0.5	0.5	0.5	0.5	0.3	0.3	0.3	0.3	0.3	0.3	0.2	0.2	0.2	0.2	0.2	0.2

附表 E-19　铣及磨平面时的厚度偏差　　　（单位:mm）

零件厚度	荒铣(IT14)	粗铣(IT12 ~ IT13)	半精铣(IT11)	精磨(IT8 ~ IT9)
3 ~ 6	-0.30	-0.12 ~ -0.18	-0.075	-0.018 ~ -0.030
6 ~ 10	-0.36	-0.15 ~ -0.22	-0.09	-0.022 ~ -0.036

（续）

零件厚度	荒铣（IT14）	粗铣（IT12～IT13）	半精铣（IT11）	精磨（IT8～IT9）
10～18	-0.43	-0.18～-0.27	-0.11	-0.027～-0.043
18～30	-0.52	-0.21～-0.33	-0.13	-0.033～-0.052
30～50	-0.62	-0.25～-0.39	-0.16	-0.039～-0.062
50～80	-0.74	-0.30～-0.46	-0.19	-0.046～-0.074
80～120	-0.87	-0.35～-0.54	-0.22	-0.054～-0.087
120～180	-1.00	-0.43～-0.63	-0.25	-0.063～-0.100

附表 E-20 刮平面加工余量及偏差 （单位:mm）

平面长度	平面宽度					
	≤100		100～300		300～1000	
	余量	偏差	余量	偏差	余量	偏差
≤300	0.15	+0.06	0.15	+0.06	0.20	+0.10
300～1000	0.20	+0.10	0.20	+0.10	0.25	+0.12
1000～2000	0.25	+0.12	0.25	+0.12	0.30	+0.15

附表 E-21 凹槽加工余量及偏差 （单位:mm）

凹槽尺寸			宽度余量		宽度偏差	
长	深	宽	粗铣后半精铣	半精铣后磨	粗铣（IT12～IT13）	半精铣（IT11）
≤80	≤60	3～6	1.5	0.5	+0.12～+0.18	+0.075
		6～10	2.0	0.7	+0.15～+0.22	+0.09
		10～18	3.0	1.0	+0.18～+0.27	+0.11
		18～30	3.0	1.0	+0.21～+0.33	+0.13
		30～50	3.0	1.0	+0.25～+0.39	+0.16
		50～80	4.0	1.0	+0.30～+0.46	+0.19
		80～120	4.0	1.0	+0.35～+0.54	+0.22

附表 E-22 研磨平面加工余量 （单位:mm）

平面长度	平面宽度		
	≤25	25～75	75～150
≤25	0.005～0.007	0.007～0.010	0.010～0.014
25～75	0.007～0.010	0.010～0.014	0.014～0.020
75～150	0.010～0.014	0.014～0.020	0.020～0.024
150～260	0.014～0.018	0.020～0.024	0.024～0.030

附表 E-23 基孔制7级精度（H7）孔的加工 （单位:mm）

零件公称尺寸	直径					零件公称尺寸	直径				
	钻		用车刀镗以后	扩孔钻	粗铰	精铰		钻		用车刀镗以后	扩孔钻	粗铰	精铰
	第一次	第二次						第一次	第二次				
3	2.9	—	—	—	—	3H7	5	4.8	—	—	—	—	5H7
4	3.9	—	—	—	—	4H7	6	5.8	—	—	—	—	6H7

（续）

零件公称尺寸	直径						零件公称尺寸	直径					
	钻		用车刀镗以后	扩孔钻	粗铰	精铰		钻		用车刀镗以后	扩孔钻	粗铰	精铰
	第一次	第二次						第一次	第二次				
8	7.8	—	—	—	7.96	8H7	35	20.0	33.0	34.7	34.75	34.93	35H7
10	9.8	—	—	—	9.96	10H7	38	20.0	36.0	37.7	37.75	37.93	38H7
12	11.0	—	—	11.85	11.95	12H7	40	25.0	38.0	39.7	39.75	39.93	40H7
13	12.0	—	—	12.85	12.95	13H7	42	25.0	40.0	41.7	41.75	41.93	42H7
14	13.0	—	—	13.85	13.95	14H7	45	25.0	43.0	44.7	44.75	44.93	45H7
15	14.0	—	—	14.85	14.95	15H7	48	25.0	46.0	47.7	47.75	47.93	48H7
16	15.0	—	—	15.85	15.95	16H7	50	25.0	48.0	49.7	49.75	49.93	50H7
18	17.0	—	—	17.85	17.94	18H7	60	30	55.0	59.5	59.5	59.9	60H7
20	18.0	—	19.8	19.8	19.94	20H7	70	30	65.0	69.5	69.5	69.9	70H7
22	20	—	21.8	21.8	21.94	22H7	80	30	75.0	79.5	79.5	79.9	80H7
24	22	—	23.8	23.8	23.94	24H7	90	30	80.0	89.3	—	89.9	90H7
25	23	—	24.8	24.8	24.94	25H7	100	30	80.0	99.3	—	99.8	100H7
26	24	—	25.8	25.8	25.94	26H7	120	30	80.0	119.3	—	119.8	120H7
28	26	—	27.8	27.8	27.94	28H7	140	30	80.0	139.3	—	139.8	140H7
30	15.0	28	29.8	29.8	29.93	30H7	160	30	80.0	159.3	—	159.8	160H7
32	15.0	30.0	31.7	31.75	31.93	32H7	180	30	80.0	179.3	—	179.8	180H7

注:1. 在铸铁上加工直径小于 15mm 的孔时,不用扩孔钻和镗孔。

2. 在铸铁上加工直径为 30mm 和 32mm 的孔时,仅用直径为 28mm 和 30mm 的钻头各钻一次。

3. 如仅用一次铰孔,则铰孔的加工余量为本表中粗铰与精铰的加工余量之和。

4. 钻头直径大于 75mm 时采用环孔钻。

附表 E-24　基孔制 8 级精度（H8）孔的加工　　　　　　（单位:mm）

零件公称尺寸	直径					零件公称尺寸	直径				
	钻		用车刀镗以后	扩孔钻	铰		钻		用车刀镗以后	扩孔钻	铰
	第一次	第二次					第一次	第二次			
3	2.9	—	—	—	3H8	30	15.0	28	29.8	29.8	30H8
4	3.9	—	—	—	4H8	32	15.0	30	31.7	31.75	32H8
5	4.8	—	—	—	5H8	35	20.0	33	34.7	34.75	35H8
6	5.8	—	—	—	6H8	38	20.0	36	37.7	37.75	38H8
8	7.8	—	—	—	8H8	40	25.0	38	39.7	39.75	40H8
10	9.8	—	—	—	10H8	42	25.0	40	41.7	41.75	42H8
12	11.8	—	—	—	12H8	45	25.0	43	44.7	44.75	45H8
13	12.8	—	—	—	13H8	48	25.0	46	47.7	47.75	48H8
14	13.8	—	—	—	14H8	50	25.0	48	49.7	49.75	50H8
15	14.8	—	—	—	15H8	60	30	55	59.5	—	60H8
16	15.0	—	—	15.85	16H8	70	30	65	69.5	—	70H8
18	17.0	—	—	17.85	18H8	80	30	75	79.5	—	80H8
20	18.0	—	19.8	19.8	20H8	90	30	80.0	89.3	—	90H8
22	20.0	—	21.8	21.8	22H8	100	30	80.0	99.3	—	100H8
24	22.0	—	23.8	23.8	24H8	120	30	80.0	119.3	—	120H8
25	23.0	—	24.8	24.8	25H8	140	30	80.0	139.3	—	140H8
26	24.0	—	25.8	25.8	26H8	160	30	80.0	159.3	—	160H8
28	26.0	—	27.8	27.8	28H8	180	30	80.0	179.3	—	180H8

注:1. 在铸铁上加工直径为 30mm 和 32mm 的孔时,仅用直径为 28mm 和 30mm 的钻头各钻一次。

2. 钻头直径大于 75mm 时采用环孔钻。

附表 E-25　用金刚石刀精镗孔加工余量　　　（单位：mm）

零件公称尺寸	直径余量								上工序偏差	
	轻合金		巴氏合金		青铜及铸铁		钢		镗孔前偏差(H10)	粗镗偏差(H8~H9)
	粗镗	精镗	粗镗	精镗	粗镗	精镗	粗镗	精镗		
≤30	0.2		0.3		0.2				+0.084	+0.033 ~ +0.052
30 ~ 50	0.3		0.4				0.2		+0.10	+0.039 ~ +0.062
50 ~ 80	0.4		0.5	0.1	0.3				+0.12	+0.046 ~ +0.074
80 ~ 120									+0.14	+0.054 ~ +0.087
120 ~ 180		0.1				0.1	0.3		+0.16	+0.063 ~ +0.10
180 ~ 250					0.4				+0.185	+0.072 ~ +0.115
250 ~ 315	0.5		0.6	0.2				0.1	+0.21	+0.081 ~ +0.13
315 ~ 400									+0.23	+0.089 ~ +0.14
400 ~ 500									+0.25	+0.097 ~ +0.155
500 ~ 630					0.5		0.4		+0.28	+0.11 ~ +0.175
630 ~ 800	—		—			0.2			+0.32	+0.125 ~ +0.20
800 ~ 1000					0.6		0.5	0.2	+0.36	+0.14 ~ +0.23

附表 E-26　外表面拉削余量　　　（单位：mm）

工作状态		单面余量	工作状态		单面余量
小件	铸造	4 ~ 5	中件	铸造	5 ~ 7
	模锻或精密锻造	2 ~ 3		模锻或精密铸造	3 ~ 4
	经预先加工	0.3 ~ 0.4		经预先加工	0.5 ~ 0.6

附录 F　机械加工刀具类型

附表 F-1　硬质合金外圆车刀形式及代号

车刀形式	车刀名称	车刀代号	
		右切车刀	左切车刀
	70° 外圆车刀	01R1010，01R1212，01R1616，01R2020，01R2525，01R3232，01R4040，01R5050	01L1010，01L1212，01L1616，01L2020，01L2525，01L3232，01L4040，01L5050
	45° 端面车刀	02R1010，02R1212，02R1616，02R2020，02R2525，02R3232，02R4040，02R5050	02L1010，02L1212，02L1616，02L2020，02L2525，02L3232，02L4040，02L5050
	95° 外圆车刀	03R1610，03R2012，03R2516，03R3220，03R4025，03R5032	03L1610，03L2012，03L2516，03L3220，03L4025，03L5032

（续）

车刀形式	车刀名称	车刀代号	
		右切车刀	左切车刀
	切槽车刀	04R2012,04R2516,04R3220,04R4025,04R5032	
	90°端面车刀	05R2020, 05R2525, 05R3232, 05R4040,05R5050	05L2020, 05L2525, 05L3232, 05L4040,05L5050
	90°外圆车刀	06R1010,06R1212,06R1616,06R2020, 06R2525,06R3232,06R4040,06R5050	06L1010,06L1212,06L1616,06L2020, 06L2525,06L3232,06L4040,06L5050
	A型切断车刀	07R1208,07R1610,07R2012,07R2516, 07R3220,07R4025,07R5032	07L1208,07L1610,07L2012,07L2516, 07L3220,07L4025,07L5032
	75°内孔车刀	08R0808,08R1010,08R1212,08R1616,08R2020,08R2525,08R3232	
	95°内孔车刀	09R0808,09R1010,09R1212,09R1616,09R2020,09R2525,09R3232	
	90°内孔车刀	10R0808,10R1010,10R1212,10R1616,10R2020,10R2525,10R3232	
	45°内孔车刀	11R0808,11R1010,11R1212,11R1616,11R2020,11R2525,11R3232	
	内螺纹车刀	12R0808,12R1010,12R1212,12R1616,12R2020,12R2525,12R3232	
	内切槽车刀	13R0808,13R1010,13R1212,13R1616,13R2020,13R2525,13R3232	
	75°外圆车刀	14R1010,14R1212,14R1616,14R2020, 14R2525,14R3232,14R4040,14R5050	14L1010,14L1212,14L1616,14L2020, 14L2525,14L3232,14L4040,14L5050

（续）

车刀形式	车刀名称	车刀代号	
		右切车刀	左切车刀
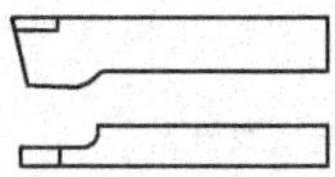	B 型切断车刀	15R1208,15R1610,15R2012,15R2516, 15R3220,15R4025	15L1208,15L1610,15L2012,15L2516, 15L3220,15L4025
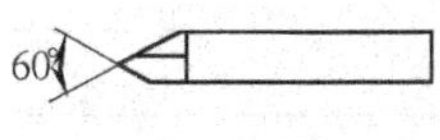	外螺纹车刀	16R1208,16R1610,16R2012,16R2516,16R3220	
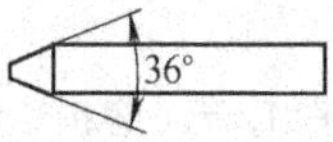	带轮车刀	17R1212,17R1610,17R2012,17R2516,17R3220	

附表 F-2　砂轮的名称和用途

外圆磨用砂轮		
砂轮名称	示　意　图	用　途
平形砂轮	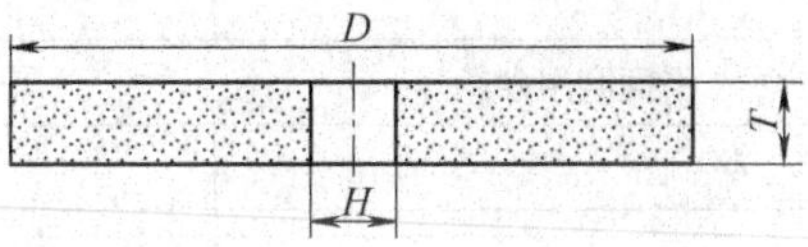	外圆、内圆、平面，无心磨和刃磨
单面凹砂轮	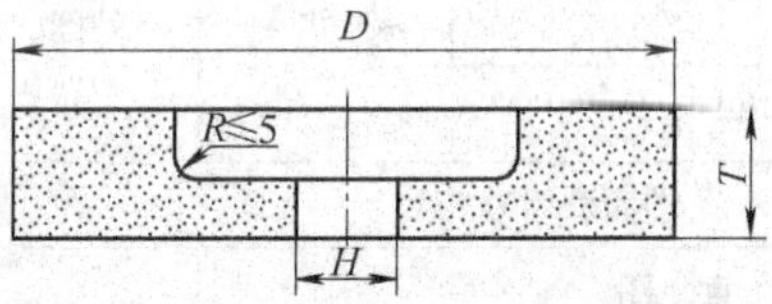	外径大者磨外圆，还可磨内圆、平面
双面凹一号砂轮	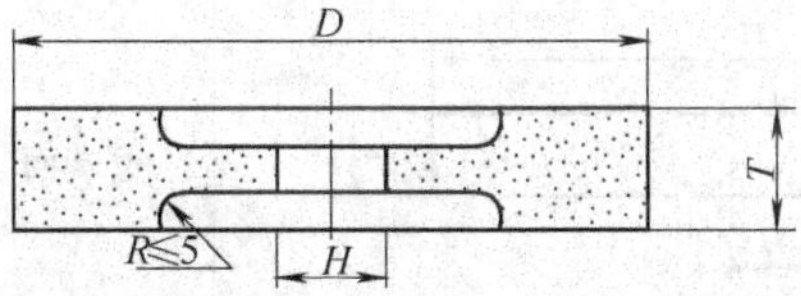	外圆、平面，无心磨、刃磨
单面凹锥砂轮	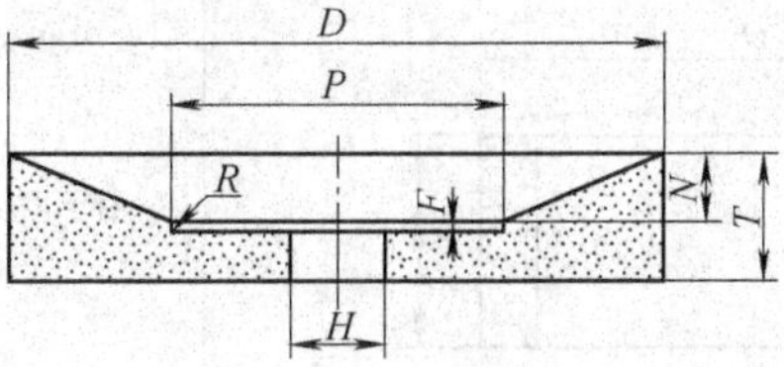	磨削外圆兼靠平面
双面凹带锥砂轮	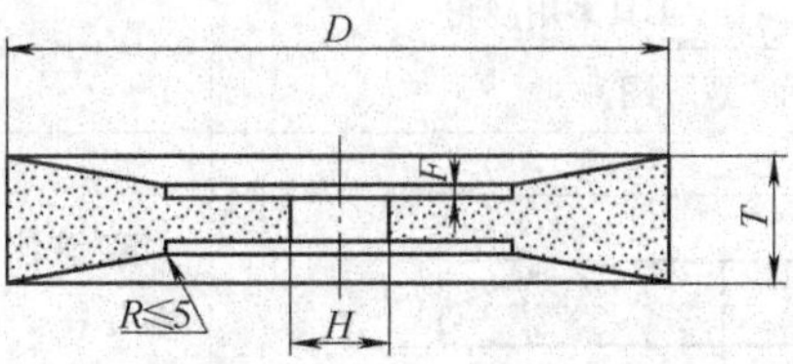	磨削外圆兼靠平面

（续）

外圆磨用砂轮		
砂轮名称	示　意　图	用　途
单面凸砂轮	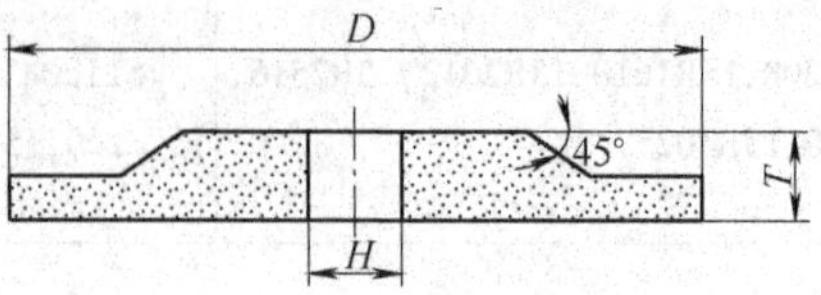	主要磨削轴承沟槽及开槽

内圆磨用砂轮		
砂轮名称	示　意　图	用　途
平形砂轮	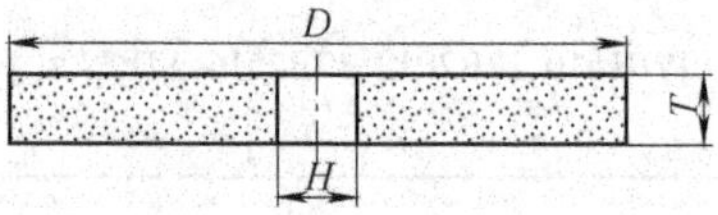	外圆、内圆、平面，无心磨和刃磨
单面凹砂轮	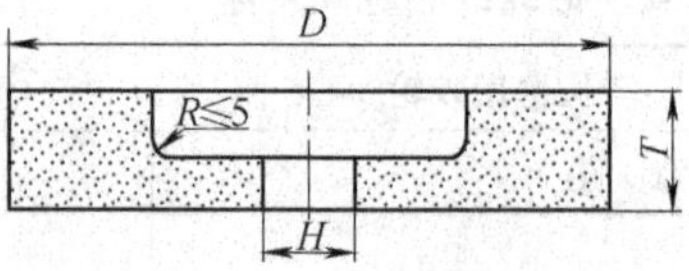	外圆、内圆、平面，无心磨和刃磨

平面磨用砂轮		
砂轮名称	示　意　图	用　途
平形砂轮	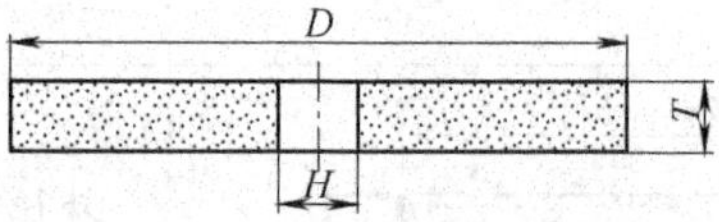	外圆、内圆、平面，无心磨和刃磨

端面磨用砂轮		
砂轮名称	示　意　图	用　途
螺旋紧固平形砂轮	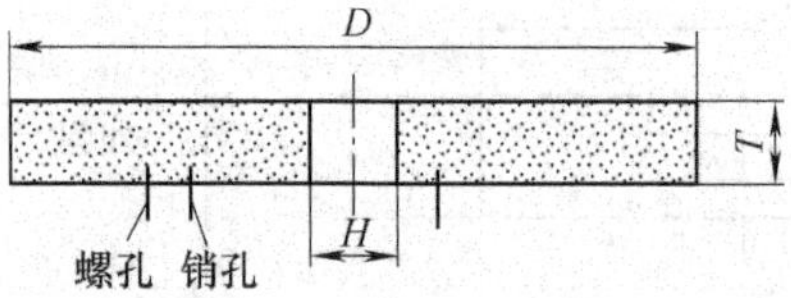	磨端面
筒形砂轮	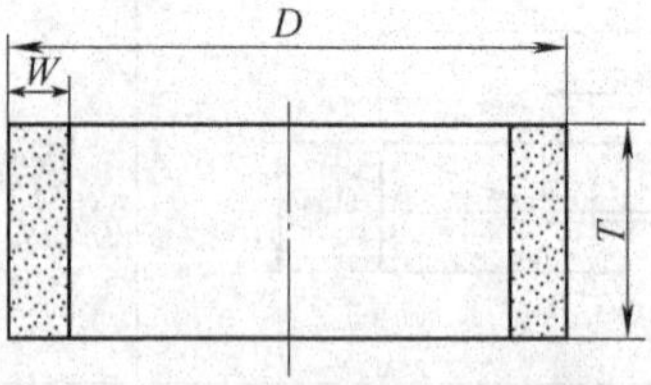	用于立式平面磨床

工具磨用砂轮		
砂轮名称	示　意　图	用　途
单斜边砂轮	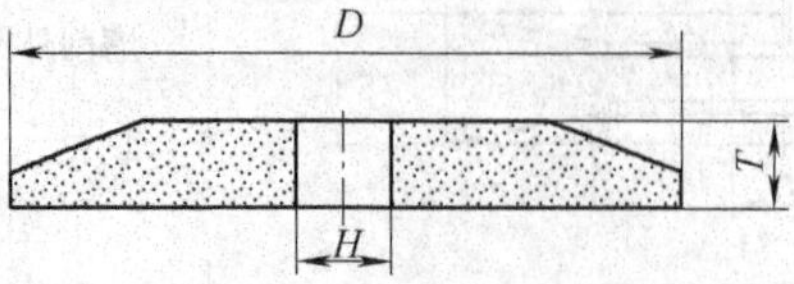	磨削各种锯片、铣刀、铰刀、插齿刀

（续）

工具磨用砂轮

砂轮名称	示　意　图	用　途
双斜边砂轮		磨外圆、端面、单线螺纹和齿轮
杯形砂轮		用平面磨端面和刃磨刀具，用圆柱面磨内圆
碗形砂轮		刃磨各种刀具及机床导轨
碟形一号砂轮		刃磨刀具，大型碟形砂轮可磨齿轮齿面
碟形二号砂轮		主要磨锯条齿，双砂轮可磨齿轮齿

磨曲轴用砂轮

砂轮名称	示　意　图
平形砂轮	
专用双面凹一号砂轮	

附表 F-3　磨头的名称和用途

磨头名称	示　意　图	基本用途
圆柱磨头		用于磨内孔和曲线内表面、磨具型腔及去毛刺等
半球形磨头		用于磨削内圆特殊形状表面
球形磨头		用于磨削小半径圆角形工件
截锥磨头		用于加工各种形状的沟槽及修角
椭圆锥磨头		用于磨内圆特殊表面及磨具型腔
60°锥磨头		用于磨削锥形面和顶尖孔
圆头锥磨头		用于磨内圆特殊表面和磨具型腔

附表 F-4　磨石的形状和用途

磨石名称	形　状　图	基本用途
长方珩磨磨石	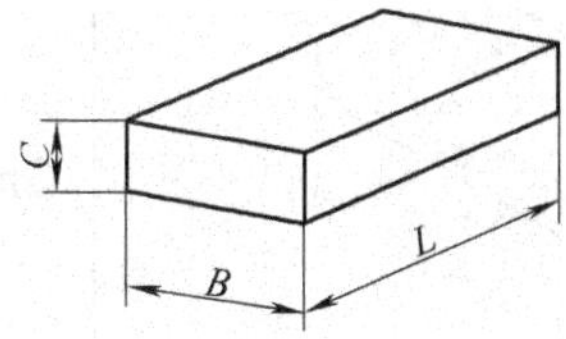	用于珩磨
正方珩磨磨石	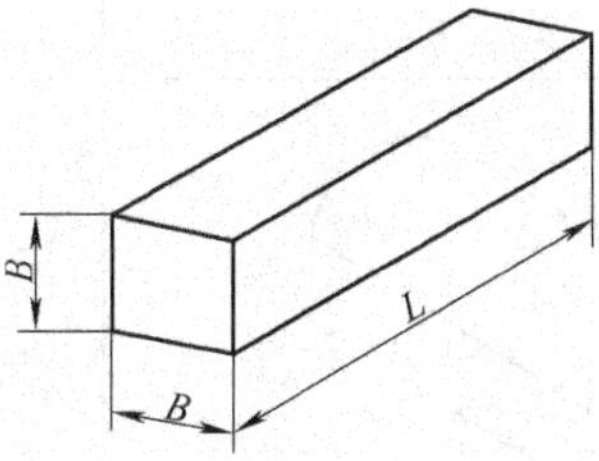	用于珩磨
长方抛光磨石	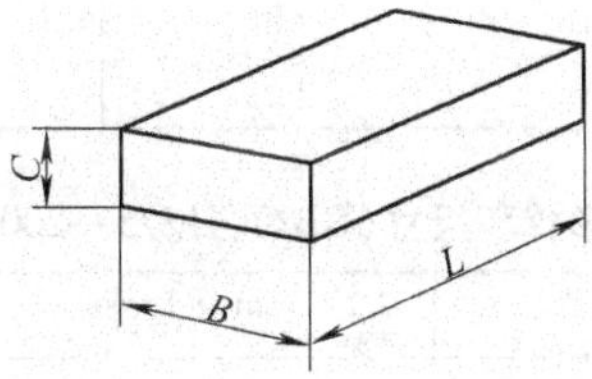	用于珩磨、抛光、去毛刺和各种钳工工作
正方抛光磨石	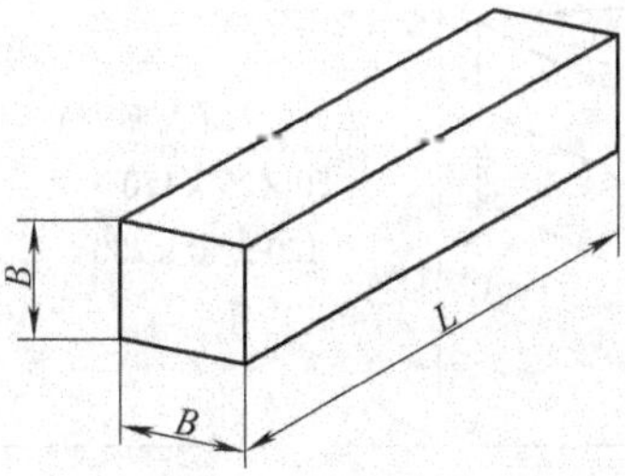	用于超精加工、珩磨和各种钳工工作
三角抛光磨石	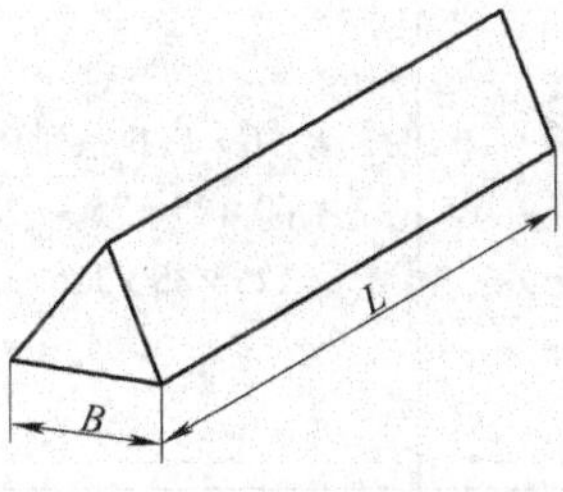	用于珩磨齿面、修理曲面和各种钳工工作
刀形抛光磨石	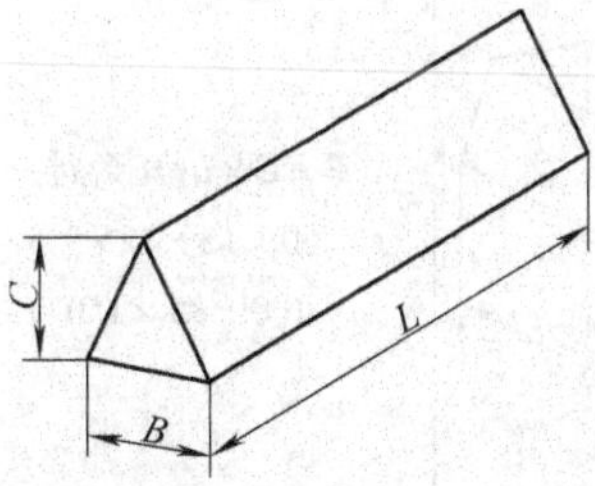	用于各种钳工工作

（续）

磨石名称	形 状 图	基本用途
圆形抛光磨石	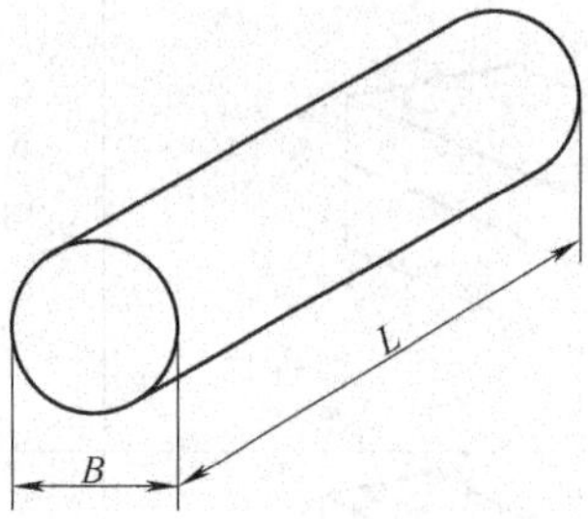	用于珩磨齿面、修理曲面和各种钳工工作
半圆抛光磨石	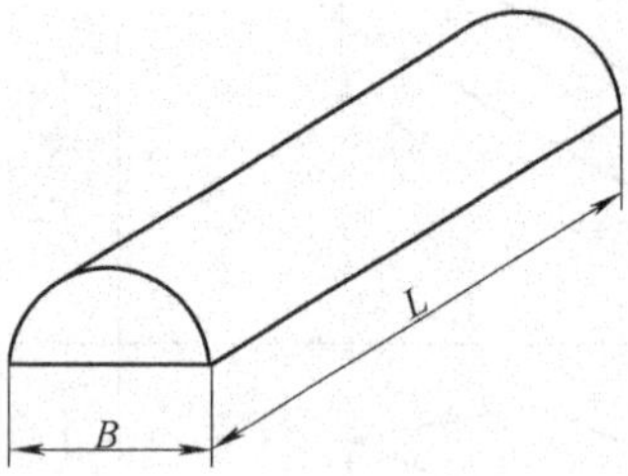	用于各种钳工工作

附表 F-5　砂瓦的形状和尺寸（GB/T 41275—2008）　　　　（单位：mm）

砂瓦名称	型号	形 状 图	尺寸范围	基本用途
平形砂瓦	3101	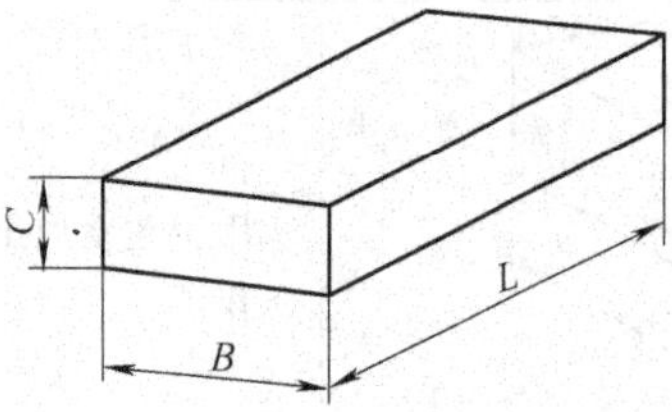	$B \times C \times L$（A 系列） $50 \times 25 \times 150 \sim$ $120 \times 40 \times 200$	由数块砂瓦拼装后，用于平面磨削
扇形砂瓦	3104	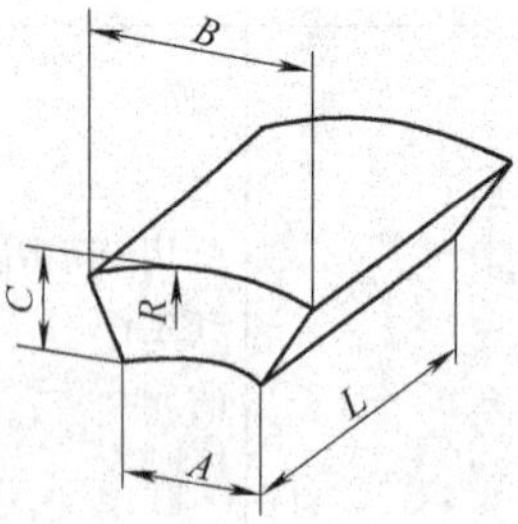	$B \times C \times L$（B 系列） $60 \times 25 \times 75 \sim$ $125 \times 35 \times 125$	由数块砂瓦拼装后，用于平面磨削
梯形砂瓦	3109	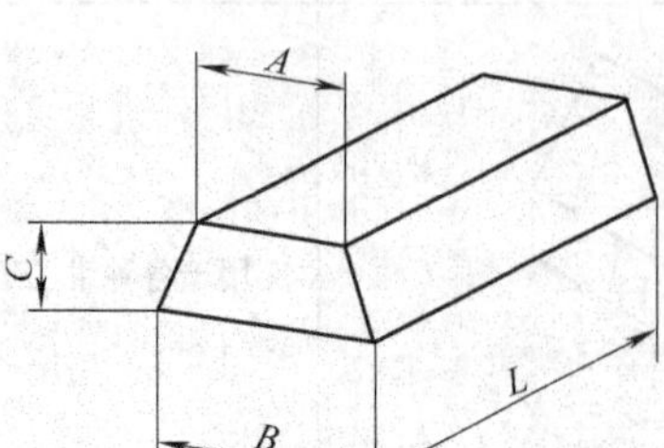	$B \times C \times L$（B 系列） $60 \times 15 \times 125 \sim$ $100 \times 35 \times 150$	由数块砂瓦拼装后，用于平面磨削

附表 F-6　立铣刀的类型、规格范围及标准编号　　　　（单位：mm）

类型	简图	规格范围	标准编号
直柄立铣刀		$d \times l$ $2 \times 7 \sim 71 \times 90$	GB/T 6117.1—2010
莫氏锥柄立铣刀	莫氏圆锥	$d \times l$ $6 \times 13 \sim 71 \times 90$	GB/T 6117.2—2010
套式立铣刀		$d \times l$ $40 \times 32 \sim 160 \times 63$	GB/T 1114.1—1998
整体硬质合金直柄立铣刀		$d_1 \times l_2$ $1 \times 3 \sim 20 \times 38$	GB/T 16770.1—2008
硬质合金螺旋齿直柄立铣刀		$d \times l$ $12 \times 20 \sim 40 \times 63$	GB/T 16456.1—2008
莫氏锥柄硬质合金螺旋齿立铣刀	莫氏圆锥	$d \times l$ $16 \times 25 \sim 63 \times 100$	GB/T 16456.3—2008
7:24 锥柄硬质合金螺旋齿立铣刀		$d \times l$ $32 \times 40 \sim 63 \times 100$	GB/T 16456.2—2008

附表 F-7　键槽铣刀的类型及标准编号

类　型	简　图	标准编号
直柄键槽铣刀		GB/T 1112—2012

（续）

类　型	简　图	标准编号
莫氏锥柄键槽铣刀	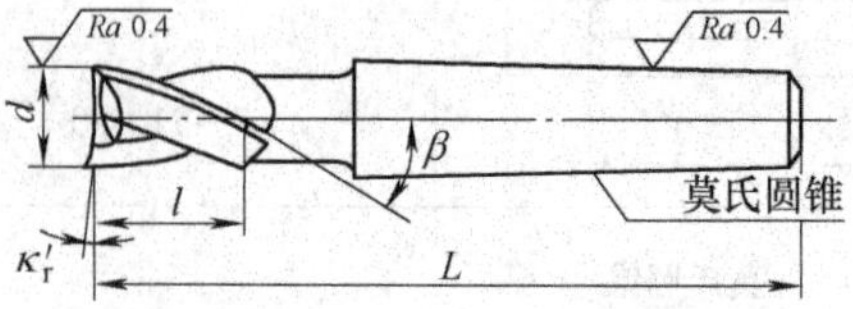	GB/T 1112—2012

附表 F-8　T 形槽铣刀的类型、规格范围及标准编号　（单位：mm）

类型	简图	规格范围	标准编号
直柄 T 形槽铣刀	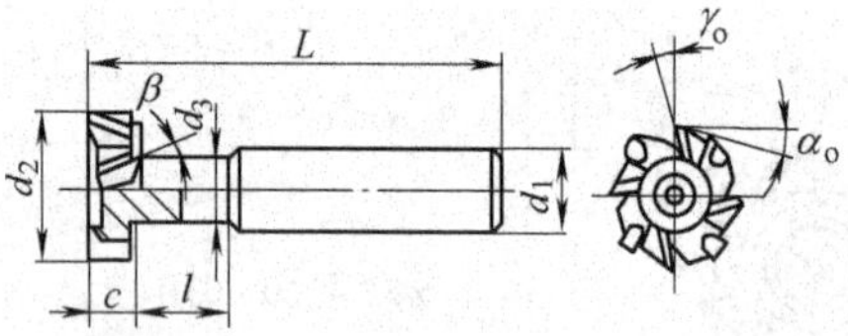	$d_2 \times c$ $11 \times 3.5 \sim 60 \times 28$	GB/T 6124—2007
莫氏锥柄 T 形槽铣刀	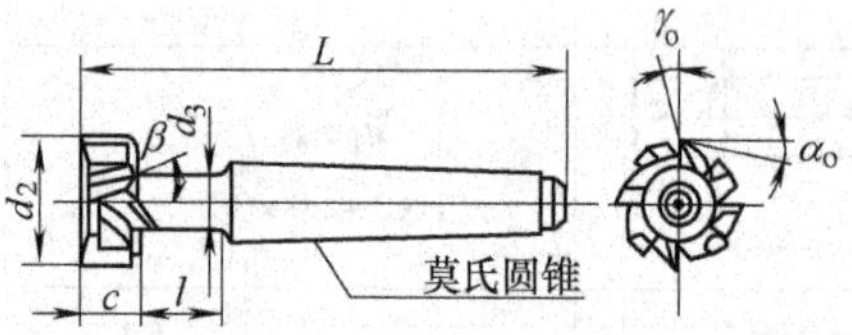	$d_2 \times c$ $18 \times 8 \sim 95 \times 44$	GB/T 6124—2007

附表 F-9　半圆槽铣刀的类型、规格范围及标准编号　（单位：mm）

类型	简图	规格范围	标准编号
普通直柄 半圆键槽铣刀	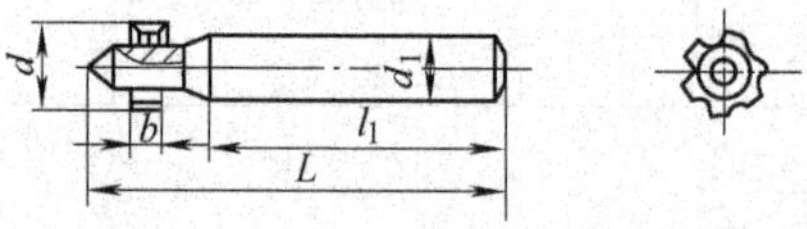 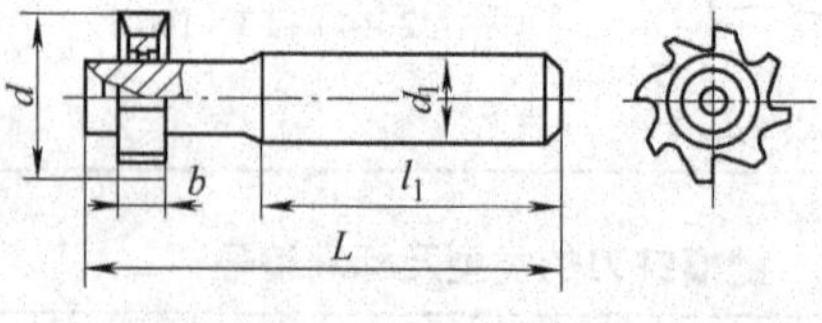 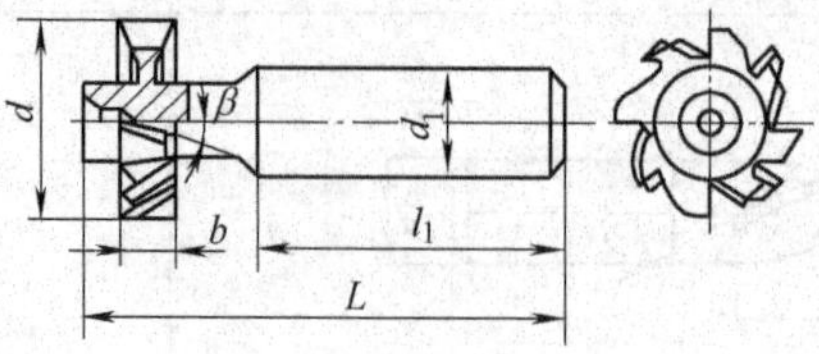	$d \times b$ $4.5 \times 1 \sim$ 32.5×10	GB/T 1127—2007

附表 F-10　燕尾槽铣刀的类型、规格范围及标准编号　　　　（单位：mm）

类　型	简　图	规格范围	标准编号
直柄燕尾槽铣刀	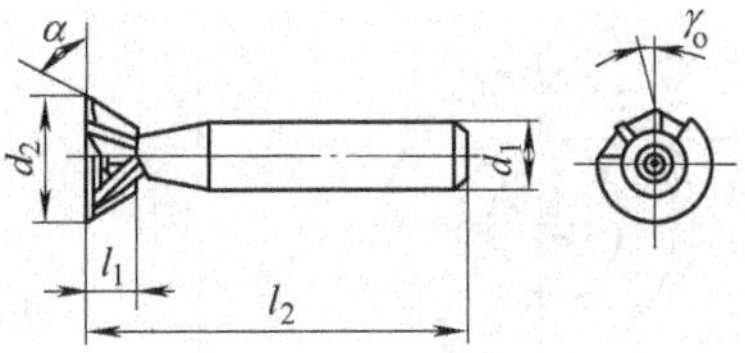	$d_2 \times l_1$ $16 \times 4 \sim 31.5 \times 12.5$	GB/T 6338—2004
直柄反燕尾槽铣刀	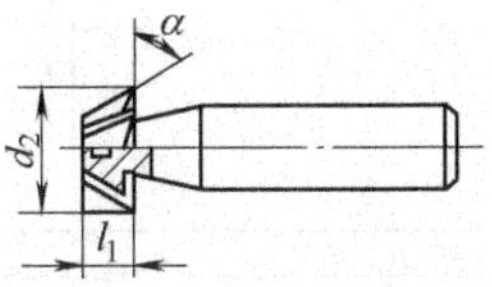	$d_2 \times l_1$ $16 \times 4 \sim 31.5 \times 12.5$	GB/T 6338—2004

附表 F-11　槽铣刀的类型、规格范围及标准编号　　　　（单位：mm）

类　型	简　图	规格范围	标准编号
尖齿槽铣刀	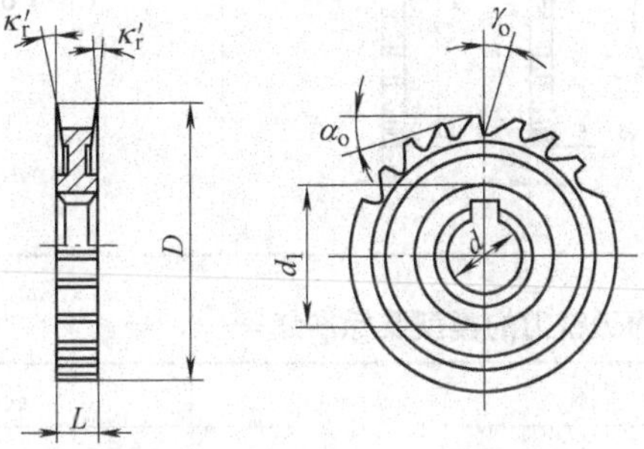	$D \times d$ $50 \times 16 \sim 200 \times 40$	GB/T 1119.1—2002
螺钉槽铣刀	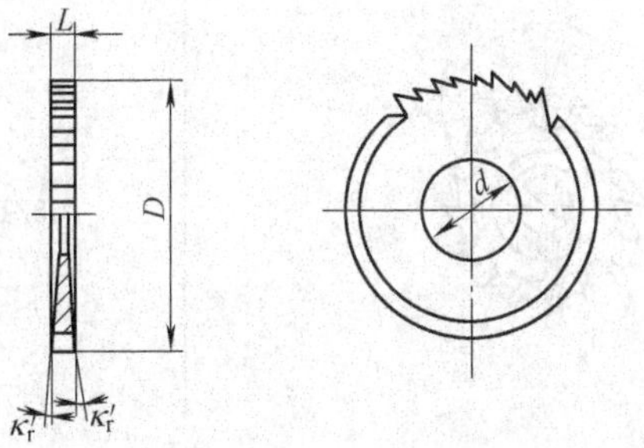	$D \times d$ $40 \times 13 \sim 75 \times 22$	JB/T 8366—1996

附表 F-12　锯片铣刀的类型及标准编号

类　型	简　图	标准编号
粗锯片铣刀	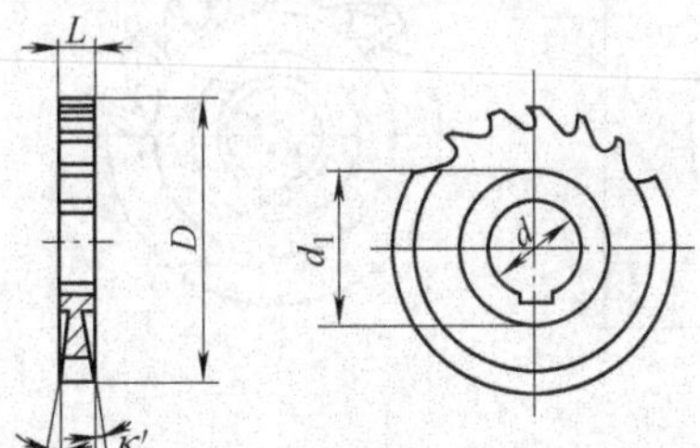	GB/T 6120—2012

（续）

类　型	简　图	标准编号
细锯片铣刀	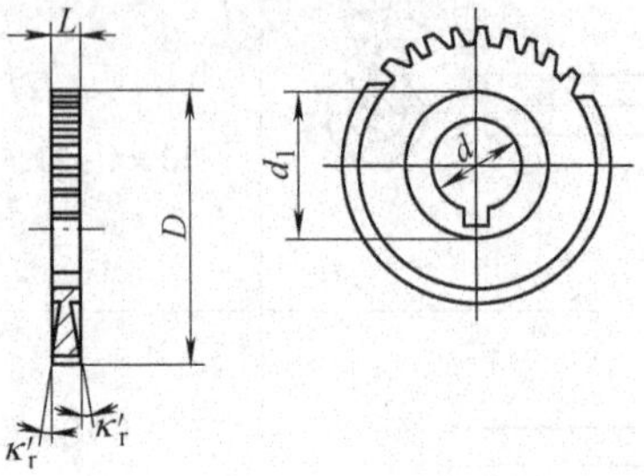	GB/T 6120—2012
整体硬质合金锯片铣刀	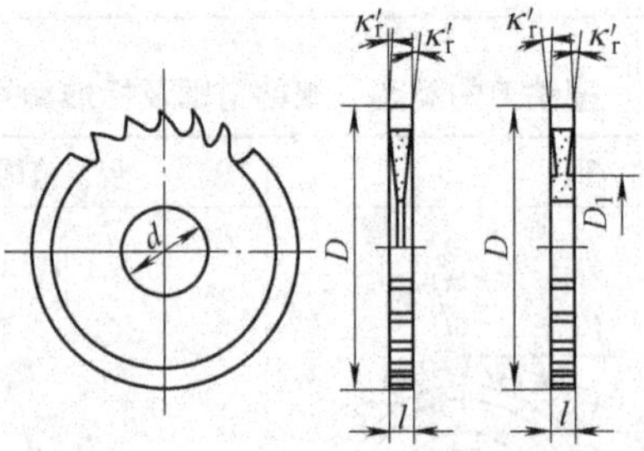	GB/T 6120—2012

附表 F-13　三面刃铣刀的类型及标准编号

类　型	简　图	标准编号
直齿三面刃铣刀	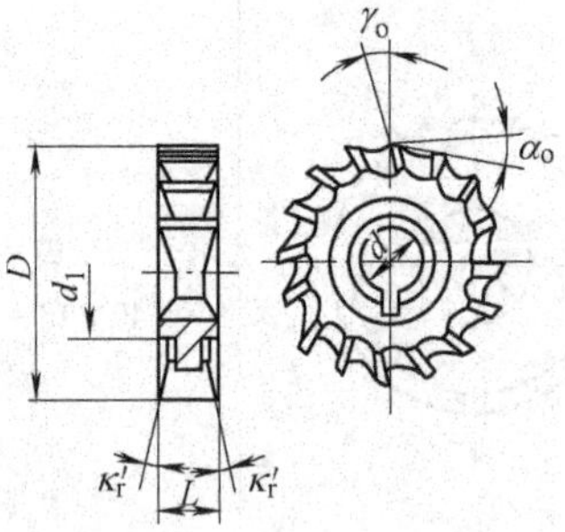	GB/T 6119—2012
错齿三面刃铣刀	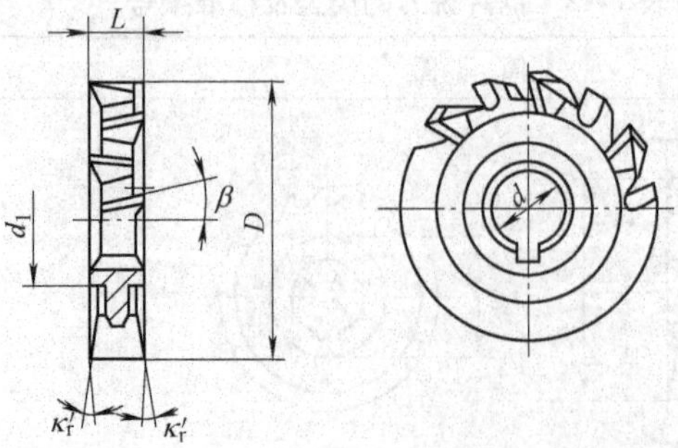	GB/T 6119—2012

（续）

类　型	简　图	标准编号
镶齿三面刃铣刀	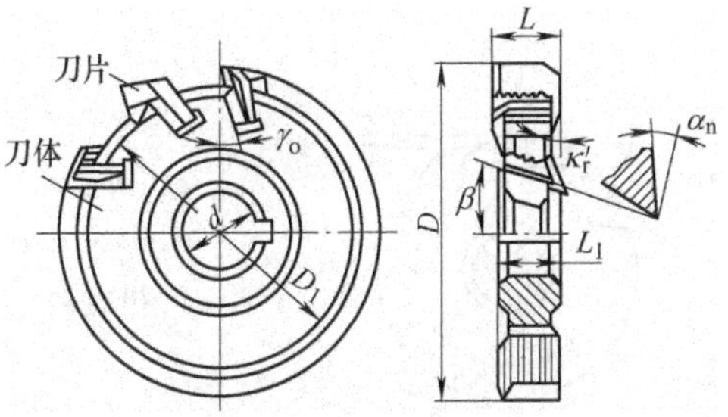	JB/T 7953—2010
硬质合金错齿三面刃铣刀	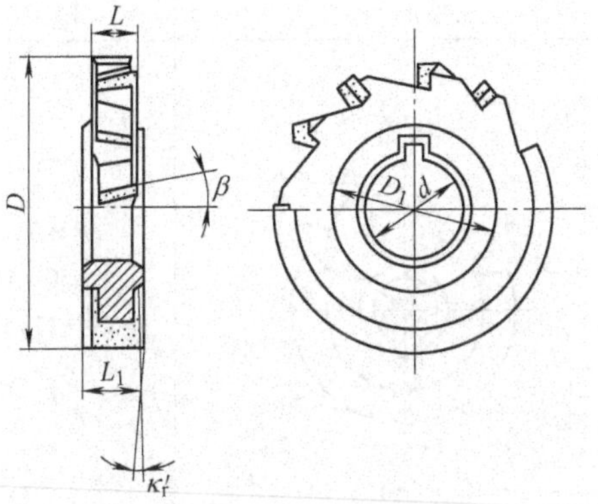	GB/T 9062—2006

附表 F-14　圆柱形铣刀的类型、规格范围及标准编号　　（单位：mm）

类　型	简　图	规格范围	标准编号
圆柱形铣刀	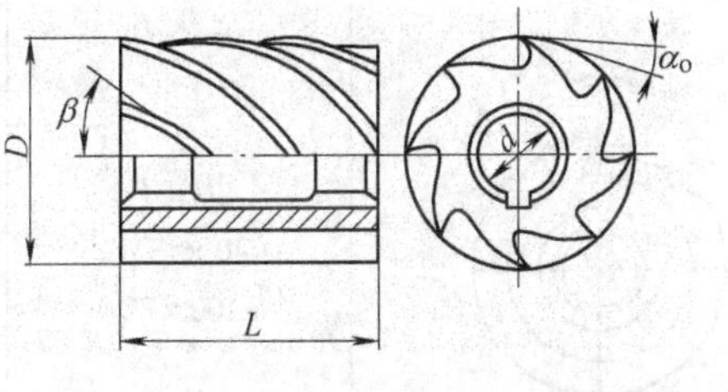	$D \times d$ $50 \times 22 \sim 100 \times 40$	GB/T 1115.1—2002

附表 F-15　铲背形铣刀的类型、规格范围及标准编号　　（单位：mm）

类　型	简　图	规格范围	标准编号
圆角铣刀	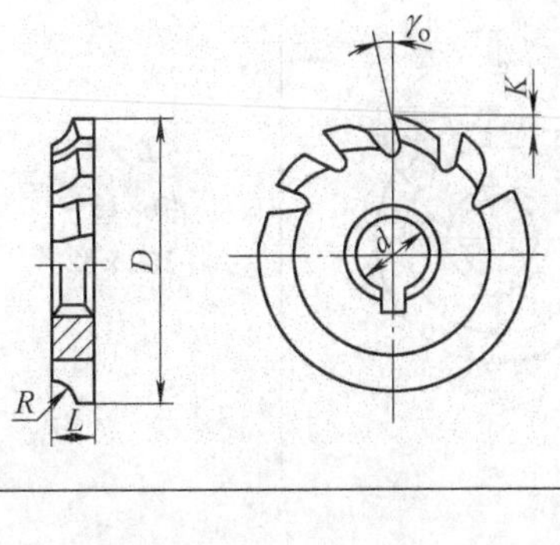	$R \times D \times d$ $1 \times 50 \times 16 \sim$ $20 \times 125 \times 32$	GB/T 6122.1—2002

（续）

类　型	简　图	规格范围	标准编号
凸半圆铣刀		$R \times D \times d$ $1 \times 50 \times 16 \sim$ $20 \times 125 \times 32$	GB/T 1124.1—2007
凹半圆铣刀		$R \times D \times d$ $1 \times 50 \times 16 \sim$ $20 \times 125 \times 32$	GB/T 1124.1—2007

附表 F-16　角度铣刀的类型、规格范围及标准编号　　　　（单位：mm）

类　型	简　图	规格范围	标准编号
单角铣刀（θ 为 18° ~90°）		$D \times d$ $40 \times 13 \sim$ 100×32	GB/T 6128.1—2007
对称双角铣刀（θ 为 18° ~ 90°）		$D \times d$ $40 \times 13 \sim$ 100×32	GB/T 6128.2—2007

（续）

类　型	简　图	规格范围	标准编号
不对称双角铣刀（θ 为 $50° \sim 100°$，δ 为 $15° \sim 25°$）		$D \times d$ $40 \times 13 \sim$ 100×32	GB/T 6128.1—2007

附表 F-17　加工不同材料时麻花钻头的几何角度

加工材料	锋角/(°)	后角/(°)	横刃斜角/(°)	螺旋角/(°)	加工材料	锋角/(°)	后角/(°)	横刃斜角/(°)	螺旋角/(°)
一般材料	$116 \sim 118$	$12 \sim 15$	$35 \sim 45$	$20 \sim 32$	淬火钢	$118 \sim 125$	$12 \sim 15$	$35 \sim 45$	$20 \sim 32$
一般硬材料	$116 \sim 118$	$6 \sim 9$	$25 \sim 35$	$20 \sim 32$	铸钢	118	$12 \sim 15$	$35 \sim 45$	$20 \sim 32$
铝合金（通孔）	$90 \sim 120$	12	$35 \sim 45$	$17 \sim 20$	锰钢（$w(\text{Mn}) = 7\% \sim 13\%$）	150	10	$25 \sim 35$	$20 \sim 32$
铝合金（深孔）	$118 \sim 130$	12	$35 \sim 45$	$32 \sim 45$					
软黄铜和青铜	118	$12 \sim 15$	$35 \sim 45$	$10 \sim 30$	高速钢	135	$5 \sim 7$	$25 \sim 35$	$20 \sim 32$
硬青铜	118	$5 \sim 7$	$25 \sim 35$	$10 \sim 30$	镍钢（$250 \sim 400\text{HBW}$）	$130 \sim 150$	$5 \sim 7$	$25 \sim 35$	$20 \sim 32$
铜和铜合金	$110 \sim 130$	$10 \sim 15$	$35 \sim 45$	$30 \sim 40$	木材	70	12	$35 \sim 45$	$30 \sim 40$
灰铸铁	$90 \sim 118$	$12 \sim 15$	$30 \sim 45$	$20 \sim 32$	硬橡胶	$60 \sim 90$	$12 \sim 15$	$35 \sim 45$	$10 \sim 20$
冷（硬）铸铁	$118 \sim 135$	$5 \sim 7$	$25 \sim 35$	$20 \sim 32$					

附表 F-18　中心钻形式及标准编号

类　型	简　图	标准编号	备　注
不带护锥中心钻（A 型）		GB/T 6078.1—1998	基本尺寸见相关工艺手册上"中心钻"资料
带护锥中心钻（B 型）		GB/T 6078.2—1998	
弧形中心钻（R 型）		GB/T 6078.3—1998	

附表 F-19　高速钢麻花钻类型、直径范围及标准编号

类　型	简　图	直径范围 d/mm	标准编号
粗直柄小麻花钻	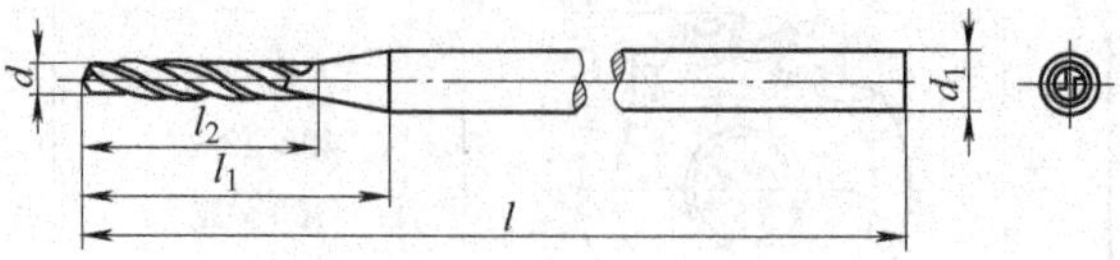	0.1 ~ 0.35	GB/T 6135.1—2008
直柄短麻花钻	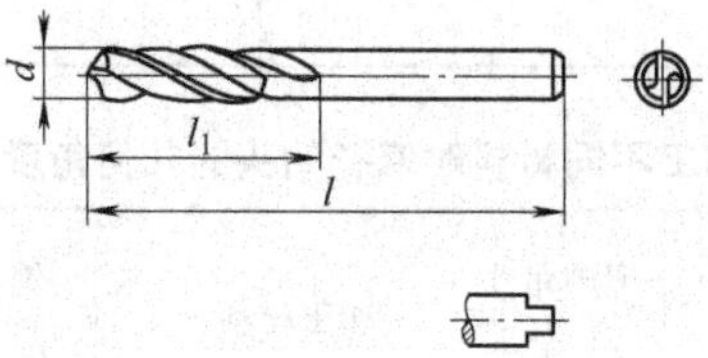	0.5 ~ 40.0	GB/T 6135.2—2008
直柄麻花钻	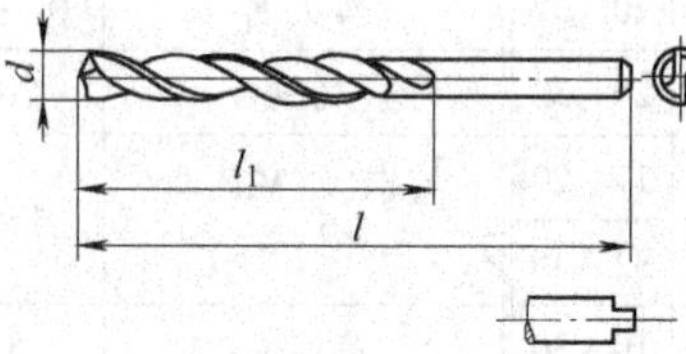	0.2 ~ 20.0	GB/T 6135.2—2008
直柄长麻花钻	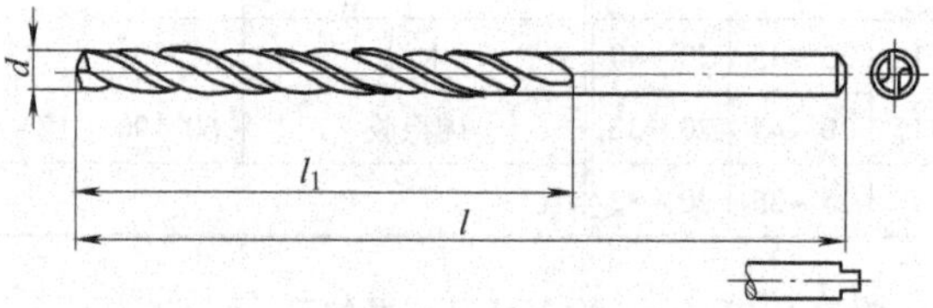	1.0 ~ 31.5	GB/T 6135.3—2008
莫氏锥柄麻花钻	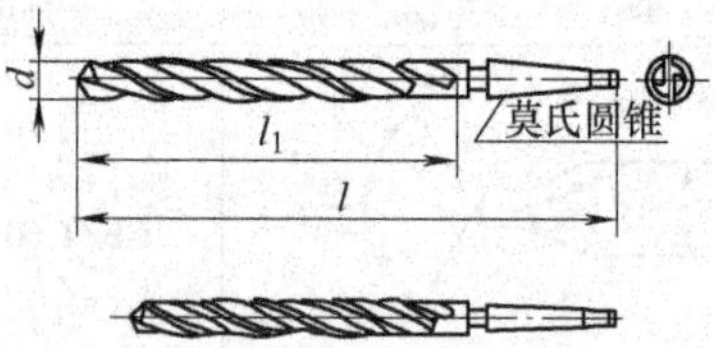	3.0 ~ 100	GB/T 1438.1—2008
莫氏锥柄长麻花钻	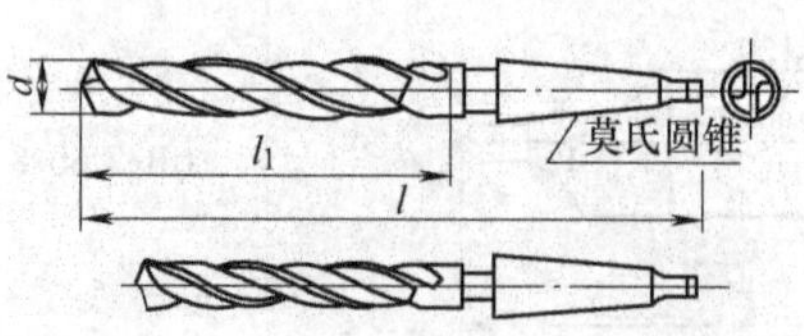	5.0 ~ 50.0	GB/T 1438.2—2008
莫氏锥柄加长麻花钻	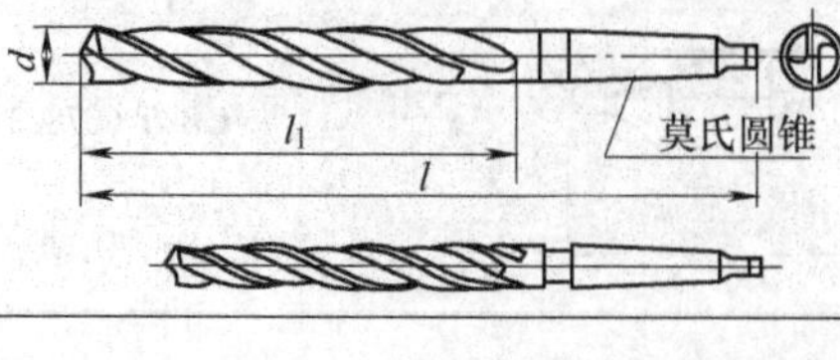	6.0 ~ 30.0	GB/T 1438.3—2008

（续）

类　型	简　图	直径范围 d/mm	标准编号
直柄超长麻花钻	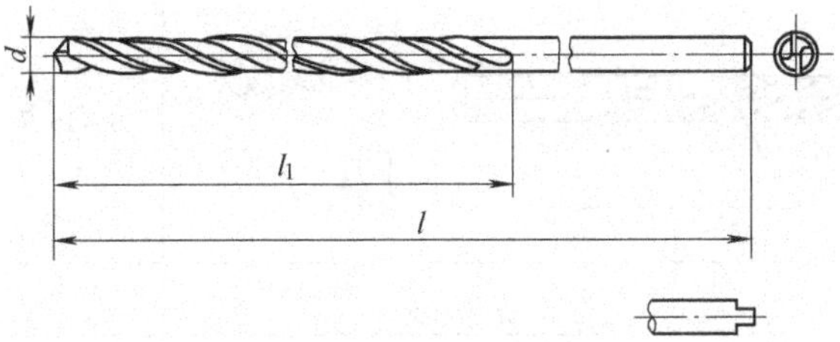	2.0~14.0	GB/T 6135.4 —2008
莫氏锥柄超长麻花钻	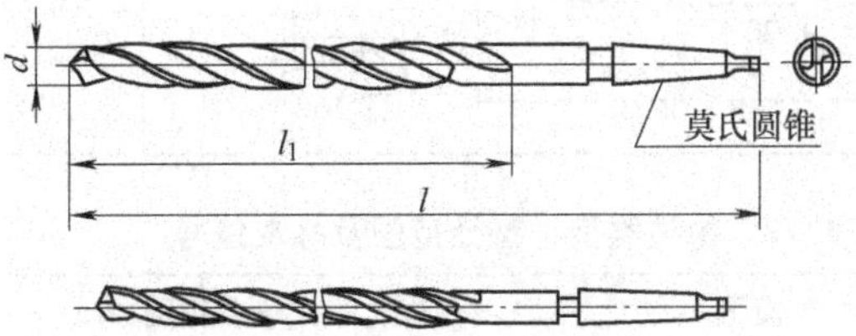	6.0~50.0	GB/T 1438.4 —2008

附表 F-20　硬质合金麻花钻类型、直径范围及标准编号

类型	简图	直径范围 d/mm	标准编号
整体硬质合金印制线路板麻花钻（A型）	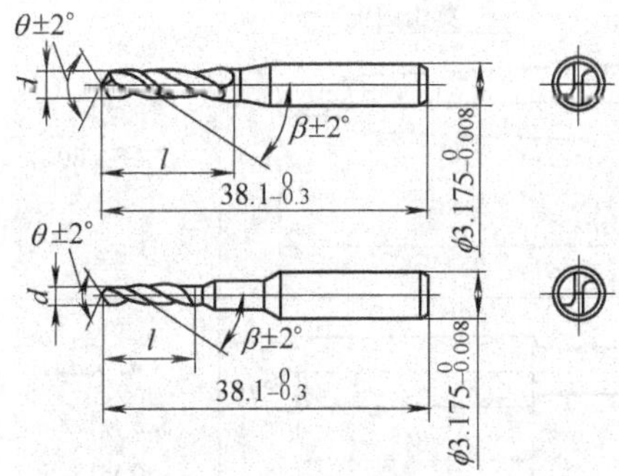	0.1~3.175	JB/T 8367 —1996
整体硬质合金印制线路板麻花钻（B型）	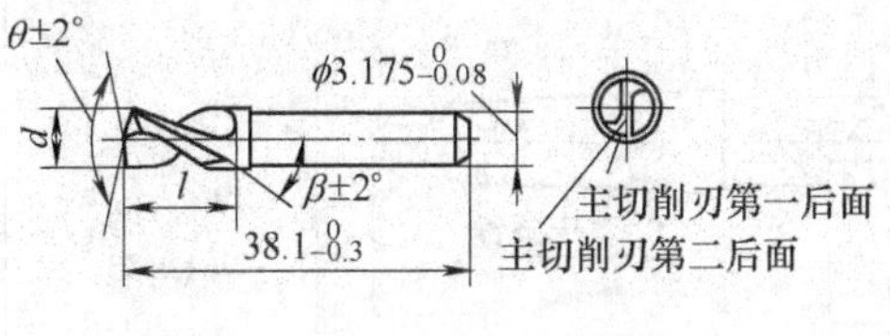	3.2~6.4	JB/T 8367 —1996
硬质合金麻花钻	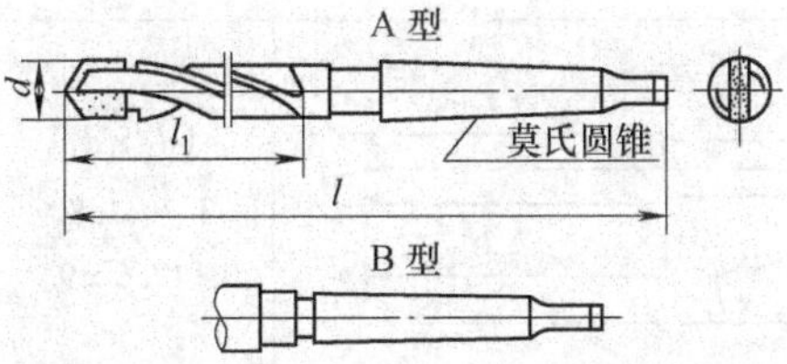	10~30	GB 10946 —1989

附表 F-21　扩孔钻类型、直径范围及标准编号

类型	简图	直径范围 d/mm	标准编号
直柄扩孔钻	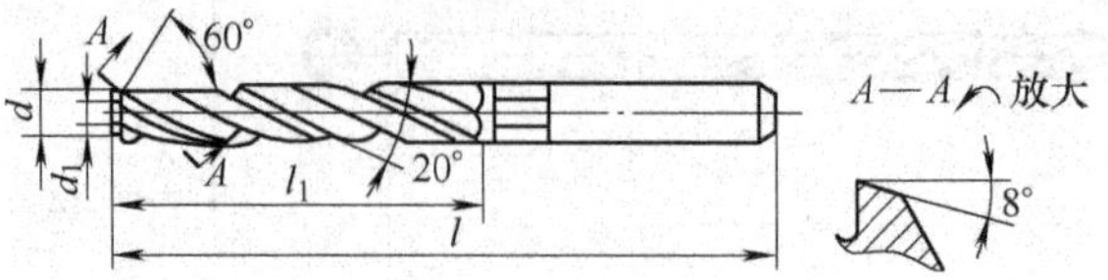	3 ~ 19.7	GB/T 4256 —2004
莫氏锥柄扩孔钻	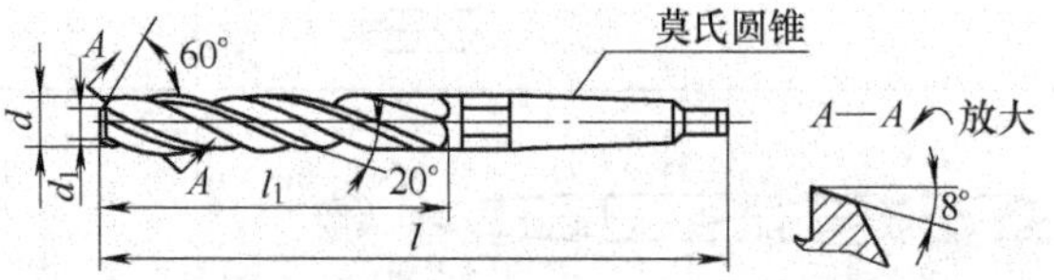	7.8 ~ 50	GB/T 4256 —2004

附表 F-22　锪钻类型、直径范围及标准编号

类型	简图	直径范围/mm	标准编号
60°、90°、120° 直柄锥面锪钻	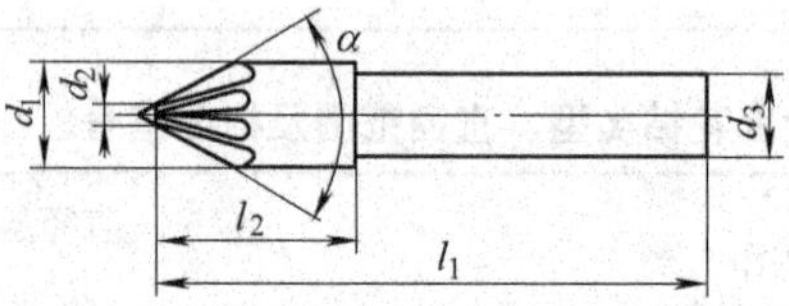	d_1 8 ~ 25	GB/T 4258 —2004
60°、90°、120° 莫氏锥柄锥面锪钻	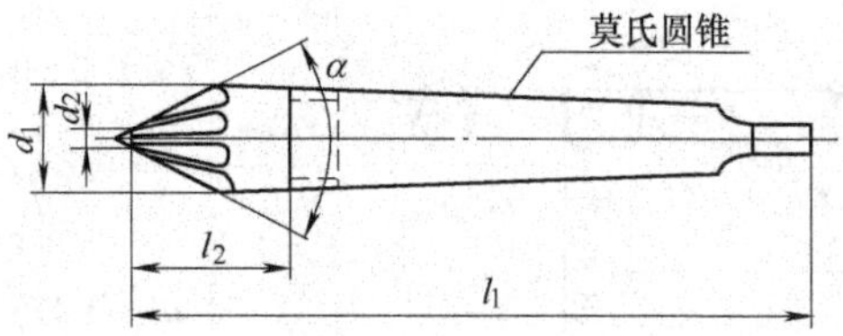	d_1 16 ~ 80	GB/T 1143 —2004
带整体导柱直柄平底锪钻	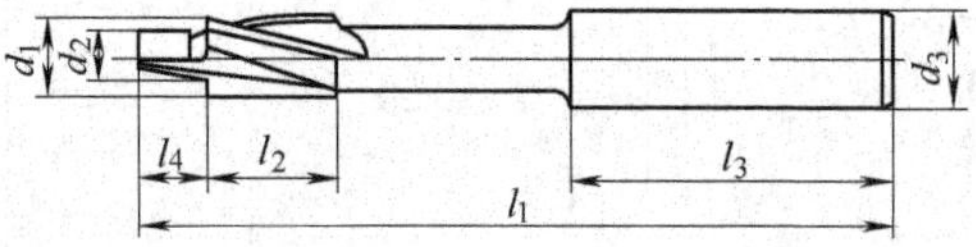	$(d_1 \times d_2)$ 3.3 × 1.8 ~ 20 × 13.5	GB/T 4260 —2004
带可换导柱莫氏锥柄平底锪钻	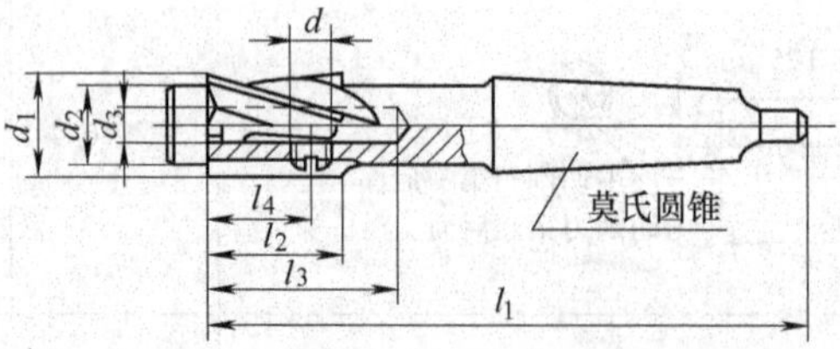	$(d_1 \times d_2)$ 13 × 6.6 ~ 61 × 33	GB/T 4261 —2004
带整体导柱直柄 90° 锥面锪钻	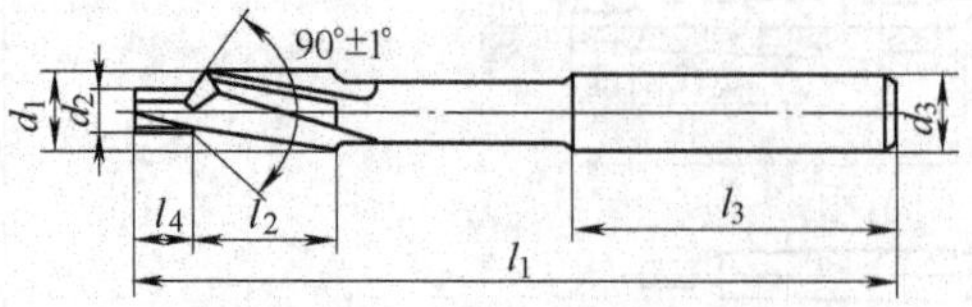	$(d_1 \times d_2)$ 3.7 × 1.8 ~ 17.6 × 9	GB/T 4263 —2004

（续）

类型	简图	直径范围/mm	标准编号
带可换导柱莫氏锥柄90°锥面锪钻	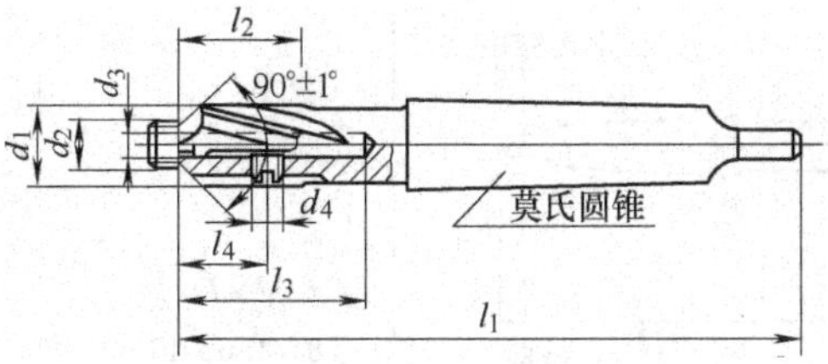	$(d_1 \times d_2)$ 13.8×6.6 ~ 40.4×22	GB/T 4264 —2004

附表 F-23　常用铰刀类型、规格范围及标准编号

类型	简图	规格范围/mm	标准编号
手用铰刀	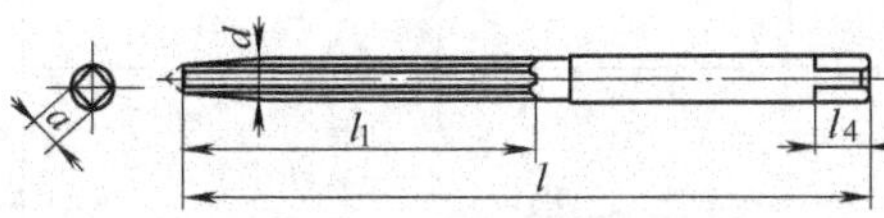	$d \times l \times l_1$ 1.5×41×20 ~ 71×406×203	GB/T 1131.1 —2004
直柄机用铰刀	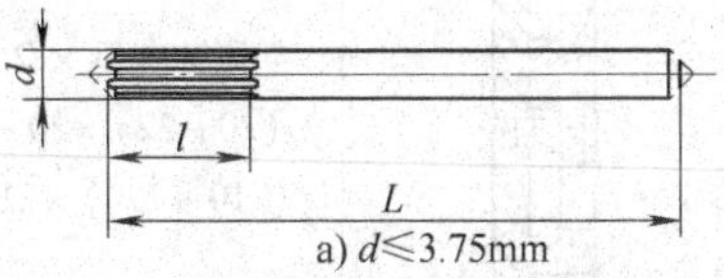 a) $d \leqslant 3.75$mm 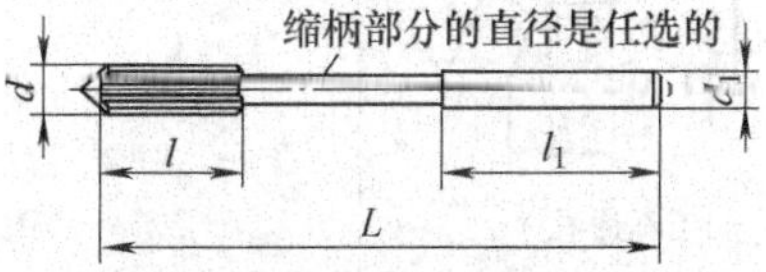 缩柄部分的直径是任选的 b) $d > 3.75$mm	$d \times L \times l$ 1.4×40×8 ~ 20×195×60	GB/T 1132 —2004
莫氏锥柄机用铰刀	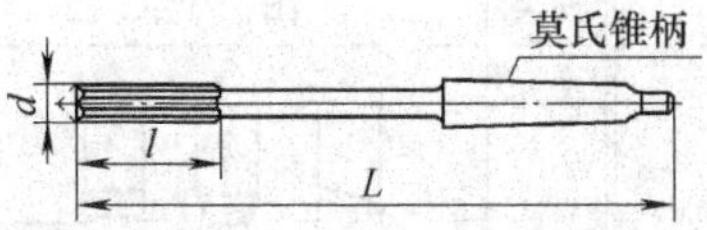	$d \times L \times l$ 5.5×138×26 ~ 50×344×86	GB/T 1132 —2004
硬质合金直柄机用铰刀	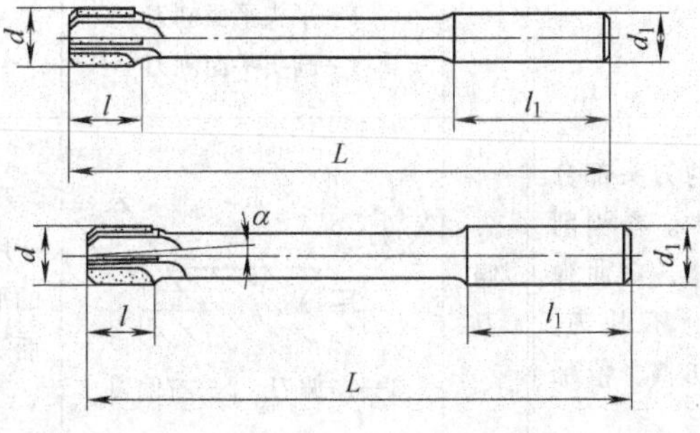	$d \times d_1 \times L \times l$ 6×5.6×93×17 ~ 20×16×195×25	GB/T 4251 —2008

（续）

类型	简图	规格范围/mm	标准编号
硬质合金莫氏锥柄机用铰刀	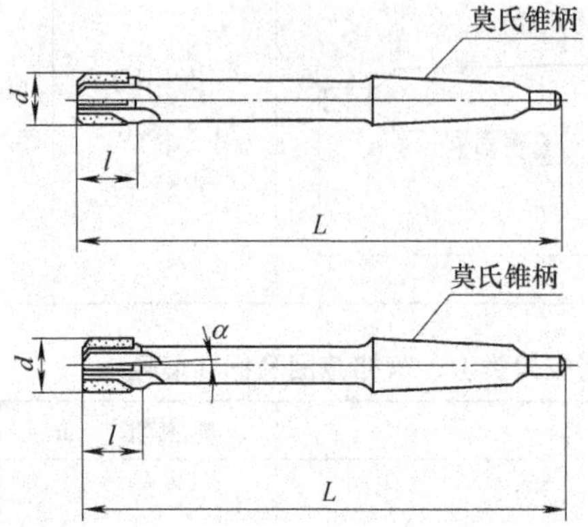	$d \times L \times l$ $8 \times 156 \times 17 \sim$ $40 \times 329 \times 34$	GB/T 4251 —2008
硬质合金可调节浮动铰刀	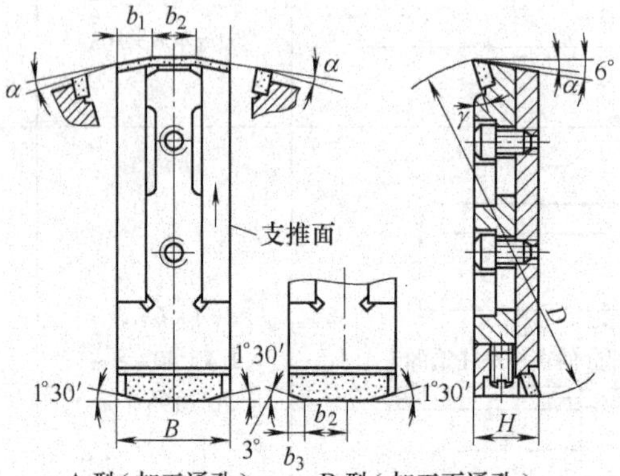 A型（加工通孔） B型（加工不通孔）	调节范围 $\times D$ $(20 \sim 22) \times 20 \sim$ $(210 \sim 230) \times 210$	JB/T 7426 —2006

附表 F-24 刨刀的种类及用途

种类	图示	特点及用途	种类	图示	特点及用途
直杆刨刀	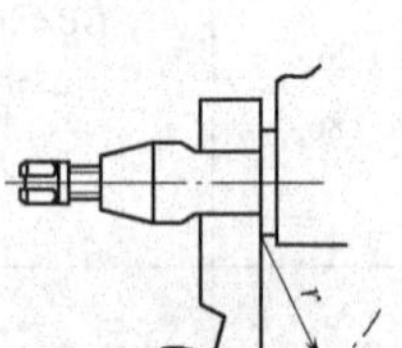	刀杆为直杆。粗加工用	平面刨刀	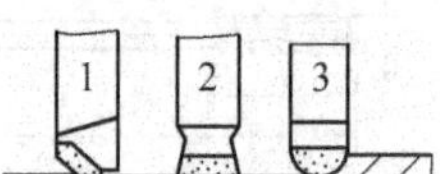 1—尖头平面刨刀 2—平头平面刨刀 3—圆头平面刨刀	粗、精刨平面用
弯劲刨刀	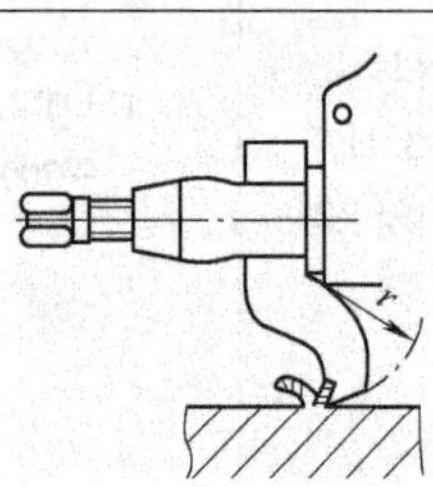	刀杆的刀头部分向后弯曲。在刨削力作用下，弯曲弹性变形，不扎刀。切断、切槽、精加工用	偏刀	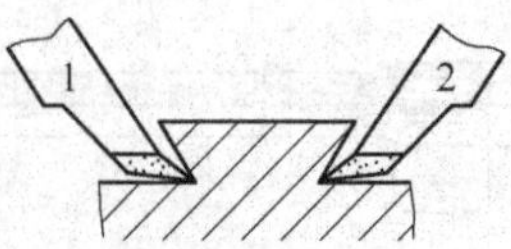 1—左偏刀 2—右偏刀	用于加工互成角度的平面、斜面、垂直面等

（续）

种类	图　示	特点及用途	种类	图　示	特点及用途
弯头刨刀		刀头部分向左或向右弯曲。用于切槽	内孔刀		加工内孔表面与内槽
切刀		用于切槽、切断、刨台阶	成形刀		加工特殊形状表面。刨刀切削刃形状与工件表面一致，一次加工成形
弯切刀	1—左弯切刀　2—右弯切刀	加工 T 形槽、侧面槽等			

附录 G　切削用量

附表 G-1　外表面车削常用切削用量推荐值

工件材料	硬度（HBW）	$a_p = 1 \sim 5$mm $f = 0.1 \sim 0.6$ mm/r	$a_p = 5 \sim 30$mm $f = 0.6 \sim 1.8$ mm/r	工件材料	硬度（HBW）	$a_p = 1 \sim 5$mm $f = 0.1 \sim 0.6$ mm/r	$a_p = 5 \sim 30$mm $f = 0.6 \sim 1.8$ mm/r
		切削速度 v_c/(m/min)				切削速度 v_c/(m/min)	
45	200 ~ 250	40 ~ 80	20 ~ 50	50Mn18Cr4	210	40 ~ 80	20 ~ 60
50	225 ~ 275	40 ~ 70	20 ~ 50	35CrMo	209 ~ 269	40 ~ 70	20 ~ 50
15Mn	207	40 ~ 80	20 ~ 60	50CrMnMo	≤269	30 ~ 70	20 ~ 50
50Mn	269	40 ~ 70	20 ~ 50	50CrNiMo	≤269	30 ~ 60	20 ~ 40
35Mn2	207	40 ~ 80	20 ~ 60	65Cr2NiMo	56 ~ 65(HS)	40 ~ 60	20 ~ 40
ZG40Mn2	179 ~ 269	40 ~ 70	20 ~ 50	75CrNiMo	60 ~ 75(HS)	40 ~ 60	20 ~ 40
20Cr	229	40 ~ 80	20 ~ 50	35SiMn	217 ~ 255	40 ~ 70	20 ~ 50
30Cr	241	40 ~ 70	20 ~ 50	ZG35SiMn	107 ~ 241	40 ~ 80	20 ~ 60
40Cr	207	40 ~ 70	20 ~ 50	20CrMnTi	217	30 ~ 50	20 ~ 40
18CrMnTi	207	30 ~ 70	20 ~ 40	35CrMoV	212 ~ 248	40 ~ 70	20 ~ 50
38CrMoAl	229	40 ~ 70	20 ~ 50	ZG0Cr13Ni5Mo	≥240	40 ~ 70	20 ~ 40
20CrMo	197 ~ 241	40 ~ 80	20 ~ 60	1Cr18Ni9Ti	≤190	40 ~ 70	20 ~ 50

（续）

工件材料	硬度（HBW）	切削用量 $a_p = 1 \sim 5mm$ $f = 0.1 \sim 0.6$ mm/r	切削用量 $a_p = 5 \sim 30mm$ $f = 0.6 \sim 1.8$ mm/r	工件材料	硬度（HBW）	切削用量 $a_p = 1 \sim 5mm$ $f = 0.1 \sim 0.6$ mm/r	切削用量 $a_p = 5 \sim 30mm$ $f = 0.6 \sim 1.8$ mm/r
		切削速度 v_c/(m/min)				切削速度 v_c/(m/min)	
1Cr13	156 ~ 241	40 ~ 70	20 ~ 50	冷硬铸铁	>45HRC	$a_p = 3 \sim 6mm$; $f = 0.15 \sim 0.3mm/r$; $v_c = 5 \sim 20m/min$	
60CrMnMo	260 ~ 302	30 ~ 50	20 ~ 40				
34CrNi3Mo	187 ~ 192	30 ~ 60	20 ~ 50				
ZG230 ~ 450	450MPa(R_m)	30 ~ 60	20 ~ 50	铜及铜合金		70 ~ 120	60 ~ 90
ZG270 ~ 500	500MPa(R_m)	30 ~ 60	20 ~ 40	铝及铝合金		90 ~ 130	70 ~ 110
ZG225 ~ 440	440MPa(R_m)	30 ~ 60	20 ~ 40	铸铝合金		90 ~ 150	70 ~ 130
2Cr13	228 ~ 235	40 ~ 70	20 ~ 50	高温合金	GH135	50	
60Si2Mn	1275MPa(R_m)	40 ~ 80	20 ~ 60		GH49	30 ~ 35	
					K14	30 ~ 40	
ZG40Mn2	269 ~ 302（调质）	30 ~ 60	20 ~ 40	钛合金		$a_p = 1 \sim 3mm$; $f = 0.1 \sim 0.3mm/r$; $v_c = 26 \sim 65m/min$	
50Mn	217	40 ~ 80	20 ~ 60				
15MnMoV	156 ~ 228	40 ~ 80	20 ~ 60				

附表 G-2　硬质合金及高速钢外圆车刀粗车外圆的进给量

加工材料	车刀刀杆尺寸（B/mm × H/mm）	工件直径/mm	背吃刀量 a_p/mm ≤3	>3 ~ 5	>5 ~ 8	>8 ~ 12	>12
			进给量 f/(mm/r)				
碳素结构钢和合金结构钢	20 × 30	20	0.3 ~ 0.4	—	—	—	—
		40	0.4 ~ 0.5	0.3 ~ 0.4	—	—	—
		60	0.6 ~ 0.7	0.5 ~ 0.7	0.4 ~ 0.6	—	—
	25 × 25	100	0.8 ~ 1.0	0.7 ~ 0.9	0.5 ~ 0.7	0.4 ~ 0.7	—
		600	1.2 ~ 1.4	1.0 ~ 1.2	0.8 ~ 1.0	0.6 ~ 0.9	0.4 ~ 0.6
	25 × 40	60	0.6 ~ 0.9	0.5 ~ 0.8	0.4 ~ 0.7	—	—
		100	0.8 ~ 1.2	0.7 ~ 1.1	0.6 ~ 0.9	0.5 ~ 0.8	—
		1000	1.2 ~ 1.5	1.1 ~ 1.5	0.9 ~ 1.2	0.8 ~ 1.0	0.7 ~ 0.8
	30 × 45	500	1.1 ~ 1.4	1.1 ~ 1.4	1.0 ~ 1.2	0.8 ~ 1.2	0.7 ~ 1.1
	40 × 60	2500	1.3 ~ 2.0	1.3 ~ 1.8	1.2 ~ 1.6	1.1 ~ 1.5	1.0 ~ 1.5
铸铁及铜合金	20 × 30	40	0.4 ~ 0.5	—	—	—	—
		60	0.6 ~ 0.9	0.5 ~ 0.8	0.4 ~ 0.7	—	—
	25 × 25	100	0.9 ~ 1.3	0.8 ~ 1.2	0.7 ~ 1.0	0.5 ~ 0.8	—
		600	1.2 ~ 1.8	1.2 ~ 1.6	1.0 ~ 1.3	0.9 ~ 1.1	0.7 ~ 0.9

（续）

加工材料	车刀刀杆尺寸（B/mm × H/mm）	工件直径/mm	背吃刀量 a_p/mm				
			≤3	>3~5	>5~8	>8~12	>12
			进给量 f/(mm/r)				
铸铁及铜合金	25×40	60	0.6~0.8	0.5~0.8	0.4~0.7	—	—
		100	1.0~1.4	0.9~1.2	0.8~1.0	0.6~0.9	—
		1000	1.5~2.0	1.2~1.8	1.0~1.4	1.0~1.2	0.8~1.0
	30×45	500	1.4~1.8	1.2~1.6	1.0~1.4	1.0~1.3	0.9~1.2
	40×60	2500	1.6~2.4	1.6~2.0	1.4~1.8	1.3~1.7	1.2~1.7

附表 G-3　硬质合金外圆车刀半精车的进给量

工件材料	表面粗糙度值 Ra/μm	车削速度范围/(m/min)	刀尖圆弧半径 γ_ε/mm		
			0.5	1.0	2.0
			进给量 f/(mm/r)		
铸铁、青铜、铝合金	6.3	不限	0.25~0.40	0.40~0.50	0.50~0.60
	3.2		0.15~0.25	0.25~0.40	0.40~0.60
	1.6		0.10~0.15	0.15~0.20	0.20~0.85
碳钢及合金钢	6.3	<50	0.30~0.50	0.45~0.60	0.55~0.70
		>50	0.40~0.55	0.55~0.65	0.65~0.70
	3.2	<50	0.18~0.25	0.25~0.30	0.30~0.40
		>50	0.25~0.30	0.30~0.35	0.35~0.50
	1.6	<50	0.10	0.11~0.15	0.15~0.22
		50~100	0.11~0.16	0.16~0.25	0.25~0.35
		>100	0.16~0.20	0.20~0.25	0.25~0.35

附表 G-4　高速钢及硬质合金车刀车削不同材料螺纹的切削用量

加工材料	硬度(HBW)	螺纹直径/mm	每次走刀的横向进给量 f/(mm/r)		切削速度 v_c/(m/min)	
			第一次走刀	最后一次走刀	高速钢车刀	硬质合金车刀
易切削钢 碳钢、碳钢铸件	100~225	≤25	0.50	0.013	12~15	18~60
		>25	0.50	0.013	12~15	60~90
合金钢、合金钢铸件 高强度钢	225~375	≤25	0.40	0.025	9~12	15~46
		>25	0.40	0.025	12~15	30~60
马氏体时效钢 工具钢、工具钢铸件	375~535	≤25	0.25	0.05	1.5~4.5	12~30
		>25	0.25	0.05	4.5~7.5	24~40
易切不锈钢 不锈钢、不锈钢铸件	135~440	≤25	0.40	0.025	2~6	20~30
		>25	0.40	0.025	3~8	24~37
灰铸铁	100~320	≤25	0.40	0.013	8~15	26~43
		>25	0.40	0.013	10~18	49~73

（续）

加工材料	硬度(HBW)	螺纹直径 /mm	每次走刀的横向进给量 f/(mm/r)		切削速度 v_c /(m/min)	
			第一次走刀	最后一次走刀	高速钢车刀	硬质合金车刀
可锻铸铁	100~400	≤25	0.40	0.013	8~15	26~43
		>25	0.40	0.013	10~18	49~73
铝合金及其铸件 镁合金及其铸件	30~150	≤25	0.50	0.025	25~45	30~60
		>25	0.50	0.025	45~60	60~90
钛合金及其铸件	110~440	≤25	0.50	0.013	1.8~3	12~20
		>25	0.50	0.013	2~3.5	17~26
铜合金及其铸件	40~200	≤25	0.25	0.025	9~30	30~60
		>25	0.25	0.025	15~45	60~90
镍合金及其铸件	80~360	≤25	0.40	0.025	6~8	12~30
		>25	0.40	0.025	7~9	14~52
高温合金及其铸件	140~230	≤25	0.25	0.025	1~4	20~26
		>25	0.25	0.025	1~6	24~29
	230~400	≤25	0.25	0.025	0.5~2	14~21
		>25	0.25	0.025	1~3.5	15~23

附表 G-5　切断及切槽的进给量

工件直径 /mm	切刃宽度 /mm	加工材料	
		碳素结构钢、合金结构钢及钢铸件	铸铁、铜合金及铝合金
		进给量 f/(mm/r)	
≤20	3	0.06~0.08	0.11~0.14
>20~40	3~4	0.10~0.12	0.16~0.19
>40~60	4~5	0.13~0.16	0.20~0.24
>60~100	5~8	0.16~0.23	0.24~0.32
>100~150	6~10	0.18~0.26	0.30~0.40
>150	10~15	0.28~0.36	0.40~0.55

附表 G-6　金刚石刀具切削用量

工件材料		切削速度 v_c/(m/min)	进给量 f/(mm/r)	背吃刀量 a_p/mm
有色金属	铝合金(含硅量中、低等)	305~1829	0.05~0.51	0.05~2.54
	铝合金(含硅量高)	152~941	0.05~0.25	0.05~2.54
	铜合金	213~1219	0.03~0.38	0.13~2.54
	焊接硬质合金	15~107	0.1~0.51	0.05~0.10
非金属材料	塑料	305~914	0.10~0.51	0.05~2.54
	玻璃纤维	229~610	0.10~0.38	0.03~2.54
	碳	152~914	0.08~0.38	0.13~2.54

附表 G-7　纵向进给粗磨外圆的磨削用量

1. 工件速度

工件磨削表面直径 d_w/mm	ϕ20	ϕ30	ϕ50	ϕ80	ϕ120	ϕ200	ϕ300
工件速度 v_w/(m/min)	10~20	11~22	12~24	13~26	14~28	15~30	17~34

2. 纵向进给量 $f_a = (0.5~0.8)b_s$, 式中 b_s 为砂轮宽度(mm)

3. 背吃刀量 a_p

工件磨削表面直径 d_w/mm	工件速度 v_w/(m/min)	工件纵向进给量 f_a (以砂轮宽度计)(mm/r)			
		0.5	0.6	0.7	0.8
		工作台单行程背吃刀量 a_p/(mm/单行程)			
ϕ20	10	0.0216	0.0180	0.0154	0.0135
	15	0.0144	0.0120	0.0103	0.0090
	20	0.0108	0.0090	0.0077	0.0068
ϕ30	11	0.0222	0.0185	0.0158	0.0139
	16	0.0152	0.0127	0.0109	0.0096
	22	0.0111	0.0092	0.0079	0.0070
ϕ50	12	0.0237	0.0197	0.0169	0.0148
	18	0.0157	0.0132	0.0113	0.0099
	24	0.0118	0.0098	0.0084	0.0074
ϕ80	13	0.0242	0.0201	0.0172	0.0151
	19	0.0165	0.0138	0.0118	0.0103
	26	0.0126	0.0101	0.0086	0.0078
ϕ120	14	0.0264	0.0220	0.0189	0.0165
	21	0.0176	0.0147	0.0126	0.0110
	28	0.0132	0.0110	0.0095	0.0083
ϕ200	15	0.0287	0.0239	0.0205	0.0180
	22	0.0196	0.0164	0.0140	0.0212
	30	0.0144	0.0120	0.0103	0.0090
ϕ300	17	0.0287	0.0239	0.0205	0.0179
	25	0.0195	0.0162	0.0139	0.0121
	34	0.0143	0.0119	0.0102	0.0089

附表 G-8　精磨外圆的磨削用量

1. 工件速度 v_w/(m/min)

工件磨削表面直径 d_w/mm	加工材料		工件磨削表面直径 d_w/mm	加工材料	
	非淬火钢及铸铁	淬火钢及耐热钢		非淬火钢及铸铁	淬火钢及耐热钢
ϕ20	15~30	20~30	ϕ120	30~60	35~60
ϕ30	18~35	22~35	ϕ200	35~70	40~70
ϕ50	20~40	25~50	ϕ300	40~80	50~80
ϕ80	25~50	30~50			

2. 纵向进给量 f_a

表面粗糙度值 $Ra0.8\mu m$, $f_a = (0.4~0.6)b_s$

表面粗糙度值 $Ra(0.4~0.2)\mu m$, $f_a = (0.2~0.4)b_s$

（续）

3. 背吃刀量 a_p

工件磨削表面直径 d_w/mm	工件速度 v_w /(m/min)	工件纵向进给量 f_a（以砂轮宽度计）/(mm/r)								
		10	12.5	16	20	25	32	40	50	63
		工作台单行程背吃刀量 a_p/(mm/单行程)								
$\phi20$	16	0.0112	0.0090	0.0070	0.0056	0.0045	0.0035	0.0028	0.0022	0.0018
	20	0.0090	0.0072	0.0056	0.0045	0.0036	0.0028	0.0022	0.0018	0.0014
	25	0.0072	0.0058	0.0045	0.0036	0.0029	0.0022	0.0018	0.0014	0.0011
	32	0.0056	0.0045	0.0035	0.0028	0.0023	0.0018	0.0014	0.0011	0.0009
$\phi30$	20	0.0109	0.0088	0.0069	0.0055	0.0044	0.0034	0.0027	0.0022	0.0017
	25	0.0087	0.0070	0.0055	0.0044	0.0035	0.0027	0.0022	0.0018	0.0014
	32	0.0068	0.0054	0.0043	0.0034	0.0027	0.0021	0.0017	0.0014	0.0011
	40	0.0054	0.0043	0.0034	0.0027	0.0022	0.0017	0.0014	0.0011	0.0009
$\phi50$	23	0.0123	0.0099	0.0077	0.0062	0.0049	0.0039	0.0031	0.0025	0.0020
	29	0.0098	0.0079	0.0061	0.0049	0.0039	0.0031	0.0025	0.0020	0.0016
	36	0.0079	0.0064	0.0049	0.0040	0.0032	0.0025	0.0020	0.0016	0.0013
	45	0.0063	0.0051	0.0039	0.0032	0.0025	0.0020	0.0016	0.0013	0.0010
$\phi80$	25	0.0143	0.0115	0.0090	0.0072	0.0058	0.0045	0.0036	0.0029	0.0023
	32	0.0112	0.0090	0.0071	0.0056	0.0045	0.0035	0.0028	0.0023	0.0018
	40	0.0090	0.0072	0.0057	0.0045	0.0036	0.0028	0.0022	0.0018	0.0014
	50	0.0072	0.0058	0.0046	0.0036	0.0029	0.0022	0.0018	0.0014	0.0011
$\phi120$	30	0.0146	0.0117	0.0092	0.0074	0.0059	0.0046	0.0037	0.0029	0.0023
	38	0.0115	0.0093	0.0073	0.0058	0.0046	0.0036	0.0029	0.0023	0.0018
	48	0.0091	0.0073	0.0058	0.0046	0.0037	0.0029	0.0023	0.0019	0.0015
	60	0.0073	0.0059	0.0047	0.0037	0.0030	0.0023	0.0018	0.0015	0.0012
$\phi200$	35	0.0162	0.0128	0.0101	0.0081	0.0065	0.0051	0.0041	0.0032	0.0026
	44	0.0129	0.0102	0.0080	0.0065	0.0052	0.0040	0.0032	0.0026	0.0021
	55	0.0103	0.0081	0.0064	0.0052	0.0042	0.0032	0.0026	0.0021	0.0017
	70	0.0080	0.0064	0.0050	0.0041	0.0033	0.0025	0.0020	0.0016	0.0013
$\phi300$	40	0.0174	0.0139	0.0109	0.0087	0.0070	0.0054	0.0044	0.0035	0.0028
	50	0.0139	0.0111	0.0087	0.0070	0.0056	0.0043	0.0035	0.0028	0.0022
	63	0.0110	0.0088	0.0069	0.0056	0.0044	0.0034	0.0028	0.0022	0.0018
	70	0.0099	0.0079	0.0062	0.0050	0.0039	0.0031	0.0025	0.0020	0.0016

附表 G-9　内圆磨削余量的合理选择　　　　　（单位：mm）

孔径范围 /mm	余量限度	磨削前								粗磨后、精磨前
		未经淬火的孔				经淬火的孔				
		孔长/mm								
		<50	50~100	100~200	200~300	<50	50~100	100~200	200~300	
$\leq\phi10$	max	—	—	—	—	—	—	—	—	0.020
	min	—	—	—	—	—	—	—	—	0.015

（续）

孔径范围 /mm	余量 限度	磨削前								粗磨后、 精磨前
		未经淬火的孔				经淬火的孔				
		孔长/mm								
		<50	50~100	100~200	200~300	<50	50~100	100~200	200~300	
$\phi11~\phi18$	max	0.22	0.25	—	—	0.25	0.28	—	—	0.030
	min	0.12	0.13	—	—	0.15	0.18	—	—	0.020
$\phi19~\phi30$	max	0.28	0.28	—	—	0.30	0.30	0.35	—	0.040
	min	0.15	0.15	—	—	0.18	0.22	0.25	—	0.030
$\phi31~\phi50$	max	0.30	0.30	0.35	—	0.35	0.35	0.40	—	0.050
	min	0.15	0.15	0.20	—	0.20	0.25	0.25	—	0.040
$\phi51~\phi80$	max	0.30	0.32	0.35	0.40	0.40	0.40	0.45	0.50	0.060
	min	0.15	0.18	0.20	0.25	0.25	0.25	0.30	0.35	0.040
$\phi81~\phi120$	max	0.37	0.40	0.45	0.50	0.50	0.50	0.55	0.60	0.070
	min	0.20	0.20	0.25	0.30	0.30	0.30	0.35	0.40	0.050
$\phi121~\phi180$	max	0.40	0.42	0.45	0.50	0.55	0.55	0.65	0.70	0.080
	min	0.25	0.25	0.25	0.30	0.35	0.40	0.45	0.70	0.060
$\phi181~\phi260$	max	0.45	0.48	0.50	0.55	0.60	0.65	0.70	0.75	0.090
	min	0.25	0.28	0.30	0.35	0.40	0.45	0.50	0.75	0.065

附表 G-10　铣削用量的推荐值

工件 材料	高速钢铣刀				硬质合金铣刀			
	切削速度 /(m/min)	进给量 /(mm/z)	背吃刀量/mm		切削速度 /(m/min)	进给量 /(mm/z)	背吃刀量/mm	
			粗铣	精铣			粗铣	精铣
低碳钢	21~25	0.1~0.2	<5		150~190	0.12~0.3	<12	
中碳钢	21~35	0.05~0.2	<4	0.5~1	120~150	0.07~0.2	<7	0.5~1
高碳钢	12~25	0.05~0.2	<3		60~90	0.07~0.2	<4	
灰铸铁	14~28	0.07~0.25	5~7		72~100	0.1~0.3	10~18	

附表 G-11　高速钢麻花钻钻削不同材料的切削用量

加工材料		硬度		切削 速度 v /(m/min)	钻头直径/mm					钻头螺 旋角 /(°)	锋角 /(°)
		布氏 (HBW)	洛氏		<3	3~6	6~13	13~19	19~25		
					进给量 f/(mm/r)						
铝及铝合金		45~105	≤62HRB	105	0.08	0.15	0.25	0.40	0.48	32~42	90~118
铜及 铜合金	高加工性	≤124	10~70HRB	60	0.08	0.15	0.25	0.40	0.48	15~40	118
	低加工性	≤124	10~70HRB	20	0.08	0.15	0.25	0.40	0.48	0~25	118
镁及镁合金		50~90	≤52HRB	45~120	0.08	0.15	0.25	0.40	0.48	25~35	118
锌合金		80~100	41~62HRB	75	0.08	0.15	0.25	0.40	0.48	32~42	118
碳 钢	$w(C)=0.25\%$	125~175	71~88HRB	24	0.08	0.13	0.20	0.26	0.32	25~35	118
	$w(C)=0.50\%$	175~225	88~98HRB	20	0.08	0.13	0.20	0.26	0.32	25~35	118
	$w(C)=0.90\%$	175~225	88~98HRB	17	0.08	0.13	0.20	0.26	0.32	25~35	118

（续）

加工材料		硬度		切削速度 v /(m/min)	钻头直径/mm					钻头螺旋角 /(°)	锋角 /(°)
		布氏 (HBW)	洛氏		<3	3~6	6~13	13~19	19~25		
					进给量 f/(mm/r)						
合金钢	w(C)=0.12%~0.25%	175~225	88~98HRB	21	0.08	0.15	0.20	0.40	0.48	25~35	118
	0.30%~0.65C	175~225	88~98HRB	15~18	0.05	0.09	0.15	0.21	0.26	25~35	118
马氏体时效钢		275~325	28~35HRC	17	0.08	0.13	0.20	0.26	0.32	25~35	118~135
不锈钢	奥氏体	135~185	75~90HRB	17	0.05	0.09	0.15	0.21	0.26	25~35	118~135
	铁素体	135~185	75~90HRB	20	0.05	0.09	0.15	0.21	0.26	25~35	118~135
	马氏体	135~185	75~88HRB	20	0.08	0.15	0.25	0.40	0.48	25~35	118~135
	沉淀硬化	150~200	82~94HRB	15	0.05	0.09	0.15	0.21	0.26	25~35	118~135
工具钢		196	94HRB	18	0.08	0.13	0.20	0.26	0.32	25~35	118
工具钢		241	24HRC	15	0.08	0.13	0.20	0.26	0.32	25~35	118
灰铸铁	软	120~150	≤80HRB	43~46	0.08	0.15	0.25	0.40	0.48	20~30	90~118
	中硬	160~220	80~97HRB	24~34	0.08	0.13	0.20	0.26	0.32	14~25	90~118
可锻铸铁		112~126	≤71HRB	27~37	0.08	0.13	0.20	0.26	0.32	20~30	90~118
球墨铸铁		190~225	≤98HRB	18	0.08	0.13	0.20	0.26	0.32	14~25	90~118
高温合金	镍基	150~300	≤32HRC	6	0.04	0.08	0.09	0.11	0.13	28~35	118~135
	铁基	180~230	89~99HRB	7.5	0.05	0.09	0.15	0.21	0.26	28~35	118~135
	钴基	180~230	89~99HRB	6	0.04	0.08	0.09	0.11	0.13	28~35	118~135
钛及钛合金	纯钛	110~200	≤94HRB	30	0.05	0.09	0.15	0.21	0.26	30~38	135
	α及α+β	300~360	31~39HRC	12	0.08	0.13	0.20	0.26	0.32	30~38	135
	β	275~350	29~38HRC	7.5	0.04	0.08	0.09	0.11	0.13	30~38	135
碳		—	—	18~21	0.04	0.08	0.09	0.11	0.13	25~35	90~118
塑料		—	—	30	0.08	0.13	0.20	0.26	0.32	15~25	118
硬橡胶		—	—	30~90	0.05	0.09	0.15	0.21	0.26	10~20	90~118

附表 G-12　硬质合金钻头钻削不同材料的切削用量

加工材料	抗拉强度 R_m/MPa	硬度 HBW	进给量 f/(mm/r)			切削速度 v/(m/min)			锋角 /(°)
			d_0/mm						
			3~8	8~20	20~40	3~8	8~20	20~40	
工具钢、	850~1200		0.02~0.04	0.04~0.08	0.08~0.12	25~32	30~38	35~40	115~120
热处理钢	1200~1800	110~200	0.02	0.02~0.04		10~15	12~18		115~120
淬硬钢		≥50HRC	0.01~0.02	0.02~0.03		8~10	10~12		120~140
高锰钢				0.03~0.05			10~16		115~120
铸钢	≥700		0.02~0.05	0.05~0.12	0.12~0.18	25~32	30~38	35~40	115~120
不锈钢			0.08~0.12	0.12~0.2		25~27	27~35		115~120
耐热钢			0.01~0.05	0.05~0.1		3~6	5~8		115~120

（续）

加工材料	抗拉强度 R_m/MPa	硬度 HBW	进给量 f/(mm/r) 3~8	8~20	20~40	切削速度 v/(m/min) 3~8	8~20	20~40	锋角/(°)
镍铬钢	1000	300	0.08~0.12	0.12~0.2		35~40	40~45		115~120
镍铬钢	1400	420	0.04~0.05	0.05~0.08		15~20	20~25		
灰铸铁		≤250	0.04~0.08	0.08~0.16	0.16~0.3	40~60	50~70	60~80	115~120
合金铸铁		250~350	0.02~0.04	0.03~0.08	0.06~0.16	20~50	25~50	30~60	115~120
		350~450	0.02~0.04	0.03~0.06	0.05~0.1	8~20	10~25	12~30	
冷硬铸铁		65~85	0.01~0.03	0.02~0.04	0.03~0.06	5~8	6~10	8~12	120~140
可锻铸铁、球墨铸铁			0.03~0.05	0.05~0.1	0.1~0.2	40~45	45~50	50~60	115~120
黄铜			0.06~0.1	0.1~0.2	0.2~0.3	80~100	90~110	100~120	115~125
铸造青铜			0.06~0.08	0.08~0.12	0.12~0.2	50~70	55~75	60~80	115~125
磷青铜			0.15~0.2	0.2~0.5		50~85	80~85		115~125
铝合金		≥80	0.06~0.1	0.1~0.18	0.18~0.25	100~120	110~130	120~140	115~120
硅铝合金			0.03~0.06	0.06~0.08	0.08~0.12	50~60	55~70	60~80	115~120
硬质纸			0.08~0.12	0.12~0.18	0.18~0.25	60~100	80~120	100~140	90

附表 G-13　扩孔钻的切削用量

D_0/mm	f/(mm/r)	碳素结构钢 R_m=650MPa(加切削液) v/(m/min) d=10mm	n/(r/min)	v/(m/min) d=15mm	n/(r/min)	v/(m/min) d=20mm	n/(r/min)	f/(mm/r)	灰铸铁(195HBW) v/(m/min) d=10mm	n/(r/min)	v/(m/min) d=15mm	n/(r/min)	v/(m/min) d=20mm	n/(r/min)
25	≤0.2	45.7	581	48.8	621	—		0.2	43.9	559	45.7	581	—	
	0.3	37.3	474	39.9	507	—		0.3	37.3	475	38.8	495	—	
	0.4	32.3	411	34.5	439	—		0.4	33.2	423	34.6	441	—	
	0.5	28.8	368	30.9	392	—		0.6	28.3	360	29.5	375	—	
	0.6	26.3	336	28.1	359	—		0.8	25.2	320	26.3	334	—	
	0.8	22.8	290	24.4	310	—		1.0	23.1	294	24	305	—	
	1.0	20.4	260	21.8	278	—		1.2	21.4	272	22.3	284	—	
	1.2	18.6	237	19.9	254	—		1.4	20.1	256	21	267	—	
								1.6	19.1	243	19.8	253	—	
30	≤0.2	46.4	491	49.1	520	53.5	566	0.2	44.6	473	15.9	487	47.8	507
	0.3	37.8	401	40.1	425	43.4	461	0.3	37.9	402	39.1	414	40.7	437
	0.4	33.8	348	34.7	368	37.6	400	0.4	33.8	359	34.8	369	36.2	384
	0.5	29.3	312	31.1	329	33.6	357	0.6	28.7	305	29.5	314	30.8	327
	0.6	26.8	284	28.3	301	30.7	326	0.8	25.6	271	26.3	279	27.5	291
	0.8	23.1	246	24.6	261	26.6	282	1.0	23.4	248	24.1	256	25.1	266
	1.0	20.7	219	22	233	23.9	252	1.2	21.8	231	22.4	238	23.3	247
	1.2	19	200	20	213	21.7	231	1.4	20.5	217	21.2	223	22	233
	—	—	—	—	—	—	—	1.6	19.4	206	20	212	20.8	221

（续）

D_0 /mm	碳素结构钢 $R_m=650$MPa（加切削液）						灰铸铁（195HBW）						
	f /(mm /r)	v/(m /min)	n/(r /min)	v/(m /min)	n/(r /min)	v/(m /min)	n/(r /min)	f /(mm /r)	v/(m /min)	n/(r /min)	v/(m /min)	n/(r /min)	v/(m /min)	n/(r /min)
		$d=10$mm		$d=15$mm		$d=20$mm			$d=10$mm		$d=15$mm		$d=20$mm	
40	≤0.2	43.4	346	48.6	387	55.8	444	0.3	38.2	304	39.1	311	41.9	334
	0.3	35.5	282	39.7	316	45.6	363	0.4	34.1	271	34.8	277	37.4	297
	0.4	30.7	245	34.4	273	39.5	314	0.6	28.9	231	29.6	236	31.8	253
	0.5	27.5	219	30.7	245	35.3	281	0.8	25.8	206	26.4	210	28.3	225
	0.6	25.1	199	28	223	32.2	256	1.0	23.6	188	24.1	192	25.9	206
	0.8	21.7	173	24.3	193	27.9	223	1.2	22	174	22.4	179	24	191
	1.0	19.4	155	21.7	173	25	198	1.4	20.6	165	21.1	168	22.6	180
	1.2	17.7	142	19.8	158	22.8	182	1.6	19.6	156	20	159	21.4	171
	—	—	—	—	—	—	—	1.8	18.7	149	19	152	20.5	163
50	0.2	46.6	296	50.6	321	58	369	0.3	38.4	245	40.1	255	12.9	273
	0.3	38.1	242	11.3	263	47.4	302	0.4	34.3	218	35.7	227	38.3	244
	0.4	32.9	210	35.8	228	41	262	0.6	29.1	185	30.3	193	32.5	207
	0.5	29.5	188	32	204	36.8	234	0.8	26	166	27.1	172	29	184
	0.6	26.9	171	29.2	186	33.6	214	1.0	23.8	151	24.7	158	26.5	169
	0.8	23.3	149	25.3	161	29	185	1.2	22.1	141	23	147	24.7	157
	1.0	20.8	133	22.6	144	26	166	1.4	20.7	133	21.6	138	23.1	148
	1.2	19	123	20.6	132	23.7	151	1.6	19.7	125	20.5	131	22	140
	1.4	17.6	112	19.5	122	22	140	1.8	18.8	119	19.6	125	20.9	134
60	0.3	39.3	208	12.6	220	19.1	261	0.4	35	186	36.4	193	39.1	207
	0.4	34.1	180	36.9	196	42.5	225	0.6	29.7	158	31	165	33.2	176
	0.5	30.4	162	33	175	38	202	0.8	26.5	141	27.6	147	29.6	157
	0.6	27.8	148	30.2	160	34.7	184	1.0	24.2	129	25.3	134	27.1	143
	0.8	24.1	128	26.1	139	30.1	159	1.2	22.5	119	23.5	125	25.2	134
	1.0	21.5	114	23.3	124	26.9	142	1.4	21.2	112	22.1	117	23.7	125
	1.2	19.7	104	21.4	113	24.6	130	1.6	20.1	107	20.9	111	22.4	119
	1.4	18.2	96	19.8	105	22.7	120	1.8	19.1	101	19.9	106	21.4	113
	1.6	17.1	90	18.4	98	21.3	113	2.0	18.4	98	19.1	101	20.5	109

注：D_0 为扩孔钻的直径（mm），d 为工件底孔直径（mm）。

附表 G-14 高速钢铰刀铰削不同材料的切削用量

铰刀直径 d_0/mm	低碳钢 120~200HBW		低合金钢 200~300HBW		高合金钢 300~400HBW		软铸铁 130HBW		中硬铸铁 175HBW		硬铸铁 230HBW	
	f	v	f	v	f	v	f	v	f	v	f	v
6	0.13	23	0.10	18	0.10	7.5	0.15	30.5	0.15	26	0.15	21
9	0.18	23	0.18	18	0.15	7.5	0.20	30.5	0.20	26	0.20	21
12	0.20	27	0.20	21	0.18	9	0.25	36.5	0.25	29	0.25	24
15	0.25	27	0.25	21	0.20	9	0.30	36.5	0.30	29	0.30	24
19	0.30	27	0.30	21	0.25	9	0.38	36.5	0.38	29	0.36	24
22	0.33	27	0.33	21	0.25	9	0.43	36.5	0.43	29	0.41	24
25	0.51	27	0.38	21	0.30	9	0.51	36.5	0.51	29	0.41	24

（续）

铰刀直径 d_0/mm	可锻铸铁		铸造黄铜及青铜		铸造铝合金及锌合金		塑料		不锈钢		钛合金	
	f	v	f	v	f	v	f	v	f	v	f	v
6	0.10	17	0.13	46	0.15	43	0.13	21	0.05	7.5	0.15	9
9	0.18	20	0.18	46	0.20	43	0.18	21	0.10	7.5	0.20	9
12	0.20	20	0.23	52	0.25	49	0.20	24	0.15	9	0.25	12
15	0.25	20	0.30	52	0.30	49	0.25	24	0.20	9	0.25	12
19	0.30	20	0.41	52	0.38	49	0.30	24	0.25	11	0.30	12
22	0.33	20	0.43	52	0.43	49	0.33	24	0.30	12	0.38	18
25	0.38	20	0.51	52	0.51	49	0.51	24	0.36	14	0.51	18

注：单位：v—m/min，f—mm/r。

附表 G-15　硬质合金铰刀铰孔的切削用量

加工材料			铰刀直径 d_0/mm	背吃刀量 a_p/mm	进给量 f/(mm/r)	切削速度 v/(m/min)
钢	R_m/MPa	≤1000	<10	0.08~0.12	0.15~0.25	6~12
			10~20	0.12~0.15	0.20~0.35	
			20~40	0.15~0.20	0.30~0.50	
		>1000	<10	0.08~0.12	0.15~0.25	4~10
			10~20	0.12~0.15	0.20~0.35	
			20~40	0.15~0.20	0.30~0.50	
铸钢（R_m≤700MPa）			<10	0.08~0.12	0.15~0.25	6~10
			10~20	0.12~0.15	0.20~0.35	
			20~40	0.15~0.20	0.30~0.50	
灰铸铁 HBW		≤200	<10	0.08~0.12	0.15~0.25	8~15
			10~20	0.12~0.15	0.20~0.35	
			20~40	0.15~0.20	0.30~0.50	
		>200~450	<10	0.08~0.12	0.15~0.25	5~10
			10~20	0.12~0.15	0.20~0.35	
			20~40	0.15~0.20	0.30~0.50	
冷硬铸铁（65~80HBW）			<10	0.08~0.12	0.15~0.25	3~5
			10~20	0.12~0.15	0.20~0.35	
			20~40	0.15~0.20	0.30~0.50	
黄铜			<10	0.08~0.12	0.15~0.25	10~20
			10~20	0.12~0.15	0.20~0.35	
			20~40	0.15~0.20	0.30~0.50	
铸青铜			<10	0.08~0.12	0.15~0.25	15~30
			10~20	0.12~0.15	0.20~0.35	
			20~40	0.15~0.20	0.30~0.50	
铜			<10	0.08~0.12	0.15~0.25	6~12
			10~20	0.12~0.15	0.20~0.35	
			20~40	0.15~0.20	0.30~0.50	

（续）

加工材料		铰刀直径 d_0/mm	背吃刀量 a_p/mm	进给量 f/(mm/r)	切削速度 v/(m/min)
铝合金	$w(\text{Si}) \leqslant 7\%$	<10	0.09 ~ 0.12	0.15 ~ 0.25	15 ~ 30
		10 ~ 20	0.14 ~ 0.15	0.20 ~ 0.35	
		20 ~ 40	0.18 ~ 0.20	0.30 ~ 0.50	
	$w(\text{Si}) > 14\%$	<10	0.08 ~ 0.12	0.15 ~ 0.25	10 ~ 20
		10 ~ 20	0.12 ~ 0.15	0.20 ~ 0.35	
		20 ~ 40	0.15 ~ 0.20	0.30 ~ 0.50	
热塑性树脂		<10	0.09 ~ 0.12	0.15 ~ 0.25	15 ~ 30
		10 ~ 20	0.14 ~ 0.15	0.20 ~ 0.35	
		20 ~ 40	0.18 ~ 0.27	0.30 ~ 0.50	
热固性树脂		<10	0.08 ~ 0.12	0.15 ~ 0.25	10 ~ 20
		10 ~ 20	0.12 ~ 0.15	0.20 ~ 0.35	
		20 ~ 40	0.15 ~ 0.27	0.30 ~ 0.50	

附表 G-16　高速钢及硬质合金锪钻加工的切削用量

加工材料	高速钢锪钻		硬质合金锪钻	
	进给量 f/(mm/r)	切削速度 v/(m/min)	进给量 f/(mm/r)	切削速度 v/(m/min)
铝	0.13 ~ 0.38	120 ~ 245	0.15 ~ 0.30	150 ~ 245
黄铜	0.13 ~ 0.25	45 ~ 90	0.15 ~ 0.30	120 ~ 210
软铸铁	0.13 ~ 0.18	37 ~ 43	0.15 ~ 0.30	90 ~ 107
软钢	0.08 ~ 0.13	23 ~ 26	0.10 ~ 0.20	75 ~ 90
合金钢及工具钢	0.08 ~ 0.13	12 ~ 24	0.10 ~ 0.20	55 ~ 60

附表 G-17　内圆磨削砂轮速度的选择

砂轮直径/mm	<8	9 ~ 12	13 ~ 18	19 ~ 22	23 ~ 25	26 ~ 30	31 ~ 33	34 ~ 41	42 ~ 49	>50
磨钢、铸铁时的磨削速度/(m/s)	10	14	18	20	21	23	24	26	27	30

附表 G-18　粗磨内圆的磨削用量

(1) 工件速度 v_w/(m/min)

工件磨削表面直径 d_w/mm	10	20	30	50	80	120	200	300	400
工件速度 v_w/(m/min)	10 ~ 20	10 ~ 20	12 ~ 24	15 ~ 30	18 ~ 36	20 ~ 40	23 ~ 46	28 ~ 56	35 ~ 70

(2) 纵向进给量/(mm/r)

$$f_a = (0.5 \sim 0.8) b_s \quad \text{式中} \ b_s—砂轮宽度(mm)$$

(3) 背吃刀量 a_p/mm

工件磨削表面直径 d_w/mm	工件速度 v_w/(m/min)	工件纵向进给量 f_a(以砂轮宽度计)/(mm/r)			
		0.5	0.6	0.7	0.8
		工作台一次往复行程背吃刀量 a_p/(mm/往复行程)			
$\phi 20$	10	0.0080	0.0067	0.0057	0.0050
	15	0.0053	0.0044	0.0038	0.0033
	20	0.0040	0.0033	0.0029	0.0025

（续）

(3) 背吃刀量 a_p/mm

工件磨削表面直径 d_w/mm	工件速度 v_w /(m/min)	工件纵向进给量 f_a（以砂轮宽度计）/(mm/r)			
		0.5	0.6	0.7	0.8
		工作台一次往复行程背吃刀量 a_p/(mm/往复行程)			
φ25	10	0.0100	0.0083	0.0072	0.0063
	15	0.0066	0.0055	0.0047	0.0041
	20	0.0050	0.0042	0.0036	0.0031
φ30	11	0.0109	0.0091	0.0078	0.0068
	16	0.0075	0.00625	0.00535	0.0047
	20	0.0060	0.0050	0.0043	0.0038
φ35	12	0.0116	0.0097	0.0083	0.0073
	18	0.0078	0.0065	0.0056	0.0049
	20	0.0059	0.0049	0.0042	0.0037
φ40	13	0.0123	0.0103	0.0088	0.0077
	20	0.0080	0.0067	0.0057	0.0050
	26	0.0062	0.0051	0.0044	0.0038
φ50	14	0.0143	0.0119	0.0102	0.0089
	21	0.0096	0.00795	0.0068	0.0060
	29	0.0069	0.00575	0.0049	0.0043
φ60	16	0.0150	0.0125	0.0107	0.0094
	24	0.0100	0.0083	0.0071	0.0063
	32	0.0075	0.0063	0.0054	0.0047
φ80	17	0.0188	0.0157	0.0134	0.0117
	25	0.0128	0.0107	0.0092	0.0080
	33	0.0097	0.0081	0.0069	0.0061
φ120	20	0.024	0.0200	0.0172	0.0150
	30	0.016	0.0133	0.0114	0.0100
	40	0.012	0.0100	0.0086	0.0075
φ150	22	0.0273	0.0227	0.0195	0.0170
	33	0.0182	0.0152	0.0130	0.0113
	44	0.0136	0.0113	0.0098	0.0085
φ180	25	0.0288	0.0240	0.0206	0.0179
	37	0.0194	0.0162	0.0139	0.0121
	49	0.0147	0.0123	0.0105	0.0092
φ200	26	0.0308	0.0257	0.0220	0.0192
	38	0.0211	0.0175	0.0151	0.0132
	52	0.0154	0.0128	0.0110	0.0096
φ250	27	0.0370	0.0308	0.0264	0.0231
	40	0.0250	0.0208	0.0178	0.0156
	54	0.0185	0.0154	0.0132	0.0115

（续）

（3）背吃刀量 a_p/mm

工件磨削表面直径 d_w/mm	工件速度 v_w /(m/min)	工件纵向进给量 f_a（以砂轮宽度计）/(mm/r)			
		0.5	0.6	0.7	0.8
		工作台一次往复行程背吃刀量 a_p/(mm/往复行程)			
$\phi300$	30	0.0400	0.0333	0.0286	0.0250
	42	0.0286	0.0238	0.0204	0.0178
	55	0.0218	0.0182	0.0156	0.0136
$\phi400$	33	0.0485	0.0404	0.0345	0.0302
	44	0.0364	0.0303	0.0260	0.0227
	56	0.0286	0.0238	0.0204	0.0179

附表 G-19　精磨内圆磨削用量

（1）工件速度 v_w/(m/min)

工件磨削表面直径 d_w/mm	工件材料	
	非淬火钢及铸铁	淬火钢及耐热钢
$\phi10$	10 ~ 16	10 ~ 16
$\phi15$	12 ~ 20	12 ~ 20
$\phi20$	16 ~ 32	20 ~ 32
$\phi30$	20 ~ 40	25 ~ 50
$\phi50$	25 ~ 50	30 ~ 50
$\phi80$	30 ~ 60	40 ~ 60
$\phi120$	35 ~ 70	45 ~ 70
$\phi200$	40 ~ 80	50 ~ 80
$\phi300$	45 ~ 90	55 ~ 90
$\phi400$	55 ~ 110	65 ~ 1100

（2）工件纵向进给量 f_a/(mm/r)

表面粗糙度值 $Ra1.6 \sim 0.8\mu m$，$f_a = (0.5 \sim 0.9)b_s$

表面粗糙度值 $Ra0.4\mu m$，$f_a = (0.25 \sim 0.5)b_s$

（3）背吃刀量 a_p/mm

工件磨削表面直径 d_w/mm	工件速度 v_w /(m/min)	工件纵向进给量 f_a（以砂轮宽度计）/(mm/r)							
		10	12.5	16	20	25	32	40	50
		工作台一次往复行程背吃刀量 a_p/(mm/往复行程)							
$\phi10$	10	0.00386	0.00308	0.00241	0.00193	0.00154	0.00121	0.000965	0.000775
	13	0.00296	0.0238	0.00186	0.00148	0.00119	0.00093	0.000745	0.000595
	16	0.00241	0.0193	0.00150	0.00121	0.00965	0.000755	0.000605	0.000482
$\phi12$	11	0.00465	0.00373	0.00292	0.00233	0.00186	0.00146	0.00116	0.000935
	14	0.00366	0.00294	0.00229	0.00183	0.00147	0.00114	0.000915	0.000735
	18	0.00286	0.00229	0.00179	0.00143	0.00114	0.000895	0.000715	0.000572
$\phi16$	13	0.00622	0.00497	0.00389	0.00311	0.00249	0.00194	0.00155	0.00124
	19	0.00425	0.00340	0.00265	0.00212	0.00170	0.00133	0.00106	0.00085
	26	0.00310	0.00248	0.00195	0.00155	0.00124	0.00097	0.000775	0.00062

（续）

（3）背吃刀量 a_p/mm

工件磨削表面直径 d_w/mm	工件速度 v_w/(m/min)	工件纵向进给量 f_a（以砂轮宽度计）/(mm/r)							
		10	12.5	16	20	25	32	40	50
		工作台一次往复行程背吃刀量 a_p/(mm/往复行程)							
φ20	16	0.0062	0.0049	0.0038	0.0031	0.0025	0.00193	0.00154	0.00123
	24	0.0041	0.0033	0.0026	0.00205	0.00165	0.00129	0.00102	0.00083
	32	0.0031	0.0025	0.00193	0.00155	0.00123	0.00097	0.00077	0.00062
φ25	18	0.0067	0.0054	0.0042	0.0034	0.0027	0.0021	0.00168	0.00135
	27	0.0045	0.0036	0.0028	0.0022	0.00179	0.00140	0.00113	0.00090
	36	0.0034	0.0027	0.0021	0.00168	0.00134	0.00105	0.00084	0.00067
φ30	20	0.0071	0.0057	0.0044	0.0035	0.0028	0.0022	0.00178	0.00142
	30	0.0047	0.0038	0.0030	0.0024	0.0019	0.00148	0.00118	0.00095
	40	0.0036	0.0028	0.0022	0.00178	0.00142	0.00111	0.00089	0.00071
φ35	22	0.0075	0.0060	0.0047	0.0037	0.0030	0.0023	0.00186	0.00149
	33	0.0050	0.0040	0.0031	0.0025	0.0020	0.00155	0.00124	0.00100
	45	0.0037	0.0029	0.0023	0.00182	0.00146	0.00114	0.00091	0.00073
φ40	23	0.0081	0.0065	0.0051	0.0041	0.0032	0.0025	0.0020	0.00162
	25	0.0053	0.0042	0.0033	0.0027	0.0021	0.00165	0.00132	0.00106
	47	0.0039	0.0032	0.0025	0.00196	0.00158	0.00123	0.0099	0.00079
φ50	25	0.0090	0.00072	0.0057	0.0045	0.0036	0.0028	0.0023	0.00181
	37	0.0061	0.0049	0.0038	0.0030	0.0024	0.0019	0.00153	0.00122
	50	0.0045	0.0036	0.0028	0.0023	0.00181	0.00141	0.00113	0.00091
φ60	27	0.0098	0.0079	0.0062	0.0049	0.0039	0.0031	0.0025	0.00196
	41	0.0065	0.0052	0.0041	0.0032	0.0026	0.0020	0.00163	0.00130
	55	0.0048	0.0039	0.0030	0.0024	0.00193	0.00152	0.00121	0.00097
φ80	30	0.0112	0.0089	0.0070	0.0056	0.0045	0.0035	0.0028	0.0022
	45	0.0077	0.0061	0.0048	0.0038	0.0030	0.0024	0.0019	0.00153
	60	0.0058	0.0046	0.0036	0.0029	0.0023	0.0018	0.00143	0.00115
φ120	35	0.0141	0.0113	0.0088	0.0071	0.0057	0.0044	0.0035	0.0028
	52	0.0095	0.0076	0.0059	0.0048	0.0038	0.0030	0.0024	0.0019
	70	0.0071	0.0057	0.0044	0.0035	0.0028	0.0022	0.00176	0.00141
φ150	37	0.0164	0.0131	0.0102	0.0082	0.0065	0.0051	0.0041	0.0033
	56	0.0108	0.0087	0.0068	0.0054	0.0043	0.0034	0.0027	0.0022
	75	0.0081	0.0064	0.0051	0.0041	0.0032	0.0025	0.0020	0.00161
φ180	38	0.0189	0.0151	0.0118	0.0094	0.0076	0.0059	0.0047	0.0038
	58	0.0124	0.0099	0.0078	0.0062	0.0050	0.0039	0.0031	0.0025
	78	0.0092	0.0074	0.0057	0.0046	0.0037	0.0029	0.0023	0.00184

（续）

（3）背吃刀量 a_p/mm

工件磨削表面直径 d_w/mm	工件速度 v_w /(m/min)	工件纵向进给量f_a（以砂轮宽度计）/(mm/r)							
		10	12.5	16	20	25	32	40	50
		工作台一次往复行程背吃刀量 a_p/(mm/往复行程)							
φ200	40	0.0197	0.0158	0.0123	0.0099	0.0079	0.0062	0.0049	0.0039
	60	0.0131	0.0105	0.0082	0.0066	0.0052	0.0041	0.0033	0.0026
	80	0.0099	0.0079	0.0062	0.0049	0.0040	0.0031	0.0025	0.0020
φ250	42	0.0230	0.0184	0.0144	0.0115	0.0092	0.0072	0.0057	0.0046
	63	0.0153	0.0122	0.0096	0.0077	0.0061	0.0048	0.0038	0.0031
	85	0.0113	0.0091	0.0071	0.0057	0.0045	0.0036	0.0028	0.0023
φ300	45	0.0253	0.0202	0.0158	0.0126	0.0101	0.0079	0.0063	0.0051
	67	0.0169	0.0135	0.0103	0.0085	0.0068	0.0053	0.0042	0.0034
	90	0.0126	0.0101	0.0079	0.0063	0.0051	0.0039	0.0032	0.0025
φ400	55	0.0266	0.0213	0.0166	0.0133	0.0107	0.0083	0.0067	0.0053
	82	0.0179	0.0143	0.0112	0.0090	0.0072	0.0056	0.0045	0.0036
	110	0.0133	0.0106	0.0083	0.0067	0.0053	0.0042	0.0033	0.0027

附表 G-20　常用刨削用量

工序名称	机床类型	刀具材料	工件材料[1]	背吃刀量 a_p /mm	进给量 f /mm	切削速度 v /(m/min)
粗加工	牛头刨床	W18Cr4V	铸铁	4～6	0.66～1.33	15～25
			钢	3～5	0.33～0.66	15～25
		YG8	铸铁	10～15	0.66～1.0	30～40
		YT5	钢	8～12	0.33～0.66	25～35
	龙门刨床	W18Cr4V	铸铁	10～20	1.2～4.0	15～25
			钢	5～15	1.0～2.5	15～25
		YG8	铸铁	25～50	1.5～3.0	30～60
		YT5	钢	20～40	1.0～2.0	40～50
精加工	牛头刨床	W18Cr4V	铸铁	0.03～0.05	0.33～2.33[2]	5～10
			钢	0.03～0.05	0.33～2.33	5～8
		YG8	铸铁	0.03～0.05	0.33～2.33	5～8
		YT5	钢	0.03～0.05	0.33～2.33	5～8
	龙门刨床	W18Cr4V	铸铁	0.005～0.01	1～15[2]	3～5
			钢	0.005～0.01	1～15	3～5
		YG8	铸铁	0.03～0.05	1～20	4～6
		YT5	钢	0.03～0.05	1～20	4～6

① 铸铁 170～240HBW；钢 R_m = 700～1000MPa。

② 根据修光刃宽度来确定 f，一般取修光刃宽度的 0.6～0.8。

附表 G-21　卧式镗床的镗削用量

加工方式	刀具材料	刀具类型	铸铁 v/(m/min)	铸铁 f/(mm/r)	钢(包括铸钢) v/(m/min)	钢(包括铸钢) f/(mm/r)	铜、铝及其合金 v/(m/min)	铜、铝及其合金 f/(mm/r)	a_p/mm (直径上)
粗镗	高速钢	刀头	20~35	0.3~1.0	20~40	0.3~1.0	100~150	0.4~1.5	5~8
		镗刀块	25~40	0.3~0.8	—	—	120~150	0.4~1.5	
	硬质合金	刀头	40~80	0.3~0.1	40~60	0.3~1.0	200~250	0.4~1.5	
		镗刀块	35~60	0.3~0.8	—	—	200~250	0.4~1.0	
半精镗	高速钢	刀头	25~40	0.2~0.8	30~50	0.2~0.8	150~200	0.2~1.0	1.5~3
		镗刀块	30~40	0.2~0.6	—	—	150~200	0.2~1.0	
		粗铰刀	15~25	2.0~5.0	10~20	0.5~3.0	30~50	2.0~5.0	0.3~0.8
	硬质合金	刀头	60~100	0.2~0.8	80~120	0.2~0.8	250~300	0.2~0.8	1.5~3
		镗刀块	50~80	0.2~0.6	—	—	250~300	0.2~0.6	
		粗铰刀	30~50	3.0~5.0	—	—	80~120	3.0~5.0	0.3~0.8
精镗	高速钢	刀头	15~30	0.15~0.5	20~35	0.1~0.6	150~200	0.2~1.0	0.6~1.2
		镗刀块	8~15	1.0~4.0	6.0~12	1.0~4.0	20~30	1.0~4.0	
		粗铰刀	10~20	2.0~5.0	10~20	0.5~3.0	30~50	2.0~5.0	0.1~0.4
	硬质合金	刀头	50~80	0.15~0.5	60~100	0.15~0.5	200~250	0.15~0.5	0.6~1.2
		镗刀块	20~40	1.0~4.0	8.0~20	1.0~4.0	30~50	1.0~4.0	
		粗铰刀	30~50	2.5~5.0	—	—	50~100	2.0~5.0	1.0~0.4

附表 G-22　坐标镗床的切削用量

加工方式	刀具材料	v/(m/min) 软钢	中硬钢	铸铁	铝、镁合金	铜合金	f/(mm/r)	a_p/mm (直径上)
半精镗	高速钢	18~25	15~18	18~22	50~75	30~60	0.1~0.3	0.1~0.8
	硬质合金	50~70	40~50	50~70	150~200	150~200	0.08~0.25	
精镗	高速钢	25~28	18~20	22~25	30~60	30~60	0.02~0.08	0.05~0.2
	硬质合金	70~80	60~65	70~80	150~200	150~200	0.02~0.06	
钻孔	高速钢	20~25	12~18	14~20	60~80	60~80	0.08~0.15	—
扩孔	高速钢	22~28	15~18	20~24	60~90	60~90	0.1~0.2	2~5
精钻、精铰		6~8	5~7	6~8	8~10	8~10	0.08~0.2	0.05~0.1

附录 H　切削加工机床

附表 H-1　卧式车床型号与部分技术参数　　　　　　　(单位：mm)

技术参数 \ 机床型号		C6132A	CW6136A	CA6140	CD6140	C6146A
最大工件直径×最大工件长度		320×500	360×750	400×750	420×1000	460×750
工作精度	圆度	0.01	0.01/300	0.009	0.01	0.015
	圆柱度	0.03	0.01/300	0.027/100	0.04/300	0.03/300
	平面度	0.011/φ160	0.02	0.019/φ300	0.025/φ300	0.02/φ300
	表面粗糙度 Ra/μm	2.5	1.6	1.6	1.6	1.6

（续）

技术参数 \ 机床型号	CD6150A	CA6161	C630A	CW6163A	CW6180B
最大工件直径×最大工件长度	500×750	610×750	615×750	630×1500	800×1500
工作精度 圆度	0.01	0.009	0.01	0.015/300	0.01
工作精度 圆柱度	0.03/300	0.027/300	0.03/300	0.03/300	0.03/300
工作精度 平面度	0.02/ϕ300	0.014/ϕ300	0.02/ϕ300	0.025/ϕ350	0.02/ϕ300
表面粗糙度值 Ra/μm	2.5	1.6	1.6	2.5	1.6

附表 H-2　立式车床型号与部分技术参数　　　（单位：mm）

技术参数 \ 机床型号		C5110A	C5112A	C5116A	C5120C	C5225C	C5250/1
最大加工尺寸	直径	1000	1250	1600	2000	2500	5000
最大加工尺寸	高度	800	1000	1000	1600	2000	3200
工作精度	圆度	0.01	0.01	—	0.02	0.02	0.015
工作精度	圆柱度	0.01/300	0.01/300	—	0.01/300	0.01/300	0.01
工作精度	平面度	0.02	0.03	—	0.03	0.03	0.04

附表 H-3　卧式数控车床及车削中心的型号与部分技术参数

技术参数 \ 机床型号		MJ-460	MJ-460MC	MJ-520 MJ-520B	MJ-520/MC MJ-520B/MC	MJ-630W /760W
工作能力	床身上最大工件回转直径	ϕ460		ϕ520		ϕ630/800
工作能力	滑板上最大工件回转直径	ϕ390		ϕ350		ϕ454/640
工作能力	最大工件车削/铣削直径	ϕ230（12 工位刀架）ϕ310（8 工位刀架）	ϕ310/275	ϕ340	ϕ310/250	ϕ520/650
工作能力	最大工件车削长度	300、650、1145		530、1030、2100		700

技术参数 \ 机床型号		MJ-630 /760	MJ-630MC /760MC	MJ-860	MJ-860DT	MJ-860W
工作能力	床身上最大工件回转直径	ϕ630/760	ϕ630/760	ϕ860(33.86″)		
工作能力	滑板上最大工件回转直径	ϕ454/580	454/580	ϕ660(25.98″)		
工作能力	最大工件车削/铣削直径	ϕ450/560	445/(350)，540/(430)	ϕ700(27.56″)		
工作能力	最大工件车削长度	780、1500、2000、2500	635、1335	1000、1500	1500	1000

附表 H-4　外圆磨床部分技术参数及加工精度

型号	技术参数			加工精度	
	磨削直径 /mm	磨削长度 /mm	（砂轮直径/mm）× （宽度/mm）	圆度、圆柱度 /mm	表面粗糙度 值 Ra/μm
M1320E、MS1320E、 MB1320E、MBS1320E	$\phi50\sim\phi200$	500	$\phi400\times$ $(32\sim50)$	0.0015、0.005	0.32
		750			
		1000		0.0025、0.008	
M1332E、MS1332E、 MB1332E、MBS1332E	$\phi5\sim\phi320$	500	$\phi400\times$ $(32\sim50)$	0.0015、0.005	0.32
		750			
		1000		0.0025、0.008	
M1350×2000、M1350× 2500、M1350×3000	$\phi30\sim\phi500$	2000	$\phi750\times75$	0.005、0.008	0.32
		2500			
		3000			
MB1332B	$\phi8\sim\phi320$	500	$\phi600\times75$	0.0015、0.005	0.32
		1000		0.0025、0.008	
		1500		0.0025、0.008	

附表 H-5　万能外圆磨床部分技术参数及加工精度

型　号	技术参数			加工精度	
	磨削直径/mm 外圆 内孔	磨削长度/mm 外圆 内孔	（砂轮最大 直径/mm）× （宽度/mm）	圆度、圆柱度 /μm	表面粗糙度值 Ra/μm
MGA1432B	$\phi8\sim\phi320$ $\phi16\sim\phi125$	1000 125	$\phi400\times50$	0.3、5	0.01
MM1420/H	$\phi8\sim\phi200$ $\phi25\sim\phi100$	500、750 125	$\phi400\times50$	1、4	0.04
MW1432	$\phi15\sim\phi320$ $\phi16\sim\phi100$	1500 125	$\phi500\times75$	2.5、8	0.32
M1420E、MB1420E	$\phi5\sim\phi200$ $\phi13\sim\phi80$	500	$\phi400\times(32\sim50)$	1.5、5	0.32
		750		1.5、5	
		1000		2.5、8	
M1432E、MB1432E	$\phi5\sim\phi320$ $\phi16\sim\phi125$	500	$\phi400\times(32\sim50)$	1.5、5	0.32
		750		1.5、5	
		1000		2.5、8	

附表 H-6　卧轴矩台平面磨床部分技术参数及加工精度

机床型号 技术参数	MM7112	M7120E/HZ	M7130	M7132H
工作台尺寸 （宽/mm×长/mm）	125×350	200×630	300×1000	320×1000

（续）

技术参数 ＼ 机床型号		MM7112	M7120E/HZ	M7130	M7132H
技术参数	加工范围 （长/mm）×（宽/mm） ×（高/mm）	350×125×300	630×200×320	1000×300×400	1000×320×400
	砂轮尺寸 （外径/mm）×（宽/mm） ×（内径/mm）	200×20×75	350×32×127	270（350）×40 ×127	270（350）×40 ×127
工作 精度	平行度/mm	0.01/1000	0.005/300	0.005/300	0.005/300
	表面粗糙度值 Ra/μm	0.2	0.63	0.63	0.63

技术参数 ＼ 机床型号		M7140H	HZ-033/3	M7150×30/HZ	M71100
	工作台尺寸 （宽/mm×长/mm）	400×1000	320×2500	500×3000	1000×1600
技术 参数	加工范围 （长/mm）×（宽/mm） ×（高/mm）	1000×400×400	3250×20×400	3000×500×600	1600×1000×600
	砂轮尺寸 （外径/mm）×（宽/mm） ×（内径/mm）	350×40×127	350×40×127	450×63×203	500×75×203
工作 精度	平行度/mm	0.005/300	0.005/300	0.025/1500	0.01/1000、 0.005/300
	表面粗糙度值 Ra/μm	0.63	0.63	0.63	0.63

附表 H-7　立轴矩台平面磨床部分技术参数及加工精度

技术参数 ＼ 机床型号		M7232H	M7263	HZ-Y150	HZ-Y200
	工作台尺寸 （宽/mm×长/mm）	320×1250	630×2500	150×350	200×450
技术 参数	加工范围 （长/mm）×（宽/mm） ×（高/mm）	1250×320×400	2500×630×630	350×150×270	200×450×270
	砂轮尺寸 （外径/mm）×（宽/mm） ×（内径/mm）	80×150×25 （10块）（W）	90×150×35 （14块）（W）	180×13× 31.75（L）	200×20× 31.25（L）
工作 精度	平行度/mm	0.01/1000	0.01/1000	0.005/300	0.005/300
	表面粗糙度值 Ra/μm	0.16	0.16	0.63	0.32

注：L 表示砂轮，W 表示砂瓦。

附表 H-8　立、卧轴圆台平面磨床部分技术参数及加工精度

技术参数 \ 机床型号		M74100A	TB-M7340	M7340	M7350
电磁工作台直径/mm		$\phi1000$	$\phi400$	$\phi400$	$\phi500$
技术参数	加工范围（直径/mm）×（高/mm）	$\phi1000\times400$	$\phi400\times190$	$\phi400\times140$	$\phi500\times200$
	砂轮尺寸（外径/mm）×（宽/mm）×（内径/mm）	$150\times80\times25$	$300\times40\times75$	$300\times40\times75$	$400\times40\times127$
工作精度	平行度/mm	0.01/1000	0.012/1000	0.015/1000	0.015/1000
	表面粗糙度值 $Ra/\mu m$	1.25	0.32~0.63	≤0.63	≤0.63
技术参数 \ 机床型号		MM73100	M7450	M7480	M74180
电磁工作台直径/mm		$\phi1000$	$\phi500$	$\phi480$	$\phi1800$
技术参数	加工范围（直径/mm）×（高/mm）	$\phi1000\times320$	$\phi500\times250$	$\phi800\times350$	$\phi1800\times400$
	砂轮尺寸（外径/mm）×（宽/mm）×（内径/mm）	$500\times50\times203$	$350\times125\times280$	$500\times150\times300$	$1000\times200\times440$
工作精度	平行度/mm	0.010/1000	0.02/1000	0.02/1000	0.02/1000
	表面粗糙度值 $Ra/\mu m$	≤0.32	≤0.8	≤0.8	≤1.25

附表 H-9　卧式升降台铣床型号与部分技术参数

技术参数 \ 机床型号	X6012	X038	X6025A	X6025	X6030	XD6032	XA6040A	X755
工作台尺寸（宽/mm×长/mm）	125×500	140×400	250×1200	250×1100	300×1100	320×1325	400×1700	500×2000
工作精度——表面粗糙度值 $Ra/\mu m$	2.5	3.2	1.6	2.5	2.5	2.5	1.6	1.6

附表 H-10　万能升降台铣床型号与部分技术参数

技术参数 \ 机床型号	XQ6125	XQ6132	X6130A	XD6132	XA6140A	X6142	X6125
工作台尺寸（宽/mm×长/mm）	250×1100	320×1332	300×1100	320×1325	400×1700	425×2000	250×1100
工作精度——表面粗糙度值/$Ra/\mu m$	2.5	2.5	3.2	2.5	1.6	2.5	2.5

附表 H-11　数控立式升降台铣床型号与部分技术参数

技术参数 ＼ 机床型号	XK5012	XK5020	XK5025	XKA5032A	XA5034	XA5038	XK5040-1
工作台尺寸（宽/mm × 长/mm）	125 × 500	200 × 900	250 × 1120	320 × 1320	340 × 1066	381 × 965	400 × 1650
定位精度/mm	± 0.02		± 0.05 /300	± 0.015	X：0.06 Y：0.05 Z：0.04	X：0.06 Y：0.05 Z：0.04	0.031/300

附表 H-12　铣床工作台 T 形槽尺寸　　　　　（单位：mm）

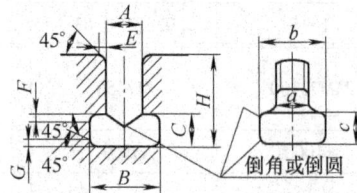

T 形槽												螺栓头部		
A			B		C		H		E	F	G	a	b	c
公称尺寸	极限偏差		最大尺寸	最小尺寸	最大尺寸	最小尺寸	最大尺寸	最小尺寸	最大尺寸	最小尺寸	最大尺寸	最小尺寸	最大尺寸	最小尺寸
	基准槽	固定槽												
5	+0.018 / 0	+0.12 / 0	10	11	3	3.5	8	10				4	9	2.5
6			11	12.5	5	6	11	13				5	10	4
8	+0.020 / 0	+0.15 / 0	14.5	16	7	8	15	18	1	0.6	1	6	13	6
10			16	18	7	8	17	21				8	15	6
12	+0.027 / 0	+0.18 / 0	19	21	8	9	20	25				10	18	7
14			23	25	9	11	23	28			1.6	12	22	8
18			30	32	12	11	30	36	1.6			16	28	10
22	+0.033 / 0	+0.21 / 0	37	40	16	18	38	45		1	2.5	20	34	14
28			46	50	20	22	48	56				24	43	18
36	+0.039 / 0	+0.25 / 0	56	60	25	28	61	71				30	53	23
42			68	72	32	35	74	85		1.6	4	36	64	28
48			80	85	36	40	84	95	2.5			42	75	32
54	+0.046 / 0	+0.30 / 0	90	95	40	44	94	106		2	6	48	85	36

注：T 形槽宽度 A 的极限偏差，按 GB/T 1801—2009《产品几何技术规范（GPS）　极限与配合公差带和配合的选择》。对于基准槽，为 H8，对于固定槽，为 H12。T 形槽宽度 A 的两侧面的表面粗糙度 Ra，基准槽为 2.8μm，固定槽为 6.3μm，其余为 12.5μm。

附表 H-13　T 型槽间距尺寸　　　　　　　　　　　（单位：mm）

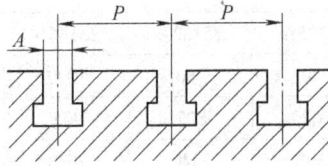

T形槽宽度 A	T形槽间距 P	T形槽宽度 A	T形槽间距 P	T形槽宽度 A	T形槽间距 P	T形槽宽度 A	T形槽间距 P	T形槽宽度 A	T形槽间距 P
5	20	10	40	18	80	36	160	54	320
	25		50		100		200		400
	32		63		125		250		500
6	25	12	50	22	100	42	200		
	32		63		125		250		
	40		80		160		320		
8	32	14	63	28	125	48	250		
	40		80		160		320		
	50		100		200		400		

注：T 形槽直接铸出时，其尺寸偏差自行决定。相对于每个 T 形槽宽度，上表中给出了三个间距，制造厂应根据工作台尺寸及使用需要条件选择 T 形槽间距。特殊情况需要采用其他尺寸的间距时，则应符合以下原则：

1. 采用数值大于或小于表中所列 T 形槽间距 P 的尺寸范围时，应从优先数系 R10 系列数值中选取。

2. 采用数值在上表中所列 T 形槽间距 P 的尺寸范围内，则应从优先数系 R20 系列的数值中选取。

附表 H-14　台式钻床型号与部分技术参数

技术参数		机床型号				
		Z4002	Z4006A	Z4012	ZJ4113B	Z4116A
最大钻孔直径/mm		2	6	12	13	16
主轴行程/mm		20	65	100	50	125
工作台尺寸(长/mm)×(宽/mm)		110×100	200×200		160×160	
外形尺寸	长/mm	320	439	650	290	750
	宽/mm	140	234	350	190	415
	高/mm	370	589	975	600	1040

附表 H-15　立式钻床型号与部分技术参数

技术参数	机床型号					
	Z5125A	Z5132A	Z5140B	Z5150A	Z5163A	ZQ5180A
最大钻孔直径/mm	25	32	40	50	63	80
主轴行程/mm	200	200	250	250	315	315
工作台行程/mm	310	310	300	300	300	300
工作台尺寸(长/mm)×(宽/mm)	550×400	550×400	560×480	560×480	650×550	650×550

（续）

技术参数		机床型号					
		Z5125A	Z5132A	Z5140B	Z5150A	Z5163A	ZQ5180A
外形尺寸/mm	长	980	980	1090	1090	1300	1300
	宽	807	807	905	905	970	980
	高	2302	2340	2630	2535	2790	2790

附表 H-16　立式钻床联系尺寸　　　　　（单位：mm）

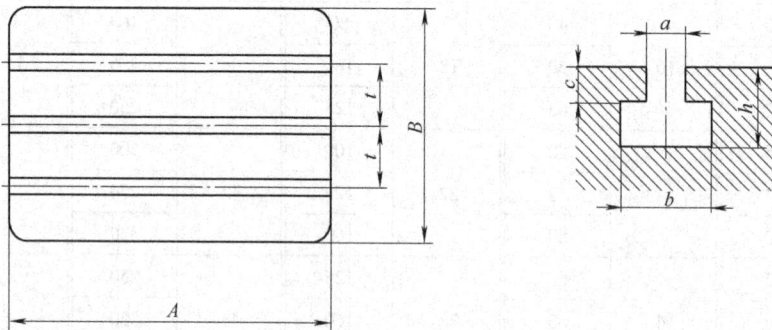

机床联系尺寸	机床型号					
	Z5125A	Z5132A	Z5140A	Z5150A	Z5163A	ZQ5180A
工作台尺寸($A \times B$)	550×400	550×400	560×480	560×480	650×550	650×550
T 形槽数	3	3	3	3	3	3
t	100	100	150	150	150	150
a	14	14	18	18	22	22
b	24	24	30	30	36	36
c	11	11	14	14	16	16
h	26	26	30	30	36	36

附表 H-17　摇臂钻床型号与部分技术参数

技术参数		机床型号					
		Z3025B×10	Z3132×8	Z3035B×13	Z3040×16	Z3063×20	Z3080×25
最大钻孔直径/mm		25	32.5	35	40	63	80
摇臂升降距离/mm		500		600	600	800	1000
摇臂回转角度/(°)		±180	360	360	360	360	360
主轴箱水平移动距离/mm		700	50	850	1250	1550	2000
外形尺寸/mm	长	1730	1800	2290	2500	3080	3730
	宽	800	700	900	1060	1250	1400
	高	2055	2044	2570	2650	3291	4025

附表 H-18　摇臂钻床联系尺寸　　　　　　　　　（单位：mm）

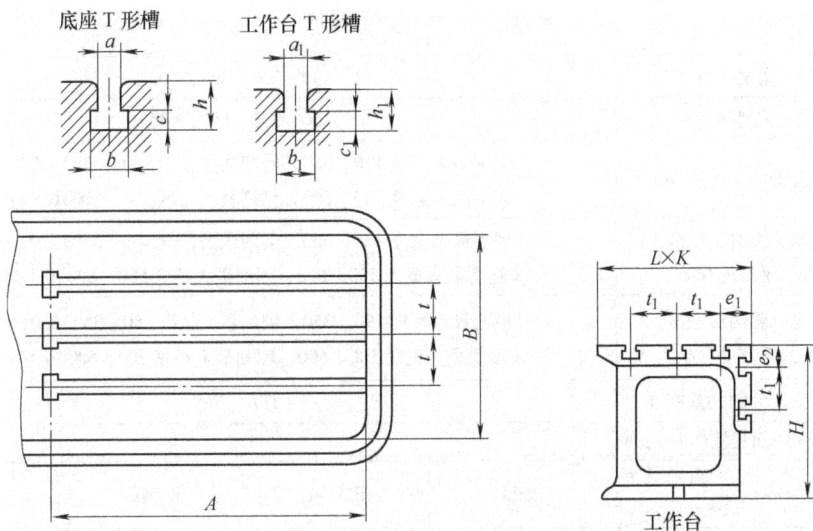

底座 T 形槽　　　工作台 T 形槽

工作台

机床联系尺寸	机床型号					
	Z3025B×10	Z3132×8	Z3035B×13	Z3040×16	Z3063×20	Z3080×25
工作台尺寸($A×B$)	1052×654	650×450	1270×740	1590×1000	1985×1080	2450×1200
工作台上面 T 形槽数	3	—	3	3	4	5
工作台侧面 T 形槽数	2	—	2	2	3	3
t	200	225	190	200	250	276
a	22	14	24	28	28	28
b	36	24	42	46	50	46
c	16	11	20	20	24	20
h	36	23	45	45	54	48
$L×K×H$	450×450×450	—	500×600×500	500×630×500	630×800×500	800×1000×560
t_1	150	—	150	150	150	150
e_1	75	—	100	100	90	175
e_2	75	—	75	100	105	115
a_1	18	—	24	22	22	22
b_1	30	—	42	36	36	36
c_1	14	—	20	16	16	16
h_1	32	—	41	36	36	36

附表 H-19　牛头刨床的部分技术参数及加工精度

技术参数	机床型号	B6025A	B6035	BA6050	B665
工作台面尺寸(长/mm×宽/mm)		250×180	345×296	500×355	650×450
工作台 T 形槽	槽数	3	3	3	3
	槽宽度/mm	12	14	18	18
	槽间距/mm	55	90	100	120

（续）

技术参数 ＼ 机床型号		B6025A	B6035	BA6050	B665
最大刨削尺寸	宽度/mm	190，350，500，600			
	长度/mm	160，350，500，600			
工作精度	加工面的平面度/mm	（刨削最大宽度190、350，刨削最大长度160、350）0.02/全长； （刨削最大宽度500、600，刨削最大长度500、600）0.025/全长			
	加工面对工作台的平行度/mm	（刨削最大宽度190、350，刨削最大长度160、350）0.02/全长； （刨削最大宽度500、600，刨削最大长度500、600）0.03/全长			
	上、侧两加工面的垂直度/mm	（刨削最大宽度190、350，刨削最大长度160、350）0.01/全长； （刨削最大宽度500、600，刨削最大长度500、600）0.02/全长			
	加工尺寸的公差等级	IT7 ~ IT9			
	加工面表面粗糙度 Ra/μm	1.6			

技术参数 ＼ 机床型号		B690	B690-1	B60100	B6270
工作台尺寸（长/mm × 宽/mm）		900×450	900×450	1000×500	850×500
工作台 T形槽	槽数	3	3	3	5
	槽宽度/mm	18	18	22	22
	槽间距/mm	120	120	120	110
最大刨削尺寸	宽度/mm	190，350，500，600			
	长度/mm	160，350，500，600			
工作精度	加工面的平面度/mm	（刨削最大宽度190、350，刨削最大长度160、350）0.02/全长； （刨削最大宽度500、600，刨削最大长度500、600）0.025/全长			
	加工面对工作台的平行度/mm	（刨削最大宽度190、350，刨削最大长度160、350）0.02/全长； （刨削最大宽度500、600，刨削最大长度500、600）0.03/全长			
	上、侧两加工面的垂直度/mm	（刨削最大宽度190、350，刨削最大长度160、350）0.01/全长； （刨削最大宽度500、600，刨削最大长度500、600）0.02/全长			
	加工尺寸的公差等级	IT7 ~ IT9			
	加工面表面粗糙度值 Ra/μm	1.6			

附表 H-20　龙门刨床的部分技术参数及加工精度

技术参数 ＼ 机床型号		B2110	B2112	B2116	B2131/3
最大加工范围（长/mm × 宽/mm × 高/mm）		3000×1000×800	4000×1250×100	4000×1600×1250	16000×3150×2500
工作台 T形槽	槽数	5	5	7	9
	槽宽度/mm	28	28	28	36
	槽间距/mm	170	210	200	320
最大刨削尺寸	宽度/mm	1000，1250，1600，2000，2500，3000			
	长度/mm	3000，4000，6000，8000，12000，15000			

（续）

技术参数	机床型号	B2110	B2112	B2116	B2131/3
工作精度	加工面平面度/mm	0.02/1000			
	加工面对工作台的平行度/mm	0.02/1000	0.03/10000		
	上、侧两加工面的垂直度/mm	0.02/300			
	加工尺寸的公差等级	IT7～IT9			
	加工面表面粗糙度值 Ra/μm	1.6			

附表 H-21　卧式镗床的类型与部分技术参数　　　　　　（单位：mm）

技术参数	机床型号	TA617	T617A	TM618A	TX68	T68	TSDX619
最大镗孔直径		200	150	240	240	240	240
工作台行程	纵向	900	900	1120	1140	1140	1140
	横向	900	750	850	850	850	850
工作精度	圆柱度	0.025			0.01/300	0.01/300	
	端面平直度	0.02	—		0.015/300	0.015/300	
	表面粗糙度值/μm	3.2	—		3.2	3.2	1.6

技术参数	机床型号	TPX619	T611A	T611B	TDX6111	T612	T6113
最大镗孔直径		270	240	240		550	500
工作台行程	纵向	1000	1160	1160	1000	1600	1600
	横向	900	850	850	900	1400	1400
工作精度	圆柱度	0.02/250	0.02	0.02		0.03/300	0.03
	端面平直度	0.02/300	0.02	0.02		0.03/500	0.03
	表面粗糙度值 Ra/μm	1.6	1.6	1.6	1.6	3.2	3.2

附表 H-22　数显卧式镗床的类型与部分技术参数　　　　　（单位：mm）

技术参数	机床型号	TX68	TX619A/1	TX6113A/1	TX611A	TX611B	TX611C
最大镗孔直径		240	250	350	240	240	240
工作台行程	纵向	1140	1520	2000	1160	1110	1110
	横向	850	1040	1500	850	850	1100
工作精度	圆柱度				0.02	0.02	0.02
	端面平直度				0.02	0.02	0.02
	表面粗糙度值 Ra/μm				1.6	1.6	1.6

附表 H-23　坐标镗床的类型与部分技术参数　　　　（单位：mm）

机床型号	技术参数	工作台尺寸 宽×长	最大加工直径		工作台行程		坐标 精度	工作精度	
			钻孔	镗孔	纵向	横向		圆度	表面粗糙度值 $Ra/\mu m$
坐标镗床	T4280	800×1120	40	250	1000	700	0.006	0.006	0.8
卧式坐标镗床	T4680	800×800	40	250	750	570	±0.003	0.005	0.8
	T4680	800×1000	40	240	650	760	±0.003		1.25
数显坐标镗床	TGX4132B	320×600	15	100	400	250	0.002	0.003	1.25
	TGX4145B	450×800	20	200	600	400	0.002	0.003	1.25
	TX4240B	400×560		150	500	350	±0.0025	0.005	1.25
数控坐标镗床	TK4145	450×800	20	200	600	400	±0.003	—	1.25
	TK6345	450×450			450	450	±0.005		1.25

附录 I　常用计量器具

附表 I-1　卡尺　　　　（单位：mm）

1. 游标卡尺（GB/T 21389—2008）

图　示	分　度　值	测量范围
	0.02, 0.05, 0.10	0～125, 0～150, 0～200, 0～300, 0～500, 0～1000

2. 深度游标卡尺（GB/T 21388—2008）

图　示	分　度　值	测量范围
	0.02, 0.05	0～200, 0～300, 0～500

3. 高度游标卡尺（GB/T 21390—2008）

图　示	分　度　值	测量范围
	0.02, 0.05	0～200, 0～300, 0～500, 0～1000

（续）

4. 齿厚游标卡尺（GB/T 6316—2008）

图 示	分 度 值	测量范围
	0.01, 0.02	1～16, 1～26, 5～32, 15～55

5. 带表卡尺（GB/T 21389—2008）

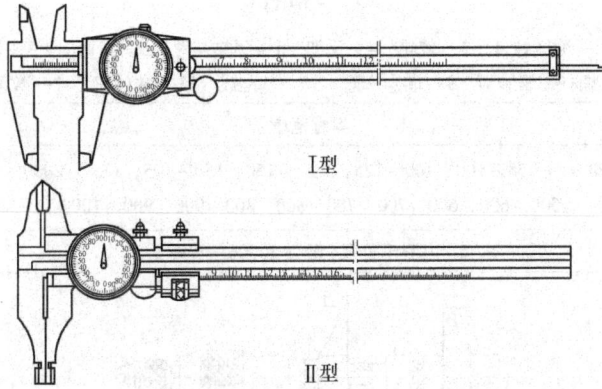

I 型

II 型

测量范围		指示表分度值
形式 I、II	0～150, 0～200, 0～300	0.01, 0.02, 0.05

6. 电子数显卡尺（GB/T 21389—2008）

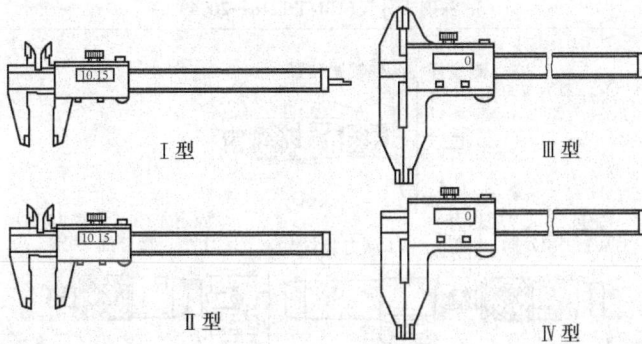

I 型

III 型

II 型

IV 型

形 式	测量范围
I	0～150, 0～200
II、III	0～200, 0～300
IV	0～500

附表 I-2　千分尺　　　　　　　　　　（单位：mm）

1. 外径千分尺（GB/T 1216—2004）

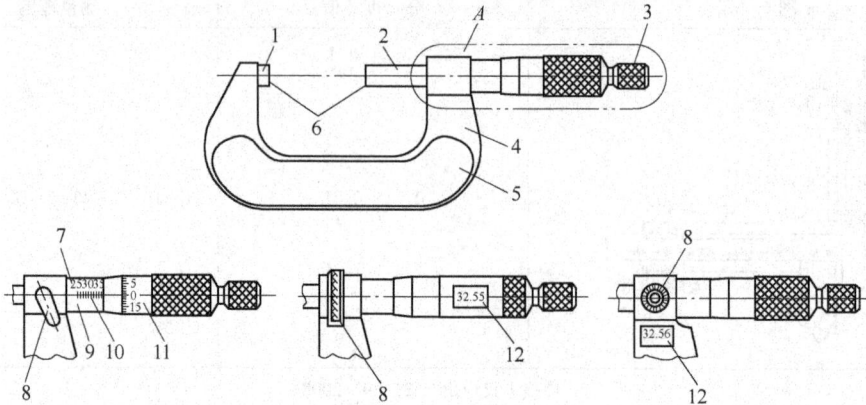

A 部详图

1—测砧　2—测微螺杆　3—棘轮　4—尺架　5—隔热装置　6—测量面　7—模拟显示
8—测微螺杆锁紧装置　9—固定套管　10—基准线　11—微分筒　12—数值显示

测量范围

0～25，25～50，50～75，75～100，100～125，125～150，150～175，175～200，……，475～500，
500～600，600～700，700～800，800～900，900～1000

2. 内测千分尺（JB/T 10006—1999）

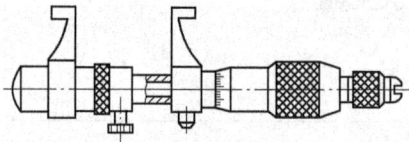

测量范围

5～30，25～50，50～75，75～100，100～125，125～150

3. 深度千分尺（GB/T 1218—2004）

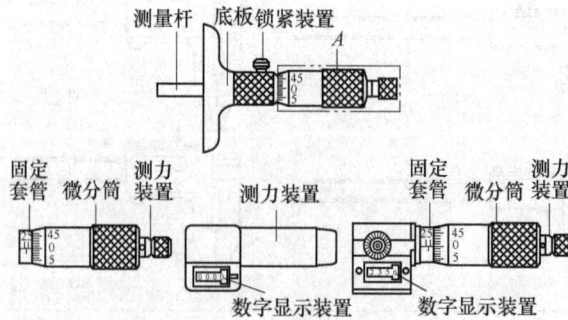

A 部详图

测量范围

0～25，0～50，0～100，0～150，0～200，0～250，0～300

（续）

4. 螺纹千分尺（GB/T 10932—2004）

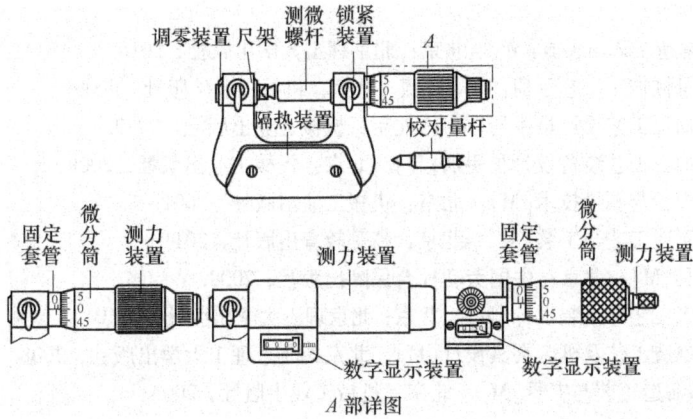

调零装置　尺架　测微螺杆　锁紧装置　A

隔热装置　校对量杆

固定套管　微分筒　测力装置　测力装置　固定套管　微分筒　测力装置

数字显示装置　数字显示装置

A 部详图

测量范围	被测螺距
0 ~ 25	0.4 ~ 3.5
25 ~ 50	0.6 ~ 6
50 ~ 75，75 ~ 100	1 ~ 6
100 ~ 125，125 ~ 150	1.5 ~ 6

附表 I-3　机械式测微仪规格　（单位：mm）

1. 指示表（GB/T 1219—2008）

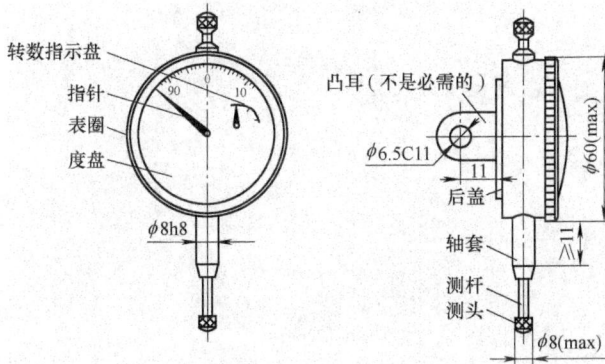

转数指示盘　指针　表圈　度盘　$\phi 8h8$

凸耳（不是必需的）　$\phi 6.5C11$　后盖　轴套　测杆　测头　11　$\phi 60(max)$　$\phi 8(max)$

分度值为 0.01、0.10、0.002。

2. 内径指示表（GB/T 8122—2004）

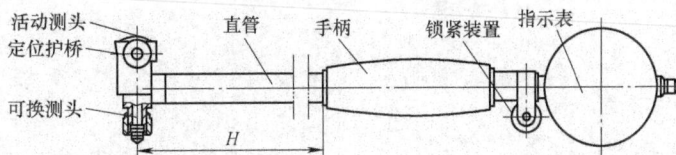

活动测头　定位护桥　可换测头　直管　手柄　锁紧装置　指示表　H

测量范围	分度值
6 ~ 10，10 ~ 18，18 ~ 35，35 ~ 50，50 ~ 100，100 ~ 160，160 ~ 250，250 ~ 450	0.01
6 ~ 10，18 ~ 35，35 ~ 50，50 ~ 100，100 ~ 160，160 ~ 250，250 ~ 450	0.001

参 考 文 献

[1] 卞洪元. 机械制造工艺与夹具[M]. 北京：北京理工大学出版社，2010.
[2] 陈宏钧. 实用机械加工工艺手册[M]. 3版. 北京：机械工业出版社，2009.
[3] 陈宏钧. 机械加工工艺设计员手册[M]. 北京：机械工业出版社，2009.
[4] 陈宏钧. 机械加工工艺装备设计员手册[M]. 北京：机械工业出版社，2008.
[5] 黄云清. 公差配合与测量技术[M]. 北京：机械工业出版社，2001.
[6] 何七荣. 机械制造工艺与工装[M]. 北京：高等教育出版社，2011.
[7] 侯放. 机床夹具[M]. 北京：中国劳动社会保障出版社，2008.
[8] 贾文. 零件加工工艺与工装设计[M]. 北京：北京理工大学出版社，2010.
[9] 刘登平. 机械制造工艺及机床夹具设计[M]. 北京：北京理工大学出版社，2008.
[10] 兰建设. 机械制造工艺与夹具[M]. 北京：机械工业出版社，2004.
[11] 吕崇明. 机械制造工艺学[M]. 北京：中国劳动社会保障出版社，2007.
[12] 马敏莉. 机械制造工艺编制与实施[M]. 北京：清华大学出版社，2011.
[13] 李明望. 机床夹具设计实例教程[M]. 北京：化学工业出版社，2009.
[14] 王先逵. 机械加工工艺手册[M]. 2版. 北京：机械工业出版社，2006.
[15] 徐国庆. 职业教育项目课程开发指南[M]. 上海：华东师范大学出版社，2009.
[16] 周晓宏. 数控加工工艺与设备[M]. 北京：机械工业出版社，2008.
[17] 张念淮，王彦林. 机械制造技术[M]. 北京：中国铁道出版社，2012.